创新型影视动画制作精品教材

互联网 + 教育改革新理念教材

中文版 After Effects CC 影视合成与特效案例教程

主编 汪 洪 刘仰华 苏 畅

上海交通大學出版社
SHANGHAI JIAO TONG UNIVERSITY PRESS

内容提要

After Effects 是由 Adobe 公司开发的一款视频后期处理软件，利用它可以快速地对视频进行剪辑、合成，以及添加动画和特效。本书共分 9 章，分别介绍了 After Effects CC 的基础知识，After Effects CC 的基本操作，色彩校正与调色，三维空间动画，打造绚丽的文字特效，抠像、跟踪和稳定，炫彩粒子特效，奇幻光线特效及综合应用实战。

本书采用“精讲理论 + 典型案例”的编写形式，可作为各类院校动画专业的专用教材及相关培训班的教学实训用书，也可作为初学者和影视动画爱好者提升专业技能所用的参考书。

图书在版编目（CIP）数据

中文版After Effects CC影视合成与特效案例教程 / 汪洪，刘仰华，苏畅主编. -- 上海 : 上海交通大学出版社，2017（2022重印）

ISBN 978-7-313-17723-0

Ⅰ. ①中… Ⅱ. ①汪… ②刘… ③苏… Ⅲ. ①图象处理软件—教材 Ⅳ. ①TP391.413

中国版本图书馆CIP数据核字(2017)第182204号

中文版 After Effects CC 影视合成与特效案例教程

ZHONGWENBAN After Effects CC YINGSHI HECHENG YU TEXIAO ANLI JIAOCHENG

主　　编：汪　洪　刘仰华　苏　畅

出版发行：上海交通大学出版社　　地　　址：上海市番禺路 951 号

邮政编码：200030　　电　　话：021-64071208

印　　制：三河市祥达印刷包装有限公司　　经　　销：全国新华书店

开　　本：880mm×1230mm　1/16　　印　　张：19.25

字　　数：466 千字

版　　次：2017 年 8 月第 1 版　　印　　次：2022 年 4 月第 8 次印刷

书　　号：ISBN 978-7-313-17723-0

定　　价：88.00 元

前言

QIANYAN

CG 是 Computer Graphics（计算机图形学）的缩写。国际上习惯将利用计算机技术进行视觉设计和生产的领域统称为 CG。After Effects 作为 CG 行业首屈一指的专业数字视频处理软件，已经被广泛应用于影视后期处理、电视栏目包装、产品包装、网络动画制作等诸多领域。为了帮助各院校学生和广大读者熟练使用 After Effects 进行视频后期处理，制作出符合实际应用需要的作品，我们在充分调研各院校关于该门课程教学改革情况的基础上，结合编者多年的教学经验编写了本书。

「 本书内容 」

- 第 1 章至第 2 章：介绍视频后期处理的基础知识和After Effects的基本操作。
- 第 3 章至第 8 章：通过大量案例介绍了 After Effects在色彩校正与调色，三维空间动画，文字特效，抠像、跟踪和稳定，粒子特效及常见光效方面的应用及具体制作方法。
- 第9章：通过制作3个典型的、具有行业代表性的综合案例，不仅介绍了After Effects是如何与Photoshop、3ds max及Maya等三维软件配合使用的，还将设计思路及操作技巧融入其中。

「 本书特色 」

（1）以软件功能和应用为主线。After Effects 的功能非常强大，如果将该软件的所有命令都逐一讲解，无疑会浪费大家的时间，而且无任何用处。因此，我们只讲解 After Effects 最实用的功能，让读者在最短的时间内掌握该软件的相关命令，且能在技能大赛或实际工作中应用该软件进行

视频后期处理。

（2）采用案例驱动式，易教易学。本书的每一个案例效果均代表实际工作中常见的某种现象，且大部分案例按照“案例说明→视频简介→预备知识→案例实施”的顺序编写。即在每个案例的开始，先介绍该案例效果一般使用的场合及该案例的背景知识，然后介绍该案例的效果，再介绍要制作该案例需要掌握的基础知识，最后通过制作该案例，将相关命令的具体使用方法和技巧融入到案例中去讲解。这样，既可以让大家边学边练，轻松学习，还可以让大家具备举一反三的能力。

（3）精心设计案例，扫码即可看视频。书中的每个案例中都具有操作简单、针对性强、设计精美、符合实际应用等特点，且扫描二维码即可看到该案例的效果，真正体现立体化教学的特点。

（4）提供完善的配套资源。本书附赠的资料包中包含符合教学需要的课件、完整的素材、粒子插件、相关字体，以及案例的视频文件等，方便老师教学和学生上机练习。

「 本书读者对象 」

本书可作为各类院校动画专业的专用教材及相关培训班的教学实训用书，也可作为初学者和影视动画爱好者提升专业技能的参考用书。

「 本书创作队伍 」

本书由汪洪、刘仰华、苏畅担任主编，张士峰、贾冬冬、李鑫、李文广、刘茸、曹海燕担任副主编。尽管我们在编写本书时已竭尽全力，但书中仍会存在问题和不足，欢迎读者批评指正。

「 教学资源下载 」

本书配有精心制作的教学课件，并且书中用到的素材、案例的最终效果及最终工程文件都已整理和打包，读者可以登录文旌综合教育平台“文旌课堂”（www.wenjingketang.com）下载。如果读者在学习过程中有什么疑问，也可登录该网站寻求帮助，我们将会及时解答。

01 初识After Effects CC

02 After Effects CC基本操作

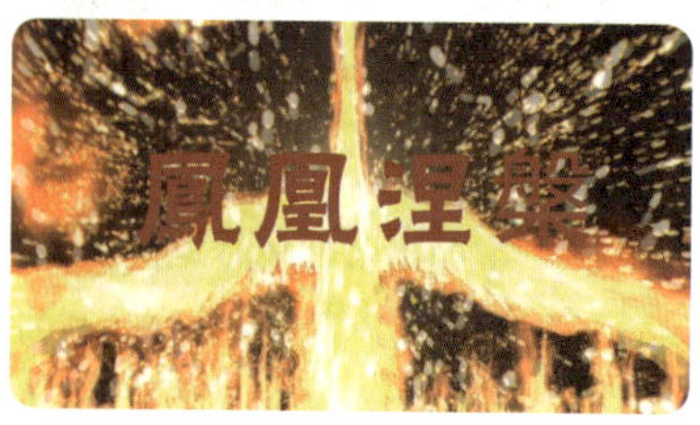

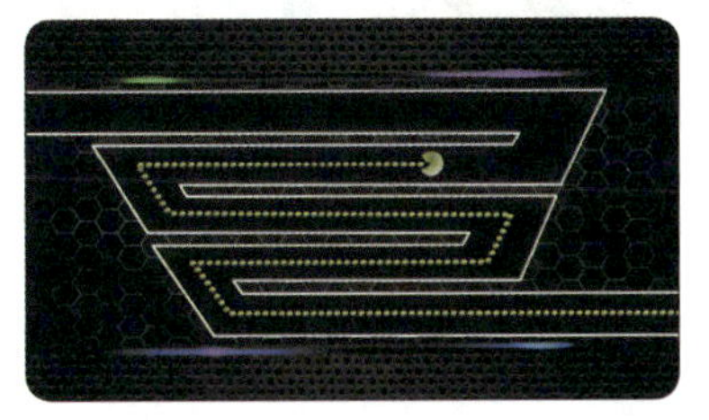

03 色彩校正与调色

调整前

调整后

调整前

调整后

原图

效果 1

效果 2

调整前

调整后

调整前

调整后

04 三维空间动画

05 打造绚丽的文字特效

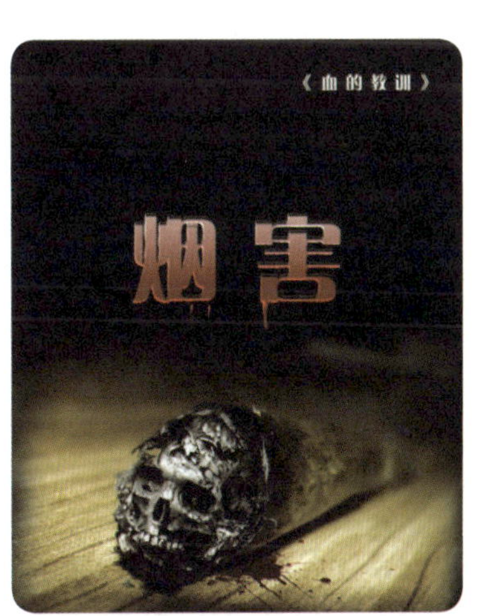

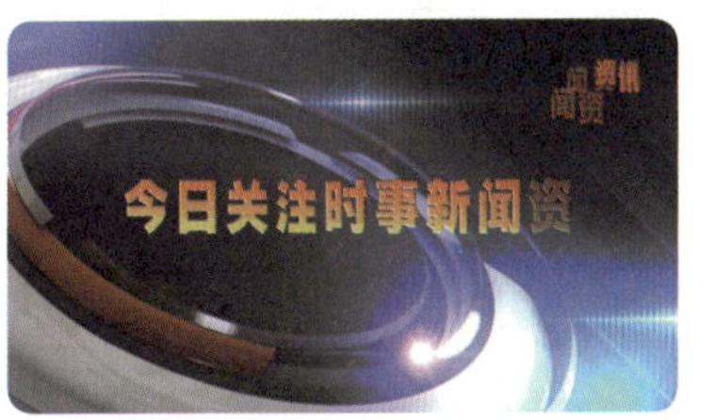

06 抠像、跟踪和稳定

07 炫彩粒子特效

NBA 篮球世界杯

地心游记

08 奇幻光线特效

09 综合应用实战

奉君文化传播有限公司

镜头 1

镜头 2

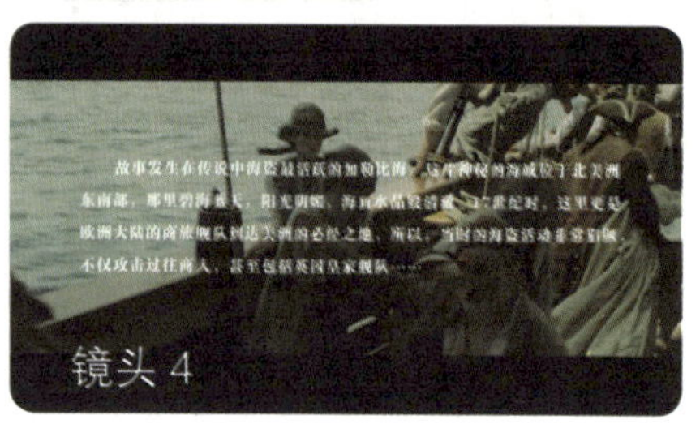

镜头 4

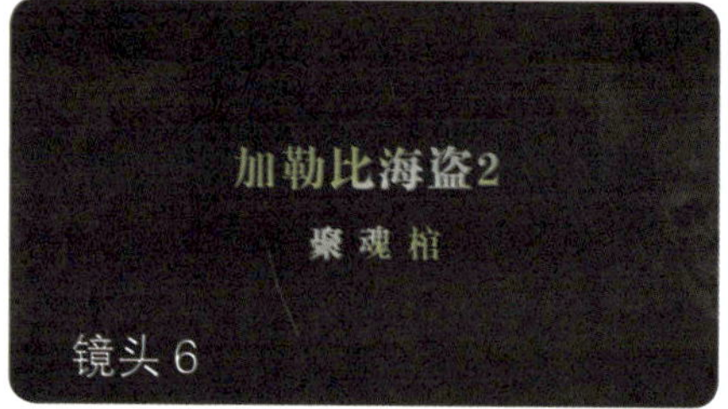

加勒比海盗2
聚魂棺
镜头 6

第1章 初识 After Effects CC

After Effects CC是由Adobe公司开发的一款视频后期处理软件，利用它可以快速地对图像进行剪辑、合成、添加动画及特效，被广泛应用于电影、电视节目、广告宣传和游戏等领域。

本章首先介绍影视合成与特效制作的基本概念，以及After Effects CC的工作界面，然后通过制作一个小案例，使大家对使用After Effects制作影视作品的流程和思路有一个初步认识。

学习目标

- 掌握影视合成与特效制作的基本概念
- 熟悉 After Effects CC 的工作界面
- 掌握使用 After Effects 制作影视作品的流程和思路
- 掌握导入素材的几种方式
- 掌握视频输出时的压缩处理问题

案例一 欣赏优秀影视作品
——影视合成与特效制作的基本概念

案例说明

影视合成是指将多个素材（视频或图片）组合成一个新的图像。通常情况下，经合成后的图像会在同一个时间点上显示多个素材，如果处理得当，这些素材会给人一个完整场景的感觉。

特效是为了实现某些特定效果而添加的动画。例如，警匪片中演员被爆头时飞出的脑浆、游戏中出现的烟雾、飘落的雪花和玫瑰花瓣等。After Effects 自带了几十种特效，还有数以千计的插件。掌握好 After Effects 特效的使用方法，就可以制作出无比真实、绚丽的视频效果。

【案例 1】 **观看视频片断**

请大家打开本书配套素材中的“ch01”＞“案例一”文件夹，观看其中的“少年派的奇幻漂流片段.rmvb”“传奇 3 宣传片头.mp4”和“中国奥运公益广告.mp4”，找出它们中出现的影视特效镜头。

少年派的奇幻漂流

游戏《传奇 3》宣传片头

（1）电影《少年派的奇幻漂流》。该影片讲述的是一位少年在一次海难中家人全部丧生，他与一只孟加拉虎在救生小船上漂流了 227 天，人与虎建立的一种奇特关系，并最终共同战胜困境获得重生。

其中，图 1-1-1（a）和图 1-1-1（b）中的光影效果都是利用 After Effects 制作出来的；

图1-1-1（c）所示背景是利用一张图片通过镜像、光晕、景深等操作制作的；图1-1-1（d）所示画面主要利用After Effects中图层轨道的“叠加”和“溶解”命令制作的。

（a） （b）

（c） （d）

图1-1-1 电影《少年派的奇幻漂流》截图

（2）游戏《传奇3》宣传片头。该宣传片中所有文字特效、场景中出现的烟雾、海面上空的云和雾，以及燃烧的火焰等特效都是使用After Effects制作出来的，如图1-1-2所示。

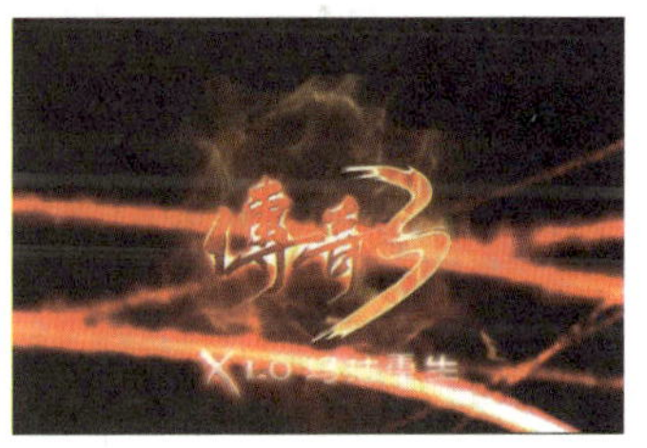

图1-1-2 游戏《传奇3》宣传片头截图

（3）中国奥运公益广告。该公益广告中的光影效果都是使用After Effects制作出来的，如广告开始时人眼中的光环和五角星、小女孩头顶上方的光芒、健美运动员脚下及手在舞动时的光影特效、击剑运动员手中的剑及分身效果、乒乓球的移动路径特效、跳水运动员四周的光影、鸟巢馆内的光影等，如图1-1-3所示。

中国奥运公益广告

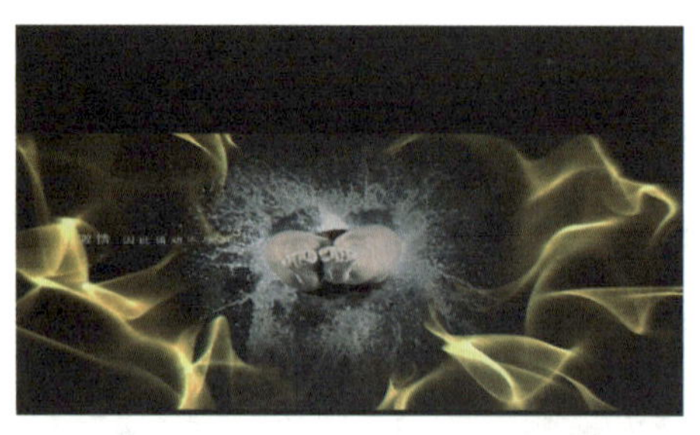

图 1-1-3　中国奥运公益广告视频截图

通过学习本书，大家都可以利用After Effects制作出上述3个短片中的特效。但是，要制作这些特效，首先需要了解一些常用的基本概念，如帧、帧速率、场、像素、分辨率，以及各种播放制式和时间码等。

翻页动画

预备知识

一、帧和帧速率

电影和电视实质上是由一幅幅静态图片按照顺序播放出来的。由于人眼有视觉滞留现象，当图片播放得比较快时，人们会认为图片中的静态元素动了起来，翻页动画能够很好地说明这个问题。

如果将组成视频的每一幅静态图像称之为“帧”，一帧就是一幅静止的画面，则每秒显示的图片数量就是帧速率，单位为帧/秒（fps）。

在播放视频的过程中，播放效果的流畅程度取决于帧速率。目前，电影画面的帧速率为24 fps，而电视画面的帧速率约为25 fps或30 fps。

二、扫描方式和场

现代人观看视频的渠道越来越多，如电视机、电脑、手机、iPad等，大家在观看它们呈现的精彩画面的同时，是否想过每一幅画面是如何显示出来的呢？

其实，数字电视和电脑显示器都是以电子枪扫描的方式来显示图像的。其中，电脑显示器采用的是逐行扫描，即从图像左上角开始由左向右水平扫描，当扫描点到达图像右侧边缘时，快速返回左侧进行下一行扫描，从而以点成线，逐行扫描，以线成面，完成一幅图像的显示。

传统电视机采用隔行扫描来显示图像。该方式下，电子枪首先从图像的奇数行（或偶数行）开始扫描，当扫描完所有的奇数行（或偶数行）后，再使用相同方法扫描偶数行（或奇数行），以填补上一场扫描留下的空缺，即分两场显示一幅图像，如图1-1-4所示。这样就把隔行扫描分成了上场优先和下场优先两种表现形式。上场优先也称为奇场优先，即优先扫描奇数行（1，3，5，7，9……），而下场优先也称为偶场优先，即优先扫描偶数行（2，4，6，8，10……）。

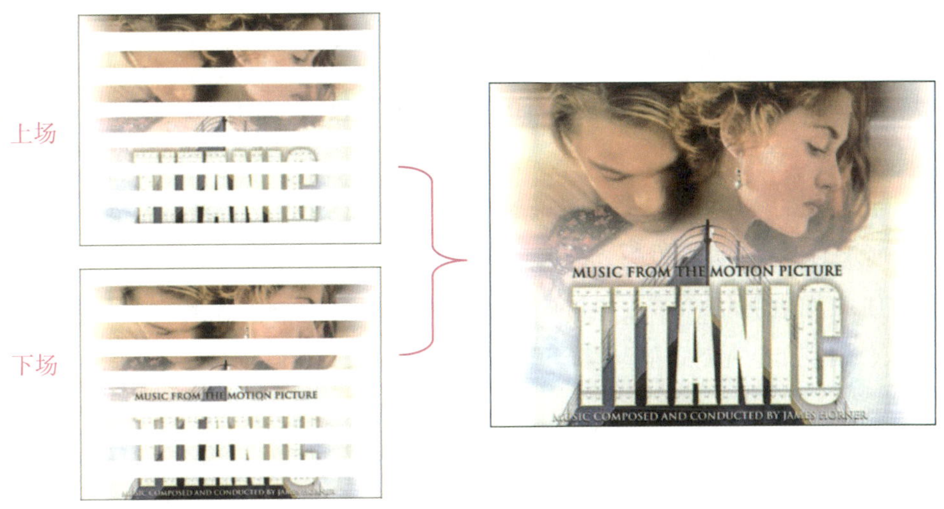

图 1-1-4　传统电视机的扫描方式

在电视台播放使用After Effects合成的视频时，有时会出现画面闪烁或抖动问题，这是因为在合成时，两段视频的场不一致。要去除视频素材的场，需要在项目面板中选中该视频素材，然后右击，从弹出的快捷菜单中选择“解释素材”>“主要”菜单项，接着在打开的“解释素材”对话框中调整该素材的场序。

通常情况下，在计算机上播放视频时，因为显示器使用的是逐行扫描的视频信号，所以不会出现场的问题，只有通过电视台播出的视频才会涉及到场的问题。

三、像素与分辨率

像素与分辨率都是影响视频质量的重要因素，与视频的播放效果有着密切联系。图像是由像素是组成的。如图1-1-5所示的图片，将其放大到千倍以上就可以看到该图片其实是由一个个单色的小方块组成，其中的每个小方块就是一个像素。

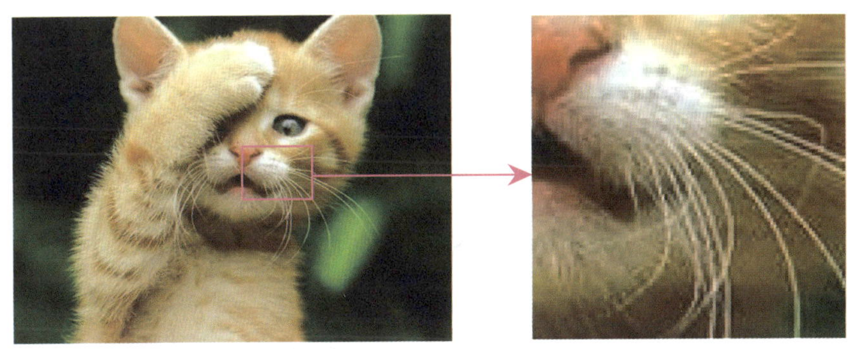
图 1-1-5　像素

至于分辨率，则是指一幅图像中像素的数量，通常用“水平方向像素数量 × 垂直方向像素数量”来表示，如720 × 480，720 × 576，1920 × 1080等。

像素与分辨率对视频质量的影响在于：在画面尺寸相同的情况下，像素数量越多，分辨率也就越大，视频的清晰度也越高；反之，视频画面的清晰度也就越低。

 四、电视制式和网络制式

制式就是电视台和电视机之间共同实行的一种处理视频和音频信号的标准，当标准统一时，即可实现信号的接收。

世界上广泛使用的主要电视广播制式有NTSC、PAL和SECAM三种。After Effects软件提供了如图1-1-6所示的多种播放预设模式，大致可分为网页模式、电视制式、网络制式和电影胶片模式共4种。如果当前的视频需要在电脑中播放，则应在网络制式中选择合适的选项；如果需要在电视台播放，则应在电视制式中选择合适的选项。

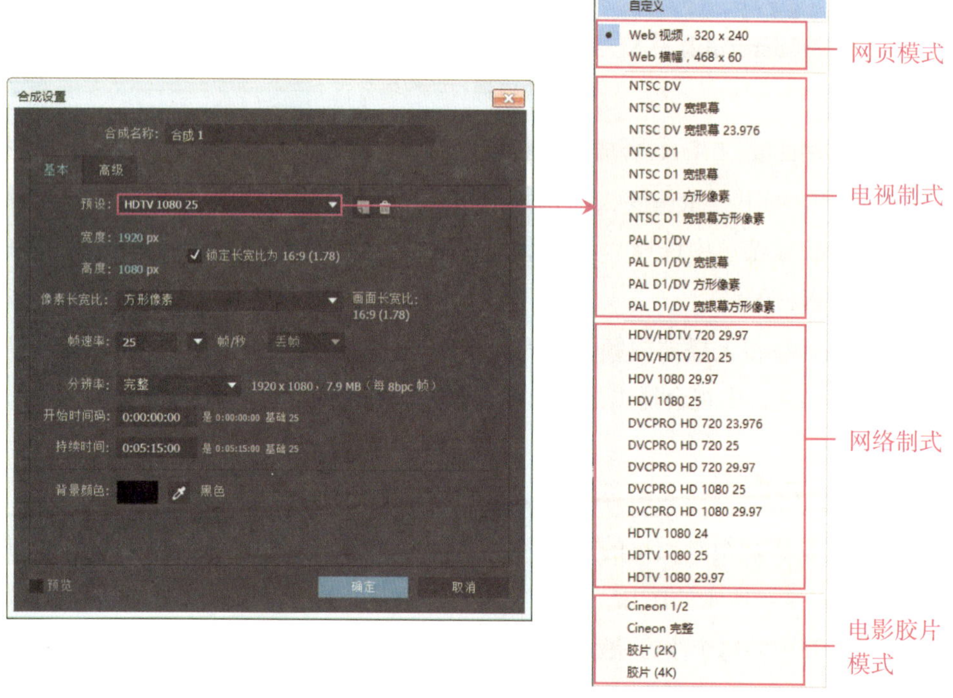

图 1-1-6　After Effects 的播放预设模式

由于网页模式和电影胶片模式使用较少，下面主要介绍电视制式和网络制式的选择要点。

1. 电视制式

电视制式是实现电视画面、伴音及其他电视信号正常传输和重现的方法与技术标准，也称为电视标准。After Effects中的电视制式有NTSC制式和PAL制式两种。

◆ NTSC制式：NTSC制式由美国国家电视系统委员会（National Television System Committee）制定，视频帧速率为29.97 fps，隔行扫描。采用NTSC制式的国家和地区有美国、加拿大、墨西哥、日本和韩国等。

◆ PAL制式：PAL是英文Phase Alteration Line的缩写，这种制式的视频帧速率为25 fps，隔行扫描。采用PAL制式的国家和地区有中国的大部分地区、绝大部分欧洲国家、南美和澳大利亚等。

提　示

电视制式是电视独有的一种标准，如果制作的影视作品是在中国的电视台播放，在 After Effects 中新建和输出序列时应选择 PAL 制式。对于究竟选择 4 种 PAL 制式中的哪一种，读者可分别选择这 4 个选项，然后参照“合成设置”对话框中显示的宽度、高度及帧速率来选择。

2. 网络制式

由图1-1-6可知，网络制式分为两种，即以“HDV”开头的和以“DVCPRO”开头的，后者是由日本松下公司开发的一种专业级数字广播摄录格式，在After Effects中使用不多。例如，HDTV 1080 25中，“HD”表示高清；“1080”表示该视频的高度尺寸为1080，即高度方向上的像素为1080；“25”表示帧速率为每秒25帧。

五、标清和高清

如果将视频按画面清晰度来分类，则可分为标清（SD）和高清（HD）两种，它们是分辨率上的差别，而不是文件格式上的差异。其中，达到720 p以上的垂直分辨率是高清视频的准入门槛，包括720 p、1080 p、1080 i等。目前，市场上的大部分视频都采用高清视频。

提　示

一般使用垂直分辨率来界定视频属于标清还是高清。在描述视频的垂直分辨率时，通常都会在分辨率后添加 p 或 i 标识，以表明视频在播放时会采用逐行扫描（p）还是隔行扫描（i）。

案例实施——After Effects 合成设置

在使用After Effects进行视频编辑时，需要先进行参数设置。下面针对网络视频的制作要求，并结合前面介绍的相关概念，对After Effects的几个重要参数进行初始设置。

制作步骤

步骤1 启动After Effects CC软件，然后选择“合成”>“新建合成”菜单，打开“合成设置”对话框。在该对话框的“合成名称”编辑框中输入合成名称，如“地球上的动物”。

步骤2 在“预设”列表框中单击，在弹出的下拉列表中选择网络制式中的“HDTV 1080 25”选项。此时，系统将根据所选选项，自动改变该对话框中的“宽度”“高度”和“帧速率”编辑框中的参数，如图1-1-7所示。

步骤3 由图1-1-7中“锁定长宽比为16：9（1.78）”复选框可知，该视频画面的宽高比为16：9。在“像素长宽比”列表中选择“方形像素”选项，则该下拉列表框右侧显示“画面长宽比：16∶9（1.78）”文字，如图1-1-7所示。

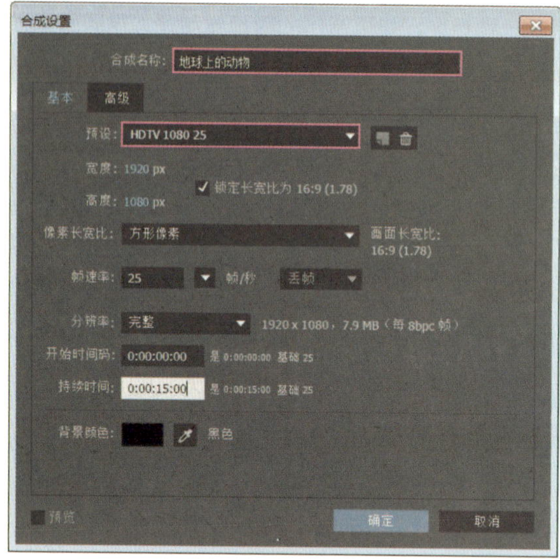

图1-1-7 “合成设置”对话框

一般情况下，应将视频的像素长宽比设为“方形像素”。

步骤4 在“分辨率”列表框中单击，出现如图1-1-8所示的下拉列表。一般情况下，当视频不太长时，选择“完整”选项，即按当前的分辨率预览和显示该视频；当视频太长时，可根据需要选择其他选项。例如，选择“四分之一”选项后，则预览时的分辨率为当前分辨率的1/4。

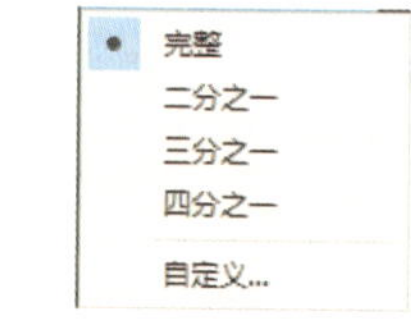

图1-1-8 “分辨率”下拉列表

步骤5 “开始时间码”编辑框一般采用默认设置，即“0∶00∶00∶00”；“持续时间”编辑框中的参数可根据该视频的长度来设置。如果此处设置的持续时间太长或太短，可在以后操作中根据需要随时调整。此处将其设置为15秒，即将“持续时间”编辑框中的参数修改为“0∶00∶15∶00”。

知识库

时间码用来识别和记录视频数据流中的每一帧，从一段视频的起始帧到终止帧，每一帧都有一个唯一的时间码，从而方便对视频进行定位和编辑。时间码的常用格式为：小时∶分钟∶秒∶帧。例如，一个素材片段的播放长度为00∶01∶30∶13，表示该片段持续1分钟30秒12帧。

步骤6 默认情况下，合成窗口的背景色为黑色。如果要修改其背景色，可在“合成设置”对话框中的“背景颜色”选项后的黑框中单击，打开如图1-1-9所示的“背景颜色”对话框。在该对话框中选择所需颜色，然后单击“确定”按钮即可。在没有特殊要求的情况下，采用默认的黑色背景即可。

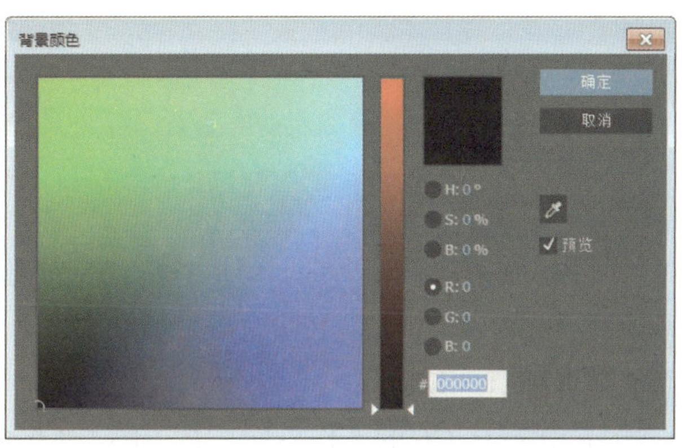

图 1-1-9　“背景颜色”对话框

步骤7　单击“合成设置”对话框中的“确定”按钮，此时，新建的“地球上的动物”合成将分别显示在项目面板、时间轴面板和合成窗口中，且项目面板的预览位置显示该合成的相关参数，如图1-1-10所示。

步骤8　按【Ctrl+S】快捷键，在打开的“另存为”对话框中选择合适的保存路径，然后在“文件名”编辑框中输入文件名“地球上的动物”，采用默认的保存类型“Adobe After Effects项目(*.aep)”，最后单击“保存”按钮保存该文件。

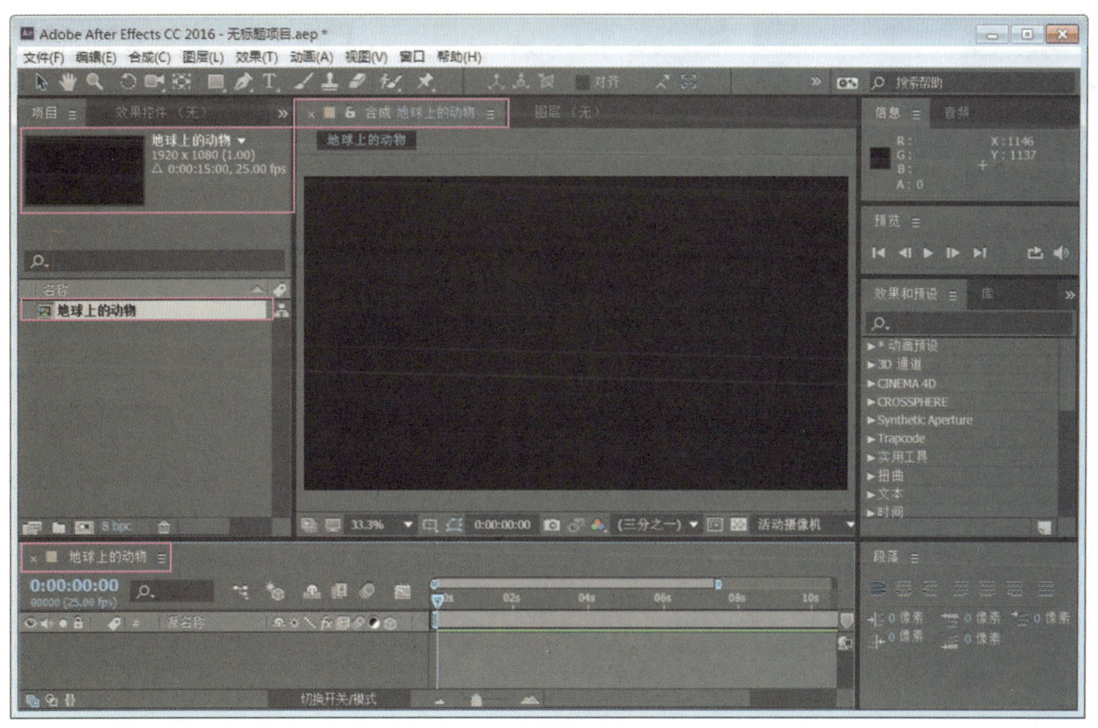

图 1-1-10　新建“地球上的动物”合成

案例二　制作第一个作品
——After Effects CC 快速入门

案例说明

在这个网络信息横溢的时代，视频效果随处可见，如电视广告、企业宣传片、音乐MV、婚纱视频、电影和电视剧宣传短片等。可以这样说，只要有视频的地方，就可能会用到After Effects。

水墨荷塘欣赏

下面先来认识一下After Effects CC的工作界面，在了解了After Effects的基本操作流程后制作“水墨荷塘欣赏”片头。

【案例2】　**“水墨荷塘欣赏”简介**

请大家打开本书配套素材中的“ch01”>“案例二”文件夹，观看其中的“水墨荷塘欣赏.mov”视频。该视频是由“水墨荷塘欣赏素材”文件夹中的“荷花1.mov”“荷花2.mov”和“桃花.mov”视频合成的，这3段视频的画面如图1-2-1所示。

素材：素材与实例\ch01\案例二\水墨荷塘欣赏素材\荷花1.mov、荷花2.mov和桃花.mov

结果：素材与实例\ch01\案例二\水墨荷塘欣赏.aep

（a）荷花1

（b）荷花2

（c）桃花

图1-2-1　“水墨荷塘欣赏”视频截图

在观看“水墨荷塘欣赏”视频时，需要注意以下几点：

（1）上述这3段视频中，每段视频仅截取了其中的某一部分，且合成后的视频总长为30秒。

（2）“荷花1.mov”片段与“荷花2.mov”片段，以及“荷花2.mov”片段与“桃花.mov”片段的交接处有画面叠加效果。

预备知识

一、认识 After Effects 的工作界面

安装好软件之后，双击桌面上的“Adobe After Effects CC 2016”图标，启动Adobe After Effects CC 2016程序。此时，系统将显示该软件的工作界面和如图1-2-2所示的欢迎屏幕。

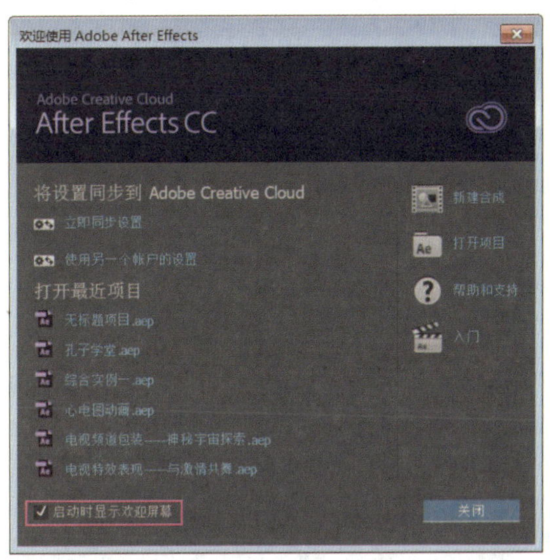

图 1-2-2　欢迎屏幕

欢迎屏幕中提供了“新建合成”“打开项目”和“打开最近项目”等快捷命令及选项，这些命令和选项在工作界面中都有。因此，一般情况下，可在“启动时显示欢迎屏幕”复选框前的☑按钮上单击，然后单击“关闭”按钮，不显示欢迎屏幕对话框。

After Effects CC 2016的工作界面主要由项目面板、合成窗口和时间轴面板3大部分组成。此外，还有菜单栏、工具栏及其他面板。为了便于学习，读者可选择“文件”＞“打开项目”命令，或按【Ctrl+O】键，在打开的对话框中选择本书配套素材中的“ch02”＞“案例三”＞“凤凰涅槃.aep”文件，然后单击“导入”按钮，结果如图1-2-3所示。

图 1-2-3　After Effects CC 2016 工作界面

1. 项目面板

项目面板主要用于存放素材和合成窗口，所有用于合成的素材首先必须导入项目面板中，其功能类似于仓库。在项目面板的素材列表中单击选中任意一个素材，则素材列表上方的预览窗口中将显示该素材的画面及相关属性。

将光标移至项目面板与合成窗口的分界线处时，光标变成⇹形状时按住鼠标左键并向右拖动，可查看项目面板中各素材的多个属性。

2. 时间轴面板

视频合成的大部分操作都是在时间轴面板中进行的。时间轴面板分为图层区和时间线区两部分，如图1-2-4所示。

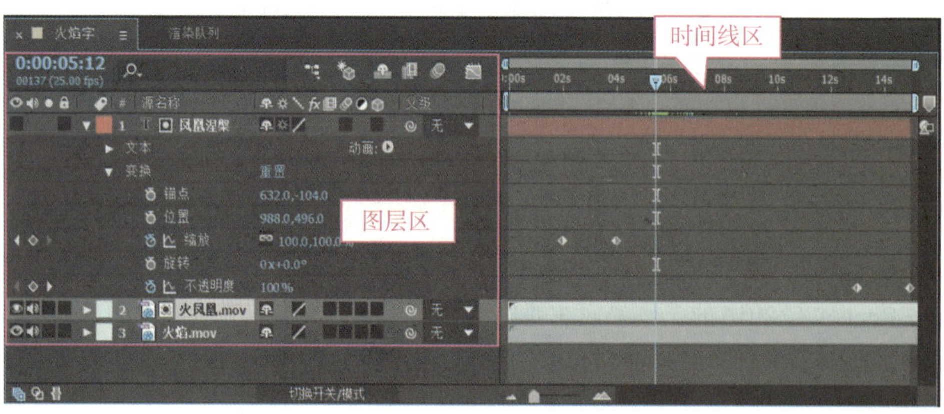

图 1-2-4　时间轴面板

将素材添加到时间轴面板中后，素材会以图层形式存放，且上面图层的画面叠加在下面图层的画面之上。这时，需要以时间为基准，使用多种方法将上下多个图层合理地显示在合成窗口中，并通过为素材的不同属性添加动画，从而呈现出所需画面。

3. 合成窗口

双击项目面板中的素材，或双击时间轴面板中的任一图层，合成窗口中将显示相应的画面，如图1-2-5所示。

图 1-2-5　合成窗口

下面介绍合成窗口下方常用按钮和选项所代表的含义。

◆ 放大率弹出式菜单：在该列表框中单击，在弹出的下拉列表中选择不同选项，可使合成窗口中的画面放大或缩小显示，但与输出时的画面大小无关。

知识库

在合成窗口中单击，然后滚动鼠标滚轮，可使画面按“放大率弹出式菜单”列表框中的参数依次放大或缩小显示。另外，按住鼠标滚轮并移动鼠标，可将合成窗口中的画面移动。

◆ 选项网格和参数线选项：单击该按钮，弹出如图1-2-6所示的下拉列表。选中该下拉列表中的相关选项，可使其显示在合成窗口中。

◆ 切换蒙版和形状路径可见性：单击该按钮，可显示或隐藏蒙版中的路径。

◆ 显示通道及色彩管理设置：单击该按钮，弹出如图1-2-7所示的下拉列表。读者可分别选择不同选项，观察合成窗口中的画面效果。

◆ 分辨率/向下采样系数弹出式菜单：单击该列表框，弹出如图1-2-8所示的下拉列表。当视频比较小时，通常选择“完整”。如果视频比较大，或因电脑配置较低而使得在按【0】键后无法完整预览该视频时，可选择图1-2-8中的“四分之一”“三分之一”等选项，以降低当前预览时的分辨率，提高视频的预览速度。

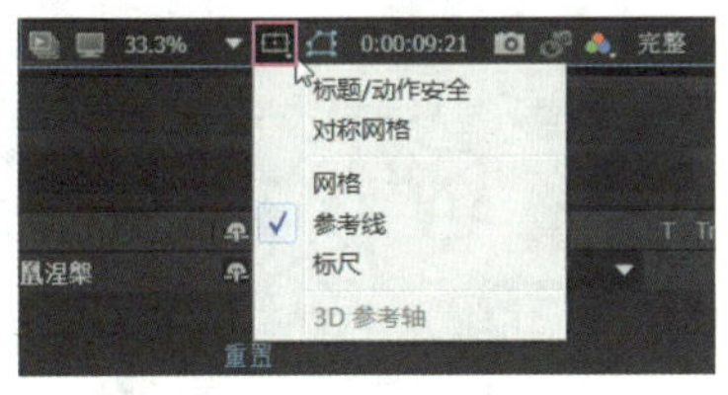

图 1-2-6　网格和参数线选项

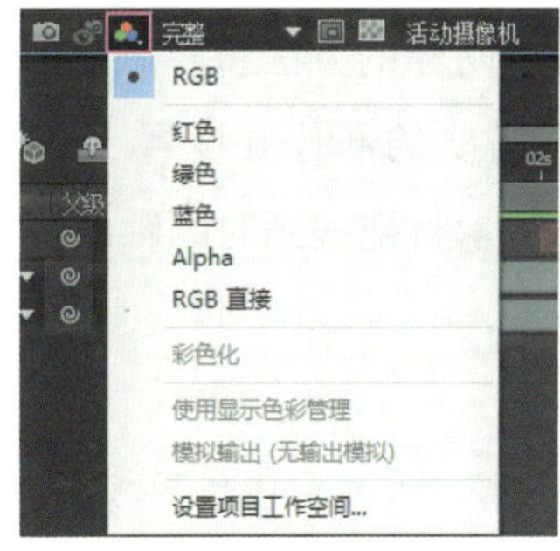

图 1-2-7　显示通道及色彩管理

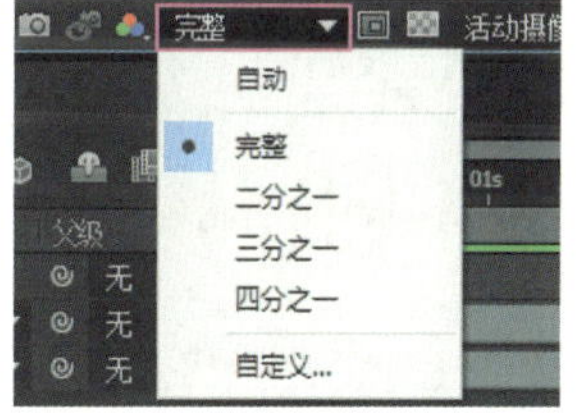

图 1-2-8　分辨率 / 向下采样系数

提　示

如果在合成窗口下方将默认的“RGB”通道和“完整”分辨率修改成了其他选项，则在将该视频渲染成其他视频格式，如mov、avi等格式时，系统会按照此处的设置进行渲染输出。

如果不小心关闭了合成窗口或时间轴面板，可在工具栏中“小屏幕”标签右侧的»按钮上单击，在弹出的如图1-2-9所示的下拉列表中选择“效果”或“动画”选项，可显示该面板。此外，当合成窗口关闭后，可通过双击时间轴面板中的任一图层显示该面板。

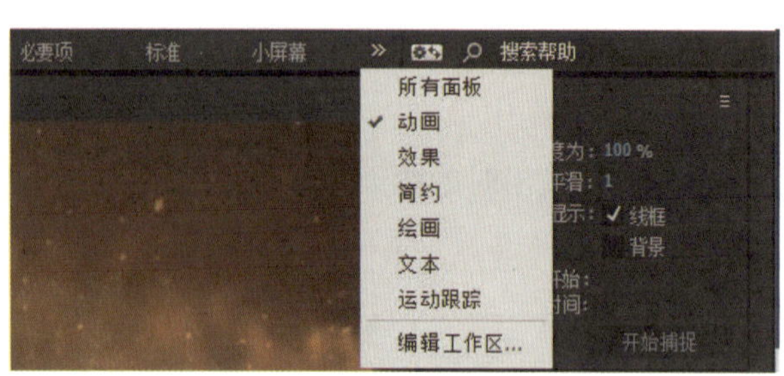

图 1-2-9　面板的下拉列表

二、After Effects 的基本操作流程

利用After Effects进行视频合成操作时，其基本操作流程为：导入素材→新建合成→在时间轴面板中加载素材→对各图层轨道上的素材设置动画效果→合成声音→渲染并导出视频文件。

案例实施——制作“水墨荷塘欣赏”片头

制作思路

将要使用的素材导入项目面板中，然后新建合成文件。将项目面板中的“荷花1.mov”素材拖拽到时间轴面板中生成“荷花1.mov”图层，并设置“缩放”属性；将“荷花2.mov”素材拖拽到时间轴面板中，将不需要的视频段剪掉，然后在两段视频的过渡处设置“不透明度”属性。采用同样的方法将“桃花.mov”素材拖拽到时间轴面板中，剪掉不需要的部分并设置“不透明度”属性，最后将“背景音乐.mp3”素材拖拽到时间轴面板中。

制作步骤

步骤1　启动After Effects CC软件，然后在项目面板中双击，在打开的对话框中选择本书配套素材中“ch01”>“案例二”>“水墨荷塘欣赏素材”文件夹中的所有素材，接着单击“导入”按钮，则所选素材被全部加载在项目面板中，如图1-2-10所示。

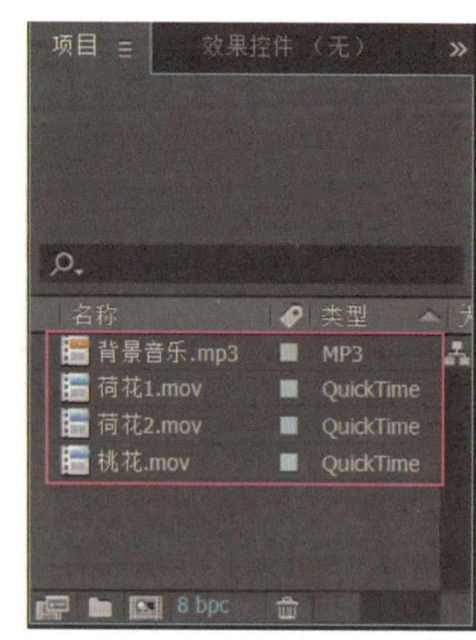

图 1-2-10　导入素材效果

提　示

mov 格式是 Apple 公司的视频格式。如果要在 After Effects 中应用 mov 格式的视频文件，需要在计算机中安装 QuickTime 软件。否则，将无法导入 mov 格式的文件。

步骤2　选择“合成”>“新建合成”菜单，打开“合成设置”对话框。在该对话框中设置合成名称、制式、像素长宽等，如图1-2-11所示，最后单击“确定”按钮。

步骤3　选中项目面板中的“荷花1.mov”素材，将其拖拽到时间轴面板中，系统自动生成"荷花1.mov"图层。单击该图层前的小三角按钮▶，再单击出现的"变换"前的按钮▶，以展开"变换"项，接着在"缩放"属性后的编辑框中输入"153"并按回车键，结果如图1-2-12所示。

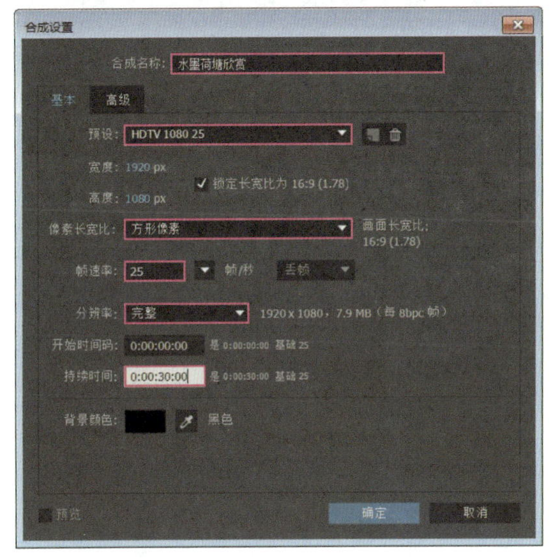

图 1-2-11 "合成设置"对话框

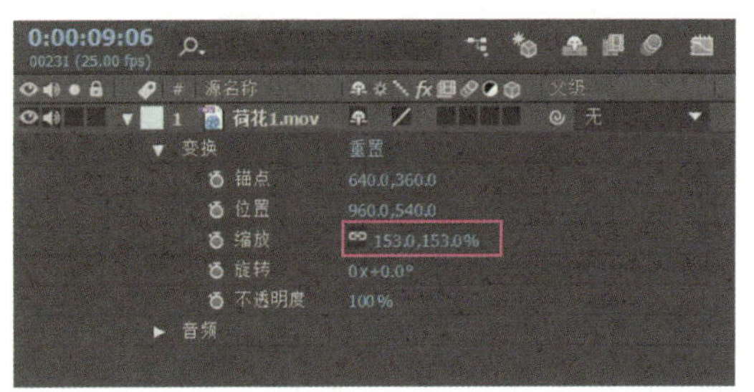

图 1-2-12 设置"缩放"属性

知识库

After Effects 的大多数编辑框中的数值，既可以采用在编辑框中直接输入数值的方式来修改数值，也可以先将鼠标放在要修改的数值上，待光标变成状时单击并拖动鼠标调整编辑框中的数值。

步骤4 将项目面板中的"荷花2.mov"素材拖拽到时间轴面板中"荷花1.mov"图层的上方。将当前时间指针拖动到第5秒处，然后按【Alt+［】键将该视频时间线之前的内容全部剪掉。

提 示

After Effects 具有视频剪辑功能。选中要剪辑的视频时间轨，然后将当前时间指针拖动要修剪的位置，按【Alt+［】键可将该时间线前的视频剪掉，按【Alt+］】键可将该时间线后的视频剪掉。

如果按【Alt+［】键后无法剪切"荷花2.mov"素材，可先在"荷花2.mov"图层的时间轨上单击，以选中该段视频，然后按【Alt+［】键进行剪切。

步骤5 单击"荷花2.mov"图层下方的"不透明度"属性前的"时间变化秒表"按钮，将"不透明度"编辑框中的数值拖动到"10%"，接着将当前时间指针拖动到7秒15帧处，将"不透明度"编辑框中的数值拖动到"100%"。此时，系统自动在第7秒15帧处添加不透明度关键帧，如图1-2-13所示。

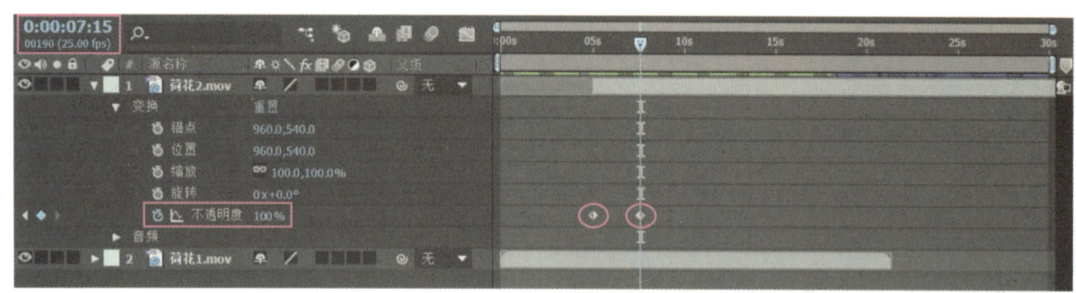

图 1-2-13 设置“不透明度”属性

设置好“荷花 2.mov”图层的“不透明度”属性后，如果按小键盘上的数字【0】键，可从头预览整个合成的动画效果；如果按空格键，则可从时间线处向后预览荷花动画。在视频预览过程中，随时按空格键可退出视频的预览状态。

如果要删除某个图层，可先选中该图层，然后按【Delete】键将其删除。

步骤6 将项目面板中的“桃花.mov”素材拖拽到时间轴面板中“荷花2.mov”图层的上方。将当前时间指针拖动到7秒处，然后按【Alt+［】键将该视频7秒前的内容全部剪掉。

步骤7 单击“桃花.mov”图层下方的“不透明度”属性前的“时间变化秒表”按钮，将“不透明度”编辑框中的数值拖动到“10%”，接着将当前时间指针拖动到10秒处，将“不透明度”编辑框中的数值拖动到“100%”。在“桃花.mov”图层右侧的时间轨上单击并向右拖动，使剪切后的时间轨的起始位置位于18秒处，结果如图1-2-14所示。

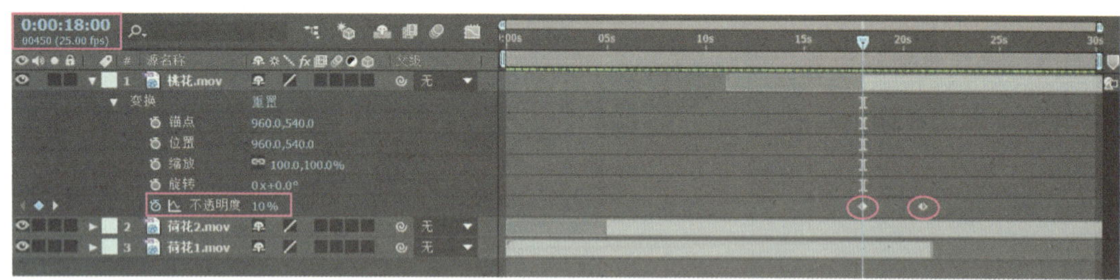

图 1-2-14 设置“不透明度”属性

步骤8 “荷花1.mov”和“荷花2.mov”中带有音乐，读者可按数字【0】键聆听。如果不想要这段背景音乐，可单击“荷花1.mov”和“荷花2.mov”图层前的按钮，将其关闭；如果要将项目面板中的“背景音乐.mp3”作为背景音乐，可先将其拖拽到时间轴面板中，然后按数字【0】键预览视频画面和试听音乐。

视频的“背景音乐”图层可放置在时间轴面板中的任一图层的上方或下方，一般情况下作为最后一个图层放在图层列表的最下方。

依次展开“背景音乐.mp3”图层，可以看到该段音乐的波形，如图1-2-15所示。通过拖动“音频电平”编辑框中的数值，可调整“背景音乐.mp3”的音量；利用“音频电平”属性前的按钮，可为该段背景音乐添加“音频电平”关键帧，从而控制两个关键帧之间的音量。

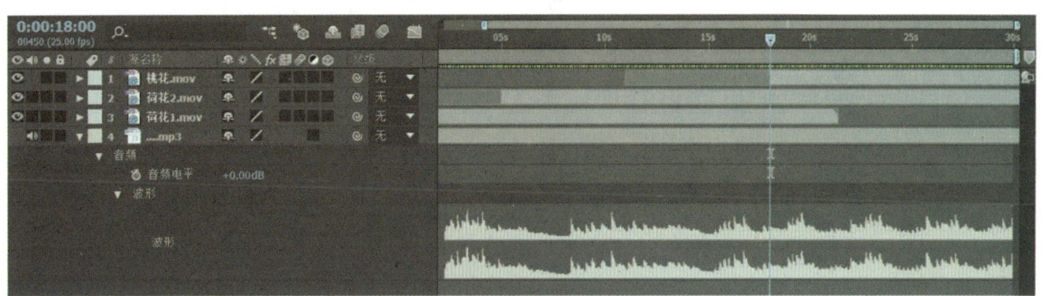

图 1-2-15　“背景音乐.mp3”图层的波形图

步骤9　按【Ctrl+S】键，在弹出的“另存为”对话框中选择合适的存储路径，然后输入文件名称“水墨荷塘欣赏”，单击“保存”键保存该文件。

知识库

保存文件时，最终完全的视频文件不一定非要与该视频中的素材保存在同一个文件夹中。因为After Effects具有搜索功能，在下次打开视频文件时，软件会在整个电脑硬盘中搜索该文件中所用到的所有素材。

如果打开合成文件(.aep)后出现如图1-2-16所示的对话框，则表示该视频文件中的素材有丢失现象。单击“确定”按钮后在项目面板中丢失的素材上右击，从弹出的快捷菜单中选择如图1-2-17所示的“替换素材”>“文件”菜单，然后在打开的对话框中选择要替换的素材即可。

图 1-2-16　素材丢失对话框

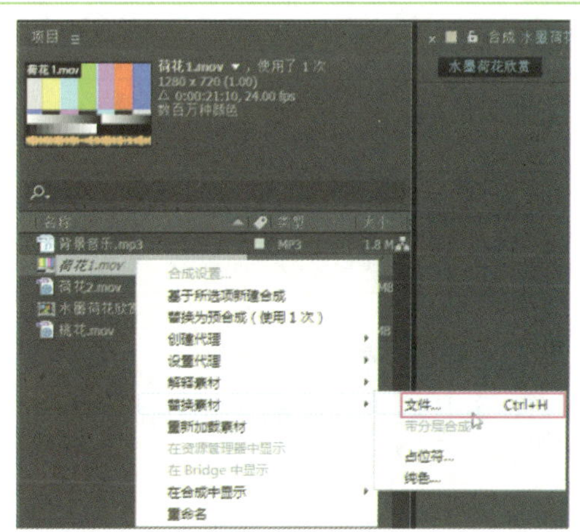

图 1-2-17　替换素材

案例总结

使用After Effects可以将几段视频合并成一个视频文件，还可以将视频中不需要的内容剪掉。为了使相邻两段视频过渡自然，可在第二段视频开始处为其添加“不透明度”属性。另外，利用After Effects还可以为视频文件添加背景音乐。

补充学习

一、导入素材的格式要求

After Effects中导入的素材可分为3类，即图片、视频和音频。After Effects中可以导入flv、mov、mp4、avi等多种视频格式，但无法导入rmvb格式的视频文件。如果要导入rmvb格式的文件，需要先将该文件转换为After Effects能够导入的视频格式。

下面主要介绍该软件支持的图像格式和音频格式，它们分别如表1-2-1和表1-2-2所示。

表1-2-1　支持的图像文件格式

格式	说　明
BMP	是Windows操作系统中的标准图像文件格式，能够被多种Windows应用程序所支持。这种格式的特点是几乎不进行压缩，图像质量高，但占用磁盘空间较大
JPG（JPEG）	是一种压缩率很高的图像文件格式，可以用最少的磁盘空间得到较好的图像质量。由于它采用的是具有破坏性的压缩算法，因此会降低图像的质量
GIF	是网络上经常使用的图像文件格式，其特点是压缩比较高，占用磁盘空间较少，支持透明背景和动画。但由于它最多只包含256种颜色，因此很少在视频软件中使用
PNG	是目前保证最不失真的格式，它吸取了GIF和JPG的优点，采用无损压缩方式来减少文件的大小，支持透明图像的制作。PNG的缺点是不支持动画应用效果
TIFF	是MAC（苹果机）中广泛使用的图像格式，其特点是图像格式复杂、存储信息多，图像质量高，可采用无损压缩方式来存储图像信息
PSD	是Photoshop的专用文件格式，可保存各种图层、通道和透明等信息。在Photoshop所支持的各种图像格式中，PSD的存取速度比其他格式都快很多，功能也很强大
AI	是Illustrator的标准文件格式，用来保存矢量图形，可以很好地导入After Effects软件中
TGA	是计算机上应用非常广泛的一种图象格式，具有体积小和图像质量高的优点，并且还支持透明通道。TGA格式常作为影视动画的序列图像输出格式

表1-2-2　支持的音频文件格式

格式	说　明
CD	44.1 kHz的采样频率，近似无损，声音接近原声
WAV	是微软公司开发的一种音频文件格式，被大多数应用程序支持。标准格式的WAV音频文件的音质和CD相差无几
MP3	是一种采用有损压缩的音频文件格式，其压缩率可达到1∶10。由于MP3文件体积小，音质也不错，因此成为网络上最流行的音频文件格式
WMA	是微软力推的一种音频文件格式，其压缩率可达1∶18，音质与MP3差不多

二、导入素材的几种方式

After Effects中既可以一次导入一个或多个素材文件，也可以一次导入一个文件夹。导入素材与导入文件夹的方法基本相同，常用的方法有以下3种。

方法1：

在项目面板中的空白处双击，然后在打开的“导入文件”对话框中单击、框选，或按住【Ctrl】键在要导入的多个素材上单击，选中要导入的素材，最后单击“导入”按钮，均可一次导入一个或多个素材。

若在“导入文件”对话框中要导入的文件夹上单击，然后单击该对话框右下角的“导入文件夹”按钮，可将该文件夹导入项目面板中。双击项目面板中的文件夹，可显示其中的所有素材，如图1-2-18所示。

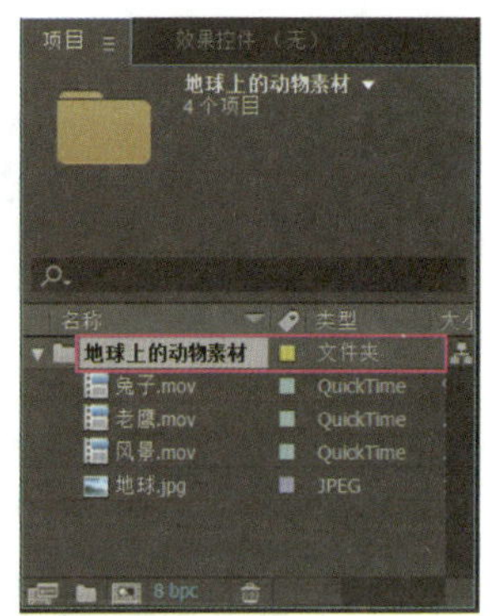

图1-2-18　导入文件夹

方法2：

在项目面板空白处右击，选择“导入”>“文件”或“多个文件”菜单，可一次导入一个素材、多个素材或一个文件夹。

方法3：

按【Ctrl+I】键，在打开的“导入文件”对话框中进行相关操作，操作方法与方法1相同。

三、导入PSD图像和序列图像的方法

1. 导入PSD图像

After Effects支持Photoshop生成的PSD图像文件，用户可根据需要在导入过程中对PSD图像文件中的图层进行合并后导入，也可以导入单个图层，并保存其中的透明度信息等图层属性。但是，在将PSD图像文件导入项目面板中时会弹出相应的对话框。

例如，要导入本书配套素材中的“ch01”>“案例二”>“电影海报.psd”文件，可按以下方法操作。

步骤1　按【Ctrl+I】键后在打开的“导入文件”对话框中选择要导入的“电影海报.psd”文件，然后单击“导入”按钮。此时，系统将打开如图1-2-19所示的对话框。

步骤2　当“导入种类”列表框中为“素材”时，选中“合并的图层”单选钮，然后单击“确定”按钮，则会将PSD图像作为一个整体导入项目面板；若选择“选择图层”单选钮，其右侧的下拉列表中将显示该文件中的所有图层。选择“人物”图层选项并单击“确定”按钮，即可将“电影海报.psd”文件中“人物”图层中的对象导入项目面板中。双击项目面板中导入的素材，合成窗口中将显示该图层中的内容，如图1-2-20所示。

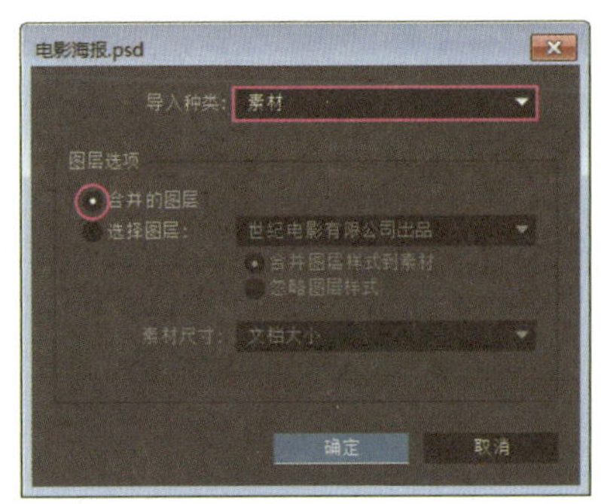

图1-2-19　导入“人物”图层

图1-2-20　“人物/电影海报.psd”图层中的内容

步骤3 若在“导入种类”下拉列表中选择“合成”或“合成-保持图层大小”选项，再在“图层选项”选项组中选择“可编辑的图层样式”单选钮，单击“确定”按钮后可将PSD图像作为合成导入项目面板。双击“电影海报个图层”文件夹，可显示该文件夹中的所有对象，如图1-2-21所示。双击项目面板中的“电影海报”合成，可在合成窗口中看到海报的最终效果。

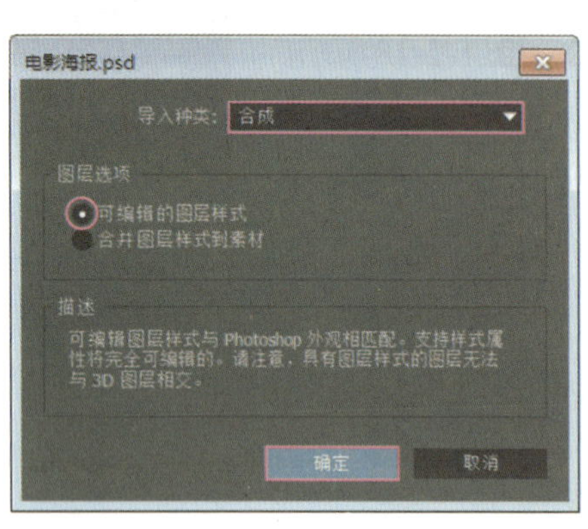

图 1-2-21　将 PSD 图像作为合成导入

2. 导入序列图像

After Effects经常与3ds Max、MAYA、Cinema 4D等三维软件配合使用，因此，经常需要在After Effects中导入三维软件中导出的序列图像。After Effects可以将这些按顺序排列的图像导入为一个视频片段，每一副序列图像就是视频片段的一帧。

例如，要导入本书配套素材“ch01”>“案例二”>“序列图像”文件夹中天鹅飞行的序列图像，可在打开的“导入文件”对话框中选择“序列图像”文件夹中的任意一个图像素材，然后勾选“JPEG序列”复选框，如图1-2-22所示。

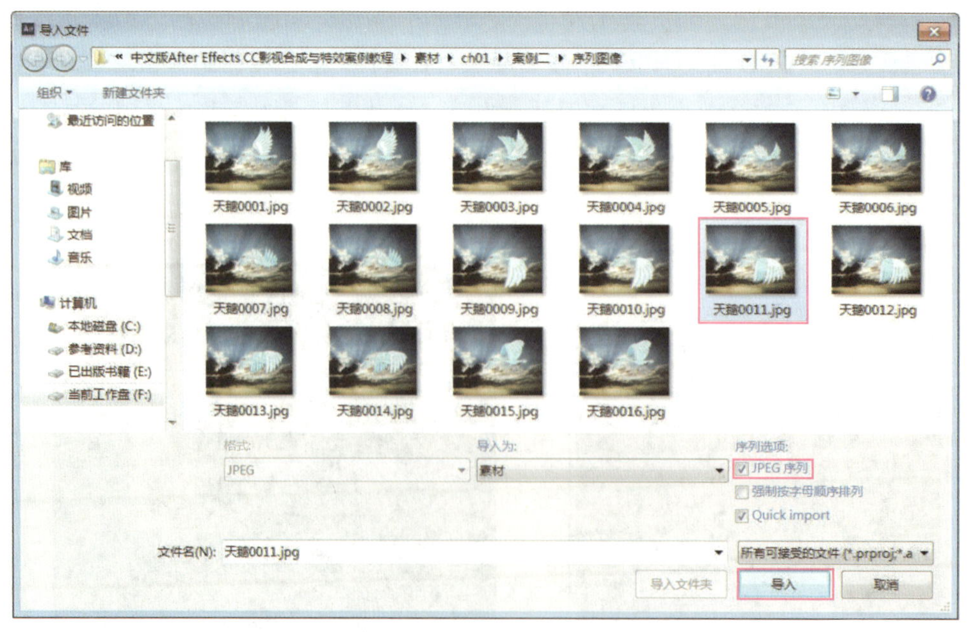

图 1-2-22　导入天鹅飞行序列图像

单击“导入”按钮，则“序列图像”文件夹中的所有序列图像将所为一个视频文件被加载在项目面板中，且以“天鹅［0001-0016］.jpg”命名。双击项目面板中的该素材，然后按【0】键可在合成窗口中看到动画效果，如图1-2-23所示。

图 1-2-23　合成窗口效果

提　示

一般情况下，视频的帧速率约为 25 fps，表示 1 秒播放 25 幅图。由于图 1-2-22 中仅有 16 幅图，所以导入项目面板中后，该序列仅占 16 帧长，且一帧对应一幅图，如图 1-2-23 所示。

四、合成窗口与图层窗口的切换

将素材导入项目面板中后，双击项目面板中任意一个素材，则合成窗口中将出现该素材的画面。在时间轴面板中添加动画后，如果合成窗口中的画面不产生任何变化，很可能是因为当前窗口是图层窗口，而不是合成窗口，如图1-2-24所示。此时，只需要在合成窗口中的合成标签上单击，即可切换到合成窗口。

图 1-2-24　“荷花 2.mov”图层窗口

案例三 快速上手案例
——制作“地球上的动物”片段

案例说明

地球上的动物

使用After Effects制作视频时，用到的素材有图片、视频和声音，在制作过程中，可根据需要对它们进行任意剪辑。下面通过制作“地球上的动物”片段，继续学习使用After Effects制作视频的基本流程。

【案例3】 **“地球上的动物”简介**

请大家打开本书配套素材中的“ch01”>“案例三”文件夹，观看其中的“地球上的动物.mov”视频。该视频是由“地球上的动物”文件夹中的“地球.jpg”图片和“风景.mov”“老鹰.mov”“兔子.mov”视频制作成的，该视频的画面如图1-3-1所示。

素材：素材与实例\ch01\案例三\地球上的动物素材\地球.jpg、风景.mov、老鹰.mov和兔子.mov

结果：素材与实例\ch01\案例三\地球上的动物.aep

图 1-3-1 “地球上的动物”视频画面

在观看“地球上的动物.mov”视频时，需要注意以下几点：

（1）地球在出现时有转动、缩放，且透明度也有变化。地球与风景的切换处设置了不透明效果。

（2）老鹰在看逃命中的兔子时，兔子逃跑的过程和老鹰分别用两个镜头来展现。

案例实施 ——制作“地球上的动物”片段

制作思路

导入相关素材，然后将“地球.jpg”素材添加到时间轴面板中，为其添加缩放、旋转和不透明度属性，接着将“风景.mov”素材添加到时间轴面板中，为其添加缩放和不透明度属性，并将不需要的部分剪掉；依次将“老鹰.mov”和“兔子.mov”素材添加到时间轴面板中，并对其进行裁剪。

制作步骤

步骤1 启动After Effects CC软件，选择“文件”>“打开项目”菜单，在打开的对话框中选择“ch01”>“案例一”文件夹>“地球上的动物素材.aep”文件，然后单击“打开”按钮，打开案例一中创建的“地球上的动物.aep”合成文件。

步骤2 在项目面板中的空白处双击，在打开的对话框中选择本书配套素材“ch01”>“案例三”>“地球上的动物”文件夹，然后按【Ctrl+A】键选中该文件夹中的所有素材并单击“导入”按钮。此时，被选中的所有素材均显示在项目面板中。

> **知识库**
>
> 在After Effects中制作视频动画时，既可以先新建合成，再导入素材，也可以先导入素材，再创建合成。

步骤3 选中项目面板中的“地球.jpg”素材，将其拖拽到时间轴面板中。单击该图层中的小三角按钮，再单击出现的“变换”前的小三角按钮，展开“变换”项。单击“不透明度”属性前的按钮，然后在“不透明度”属性后的编辑框中输入“0”并回车，如图1-3-2所示。

步骤4 将当前时间指针拖动到2秒09帧处，在“不透明度”属性后的编辑框中输入“100”并回车，如图1-3-3所示。

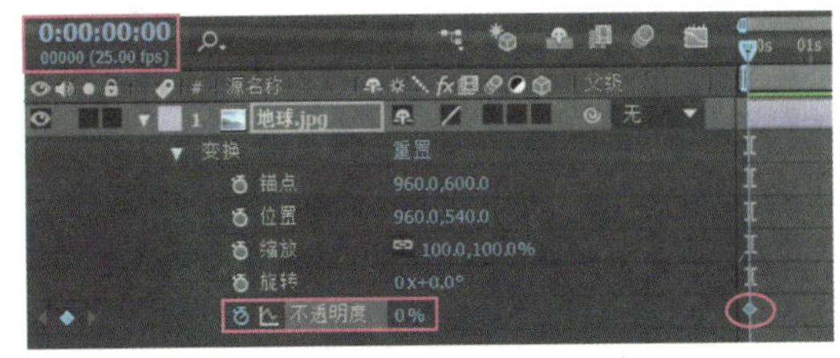

图1-3-2 设置“不透明度”属性①

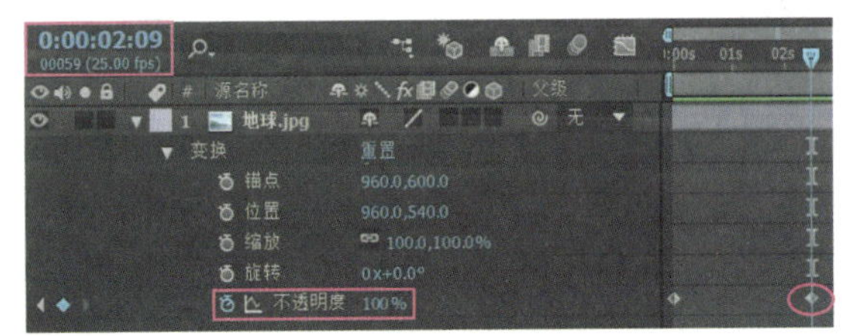

图1-3-3 设置“不透明度”属性②

步骤5 将当前时间指针拖动到0秒处，单击“旋转”属性前的按钮，采用默认的旋转角度“0x+0.0°”；将当前时间指针拖动到2秒09帧处，在“旋转”属性后的“0.0°”编辑框中单击，输入“10”后回车。此时，系统将在2秒09帧处自动添加旋转关键帧，结果如图1-3-4所示。

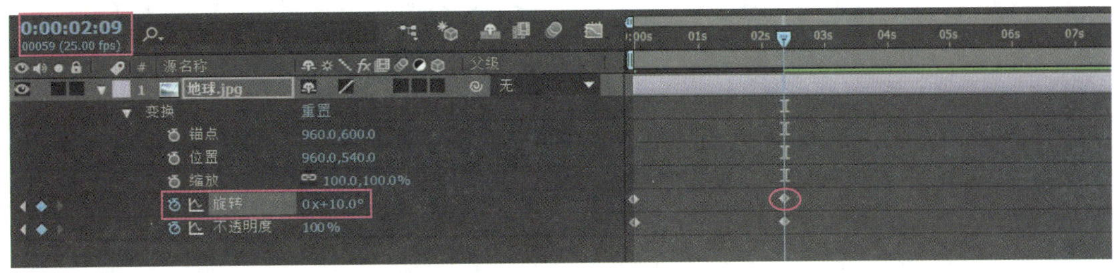

图1-3-4 设置“旋转”属性

步骤6 采用同样的方法，分别在0秒和2秒09帧处添加“缩放”关键帧，缩放比例依次为“100%”和“114%”。

步骤7 将项目面板中的“风景.mov”素材拖拽到时间轴面板中“地球.jpg”图层的上方。将当前时间指针拖动到0秒处，然后单击“缩放”属性前的按钮，将“缩放”编辑框中的数值拖至“223%”左右，使该视频画面的上下边界稍超出合成窗口的上下边界，如图1-3-5（a）所示。

步骤8 单击“缩放”编辑框前的“约束比例”按钮，然后单击紧邻该按钮的编辑框并拖动，使视频画面的左右边界稍超出合成窗口的左右边界，如图1-3-5（b）所示。此时，“缩放”编辑框中的数值为“297.0，223.0%”。

（a）

（b）

图1-3-5 调整缩放比例

> **提 示**
>
> “缩放”属性后的“约束比例”按钮用于控制画面的宽度和高度等比例缩放。单击该按钮后，可单独调整画面的宽度尺寸和高度尺寸。

步骤9 将当前时间指针拖动到1秒15帧处，单击“缩放”编辑框前的，使其出现按钮，然后将“缩放”编辑框中的数值拖动至“319.0，239.5%”处。此时，将出现缩放关键帧。

步骤10 将当前时间指针拖动到5秒处，然后按【Alt+] 】键将5秒后的视频剪掉。在“风景.mov”图层的时间轨上单击，并将其向右拖动，使该图层时间轴的起始位置在2秒处。参照上述方法为“风景.mov”图层设置“不透明度”属性，其参数分别是2秒处为0%，3秒处为100%，如图1-3-6所示。

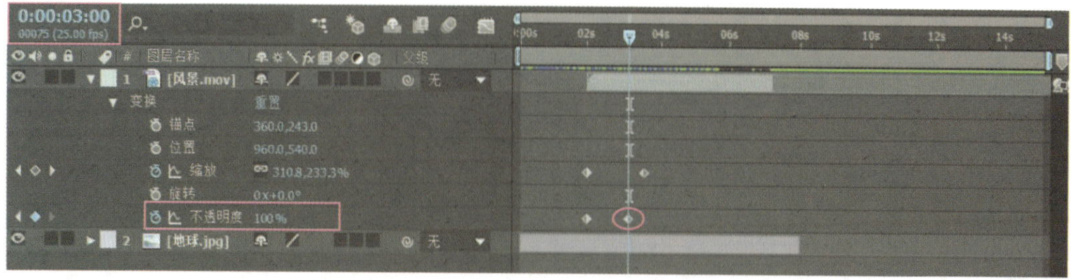

图1-3-6 设置“不透明度”属性

步骤11 将项目面板中的“老鹰.mov”素材拖拽到时间轴面板中“风景.mov”图层的上方。将当前时间指针拖动到5秒20帧处，然后在“老鹰.mov”图层的时间轨上单击，接着按【Alt+]】键将5秒20帧后的视频剪掉。在“老鹰.mov”图层的时间轨上单击并向右拖动，使该时间轨的起始位置位于5秒20帧左右，如图1-3-7所示。

图 1-3-7 设置“老鹰.mov”图层的起始位置

步骤12 将“兔子.mov”素材拖拽到时间轴面板中“老鹰.mov”图层的上方，然后将“缩放”编辑框中的数值拖动至“280.0%”处。将当前时间指针拖动到1秒18帧处，按【Alt+]】键将1秒18帧后的视频剪掉。在“兔子.mov”图层的时间轨上单击并向右拖动，使该时间轨的起始位置位于7秒20帧左右，如图1-3-8所示。

步骤13 在“兔子.mov”图层的时间轨上单击，依次按【Ctrl+C】键和【Ctrl+V】键复制并粘贴该图层。将光标移至最上方“兔子.mov”图层被剪部位，当光标变成状时单击向右拖动，使被剪部分复原，如图1-3-8所示。

图 1-3-8 恢复“兔子.mov”图层

步骤14 将当前时间指针拖动到11秒06帧处，按【Alt+[】键将11秒06帧之前的视频剪掉。

此时，按【0】键可以看到地球在出现时既有旋转又有缩放。另外，地球与风景交接处呈现半透明状，从而使得两个画面的转换很自然；老鹰在看兔子逃跑的过程分成了两部分，连接处也很顺畅。

步骤15 选择“文件”>“另存为”>“另存为”菜单，在打开的对话框中选择合适的存储路径，单击“保存”按钮保存该文件，最后选择“文件”>“关闭项目”菜单，将“地球上的动物.aep”文件关闭。

案例总结

对某个图层添加关键帧动画时，可先将时间线拖至需要添加关键帧的位置，然后单击所需属性前的按钮，再将时间线拖至其他位置，调整该属性编辑框中的参数，则可自动在该时间线处添加关键帧。

通过制作该案例可知，通过对图片所在图层的旋转、缩放、不透明度等属性设置关键帧，可使静态的图片“动”起来，这就是After Effects的魅力之一。

案例四　输出第一个作品
——视频输出时的压缩处理

案例说明

前面制作的“水墨荷塘欣赏”和“地球上的动物”案例都是以“.aep”格式存储的，只有使用After Effects软件才能打开。为了方便使用，通常需要将用After Effects软件制作的文件输出为视频格式，如AVI、MOV、WAV、MP4等。在输出为视频格式时，需要对源文件进行相应的压缩处理。否则，不仅输出速度很慢，而且输出的视频文件的体积很大。

下面通过将案例三中制作的“地球上的动物.aep”文件输出为“地球上的动物.mov”格式，来讲解After Effects的输出方法。

预备知识

一、常见的视频编码和视频格式

在制作视频时，经常会遇到视频文件导入软件后无法对其进行编辑，或导入后出现播放不正常等问题。一般情况下，这些问题都是由视频素材的编码引起的。那么，什么是视频编码呢？

所谓视频编码，是指使用特定技术对视频进行压缩，以在尽量不损害其播放效果的前提下减少体积的一种方式。常用的视频编解码标准为国际电联制定的H.261、H.263和H.264。其中，H.264是目前最流行的视频编码标准，它最大的特点是具有极高的压缩比，缺点是计算复杂，对计算机的配置要求较高。

提　示

需要注意的是，我们常说的诸如AVI、MP4等视频格式与视频编码是不同的概念，但二者有一定联系。视频格式指的是对编码后的视频流进行封装的一种方式。采用相同编码的视频流可以使用不同的格式进行封装。

在After Effects中选择不同的视频格式，软件会显示出该格式下的所有视频编解码器。例如，选择AVI视频格式，则“AVI选项”对话框中将出现如图1-4-1所示的7种视频编解码器。一般采用默认的“None”选项即可。

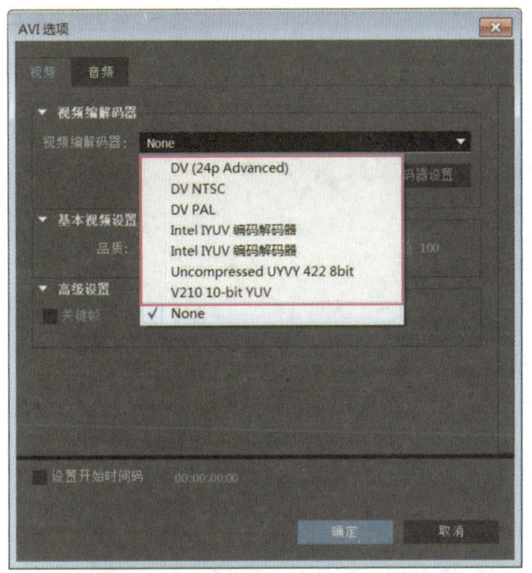

图 1-4-1　AVI 视频格式的视频编解码器

二、输出视频前的相关设置

在输出视频前，一定要先在时间轴面板中查看要输出的视频长度。否则，输出的视频可能会有很长一段无内容，或输出的视频不完整。通常情况下，可通过拖动时间轨上方的时间标尺来调整要输出的内容。如图 1-4-2 所示，将时间标尺拖动到 14 秒 15 帧处，输出时只能输出 0 秒至 14 秒 15 帧间的视频。

除了要检查时间线外，还需要进行视频格式、视频编解码器、视频输出通道等设置。

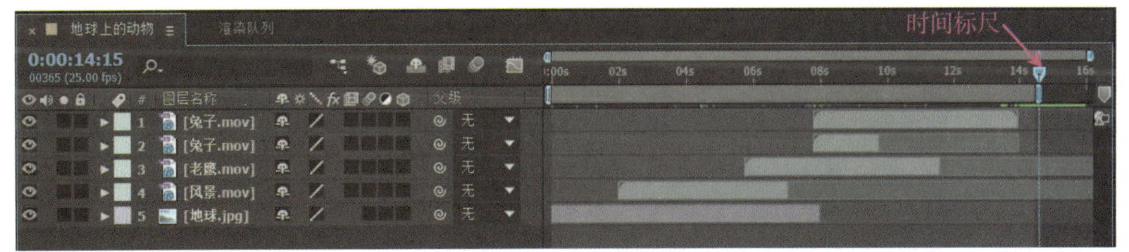

图 1-4-2　拖动时间标尺调整输出范围

1. 选择合适的视频格式

在After Effects CC中选择如图1-4-3所示的“AVI”或“QuickTime”选项，可以输出格式为“avi”或“mov”的视频。这两种视频格式是很常见的，一般情况下，常用的视频播放器都可以播放“avi”和“mov”格式的视频。

知识库

After Effects CC 中只能输出“avi”和“mov”格式的视频。如果要输出其他格式的视频，需先输出“mov”格式的视频，然后再通过格式工厂软件将其转换成其他格式。

在没有特殊需求的情况下，在 After Effects 中输出视频时一般不推荐选择“avi”格式，这是因为输出的“avi”格式的视频体积比“mov”格式的体积大很多。

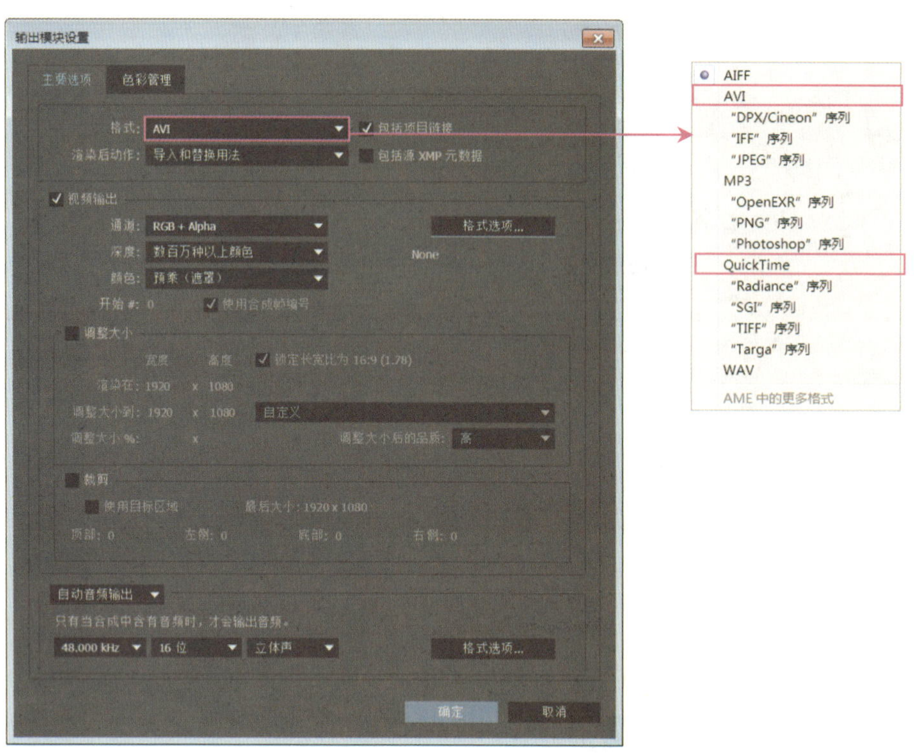

图 1-4-3 “输出模块设置”对话框

2. 选择合适的视频编解码器

在如图1-4-3所示的“格式”下拉列表中选择“QuickTime”选项，然后单击“视频输出”设置区中的“格式选项”按钮，在打开的“QuickTime选项”对话框中选择“H.264”或“动画”视频编解码器即可，如图1-4-4所示。

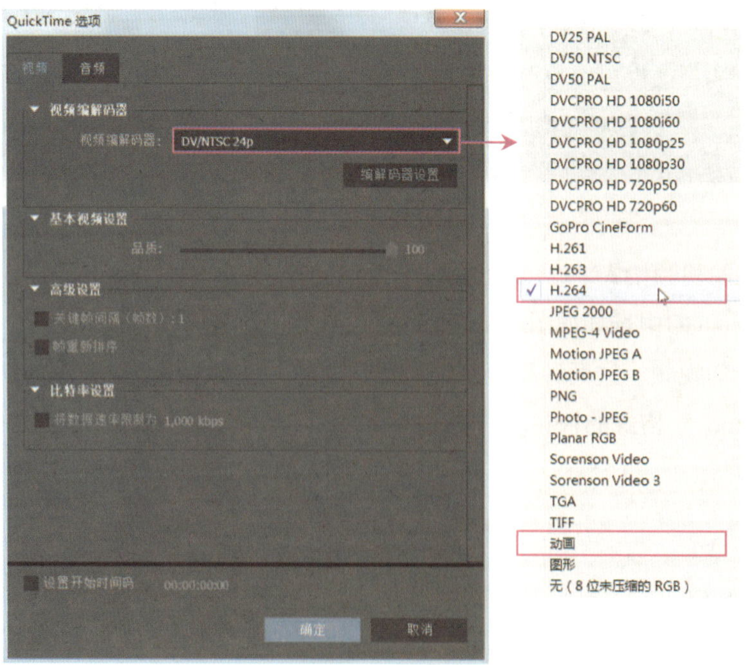

图 1-4-4 “QuickTime 选项”对话框

选择图 1-4-4 中的“动画”选项比选择“H.264”选项输出的视频的分辨率高。如果输出的视频不用于在电视台或其他平台上播放时，可选择“H.264”选项。

案例实施——渲染输出“地球上的动物”片段

制作思路

渲染输出成视频格式时，可按照“检查渲染输出的时长→添加到渲染队列→进行视频格式和视频编解码器等设置→选择存储路径→渲染输出”的顺序进行操作。

制作步骤

步骤 1 打开 After Effects CC 后，选择“文件”>“打开项目”菜单，然后在打开的“打开”对话框中选择“ch01”>“案例三”文件夹>“地球上的动物.aep”文件，单击“打开”按钮，则项目面板中显示所有的素材文件和合成文件，如图 1-4-5 所示。此时，时间轴面板中已显示了该合成文件的所有图层。

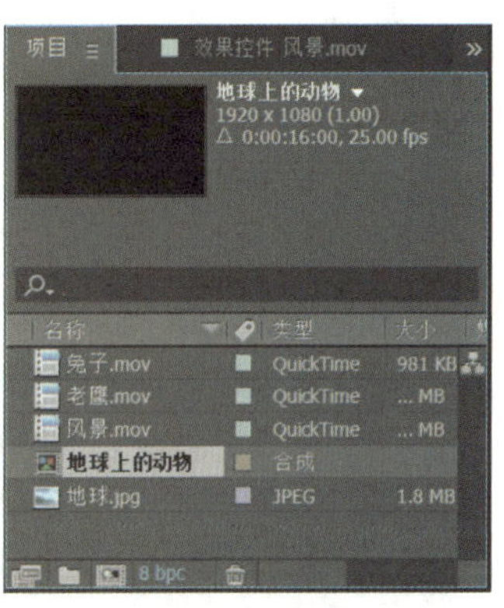

图 1-4-5　项目面板

提　示

如果通过在项目面板中双击的方式加载“地球上的动物.aep”文件，则该文件将以文件夹的形式被加载在项目面板中。在项目面板的“地球上的动物.aep”文件夹上双击展开素材文件及合成文件，接着双击“地球上的动物”合成文件，时间轴面板中将显示该合成文件中的所有图层。

步骤 2 检查渲染输出的时长。由时间轴面板中各素材的位置可知，14 秒之后的画面没有任何内容。因此，可将时间标尺拖动至 14 秒 15 帧左右，以减小视频的体积，如图 1-4-6 所示。

图 1-4-6　拖动时间标尺

步骤3 添加到渲染队列。确定了视频的输出范围后，选择“文件”>“导出”>“添加到渲染队列”菜单，则要输出的内容就被加载在时间轴面板中的“渲染队列”选项卡中了。一般情况下，采用默认的“最佳设置”渲染设置，如图1-4-7所示。

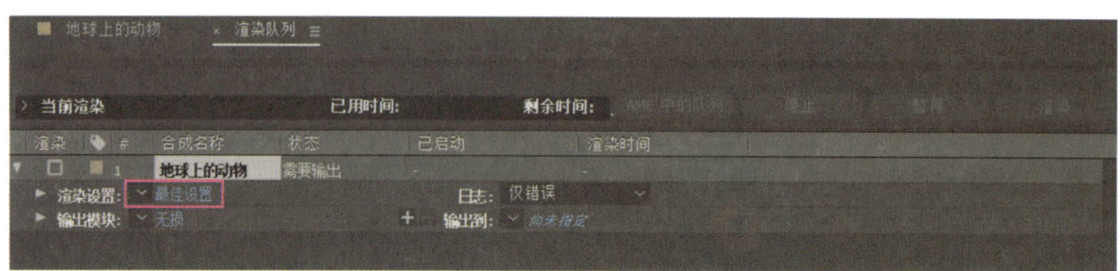

图 1-4-7　加载要输出的内容

步骤4 输出格式设置。在图1-4-7中的“无损”文字上单击，打开如图1-4-8所示的“输出模块设置”对话框。在该对话框中的“格式”下拉列表中选择“QuickTime”选项。

步骤5 单击“视频输出”区域中的“格式选项”按钮，打开如图1-4-9所示的“QuickTime选项”对话框。在“视频编解码器”下拉列表中选择“H.264”编码器。如果要输出的视频比较长时，可将“基本视频设置”设置区中的品质滑块向左拖动到70～90左右，以减小视频的体积。最后单击“确定”按钮，返回至“输出模块设置”对话框。

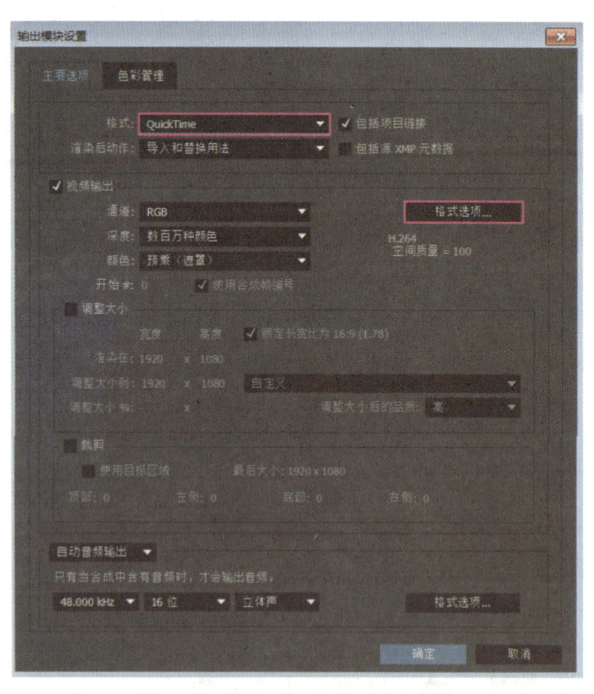

图 1-4-8　“输出模块设置”对话框

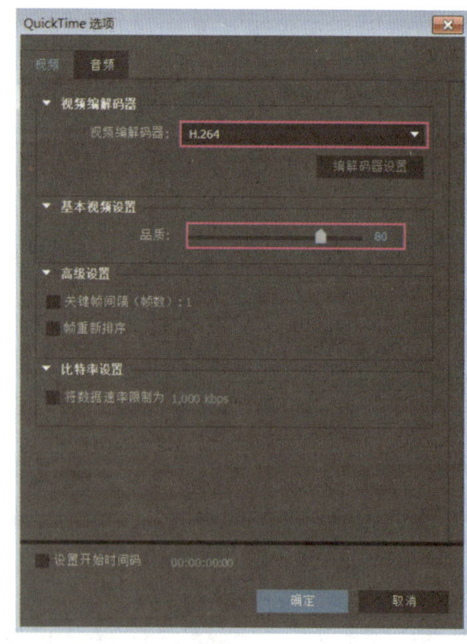

图 1-4-9　“QuickTime 选项”对话框

步骤6 调整画面尺寸。如果要调整视频画面的大小，可勾选如图1-4-8所示“输出模块设置”对话框中的“调整大小”复选框，然后在“调整大小到”后的编辑框中输入所需参数。必要时，还可以在该参数右侧的下拉列表中重新设置输出时的播放制式。本案例不进行设置。

步骤7 单击时间轴面板中“输出到”右侧的蓝色文字，然后在打开的“将影片输出到”文件夹中选择合适的存储路径，单击“保存”按钮关闭该对话框。最后单击时间轴面板中的“渲

染”按钮，系统将开始自动渲染，并将渲染好的视频存放在所选路径下。

补充学习——视频编解码器的选择

常用的视频编解码器有“H.264”和“动画”两种。一般情况下，在对视频进行输出时选择“H.264”编解码器即可。如果要求输出的视频或序列帧带透明通道，可在如图1-4-8所示对话框的“视频输出”设置区的“通道”下拉列表中选择“Alpha”。此时，输出的视频为黑白色，如图1-4-10所示。

如果需要输出带有透明通道且有色彩的视频，可将视频编解码器设为“动画”，然后在如图1-4-8所示对话框的“通道”下拉列表中选择“RGB+Alpha”选项。此时，渲染出的视频画面如图1-4-11所示。

图1-4-10 “Alpha”通道效果

图1-4-11 “RGB+Alpha”通道效果

知识库

利用“Alpha”或“RGB+Alpha”通道渲染输出的视频或序列图像中，画面上的黑色部位为透明部位，常用于与其他图层轨道上的内容叠加显示。如图1-4-12所示，位于该“老鹰”图层下方图层上的内容都会在除老鹰外的黑色透明部分显示。

图1-4-12 利用透明通道合成效果

本章主要介绍了视频制作的一些基础知识，以及After Effects CC的工作界面、制作视频的基本操作流程和渲染输出视频时的相关设置等内容。在学完本章内容后，读者应重点掌握以下知识。

- 每秒显示的图片数量就是帧速率。合并两段视频时，一定要注意场序。
- 图像是由像素是组成的，一幅图像中像素的数量称为分辨率。
- After Effects CC的工作界面主要由项目面板、合成窗口和时间轴面板3大部分组成。其中，项目面板用于加载素材文件，合成窗口用于显示各图层中的画面及合成的视频效果，时间轴面板主要用于为各图层添加动画。
- 视频合成的基本操作流程为：导入素材→新建合成→在时间轴面板中加载素材→对各图层轨道上的素材设置动画效果→渲染并导出视频文件。
- After Effects中导入素材的方法有3种，分别为：在项目面板中双击、选择“导入”>“文件”或“多个文件”菜单，以及按【Ctrl+I】键。
- 要在After Effects中渲染输出视频，应按照“检查渲染输出的时长→添加到渲染队列→进行视频格式、视频编解码器、通道等设置→选择存储路径→渲染输出”的顺序输出。

一、制作“万王之王”游戏片头

“万王之王”片头

请大家观看本书配套素材中的“ch01”>“本章实训”>“万王之王.mov”视频。该视频是利用“万王之王”文件夹中的“远景.jpg”“近景.jpg”和“视频片段.mov”素材制作而成的，视频画面截图如下图所示。

素材：素材与实例\ch01\本章实训\万王之王素材\远景.jpg、近景.jpg和视频片段.mov

结果：素材与实例\ch01\本章实训\万王之王片头.aep

"万王之王"游戏片头截图

提示：

（1）设置合成文件的时长。由于"视频片段.mov"素材的时长为2分40秒18帧，所以在新建合成时，应将合成的时长设为3分钟左右，以便完整浏览"视频片段.mov"素材。

扫一扫

（2）"远景.jpg"图层设置。在"远景.jpg"图层中0秒和第6秒处添加缩放关键帧，缩放值分别为40%和60%；在第0秒和第2秒18帧处添加"不透明度"关键帧，"不透明度"值分别为0%和100%。最后将第9秒之后的视频按【Alt+}】键剪掉。

（3）"中景.jpg"图层设置。在"中景.jpg"图层中第5秒24帧和第9秒15帧处添加"缩放"关键帧，"缩放"值分别为150%和100%；在第5秒24帧、第9秒04帧、第10秒18帧和第12秒16帧处添加"不透明度"关键帧，"不透明度"值分别为0%、100%、100%和0%。最后将第13秒之后的视频按【Alt+}】键剪掉。

（4）"视频片段.mov"图层设置。先将缩放值设为160%，然后将第25秒前的内容按【Alt+{】键剪掉，将第30秒后的内容按【Alt+}】键剪掉，最后将该图层时间轨的起始位置拖动到第13秒处。

（5）将"视频片段.mov"图层按【Ctrl+C】和【Ctrl+V】键复制一份，其"缩放"值为160%，剪掉不需要的内容后将该图层的时间轨拖至合适位置。最后将"视频片段.mov"图层复制一份，剪掉不需要的内容后调整其时间轨的位置，并调整其在不同帧处的不透明度属性，创建渐显和渐隐效果。

（6）关闭各图层前的声音开关，然后将"背景音乐.mp3"素材拖拽到时间线面板中，并重新设置该合成文件的持续时间。

二、输出"水墨荷塘欣赏"视频

参照案例四中的内容，将课堂实训中制作的"水墨荷塘欣赏.aep"文件渲染输出为视频。该视频的格式为"mov"，不带通道，帧速率和画面大小与合成文件中的相同。

After Effects CC 基本操作

After Effects中的动画和特效都是在图层轨道上进行操作的。在熟悉了After Effects的工作界面和操作流程后，下面就来学习图层轨道的相关知识。例如，利用图层轨道上的旋转、缩放、不透明度等基本属性，以及利用父子关系、图层轨道遮罩、蒙版抠像等功能制作动画。上述这些知识都是在After Effects中制作动画的基础，也是最常用的操作。

学习目标

- 掌握图层及关键帧动画的基本操作
- 掌握 4 种图层轨道遮罩的功能及用途
- 掌握父子关系的功能
- 掌握蒙版抠像的方法
- 理解利用蒙版制作动画的原理及方法

案例一　制作简短片头
——图层轨道和关键帧

案例说明

After Effects中的动画制作和特效制作都离不开图层轨道，更离不开图层轨道中锚点、位置、缩放、旋转和不透明度这5个基本属性。对于After Effects来说，最基础的动画就是为这5个基本属性添加关键帧动画。

下面通过制作“荷塘动画片头”动画，来学习利用图层的基本属性制作关键帧动画的方法。

荷塘动画片头

【案例 1】　“荷塘动画片头”简介

请大家打开本书配套素材中的“ch02”>“案例一”文件夹，观看其中的“荷塘动画片头.mov”视频。该视频是由如图2-1-1（a）所示的5张图片制作而成的，最终的视频画面如图2-1-1（b）所示。

素材：素材与实例\ch02\案例一\荷塘动画片头素材\Logo.psd、船.psd、荷花.psd、荷塘背景.psd和桥.psd

结果：素材与实例\ch02\案例一\荷塘动画片头.aep

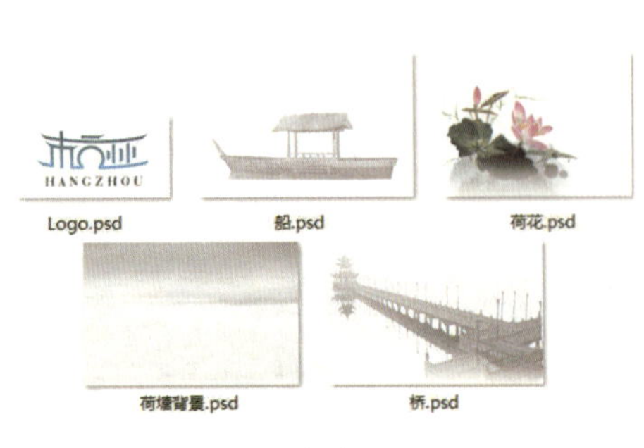

（a）

（b）

图 2-1-1　素材与视频效果截图

思考：视频中的荷塘背景、荷花、船、桥和Logo的动画效果分别使用哪些属性制作的？

预备知识

一、图层轨道的基本操作和属性

1. 图层轨道的基本操作

一般情况下，可通过将项目面板中的素材对象拖到时间轴面板中的方式创建图层轨道，或者在时间轴面板的图层区右击鼠标，然后在弹出的快捷菜单中选择“新建”菜单下的相应选项来创建文字、灯光等图层轨道，如图2-1-2所示。

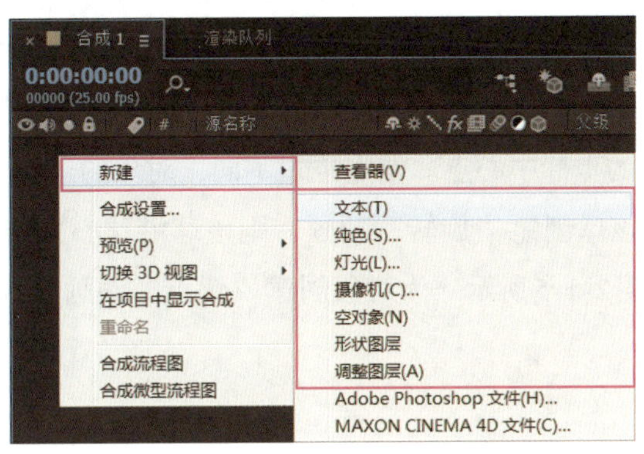

图 2-1-2　通过快捷菜单新建图层轨道

在After Effects中，上方图层中的对象会遮盖下方图层中的对象，因此，图层的排列顺序就决定了合成画面的最终效果。每个图层都有一个独立的时间轨道，要调整图层的排列顺序，只需选中要调整的图层，然后将其拖拽到其他图层的上方或下方即可，如图2-1-3所示。

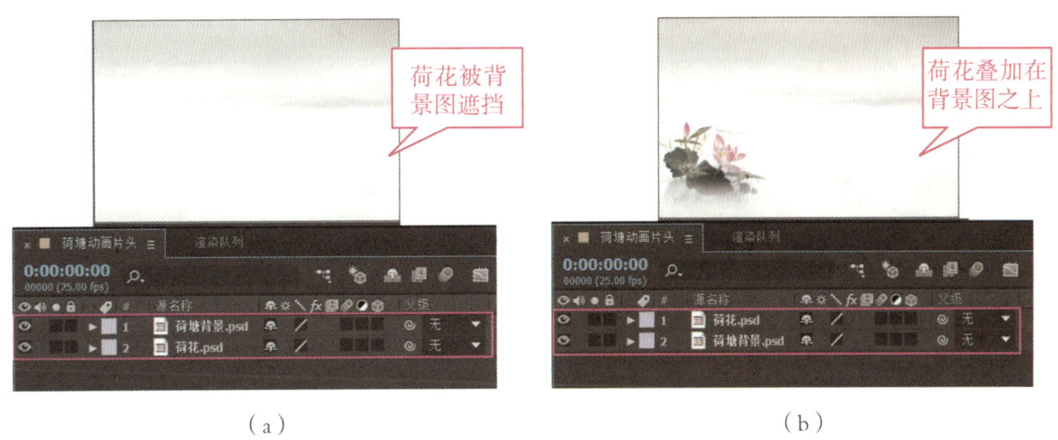

图 2-1-3　调整图层的顺序

调整图层的顺序时，应在该图层的“源名称”列表下方的图层名称上单击，以选中该图层。否则，将无法选中该图层。

2. 图层轨道的基本属性

在After Effects中，除音频外的其他图层轨道中至少有“锚点”“位置”“缩放”“旋转”和“不透明度”这5个基本属性，如图2-1-4所示。

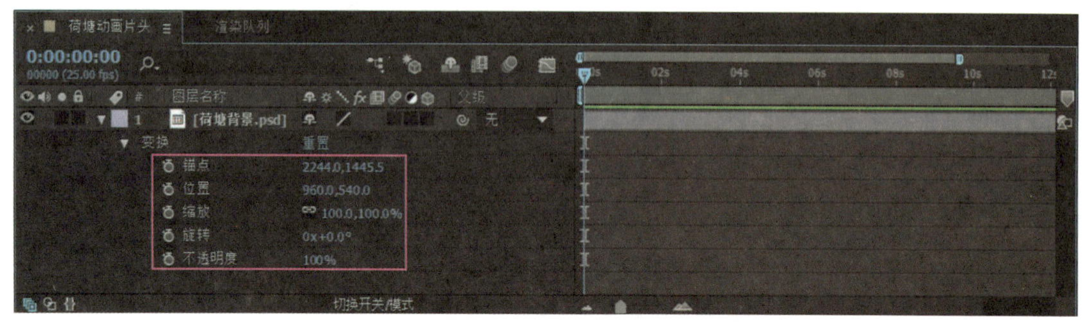

图 2-1-4 图层的属性

这些属性中，除了不透明度外，其他几个属性都是以锚点为基准来执行相关动作的。

◆ 锚点：锚点是对象的坐标中心点。锚点位置不同，对象的运动轨迹也会发生变化。例如，当锚点在球的中心时，为该球创建“旋转”动画，则该球沿球心自转；当锚点在球外时，则该球沿球外锚点做公转，如图2-1-5所示。为对象创建“锚点”动画后，该对象将以锚点为基准进行运动。

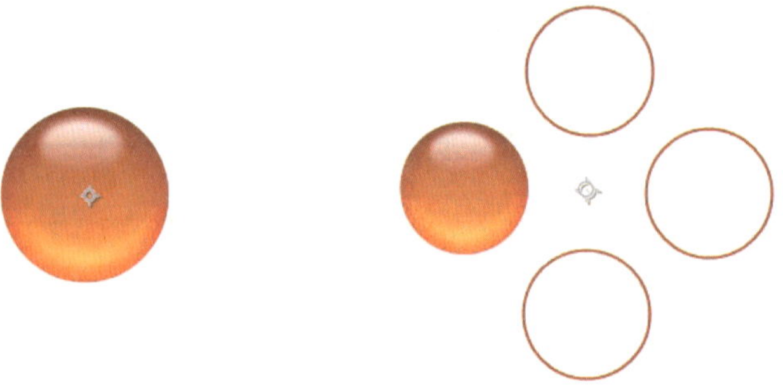

图 2-1-5 锚点位置不同时的旋转效果

提 示

默认情况下，每个图层的锚点都位于该图层的中心位置。双击该图层，即可打开图层面板，然后调整该图层“锚点”右侧编辑框中的数值，可调整锚点的位置。

“锚点”编辑框中的数值分别表示画面在水平（*X*轴）方向和竖直（*Y*轴）方向的坐标。拖动“锚点”编辑框中的第一个数值，合成窗口中的图像随之左右移动；拖动“锚点”编辑框中的第二个数值，合成窗口中的图像会随之上下移动。

◆ 位置：表示该图层画面在合成画面中的位置，其基准点为合成画面的左上角点。选择工具栏中的“选择工具”按钮，然后在要移动的图层上单击，再在合成窗口中拖动鼠标，可移动该图层上所有对象的位置，按【Shift】键并拖动鼠标，可使所选对象沿水平或竖直方向移动。

◆ 缩放：以锚点为中心，以百分比形式改变图层中对象的长度和宽度。默认状态下，图层中对象的长度和宽度按相同比例进行缩放；若单击“约束比例”按钮，可单独缩放图层中对象的长度和宽度。

◆ 旋转：以锚点为中心，改变图层中对象的旋转角度，该属性由圈数和度数两个参数组成。例如，2x+45° 表示图层中的对象旋转了2×360° +45° =765° 。

◆ 不透明度：以百分比形式改变图层中对象的不透明度，从0%～100%表示从完全透明到完全不透明。

二、关键帧的基本操作

After Effects中的动画主要是利用关键帧来制作的。

我们知道，时间轴面板中的图层是以一定数量的帧表示该图层时长的。如果在不同帧处改变对象的位置、大小、旋转角度、不透明度等属性，这些用于控制对象属性的帧就称为关键帧。After Effects会根据不同关键帧中的内容自动生成动画过程。每个动画至少要有两个关键帧，一个控制动画的开始，一个控制动画的结束。

案例实施——制作“荷塘动画”片头

制作思路

依次将“荷塘背景.psd”和“荷花.psd”素材拖拽到时间轴面板中，并分别为其设置缩放动画；将“船.psd”素材拖拽到时间轴面板中，为其设置行走路线；将“桥.psd”素材拖拽到时间轴面板中，为其设置运动线路和缩放动画；将“Logo.psd”素材拖拽到时间轴面板中，为其设置不透明度动画。

制作步骤

1. 导入素材并新建合成

步骤1 启动After Effects CC软件，然后选择“合成”>“新建合成”菜单，打开“合成设置”对话框。在该对话框中将合成名称设为“荷塘动画片头”，播放制式设为“HDTV 1080 25”，像素长宽比设为“方形像素”，帧速率设为“25”，持续时间设为15秒，其他采用默认设置。

提 示

本书中，在没有特殊说明的情况下，新建合成时的播放制式均为“HDTV 1080 25”，像素长宽比为“方形像素”，帧速率为“25”，不再重述。

步骤2 在项目面板的空白处双击，在打开的“导入文件”对话框中选择本书配套素材中的“ch02”>“案例一”>“荷塘动画片头素材”文件夹中的所有素材，将其导入项目面板中。

2. 制作荷塘背景和荷花的缩放动画

播放视频时可以看到，荷塘背景是由远景到近景逐渐显示的。因此，应为“荷塘背景.psd”素材添加“缩放”关键帧，且缩放值应由大变小。荷花是从画面的左下角由大变小的，因此，应为“荷花.psd”素材添加“缩放”关键帧，且缩放值应由大变小。

步骤1 选中项目面板中的“荷塘背景.psd”素材，将其拖拽到时间轴面板的图层区。单击该图层前的小三角按钮▶，再单击出现的“变换”前的按钮▶，展开“变换”项。单击“缩放”属性前的⏱按钮，采用默认的缩放比例“100%”，结果如图2-1-6（a）所示。

步骤2 将当前时间指针拖动到第10秒处，然后在缩放比例框中输入“45”并回车，结果如图2-1-6（b）所示。

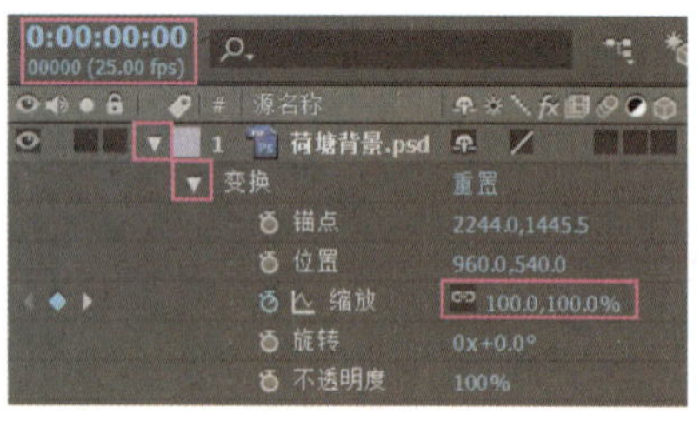

（a）

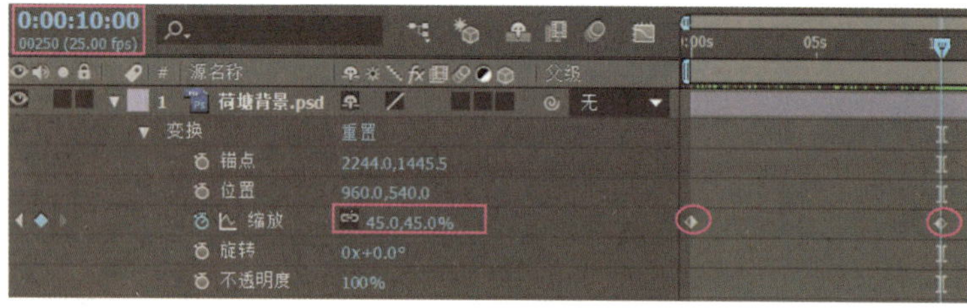

（b）

图 2-1-6　设置“荷塘背景”的缩放动画

> **提　示**
>
> 除了上述方法外，将当前时间指针拖动到第10秒处后，先单击“缩放”属性前的“关键帧”按钮◆，然后在缩放比例框中输入“45”并回车，也可以在第10秒处添加缩放关键帧。

步骤3 将“荷花.psd”素材拖拽到时间轴面板中，并使其位于“荷塘背景.psd”图层的上方。将当前时间指针拖动到0秒处，然后单击“缩放”属性前的⏱按钮，采用默认的缩放比例100%；将当前时间指针拖到该时间线的最右位置（约15 s处），将缩放比例设为45%，如图2-1-7所示。此时，合成窗口如图2-1-8所示。

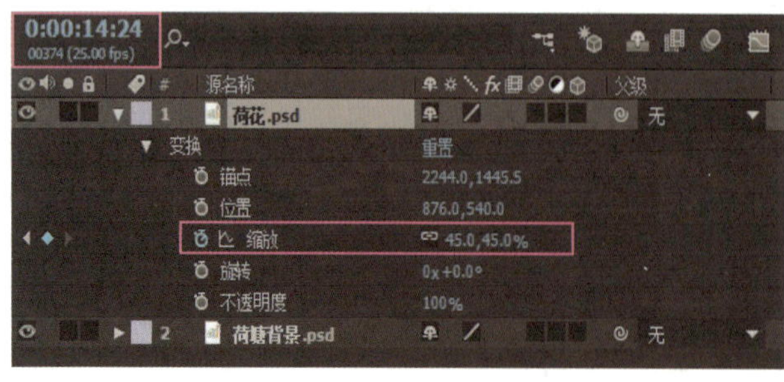

图 2-1-7　设置“荷花”的缩放属性

图 2-1-8　当前合成窗口效果

将当前时间指针拖动到时间线的最右侧后，虽然时间轴面板左上角显示当前指针所在位置为14秒24帧，但是实际上当前时间指针所指位置为15 s，如图2-1-7所示。以下类似情况不再重述。

3. 制作船的划动动画

小船从画面的右侧水平匀速划向左侧，行走2/3路程后速度变慢并匀速前行一段路程，最终停止。因此，应为“船.psd”图层添加3个“锚点”关键帧，且锚点值中代表*Y*轴的数值保持不变。

步骤1 将项目面板中的“船.psd”素材拖拽到时间轴面板中“荷花.psd”图层的上方，然后将“缩放”编辑框中的参数拖动到40%左右。将当前时间指针拖动到0秒处，单击“锚点”属性前的按钮，将锚点值设为“-1000，1445.5”。

步骤2 采用同样的方法，分别在第13秒和第10秒处添加关键帧，它们的锚点值分别为“2400，1445.5”和“2000，1445.5”，结果如图2-1-9所示。

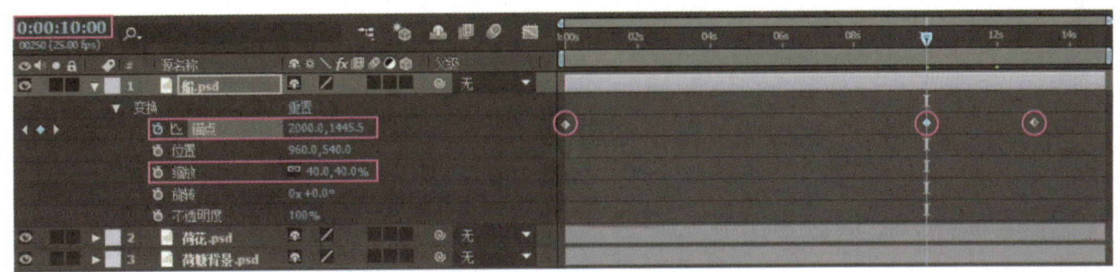

图2-1-9 设置“船”的缩放比例和位移动画

提 示

实际操作时，小船的位移动画可通过拖动“锚点”编辑框中的参数来确定，而不必输入具体的数值。例如，小船的当前锚点坐标是“2244.0，1445.5”，如果让小船向左水平移动，可将“2244.0”值向上拖动；如果让小船向右水平移动，可将“2244.0”值向下拖动。

4. 制作桥的动画

先从画面的右下角出现桥头处的亭子，然后慢慢显示整个桥，且桥头处的亭子会逐渐变小。由此可见，该桥在整个出现过程中发生了位移和缩放，应为“桥.psd”图层添加“锚点”和“缩放”关键帧。

步骤1 将“桥.psd”素材拖拽到时间轴面板中“船.psd”图层的上方，然后将当前时间指针拖动至0秒处，单击“缩放”属性前的按钮，采用默认的缩放比例100%。采用同样的方法，在第15秒处添加缩放关键帧，缩放比例为40%。

步骤2 分别在“桥.psd”图层的第0秒和第15秒处添加锚点关键帧，锚点值分别为“2244，1100”和“2000，1400”，如图2-1-10所示。

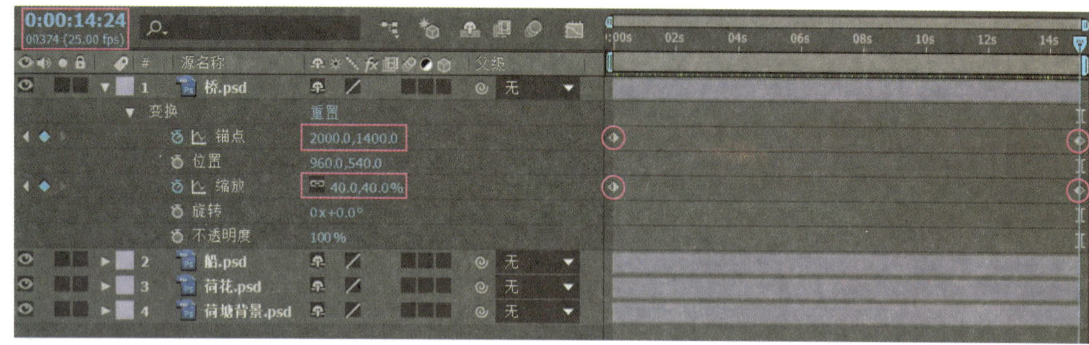

图 2-1-10　设置桥的缩放和位移动画

5. 制作Logo的不透明度动画

Logo是在视频播放了约8秒后逐渐浮现的，因此，应为该图层添加“不透明度”关键帧，且关键帧的起始位置位于第8秒左右。

步骤1　将“Logo”素材拖拽到时间轴面板中“桥.psd”图层的上方，然后将缩放比例设为40%，以缩小该Logo图案。将锚点值设为“-400，1000”，使Logo图案位于画面的右上角处。

步骤2　在第8秒和第12秒处添加不透明度关键帧，不透明度值分别为0%和100%，如图2-1-11所示。

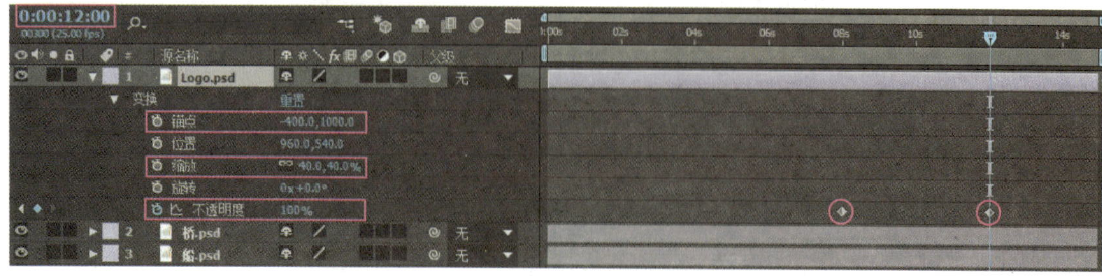

图 2-1-11　设置 Logo 的不透明度动画

步骤3 至此，本案例就制作完成了。按【0】键进行预览，按【Ctrl+S】快捷键保存该文件。

补充学习

一、编辑关键帧

通过对关键帧进行移动、复制和删除等编辑操作，可以改变动画的运动效果。请读者选择“文件”>“打开项目”菜单，在打开的对话框中选择本书配套素材中的“ch02”>“案例一”>“飘落的气球.aep”文件。

按【0】键可以看到，气球在8秒内从画面的左下角上升到了右上角，速度相对比较慢。如果气球在4秒内到达右上角，速度就快很多了。为此，需要将第8秒处的关键帧移动到第4秒处，具体操作方法如下。

步骤1 将当前时间指针拖至第4秒处，然后在第8秒处的关键帧上单击。此时，该关键帧变成蓝色。

步骤2 按住鼠标左键不放，将其拖动到第4秒处，关键帧会自动吸附到当前时间线上，如图2-1-12所示。此时，按【0】键进行预览，会发现气球的飞行速度变快了。

如果希望气球以同样的速度从右上角再降落到左下角，可将0秒处的关键帧复制到第8秒，具体的操作方法为：先将当前时间指针拖至第8秒处，然后在0秒处的关键帧上单击，依次按【Ctrl+C】键和【Ctrl+V】键，则被粘贴的关键帧将自动吸附在第8秒处，如图2-1-13所示。

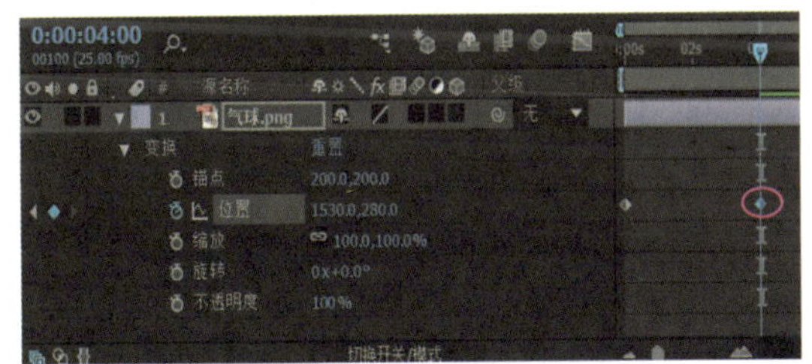

图 2-1-12 移动关键帧

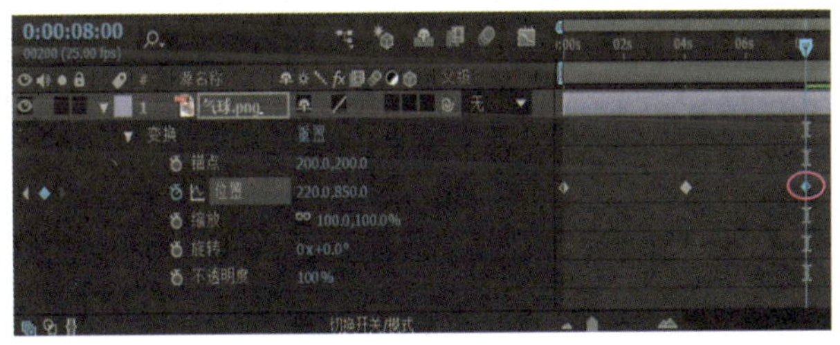

图 2-1-13 复制关键帧

> **提 示**
>
> 按【Ctrl+C】键复制关键帧后，如果在该软件的其他任意位置单击后再按【Ctrl+V】键，将无法粘贴该关键帧。

二、调整关键帧插值

时间线上的关键帧是最普通的关键帧，如果想让动画的效果更加逼真或符合一定规律，必要时还需要对关键帧进行插值设置。但是，利用“关键帧插值”命令只能对“锚点”和“位置”属性进行编辑操作。

打开本书配套素材中的“ch02”＞“案例一”＞“飞机动画.aep”文件，选中2秒处的关键帧，然后右击，从弹出的快捷菜单中选择“关键帧插值”项，可打开如图2-1-14所示的“关键帧插值”对话框。选择合适的选项，可使动画效果变得更流畅。

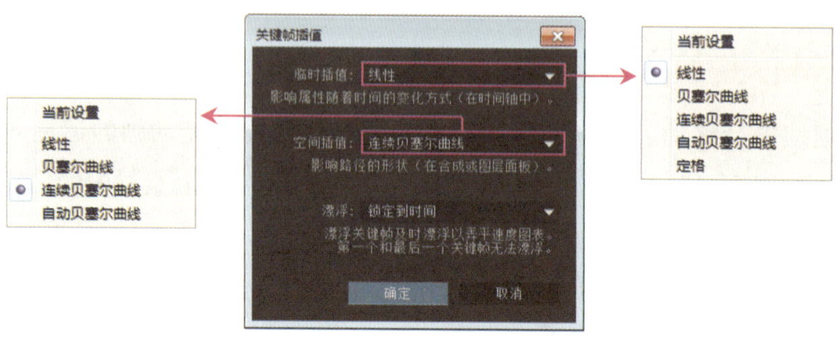

图 2-1-14　“关键帧插值”对话框

“临时插值”列表框中的选项主要用于控制运动对象在时间上的分配。默认情况下，临时插值为“线性”，表示平均分配两个相邻关键帧之间的时间。如果选择“贝塞尔曲线”，则按“贝塞尔曲线”的时间分配方式控制“空间插值”列表中所选路径的时间分配。

“空间插值”列表框中的选项主要用于控制对象运行的路径形状。对于时间轴面板中“位置”属性上的关键帧来说，如图2-1-14所示对话框中“空间插值”下拉列表中各选项的功能如下。

◆“线性”插值：运动路径节点两侧呈直线，如图2-1-15（a）所示。

◆“贝塞尔曲线”插值：可通过随意调节运动路径节点两侧的控制柄，改变曲线路径的形状，如图2-1-15（b）所示。

◆“连续贝塞尔曲线”插值：运动路径节点两侧控制柄之间的夹角始终保持180°，可通过调节控制柄的角度和长度，改变曲线路径的形状，如图2-1-15（c）所示。

◆“自动贝塞尔曲线”插值：系统自动创建一个平滑的运动曲线，如图2-1-15（d）所示。如果拖动两侧的手柄，将自动变成“连续贝塞尔曲线”插值方式。

图 2-1-15　4 种空间插值

文本图层也可以看作是一个带有 Alpha 通道的图层。如果要取消添加的关键帧插值效果，可按住【Ctrl】键在要取消的关键帧上单击即可。再次单击，重新出现该关键帧插值。

课堂实训 1——制作“草原上的热气球”短片

草原上的热气球

请大家打开本书配套素材中的“ch02”＞“课堂实训”文件夹，观看其中的“草原上的热气球.mov”视频。该视频是由“草原背景.jpg”“热气球1.png”“热气球2.png”和“热气球3.png”共4个图片制作的，其最终的视频画面如图2-1-16所示。

素材：素材与实例\ch02\课堂实训\草原素材\草原背景.jpg、热气球1.png、热气球2.png和热气球3.png

结果：素材与实例\ch02\课堂实训\草原上的热气球.aep

（a）　　　　（b）

图 2-1-16　素材与视频效果截图

提示：

（1）将“草原背景.jpg”素材添加到时间轴面板中，为其添加“缩放”关键帧。

（2）将“热气球1.png”素材添加到时间轴面板中，为其添加“位移”关键帧，然后将时间线放在任意一个“位移”关键帧处，通过拖动项目窗口中位移路径的手柄调整气球的路径，如图2-1-17所示，最后为热气球添加“缩放”关键帧动画。

（3）制作好3个热气球的位移动画和缩放动画后，将时间线拖至合适位置，为“草原背景.jpg”图层添加“不透明度”关键帧动画。

图 2-1-17　利用手柄调整热气球的路径

案例二　制作燃烧的文字
——图层遮罩

案例说明

凤凰涅槃

在AE中进行多图层的合成操作时，上面图层的画面会遮挡下面图层的画面，所以在同时表现多个图层画面内容时，需要采取一些手段。例如，通过添加“不透明度”关键帧使上层画面变成半透明；在上层画面中创建蒙版使其只显示局部画面；利用图层轨道中的轨道遮罩功能等。灵活运用这些手段，可达到将多层画面合成到一起同时显示的效果。

下面通过制作“凤凰涅槃”视频动画，来学习图层轨道遮罩功能。

【案例2】　**“凤凰涅槃”视频简介**

请大家打开本书配套素材中的“ch02”>“案例二”文件夹，观看其中的“凤凰涅槃.mov”视频。该视频是由“火焰.mov”“火凤凰.mov”和“凤凰涅槃”文字制作的，其最终的视频画面如图2-2-1所示。

素材：素材与实例\ch02\案例二\凤凰涅槃素材\火焰.mov和火凤凰.mov

结果：素材与实例\ch02\案例二\凤凰涅槃.aep

图 2-2-1　凤凰涅槃视频截图

在观看“凤凰涅槃”视频时，需要注意以下几点：

（1）视频中，除文字外，其余画面均为“火凤凰.mov”视频中的内容。

（2）视频在播放过程中，文字“凤凰涅槃”中的图案均有变化，且该图案的填充色为“火焰.mov”视频。

预备知识

在After Effects中，可利用图层中素材图像的Alpha通道或亮度来创建遮罩，实现抠像效果。要为图层应用轨道遮罩，该图层上方必须有一个作为遮罩的图层。下面通过一个简单实例，介绍利用轨道遮罩功能进行抠像的方法。

步骤1 选择“文件”＞“打开项目”菜单，打开本书配套素材“ch02”＞“案例二”＞“图层轨道遮罩.aep”文件。右击项目面板中的“老鹰.png”素材，从弹出的快捷菜单中选择“解释素材”＞“主要”菜单，则在弹出的对话框中的“Alpha”区域可以看到该素材带有透明通道。

知识库

除了上述方法外，双击项目面板中的素材，如“老鹰.png”，然后单击合成窗口下方的“切换透明网格”按钮，也可以查看该素材是否带有透明通道，如图2-2-2所示。

步骤2 由于“老鹰.png”素材带有透明通道，且该图层位于“天空.jpg”图层的上方，所以合成窗口中，“老鹰.png”素材中的透明部分显示“天空.jpg”图层上的内容，如图2-2-3所示。

图2-2-2　带透明通道

图2-2-3　合成窗口显示效果

步骤3 将“老鹰.png”图层作为遮罩层，然后在“天空.jpg”图层的“轨道遮罩”下拉列表中单击，显示如图2-2-4所示的4种遮罩方式。选择其中任意一个选项，合成窗口中将显示不同效果。

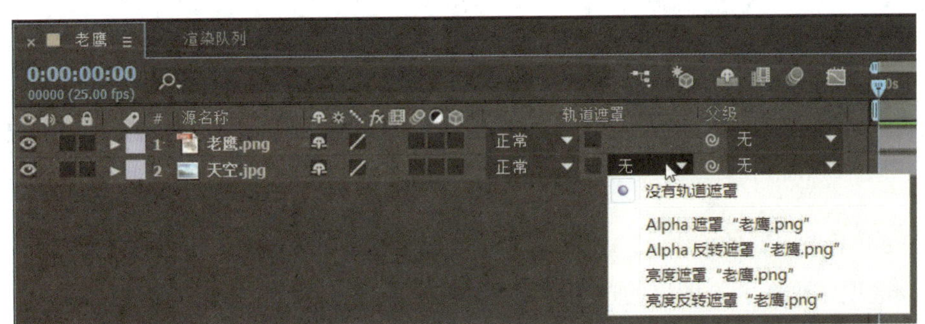

图2-2-4　轨道遮罩

下面详细介绍“轨道遮罩”下拉列表中各选项的功能。

1. Alpha遮罩“图层名称”

选择该选项，上方图层(即遮罩图层)中不透明区域显示当前图层的内容，但上方图层中的所有图案不显示在合成窗口中。例如，在图2-2-4中的“天空.jpg”图层上选择该选项，效果如图2-2-5所示。此时，遮罩图层将自动隐藏。

Alpha遮罩“图层名称”选项的功能类似于在当前图层上利用工具栏中的“矩形工具”组或“钢笔工具”组中的相关命令绘制的蒙版。例如，新建一个合成，将“天空.jpg”素材拖拽到时间轴面板中，然后单击工具栏中的“钢笔工具”按钮，在合成窗口中依次单击绘制一个封闭图案，效果如图2-2-6所示。

图 2-2-5 Alpha 遮罩

图 2-2-6 利用铅笔工具绘制遮罩

2. Alpha反转遮罩“图层名称”

选择该选项，可将上方图层的透明区域显示在合成窗口中，即在合成窗口中显示上方图层中的透明区域，但上方图层上的不透明区域以黑色显示，效果如图2-2-7所示。

展开“蒙版”属性，然后在“蒙版1”后的列表框中单击，在弹出的下拉列表中选择“相减”项，或选中“反转”复选框，也可以达到如图2-2-8所示的效果。

图 2-2-7 Alpha 反转遮罩

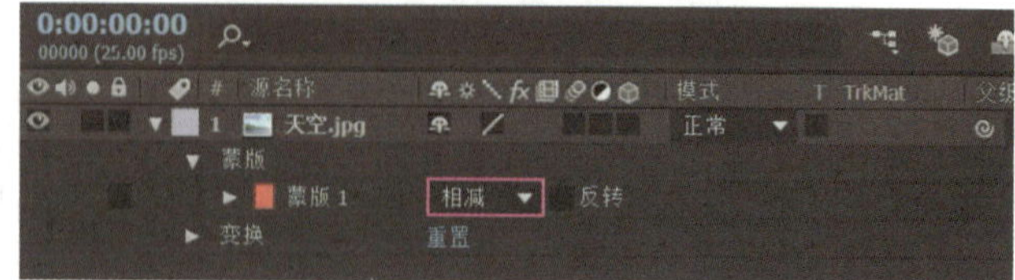

图 2-2-8 利用“蒙版”属性设置遮罩效果

3. 亮度遮罩“图层名称”

选择该选项，可在上方图层的透明区域和当前图层的公共区域及公共区域的图案叠加后显示，效果如图2-2-9所示。

4. 亮度反转遮罩“图层名称”

选择该选项，可将当前图层和上方图层中所有有颜色的区域叠加后显示，效果如图2-2-10所示。

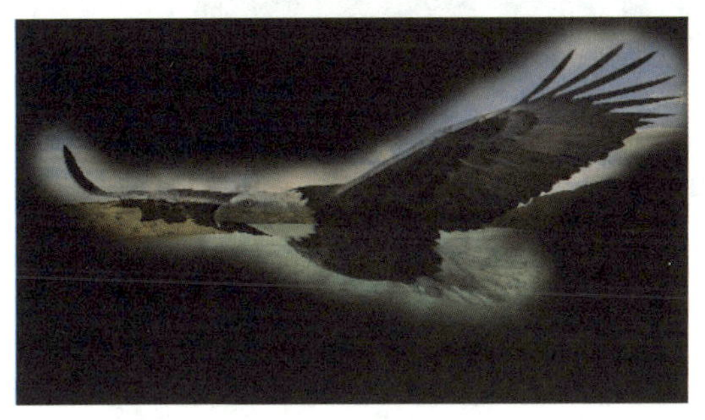

图 2-2-9 亮度遮罩

图 2-2-10 亮度反转遮罩

案例实施 ——制作“凤凰涅槃”视频

制作思路

由于文字位于“火凤凰”视频画面的上方，且除了文字外，画面的其余部分均显示“火凤凰”视频画面。因此，可将“凤凰涅槃”文字图层作为遮罩图层，使“火凤凰.mov”视频画面中显示除文字字体外的其他画面，最后将“火焰.mov”作为背景层。这样，镂空的文字部分将显示“火焰”视频，从而实现文字图案的变化效果。

制作步骤

1. 导入素材并新建合成

步骤1 启动After Effects CC软件，将“ch02”>“案例二”>“凤凰涅槃素材”文件夹中的所有素材导入项目面板。

步骤2 将项目面板中的“火凤凰.mov”素材拖拽到时间轴面板中生成“火凤凰”合成及“火凤凰.mov”图层。在时间轴面板的“火凤凰”合成标签上右击，从弹出的快捷菜单中选择“合成设置”项，然后在打开的“合成设置”对话框中将合成名称设为“凤凰涅槃”，播放制式设为“HDTV 1080 25”，持续时间设为16秒，其他采用默认设置。

2. 注写“凤凰涅槃”文字

步骤1 单击工具栏中的“横排文字工具”按钮T，然后在合成窗口的合适位置单击，输入“凤凰涅槃”文字。此时，软件将自动在时间轴面板中创建一个“凤凰涅槃”文本图层。

步骤2 输入完成后，选中所输入的文字，在合成窗口右侧的“字符”选项卡中为该文字选择一种字体；如果所选文字太小，可在该选项卡中将文字的像素设置大一些；如果要修改所选文字的颜色，可在该选项卡的“填充颜色”图块上单击，在弹出的“文本颜色”对话框中选择所需颜色。本例的设置如图2-2-11所示。

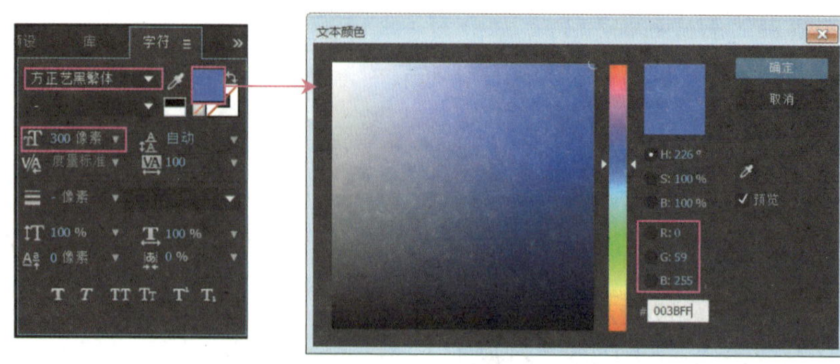

图 2-2-11　设置文字的样式

为了使读者制作的效果与本书所描述的一致，“方正艺黑繁体”字体位于本书配套素材中“字体”文件夹中，读者只需要将这个文件夹中的所有字体复制并粘贴在 C 盘中的“Fonts”文件夹中。以下类似情况不再赘述。

步骤3　单击工具栏中的“选取工具”按钮，然后在合成窗口的“凤凰涅槃”文字上单击后按住鼠标左键不放，将该文字拖动到画面的合适位置，最后在合成窗口或软件的其他位置单击，退出文字的选中状态。

按【0】键可以看到，文字“凤凰涅槃”叠加在“火凤凰.mov”图层的上方，如图2-2-12所示。

图 2-2-12　文字设置效果

3．设置遮罩效果

要使用“火焰.mov”视频画面填充文字，可利用“图层轨道遮罩”功能仅显示图2-2-12中蓝色区域外的所有画面，即将蓝色区域镂空，然后将“火焰.mov”作为背景层添加到时间轴面板中即可。

步骤1　在“火凤凰.mov”图层中的“轨道遮罩”下拉列表中单击，在弹出的选项组中选择“Alpha反转遮罩“凤凰涅槃””选项，则合成窗口中将显示文字外的所有画面，如图2-2-13所示。

步骤2　将项目面板中的“火焰.mov”素材拖拽到时间轴面板中“火凤凰.mov”图层的下

方，则文字区域显示“火焰.mov”视频中的内容，如图2-2-14所示。

图 2-2-13　图层轨道遮罩设置效果

图 2-2-14　为文字区域填充内容

知识库

图 2-2-13 中的黑色为该合成的背景色。因此，从遮罩角度出发，文本图层也可以看作是一个带有 Alpha 通道的图层。

步骤3 将时间线拖至第2秒处，在“凤凰涅槃”图层的时间轨上单击后向右拖动，使该时间轨的起始位置位于第2秒处。选中“凤凰涅槃”图层，然后单击工具栏中的“向后平移（锚点）工具”，拖动合成窗口中的锚点将其移至文字的正中间，如图2-2-15所示。

步骤4 选中“凤凰涅槃”图层按【S】键，分别在第2秒和第4秒处添加“缩放”关键帧，缩放值分别为0%和100%。至此，本案例就制作完成了，按【0】键进行预览。

图 2-2-15　移动锚点位置

课堂实训 2——制作“蝶舞扇子”短片

请大家打开本书配套素材中的“ch02”>“课堂实训”文件夹，观看其中的“蝶舞扇子.mov”视频。该视频是由“背景.jpg”图片和“牡丹蝴蝶.mp4”“扇子.mp4”视频制作的，其最终的视频画面如图2-2-16所示。

蝶舞扇子

素材：素材与实例\ch02\课堂实训\蝶舞扇子素材\背景.jpg、牡丹蝴

蝶.mp4和扇子.mp4

结果：素材与实例\ch02\课堂实训\蝶舞扇子.aep

（a）

（b）

图 2-2-16　“蝶舞扇子”视频截图

扫一扫

提示：

（1）导入素材并新建合成后，将“背景.jpg”素材添加到时间轴面板中。

（2）新建一个合成，将“扇子.mp4”和“牡丹蝴蝶.mp4”素材拖到该合成的时间轴面板中，调整“牡丹蝴蝶.mp4”图层的不透明度，并使用“钢笔工具”在该图层上沿扇面绘制一个扇形的封闭路径，进行蒙版抠像，如图2-2-17所示。

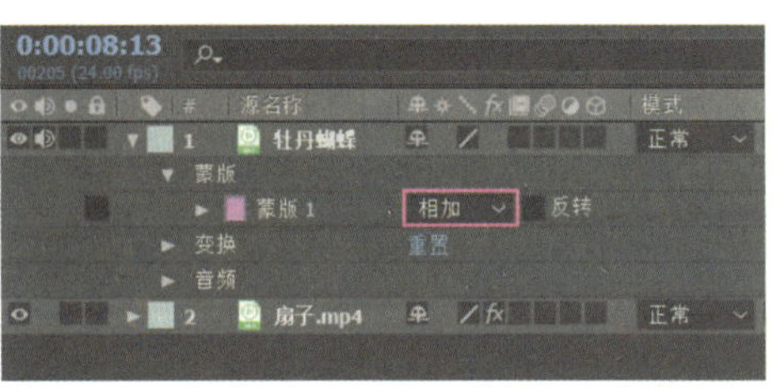

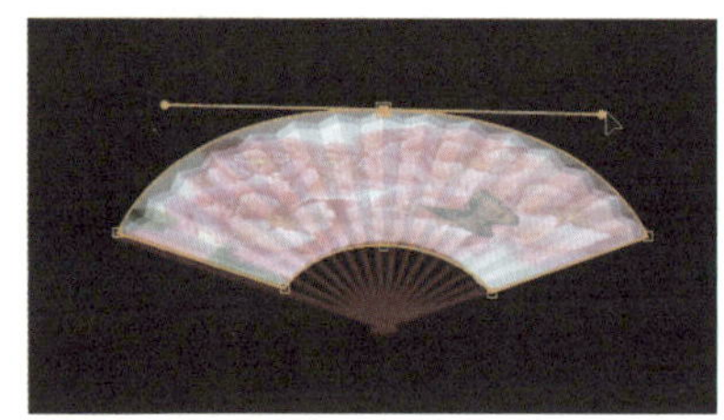

图 2-2-17　创建蒙版进行抠像

（3）将“牡丹蝴蝶.mp4”图层的“不透明度”设为100%，然后利用轨道遮罩功能抠像，如图2-2-18所示。

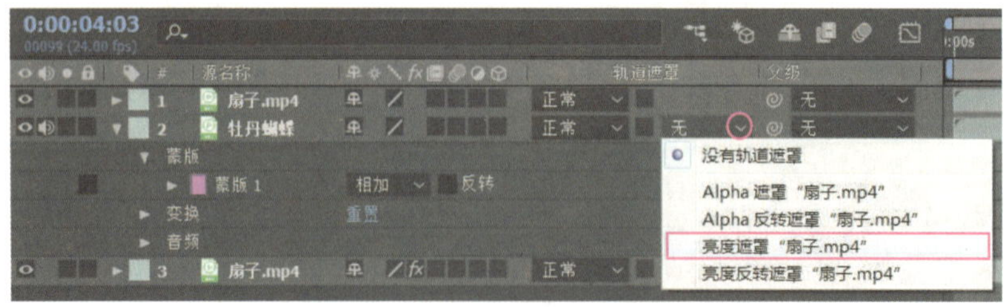

图 2-2-18　利用轨道遮罩抠像

（4）右击“牡丹蝴蝶.mp4”图层，从弹出的快捷菜单中选择“效果”>“颜色校正”>“色阶”项，在打开的效果控件面板中将牡丹蝴蝶的颜色调整得更亮些，亮度参数如图2-2-19所示。

（5）右击最下方的“扇子.mp4”图层，从弹出的快捷菜单中选择“效果”>“键控”>“颜色范围”项，在打开的效果控件面板中单击按钮，然后在合成窗口的黑色部分单击，结果如图2-2-20所示。

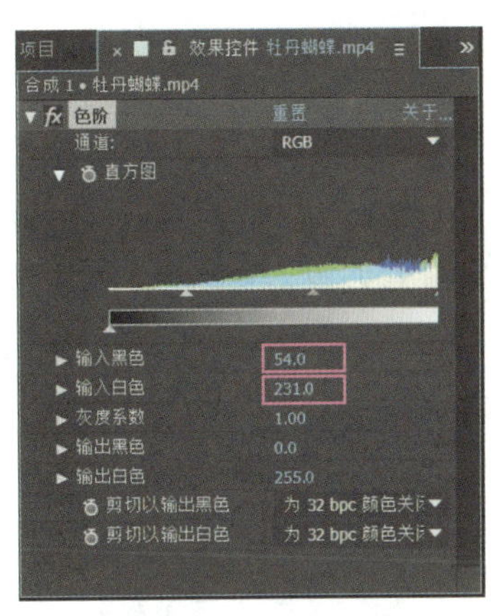

图 2-2-19　调整色阶

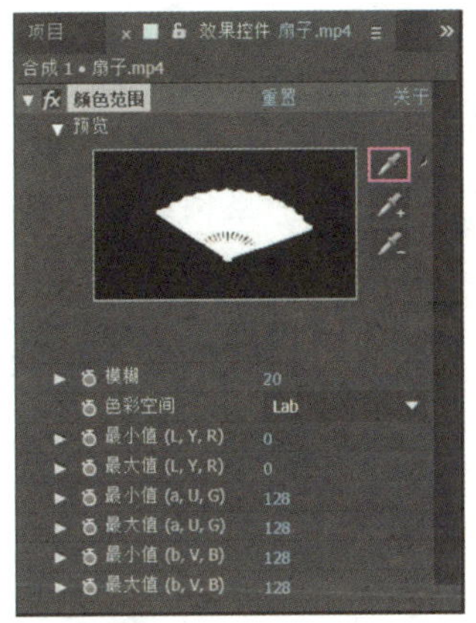

图 2-2-20　设置透明通道

（6）切换到创建的第一个合成，将步骤2创建的合成拖至时间轴中，使其入点与第1秒对齐，然后在第1秒和第1秒12帧处创建“不透明度”关键帧，制作淡入动画效果。

（7）为“背景.jpg”图层制作画面从左向右水平移动动画和淡入动画，再将“牡丹蝴蝶.mp4”素材拖到时间轴中，使其入点与第1秒对齐，然后在第8秒、11秒、14秒和15秒处创建“不透明度”关键帧，制作淡入和淡出动画效果。图2-2-21所示为该视频中各图层的关键帧效果。

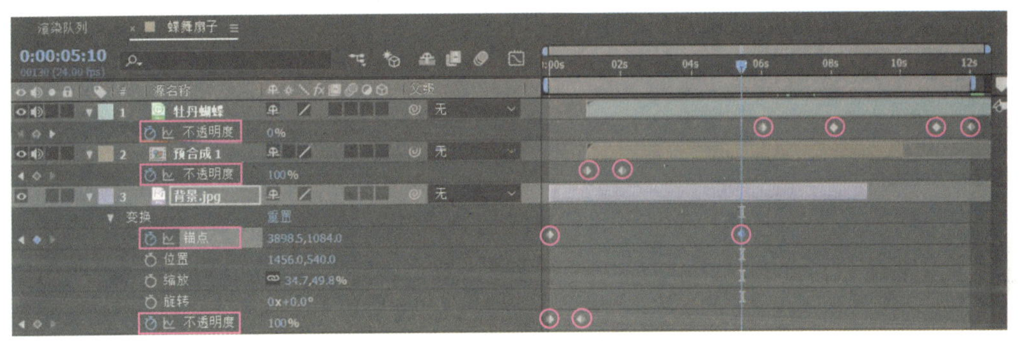

图 2-2-21　图层的顺序及关键帧

案例三　制作“速度与激情”短片

——父子关系

案例说明

在制作关键帧动画时，经常会遇到需要使一个对象跟随另一个对象同步运动的情况。例如，图2-3-1所示的汽车在行驶过程中，车的前轮、后轮和阴影都与车身同步运动。此时，可通过在车身与车的前轮、后轮、阴影等之间建立父子关系，以此简化动画的制作过程。

速度与激情

下面通过制作“速度与激情”视频动画，来学习父子关系的建立方法。

【案例3】 “速度与激情”简介

请大家打开本书配套素材中的“ch02”>“案例三”文件夹，观看其中的“速度与激情.mov”视频。该视频是由如图2-3-1（a）所示的6张图片制作的，最终的视频画面如图2-3-1（b）所示。

素材：素材与实例\ch02\案例三\速度与激情素材\车身.png、道路.jpg、后车轮.png、汽车2.png、前车轮.png和阴影.png

结果：素材与实例\ch02\案例三\速度与激情.aep

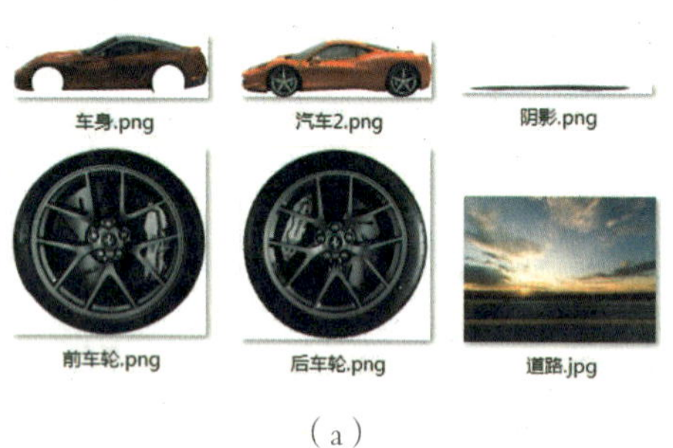

（a）

（b）

图2-3-1　素材与视频效果截图

在观看“速度与激情”视频时，需要注意以下几点：

（1）汽车由“车身.png”“前车轮.png”和“后车轮.png”图片组成。当车身前进时，前、后车轮和车的阴影也随之一起前进。

（2）当第一辆汽车行驶到画面中间位置后降低速度，行驶一段时间后再加速冲出画面。

（3）“汽车2.png”图片中汽车为红色，为了使两辆汽车有所区别，通过对其进行色阶调整，将其变成黄色。另外，由于“汽车2”的行驶速度比第一辆汽车快，且离镜头很近，所以还需要对其添加模糊效果。

预备知识

当一个图层与另一个图层发生父子关系后，两个图层之间就会联动，即父层的关键帧位置或参数改变时，子层的运动效果也会随之变化。建立父子关系的原则如下。

◆ 要设置父子关系，必须保证合成中至少要有两个图层。

◆ 一个父层可以拥有多个子图层，但是一个子图层只能有一个父层。

下面通过一个小实例，介绍建立父子关系的方法。

步骤1　选择“文件”>“打开项目”菜单，打开本书配套素材“ch02”>“案例三”>“父子关系.aep”文件。按【0】键预览时会发现画面中的帆船由左向右移动，而老鹰却在原地煽动翅膀，如图2-3-2所示。

步骤2　将当前时间指针拖动到第0秒，保持老鹰与帆船之间的距离不变，在时间轴面板中“老鹰飞翔”图层右侧的“父级”下拉列表中选择“2.帆船.png”选项，即可将“2.帆船.png”图层设为“老鹰飞翔”图层的父级，如图2-3-3所示。

图 2-3-2　预览动画效果

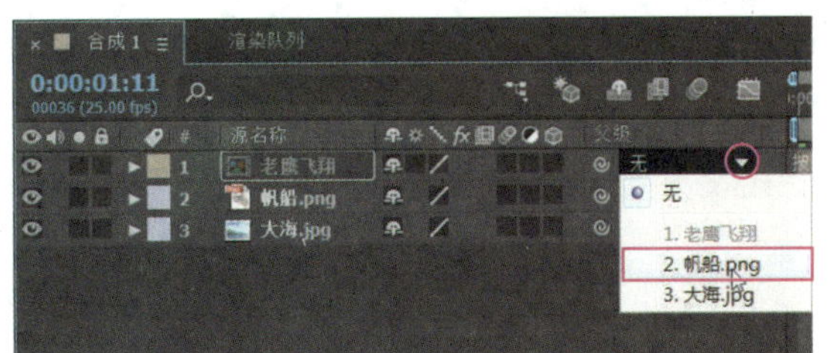

图 2-3-3　为“老鹰飞翔”图层定义父级

步骤3　此时按【0】键进行预览，会发现老鹰跟随帆船一起由左向右进行移动，且它们之间的距离始终相同。

知识库

除了上述方法外，在“老鹰飞翔”图层右侧的“父级”按钮上按住鼠标左键向下拖动，当光标位于“帆船.jpg”图层上时，将自动为“老鹰飞翔”图层定义父级关系。如图 2-3-4 所示的两种操作的最终结果是一样的。

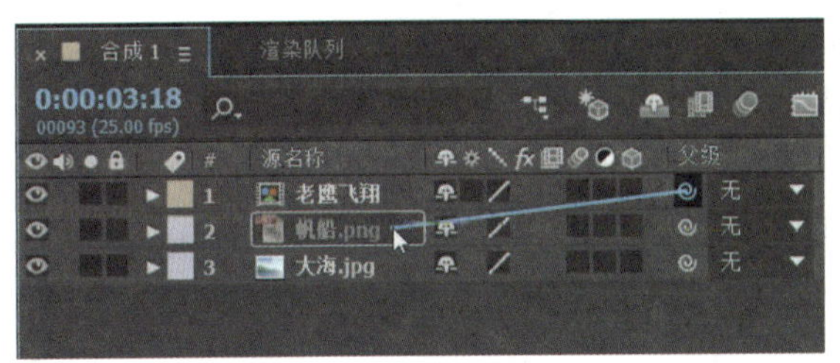

（a）

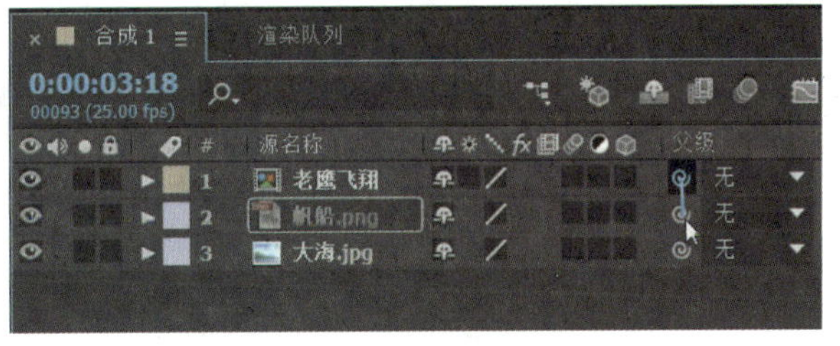

（b）

图 2-3-4　通过拖动鼠标定义父级关系

案例实施——制作“速度与激情”短片

制作思路

导入相关素材，然后将“道路.jpg”素材添加到时间轴面板中，为其设置位移动画，接着将“车身.png”素材添加到时间轴面板中，为其设置运动路线；将“前车轮.png”和“后车轮.png”素材添加到时间轴面板中，分别为其添加旋转动画，并将父级设为“车身.png”图层；将“阴影.png”素材添加到时间轴面板中，调整好位置后为其指定父级。

制作步骤

1. 导入素材并新建合成

步骤1　启动 After Effects CC 软件，将“ch02”>“案例三”>“速度与激情素材”文件夹中的所有素材导入项目面板。

步骤2　将项目面板中的“道路.jpg”素材拖拽到时间轴面板中。此时，软件将自动生成

“道路”合成。在时间轴面板的“道路”合成标签上右击，从弹出的如图2-3-5所示的快捷菜单中选择“合成设置”项，然后在打开的“合成设置”对话框中将合成名称设为“速度与激情”，播放制式设为“HDTV 1080 25”，持续时间设为10秒，其他采用默认设置。

图 2-3-5　修改合成设置

2. 制作道路动画

播放视频时可以看到，“道路.jpg”图片是从上向下显示的，即先显示傍晚时天空的景象，接着将镜头向下延伸显示夕阳和路面。因此，应先将“道路.jpg”图片放大，然后为其添加位移动画。

步骤1　单击“道路.jpg”图层前的小三角按钮▶，再单击“变换”前的▶按钮，将“缩放”编辑框中的数值拖拽到50%左右。

步骤2　将当前时间指针拖动到第0秒处，单击“锚点”属性前的按钮，然后将“锚点”编辑框中Y轴参数拖到“1078”左右。此时，编辑框中的值为“2736.5，1078”。

步骤3　为了使天空和道路显示的速度不同，可分别在第1秒15帧和第2秒15帧处添加“锚点”关键帧，锚点值分别为“2736.5，1780”和“2736.5，2820”，结果如图2-3-6所示。

图 2-3-6　“道路.jpg”图层动画效果

3．组装汽车，并添加父子关系

视频画面中的红色小汽车是由“车身.png”“前车轮.png”和“后车轮.png”3幅图片构成的。在制作视频动画前，需先将这3部分组装好。另外，由于车身与前、后车轮作为一个整体在运动，因此，可以认为它们之间存在父子关系，即车轮随着车身的前进而转动，故前、后车轮的父级为“车身.png”。

步骤1 将项目面板中的“车身.png”素材拖拽到时间轴面板中“道路.png”图层的上方。单击按钮▶展开“车身.png”图层，然后将“缩放”编辑框中的值拖到48%左右。

步骤2 将项目面板中的“前车轮.png”和“后车轮.png”素材拖拽到时间轴面板中“车身.png”图层的上方，然后按【Ctrl】键分别选中这两个车轮图层并按【S】键，将“缩放”编辑框中的数值拖拽到50%，接着在合成窗口中分别单击选择前轮和后轮，将其移动到车轮位置，如图2-3-7（a）所示。

（a）

（b）

图 2-3-7　添加前后车轮效果

知识库

选中图层，然后分别按【A】、【S】、【P】、【R】、【T】键，可依次显示“锚点”“缩放”“位置”“旋转”和“不透明度”属性。

按住【Ctrl】键在时间轴面板中要选择的图层上单击，可选中这些图层；若在选中某个图层后按【Shift】键，然后在其他图层上单击，可选中这两个图层间的所有图层。此外，按【Ctrl+A】键可选中所有图层，按【Ctrl+Shift+A】键可取消全部图层的选中状态。

步骤3 在时间轴面板中按【Ctrl+A】键选中所有图层，按两次【A】键隐藏图层属性。在“前车轮.png”图层右侧的“父级”按钮◎上按住鼠标左键向下拖动到“车身.png”图层的◎按钮上时松开鼠标，即可为“前车轮.png”图层指定父级“车身.png”。采用同样的方法为“后车轮.png”图层添加父级“车身.png”，如图2-3-8所示。

0:00:02:20
00070 (25.00 fps)

#	源名称	父级
1	后车轮.png	3. 车身.png
2	前车轮.png	3. 车身.png
3	车身.png	无
4	道路.jpg	无

图 2-3-8　设置父子关系

为前、后车轮指定父级后，用鼠标单击并拖动合成画面中的车身时，前、后车轮与车身将作为一个整体被移动。

4. 设置车的阴影效果

由于图层具有上层遮挡下层的特点，因此，在组装好汽车后，应将汽车的“阴影.png”图层放在“车身.png”图层的下方。否则，车身将会被阴影遮挡。另外，为了使车的投影效果更加逼真，还需要修改“阴影.png”图层的模式。

步骤1 将项目面板中的“阴影.png”素材拖拽到时间轴面板中“车身.png”图层的下方，按【S】键，将“缩放”编辑框中的值拖到“47.0，120.0%”左右。

步骤2 在“阴影.png”图层右侧的“模式”列表框中单击，在弹出的下拉列表中选择“叠加”项，可将“道路.png”图层上的颜色叠加在“阴影.png”图层上，如图2-3-9所示。

图 2-3-9 缩放阴影并设置叠加效果

步骤3 在合成窗口中的阴影图像上单击并拖动，将其移动到合适位置后为“阴影.png”图层添加父级“车身.png”，如图2-3-10所示。

图 2-3-10 阴影设置效果

提 示

为图层指定父级后，该图层的“缩放”编辑框中的数值将自动发生变化。如果取消父级关系，“缩放”编辑框中的数值将自动复原。另外，为“阴影.png”图层指定父级“车身.png”后，如果要调整阴影与车身的相对位置，可先将“阴影.png”图层的父级设为“无”，然后再进行调整。

5．制作汽车动画

画面播放2秒后，车身从画面的右侧冲进画面，行驶到画面路程的一半时速度变慢，且继续前行，最后加速冲出画面。要表达速度的快慢，只需要在不同时间点上添加“锚点”关键帧，通过设置“锚点”参数可使汽车在不同时间内行驶不同路程。

另外，汽车在行驶时，前、后车轮也会转动，因此，还应为“前车轮.png”图层和“后车轮.png”图层添加“旋转”关键帧。

步骤1 展开“车身.png”图层，将当前时间指针拖动到第3秒，然后单击“锚点”属性前的按钮，将“锚点”编辑框中*Y*轴参数拖到“380”左右，将*X*轴参数拖到“-2300”左右。

步骤2 汽车的速度变化为：快速冲进画面，减速行驶2秒，再减速行驶到第8秒，最后加速冲冲出画面，因此，应分别在第3秒10帧、第5秒10帧、第8秒和第8秒20帧处添加“锚点”关键帧，其参数依次分别为“-900，380”“900，380”“2300，380”和“5500，380”，如图2-3-11所示。

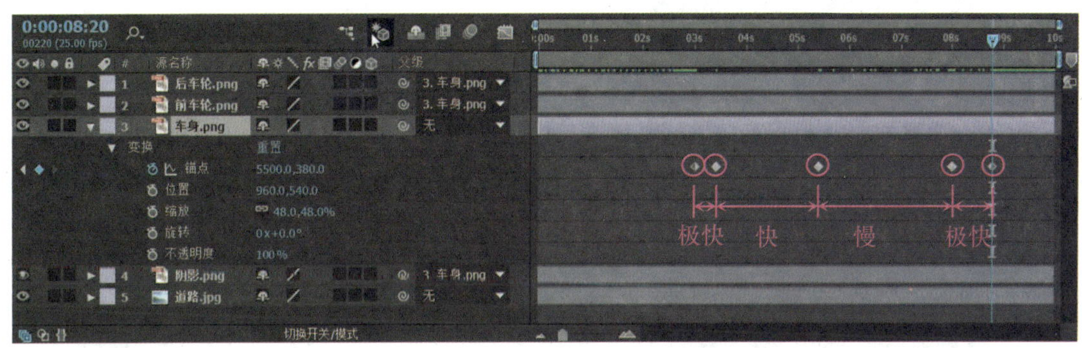

图2-3-11　为“车身.png”图层添加“锚点”关键帧

步骤3 参照如图2-3-11所示的“锚点”关键帧，可将该汽车的车轮旋转速度设为3种，依次为快、慢、极快，且车身的速度与车轮的转速同步，因此，应分别在第3秒、第5秒10帧、第8秒和第8秒20帧处添加“旋转”关键帧，旋转角度依次为“0x+0.0°”“-1x-300.0°”“-2x-180.0°”和“-3x-144.0°”，如图2-3-12所示。

图2-3-12　为前、后车轮添加“旋转”关键帧

知识库

After Effects中“旋转”关键帧的参数由圈数和角度两部分组成，如图2-3-12所示的旋转参数“-2x-180.0°”中，“-2”表示沿逆时针方向旋转2圈，“-180.0°”表示旋转2圈后，继续

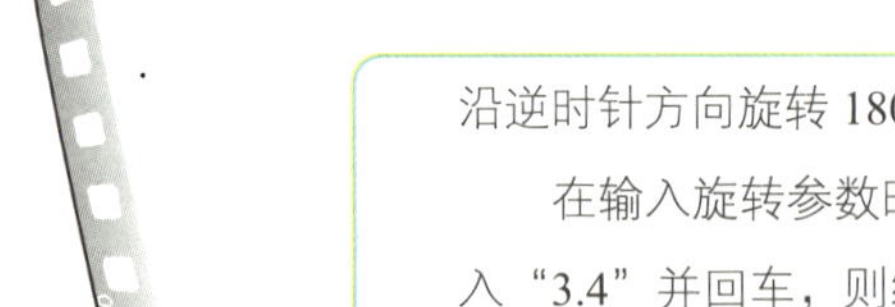

沿逆时针方向旋转 180°。

在输入旋转参数时，可直接在代表圈数的编辑框中输入所需圈数。例如，在“圈数”编辑框中输入“3.4”并回车，则编辑框中的参数将自动变成“-3x-144.0°”。

6. 制作第二辆汽车的动画

第二辆汽车的原文件“汽车2.png”中该汽车为红色，为了使其与第一辆车有所区别，需要将该汽车变成黄色。另外，由于这辆车离镜头太近，且行驶速度较快，还需要为其设置模糊效果，以增强真实感。

步骤1 将“汽车2.png”素材拖拽到时间轴面板中“后车轮.png”图层的上方，选中该图层，然后选择“效果”>“颜色校正”>“色相/饱和度”菜单，在项目面板中出现“效果控件”选项卡。拖动该选项卡中“主色相”区域的参数，以调整颜色，如图2-3-13所示。

图 2-3-13 调整汽车的颜色

步骤2 选中“汽车2.png”图层，然后选择“效果”>“颜色校正”>“色阶”菜单，在“效果控件”选项卡中调整车窗玻璃的颜色，如图2-3-14所示。

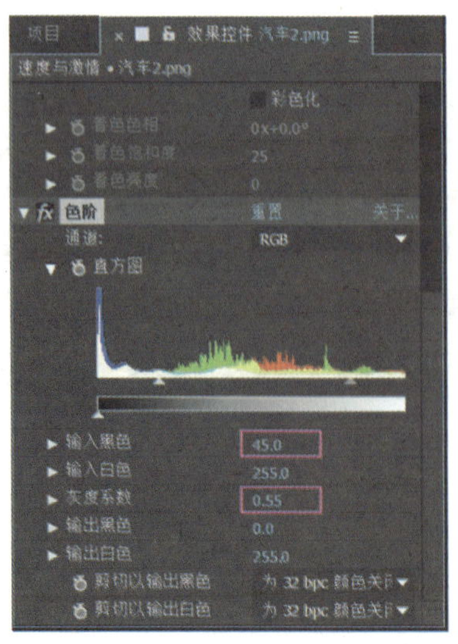

图 2-3-14 调整车窗玻璃的颜色

步骤3 选中"汽车2.png"图层，然后选择"效果">"模糊和锐化">"定向模糊"菜单，在"效果控件"选项卡中调整汽车的模糊方向和模糊长度，如图2-3-15所示。

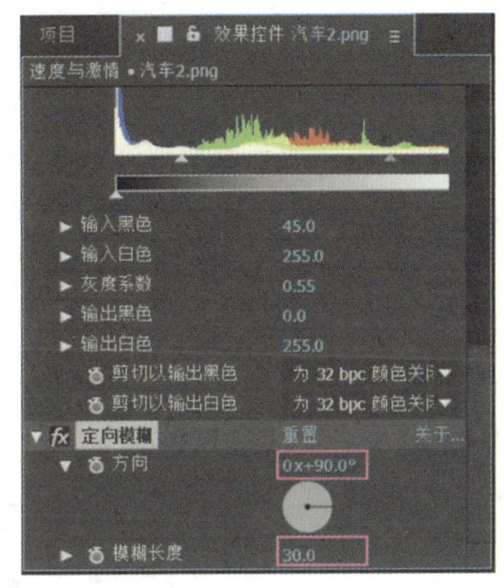

图 2-3-15 设置汽车的模糊效果

步骤4 展开"汽车2.png"图层下方的"变换"属性，将当前时间指针拖动到第3秒，然后单击"锚点"属性前的按钮，将"锚点"编辑框中的参数拖至"-2433.0，-126.0"左右，接着分别在第7秒和第8秒处添加"锚点"关键帧，其X轴参数分别为"148.0"和"5231.0"，Y轴参数保持不变，如图2-3-16所示。

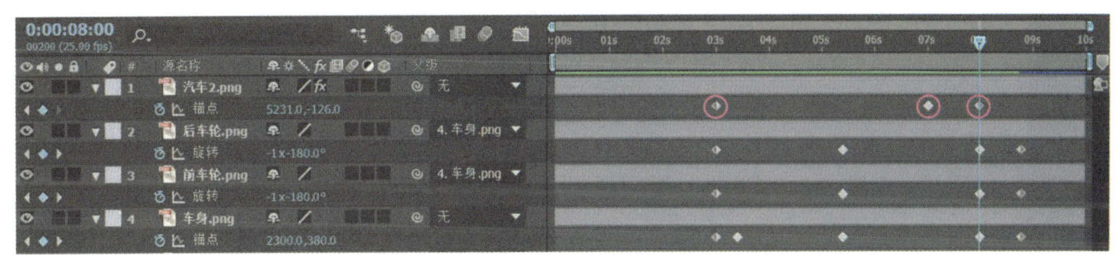

图 2-3-16 为第二辆汽车添加"锚点"关键帧

步骤5 选中"道路.jpg"图层按【T】键，分别在第9秒05帧和第10秒处添加"不透明度"关键帧，"不透明度"值分别为100%和0%。至此，本案例就制作完成了，按【0】键进行预览。

案例四 制作"战斗机发射导弹"短片

——蒙版抠像

案例说明

要在AE中同时表现多个图层画面内容时，除了利用图层轨道遮罩外，还可以利用工具栏中"矩形工具"组和"钢笔工具"组中的相关命令绘制遮罩范围的方式达到所需效果。这两种方式在视频制作过程中经常使用，尤其是后者。

下面通过制作“战斗机发射导弹.mov”视频动画，来学习利用工具栏中的相关命令创建蒙版的方法。

【案例 4】 **“战斗机发射导弹”视频简介**

战斗机发射导弹

请大家打开本书配套素材中的“ch02”>“案例四”文件夹，观看其中的“战斗机发射导弹.mov”视频。该视频是由如图2-4-1（a）所示的“战机导弹.jpg”图片和“火焰.mov”“天空.mov”视频制作的，最终的视频画面如图2-4-1（b）所示。

素材：素材与实例\ch02\案例四\战斗机发射导弹素材\战机导弹.jpg、火焰.mov和天空.mov

结果：素材与实例\ch02\案例四\战斗机发射导弹.aep

（a）

（b）

图 2-4-1　素材与视频效果截图

在观看“战斗机发射导弹”视频时，需要注意以下几点：

（1）原素材中的战斗机和导弹在同一张图片上，如图2-4-1（a）所示。因此，需要利用工具栏中的铅笔工具将这两部分分别抠出，再分别为其添加尾焰。

（2）战斗机和导弹发出的尾焰都是用“火焰.mov”视频制作的，但战斗机和两个导弹发出的尾焰的颜色不同。

预备知识

一、利用工具栏中的命令创建蒙版

After Effects CC的工具栏中有多种用于创建蒙版的工具。利用如图2-4-2所示“矩形工具”命令组中的相关命令，可创建矩形、带圆角的矩形、椭圆形等不同形状的蒙版；利用“钢笔工具”组中的“钢笔工具”命令，可创建不规则的闭合或开放蒙版。

在“矩形工具”命令组上单击后按住鼠标左键不松开，可显示该命令组中的所有命令

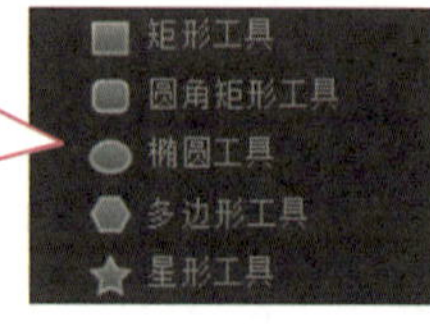

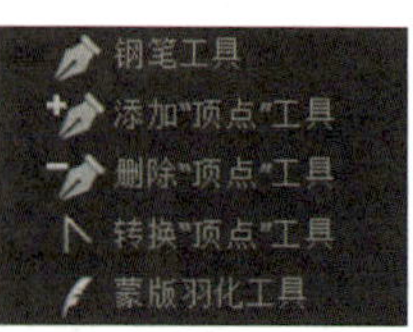

图 2-4-2　创建蒙版的工具组

下面通过蒙版功能将如图2-4-3（a）和（b）所示的两个图片制作成如图2-4-3（c）所示的效果。

（a）

（b）

（c）

图 2-4-3　利用蒙版合成图片

◆ 方法一：将“小女孩.jpg”图层置于“相框.jpg”图层的上方，然后利用“椭圆工具”命令在“小女孩.jpg”图层上画一个椭圆蒙版，以显示出女孩的头部。

◆ 方法二：将“相框.jpg”图层置于“小女孩.jpg”图层的上方，然后利用“椭圆工具”命令在“相框.jpg”图层上画一个椭圆蒙版，以显示除所画区域椭圆外的相框。这样，位于下层的小女孩图像就可以显示在画面中。

创建蒙版时，所创建的蒙版将与其所在的图层成为一个整体，无法单独调整该图层上图像的大小和位置。因此，采用方法一操作时，“小女孩”图像的缩放比例和位置很难确定。下面以第二种方法为主，讲解蒙版的创建方法。

步骤1 将本书配套素材“ch02”>“项目四”>“创建蒙版素材”文件夹中的所有素材导入项目面板中，然后将“小女孩.jpg”和“相框.jpg”素材拖拽在时间轴面板中，使“相框.jpg”图层位于“小女孩.jpg”图层的上方。

步骤2 选中“相框.jpg”图层，然后选择工具栏中的“椭圆工具”，接着在合成窗口中按住鼠标左键并拖动，可绘制如图2-4-4所示的椭圆。

步骤3 单击工具栏中的“选取工具”按钮，然后在上步所绘制的椭圆线上双击，将出现一个矩形边框；将光标移到矩形边框上、下、左、右连线的中点处，待光标变成↕时通过拖动鼠标调整蒙版的形状，结果如图2-4-5所示。

图 2-4-4　绘制椭圆蒙版

图 2-4-5　调整椭圆蒙版

步骤4 按回车键退出如图2-4-5所示的状态。单击图2-4-6所示“蒙版1”后的“反转”复选框，则合成窗口如图2-4-7所示。

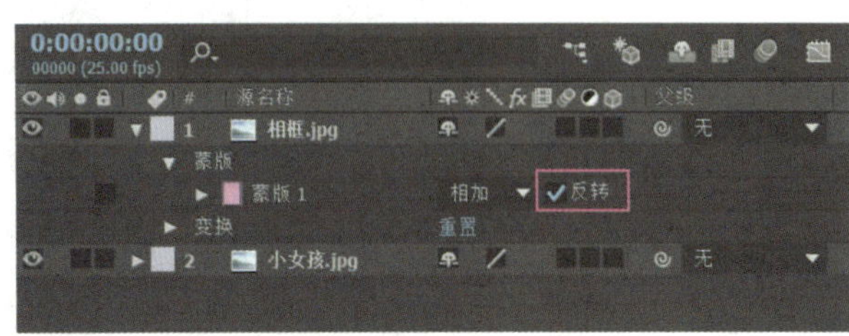

图 2-4-6 时间轴面板

图 2-4-7 创建蒙版效果

步骤5 将“小女孩.jpg”图层的缩放比例调整到58%左右，然后通过拖动“锚点”或“位置”属性编辑框中的参数调整小女孩头像的位置，结果如图2-4-3（c）所示。如果要调整椭圆的形状，可在合成窗口中的相框上双击，在打开的图层面板中单击椭圆的夹点进行调整。

知识库

利用“钢笔工具”可创建任意形状的开放或闭合路径，如图2-4-8所示。使用“钢笔工具”在合成窗口中单击可创建直线调节点，按住鼠标左键不放并拖动可调节下一条曲线的方向，将光标移至起始调节点处并单击，可创建封闭路径。

图 2-4-8 利用“钢笔工具”绘制蒙版

二、编辑和调整蒙版

对于利用图2-4-2所示工具绘制的曲线，还可以使用“添加“顶点”工具”“删除“顶点”工具”及“转换“顶点”工具”编辑其形状，必要时还需要使用“蒙版羽化工具”对其进行羽化设置。

◆ 添加“顶点”工具：单击该按钮，然后在绘制的曲线（包括使用“矩形工具”组中的命令绘制的图形）上单击，可为该曲线添加一个夹点。

◆ 删除“顶点”工具：单击该按钮，然后在绘制的曲线的夹点上单击，可删除该夹点。

◆ 转换“顶点”工具：单击该按钮，然后在绘制的曲线的夹点上单击，可取消或添加该夹点的方向手柄；如果在曲线上单击，可为该曲线添加一个夹点。

◆ 蒙版羽化工具：在遮罩曲线的调节点或曲线上按住鼠标左键并拖动，可达到羽化遮罩的效果，如图2-4-9所示。

图 2-4-9　蒙版羽化效果

案例实施 ——制作“战斗机发射导弹”短片

制作思路

导入相关素材后，将“天空.mov”素材添加到时间轴面板中，为其设置不透明度动画，接着将“战机导弹.jpg”素材添加到时间轴面板中，利用“钢笔工具”绘制蒙版，从而得到战斗机图像，再为其设置飞行路线和缩放动画。参照制作“战斗机”的方法先抠出一个导弹图像，然后为其添加飞行路线和缩放动画，将该图层复制可得到第二个导弹。

将“火燃.mov”素材添加到时间轴面板中，利用“包相/饱和度”命令调整火焰的颜色，利用“缩放”关键帧可调整尾焰的喷射效果，最后利用父子关系将尾焰与战斗机和导弹关联起来。

制作步骤

1. 设置天空的不透明度

该视频中显示的天空的源素材是一段视频，因此只需要在该段视频的末尾设置不透明效果。

步骤1 启动After Effects CC软件，将“ch02”＞“案例四”＞“战斗机发射导弹素材”文件夹中的所有素材导入项目面板。

步骤2 将项目面板中的“天空.mov”素材拖拽到时间轴面板中，然后在时间轴面板的“天空”合成标签上右击，从弹出的快捷菜单中选择“合成设置”项，在打开的“合成设置”对话框中将合成名称设为“战斗机发射导弹”，播放制式设为“HDTV 1080 25”，持续时间设为10秒，其他采用默认设置。

步骤3 分别在第9秒和第10秒添加“不透明度”关键帧，使得不透明度从100%变成0%。

2．制作战斗机的动画

先利用“钢笔工具”将源图片中的战斗机抠出。战斗机尾部的尾焰需要先调整“火焰.mov”素材的颜色，然后通过添加“缩放”关键帧达到尾焰喷射效果。

步骤1 将“战机导弹.jpg”素材拖拽到时间轴面板中，然后拖动“缩放”属性编辑框中的数值，使该战机全部显示在合成窗口中。选中“战机导弹.jpg”图层，单击工具栏中的“钢笔工具”按钮，通过绘制曲线抠出战斗机形状，如图2-4-10所示。在时间轴面板的任意位置单击，可退出钢笔的绘制状态。

图2-4-10　利用蒙版抠出战斗机

提　示

利用蒙版抠图时，为了保持抠出的图像的完整性，尽量将要抠的图片放大后再抠。

步骤2 将该战斗机的缩放比例调整到20%左右，要使战斗机从画面的右上角出现，从画面的左侧飞出，还需要将旋转参数设为“-5°”左右。将时间轴面板中的当前时间指针移至0秒处，然后单击添加“位置”关键帧，接着单击合成窗口中的飞机图像，将光标移到锚点上并将该图像拖到画面的右上角，如图2-4-11所示。

图2-4-11　战斗机的起始位置

步骤3 将当前时间指针移至第1秒13帧处，根据自己规划的飞机线路在合成窗口中将飞机图形拖至合适位置。采用同样的方法，分别在第3秒、第4秒、第5秒05帧、第7秒10帧、第8秒和第8秒10帧处添加“位置”关键帧，飞机的飞机路线大致如图2-4-12所示。

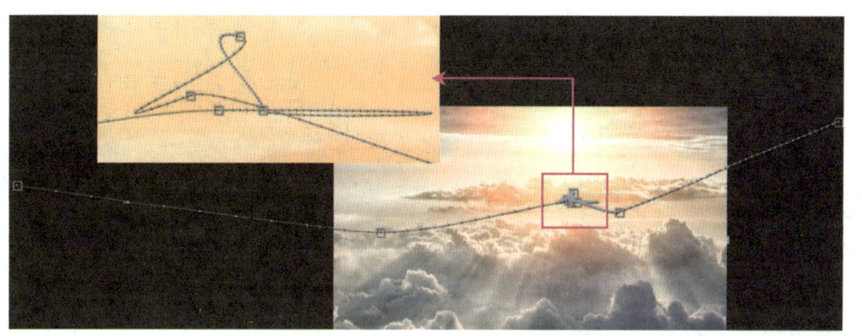

图 2-4-12　战斗机的飞行路线

知识库

如图 2-4-12 所示的飞行路线仅供读者参考。读者可根据自己的规划设置好“位置”关键帧后，通过在合成窗口路线的夹点上单击，利用调节柄调整线路的形状。

步骤4　战斗机在飞过画面中间位置时发射出两弹导弹后，将其放大后飞出画面。所以，应在第6秒15帧和第7秒22帧添加“缩放”关键帧，缩放值分别为20%和53%。

步骤5　将当前时间指针移至约第3秒处，使飞机全部显示在合成画面中。将“火焰.mov”素材拖拽到时间轴面板中，然后在该图层右侧的“模式”列表框中单击，在弹出的下拉列表中选择“相加”项，效果如图2-4-13所示。

提　示

在图层右侧的“模式”列表框中选择“相加”项，可使当前图层与其下方图层的颜色相加，并将当前图层上的黑色按透明处理。关于“模式”列表框中的其他菜单项的具体内容，将在第6章详细讲解。

步骤6　将“火焰.mov”图层的旋转参数设为96°。由于缩放是以锚点为缩放中心的，所以应在工具栏中单击“移动锚点”按钮，将锚点移到箭头处，再将该图层的缩放比例设为13%，然后在合成窗口中将火焰图像移动到战斗机的合适位置，如图2-4-14所示。最后为“火焰.mov”图层添加父子关键，父级为“战机导弹.jpg”图层。

图 2-4-13　设置图层的相加模式

图 2-4-14　尾焰效果

步骤7　将当前时间指针移至第0秒处，添加“缩放”关键帧，然后在第6秒处添加“缩放”关键帧，缩放参数大致为“65.0，500.0%”。

步骤8 为了区别战斗机的尾焰与导弹尾焰的颜色，此处还需要调色处理。选中“火焰.mov”图层并右击，从弹出的快捷菜单中选择“效果”>“颜色校正”>“色相/饱和度”项，在打开的效果控件面板中将主色相设为207°左右，如图2-4-15所示。

图 2-4-15 调整尾焰的色相和饱和度

3. 整理图层

该案例中除了天空背景外，还有战斗机及其尾焰、两组导弹及其尾焰。由于这3组的源文件均相同，因此，需要对图层进行重命名设置及颜色调整，以区分这3组。

步骤1 在时间轴面板中“战机导弹.jpg”图层上右击，从弹出的快捷菜单中选择“重命名”项，将该图层的名称设为“战斗机”。

步骤2 在“战斗机.jpg”图层名称前的颜色块上单击，从弹出的快捷菜单中选择一种颜色，如选择“红色”，即可将该图层的时间轨改成红色。采用同样的方法将“火焰.mov”图层的颜色改为红色，结果如图2-4-16所示。

图 2-4-16 整理图层的名称及颜色

4. 制作导弹1的动画

导弹与战斗机的动画制作方法基本相同，不同之处在于导弹的路径与战斗机不同。另外，导弹尾部的尾焰可通过复制战斗机尾部的尾焰，并修改其颜色和缩放比例得到。

步骤1 将“战机导弹.jpg”素材拖拽到时间轴面板中“火焰.mov”图层的上方，然后在合成窗口中通过单击并拖动的方式调整该图片的位置，使画面中显示导弹的全貌；利用“钢笔工具”抠出导弹图形，如图2-4-17所示。

步骤2 在合成窗口中单击选中上步抠出的导弹，然后单击工具栏中的“移动锚点”按钮，在合成窗口中将导弹的锚点移动到导弹的合适位置，最后将该图层的缩放比例设为“28%”。

图 2-4-17　利用蒙版抠出导弹

步骤3　要使导弹从战斗机上发射出来，必须将导弹所在的图层放在“战斗机.jpg”图层的下方，即将当前时间指针移至合适位置，如第3秒附近，然后将“战机导弹.jpg”图层拖动到“战斗机.jpg”图层的下方。最后单击工具栏中的“选取工具”，在合成窗口中将导弹移动到战斗机的合适位置。

步骤4　将“战机导弹.jpg”图层的旋转角度设为“-5°”，将当前时间指针移至第2秒20帧左右，然后按住【Shift】键并拖动“战机导弹.jpg”图层，使该图层时间轨的起始位置与时间线对齐。单击“位置”属性前的按钮，通过拖动时间指针及合成窗口中导弹的位置设置导弹的路径。本案例在第2秒20帧至第4秒间添加了4个“位置”关键帧，导弹的飞行路径如图2-4-18所示。

图 2-4-18　导弹的飞行路径

小技巧

按住【Shift】键拖动时间轴面板中的时间轨，可使被拖动的时间轨的起始位置与当前时间线，或者与上个图层或下个图层的起始位置对齐。

步骤5　选中“火焰.mov”图层，然后按【Ctrl+C】键和【Ctrl+V】键复制一个图层，并将该图层移至“战机导弹.jpg”图层的上方。将该图层的起始位置置于第2秒20帧左右，按【Alt+｛】键将该时间线前的时间轨剪掉，在合成窗口中将复制得到的尾焰移动到导弹的合成位置。展开复制得到的“火焰.mov”图层，单击“色相/饱和度”属性前的按钮，取消该功能。

步骤6　调整复制得到的“火焰.mov”图层的旋转角度，并添加“缩放”关键帧。本案例中，将“火焰.mov”图层的旋转角度设为94°左右，并在第2秒20帧处添加“缩放”关键帧，缩放参数大致为“5.0，10.0%”；为其添加父子关系，其父级为“战机导弹.jpg”图层；在第3秒处添加“缩放”关键帧，缩放参数大致为“16.3，200.0%”，如图2-4-19所示。

图2-4-19　战斗机的起始位置

步骤7　将“战机导弹.jpg”图层的名称修改为“导弹1.jpg”，然后修改“导弹1.jpg”图层和复制得到的“火焰.mov”图层的颜色。

5. 制作导弹2的动画

制作好第一组导弹及其尾焰后，通过复制命令可得到第二组导弹。第二组导弹的飞行路线与第一组相同，只是发射时间不同而已。

步骤1　选中时间轴面板中的导弹1及其尾焰所在的图层，然后按【Ctrl+C】键和【Ctrl+V】键进行复制。将复制得到的图层移到“战斗机.jpg”图层的下方，将当前时间指针移至第3秒15帧处，结合【Shift】键将复制得到的图层的起始位置移至第3秒15帧处。

步骤2　修改复制得到的导弹及其尾焰所在图层的名称及颜色，结果如图2-4-20所示。至此，本案例就制作完成了，按【0】键进行预览。

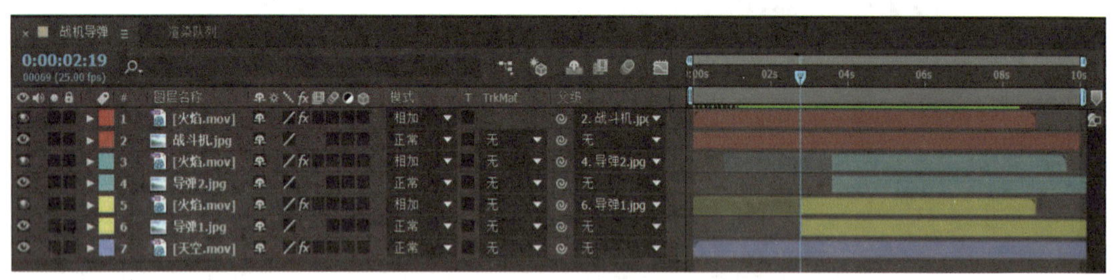

图2-4-20　时间轴面板效果

课堂实训3——制作飞转的风车

飞转的风车

请大家打开本书配套素材中的“ch02”＞“课堂实训”文件夹，观看其中的“飞转的风车.mov”视频。该视频是由“唯美天空.png”“小风车.jpg”和“光影.jpg”共3个图片制作的，其最终的视频画面如图2-4-21所示。

素材：素材与实例\ch02\课堂实训\风车素材\唯美天空.png、小风车.jpg和光影.jpg

结果：素材与实例\ch02\课堂实训\旋转的风车.aep

图 2-4-21　素材与视频效果截图

提示：

（1）将“小风车.jpg”素材拖拽到时间轴面板中，利用“矩形工具”抠出风车的棒子。

（2）将“小风车.jpg”素材拖拽到时间轴面板中，利用“钢笔工具”抠出所需风车，然后移动其中一个的位置，使风车轮与棒子正好相交，再利用“向后平移(锚点)工具”将风车轮的锚点移至风车的中心，如图2-4-22所示。

图 2-4-22　抠出风车和棒子效果

（3）将风车的父级设为棒子，然后为棒子添加“位置”“缩放”和“旋转”关键帧，最后为风车添加“旋转”关键帧，使风车旋转得快些，如图2-4-23所示。

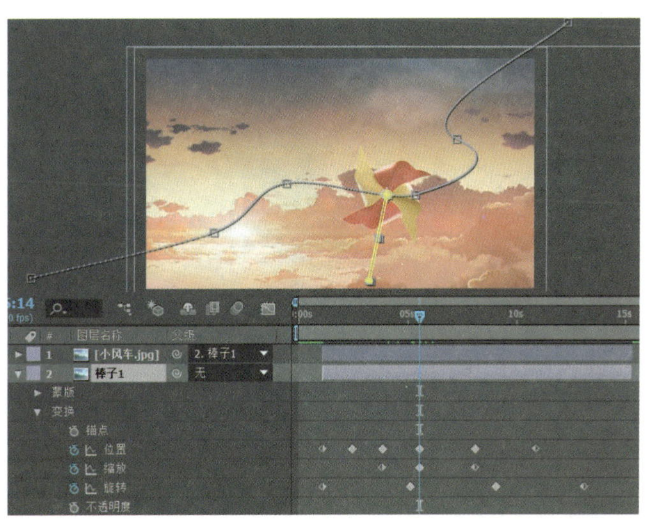

图 2-4-23　风车路径

案例五 制作吃豆动画

——Mask 动画

案例说明

Mask动画又称为遮罩动画。在After Effects中的每个图层上都可以绘制遮罩，并且可以为遮罩添加动画效果。下面通过制作“吃豆动画”视频，来学习Mask动画的操作方法。

【案例5】 **“吃豆动画”简介**

请大家打开本书配套素材中的“ch02”＞“案例五”文件夹，观看其中的“吃豆动画.mov”视频。该视频是由如图2-5-1（a）所示的4张图片制作的，最终的视频画面如图2-5-1（b）所示。

吃豆动画

素材：素材与实例\ch02\案例五\吃豆动画素材\蓝色网格.psd、球.psd、上幕帘.psd和下幕帘.psd

结果：素材与实例\ch02\案例五\吃豆动画.aep

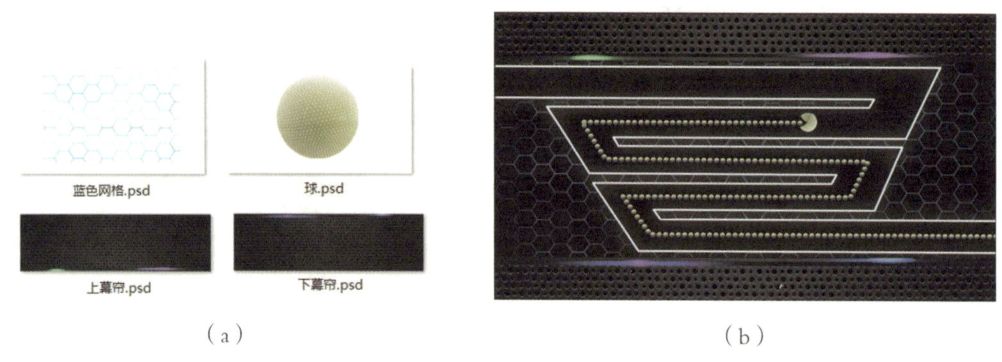

（a） （b）

图 2-5-1 素材与视频效果截图

在观看“吃豆动画”视频时，需要注意以下几点：

（1）小球运动的轨道的底色是黑色，轨道外的区域的底色为蓝色网格。

（2）小球在吃豆时嘴巴一张一合，且小球在拐角处会旋转角度，被吃的豆子以灰色显示。

预备知识

一、蒙版的基本属性

如前所述，选中某个图层，然后利用工具面板中“矩形工具”和“钢笔工具”命令组中的相关命令可以为该图层创建蒙版，如图2-4-5和图2-4-8所示。蒙版的属性有相加、相减、交集、变亮、变暗、差值、羽化等，如图2-5-2所示。

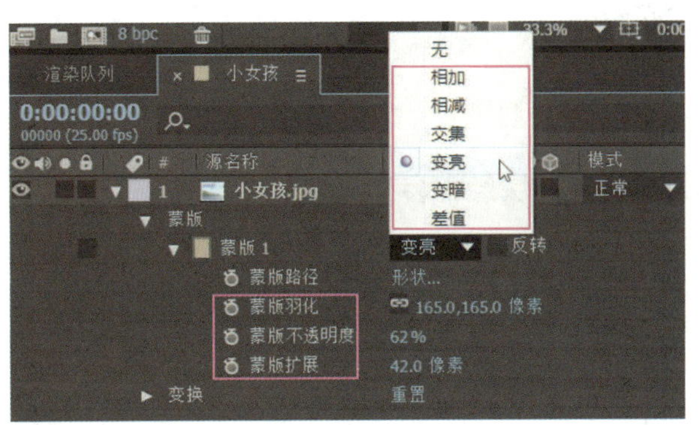

图 2-5-2　蒙版的基本属性

对于一个封闭的蒙版图形，通常对其使用相加和相减属性，效果如图2-5-3（b）和（c）所示；而交集、变亮、变暗和差集属性是针对两个或两个以上封闭的蒙版图形的，效果如图2-5-3（d）～（g）所示。

为了方便区别各属性的作用，图2-5-3（e）～（g）所示的变亮、变暗和差值效果是通过调整图2-5-2所示时间轴面板中的蒙版不透明度值形成的，如图2-5-3（h）所示的羽化效果是通过调整时间轴面板中的蒙版羽化值形成的。

图 2-5-3　添加蒙板的效果

二、固态层的作用

通常情况下，在没有视频图层和图片图层时，如果要制作某种特效，就必须先创建一个固态层。固态层是一种单一颜色的图层，选择“图层”>“新建”>“纯色”菜单，或按【Ctrl+Y】键，在打开的“纯色设置”对话框中可设置该固态层的大小和颜色，最后单击“确定”按钮，即可创建一个固态层。

三、嵌套图层的创建及作用

当要制作的影片较长时，其图层经常会有几十个甚至几百个，为了便于管理图层，在After Effects中可以将一个或多个合成添加到另一个合成中，这种方式称为嵌套合成。嵌套合成不仅有利于众人分工合作，而且当需要对多个图层进行相同操作时，使用嵌套合成可以大大简化操作步骤。

下面以“天空.jpg”和“老鹰.gif”为例，学习嵌套图层的具体操作方法。

步骤1 选择“文件”>“打开项目”菜单，然后打开本书配套素材“素材”>“ch02”>“案例五”>“嵌套图层素材.aep”文件。从项目面板中可知，该文件中有两个合成，分别是老鹰和天空，如图2-5-4所示。

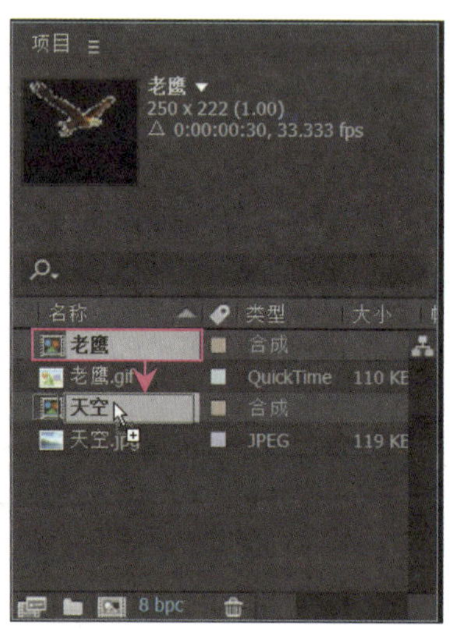

图2-5-4 项目面板

步骤2 在项目面板中的“老鹰”合成上单击，将其拖拽到项目面板的“天空”合成上，如图2-5-4所示。松开鼠标后，“老鹰”合成被自动添加到时间轴面板的“天空”合成中，如图2-5-5所示。或者将项目面板中的“老鹰”合成拖拽到“天空”时间轴面板中“天空.jpg”图层的上方，均可将“老鹰”合成添加到“天空”合成中。

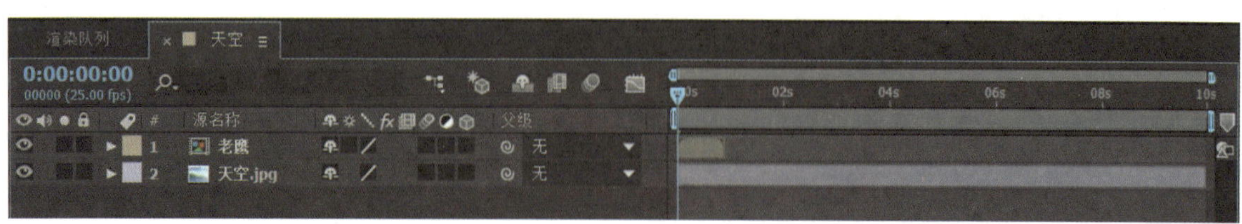

图2-5-5 添加“老鹰”合成

步骤3 选中时间轴面板中的“老鹰”图层，依次按【Ctrl+C】键和【Ctrl+V】键粘贴一个“老鹰”图层，接着连续按6次【Ctrl+V】键粘贴6个“老鹰”图层。

步骤4 按住【Shift】键在时间轴面板中第二个图层上单击并向右拖动，使其起始位置与第一个图层的终点位置对齐。采用同样的方法移动其他图层，结果如图2-5-6所示。

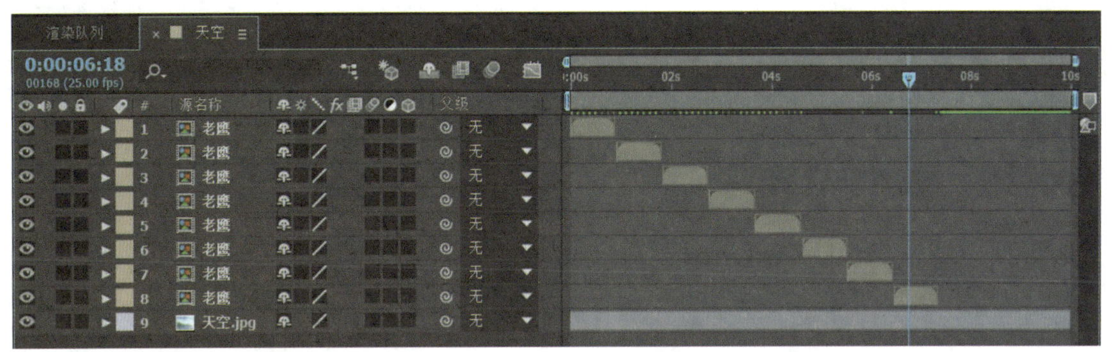

图 2-5-6 调整各图层的位置

步骤5 在第一个图层上单击，然后按住【Shift】键在序号为8的图层上单击，选中所有的“老鹰”图层，接着选择“合成”>“预合成”菜单，在打开的“预合成”对话框中设置新合成名称，如图2-5-7所示，最后单击“确定”按钮，结果如图2-5-8所示。

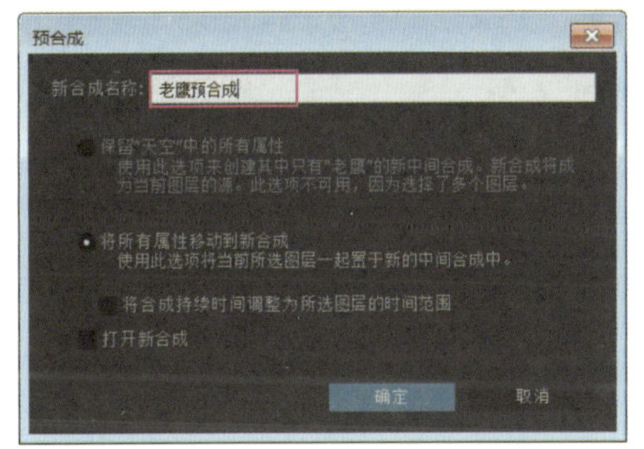

图 2-5-7 “预合成”对话框

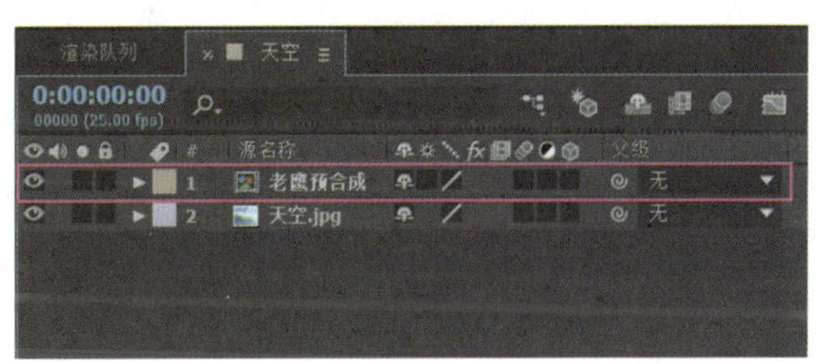

图 2-5-8 合成新的图层

案例实施 ——制作吃豆动画

制作思路

导入相关素材后，先创建一个固态层作为豆子所在轨道的底色，再将“蓝色网格.psd”素材添加到时间轴面板中，利用“钢笔工具”绘制蒙版，作为运动轨道的轮廓线，再为蒙版添加“描边”和“发光”效果；将“蓝色网格.psd”图层复制一份，删除蒙版和“发光”效果，再绘制一个蒙版，作为豆子的轨迹线，接着利用“描边”功能制作灰色豆子；将刚复制的“蓝色网格.psd”图层再复制一份，为其添加“浮雕”效果，使豆子变成黄色。

利用“球.psd”制作“小球”合成，并为该合成添加“位置”关键帧和“跟踪运动”命令，最后将“上幕帘.psd”和“上幕帘.psd”素材添加到时间轴面板中，并为其添加“位置”关键帧。

制作步骤

1. 利用蒙版制作轨道

步骤1 启动After Effects CC软件，将“ch02”>“案例五”>“吃豆动画素材”文件夹中的所有素材导入项目面板。

步骤2 按【Ctrl+N】键打开“合成设置”对话框，将合成名称设为“吃豆动画”，画面大小设为1920×1080，帧速率设为25，持续时间设为18秒，然后单击“确定”按钮。

步骤3 选择“图层”>“新建”>“纯色”菜单，打开“纯色设置”对话框，单击“颜色”设置区中的色块，在打开的如图2-5-9所示的对话框中将颜色设为黑色，最后依次单击“确定”按钮，完成固态层的创建。

步骤4 将“蓝色网格.psd”素材拖拽到固态层的上方，然后将该素材的缩放比例设为65%左右。选中“蓝色网格.psd”图层，利用工具栏中的“钢笔工具”绘制如图2-5-10所示的蒙版图形；单击时间轴面板中“蒙版”前的三角符号，选中“蒙版1”后的“反转”复选框。

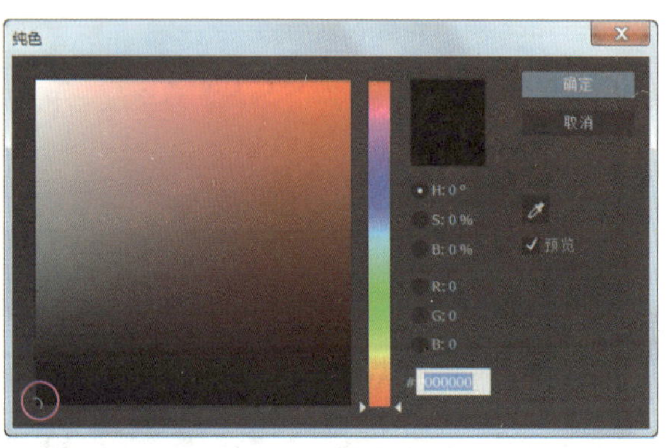

图 2-5-9 设置小球运动轨道的背景色

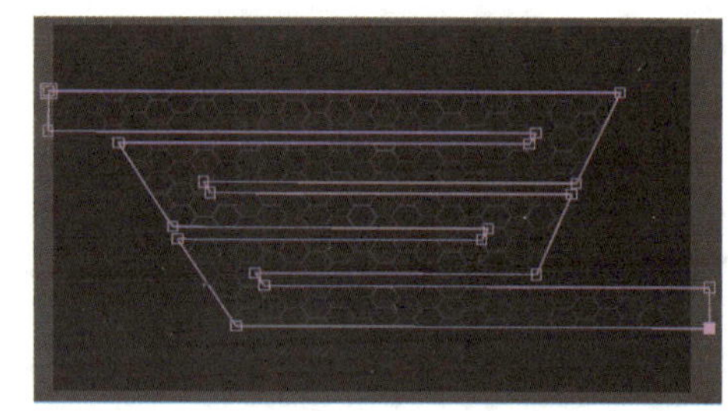

图 2-5-10 绘制蒙版图形

提 示

绘制如图 2-5-10 所示的水平线时，可在指定直线的一点后按【Shift】键单击指定另一点。选中工具栏中的“选取工具”按钮，然后在如图 2-5-10 所示直线的端点或直线上单击并按住鼠标左键拖动鼠标，可调整直线的位置。

在“蓝色网格.psd”图层或其下的“蒙版1”上单击，如果合成窗口中未显示绘制的蒙版图形，可单击合成窗口下方的“切换蒙版和形状路径可见性”按钮。

步骤5 选中“蓝色网格.psd”图层并右击，从弹出的快捷菜单中选择“效果”>“生成”>“描边”菜单，然后在“效果控件”面板中设置描边参数，如图2-5-11所示。

步骤6 在“蓝色网格.psd”图层上右击，从弹出的快捷菜单中选择“效果”>“风格化”>“发光”菜单，然后在“效果控件”面板中设置发光参数，如图2-5-12所示。此时，画面效果如图2-5-13所示。

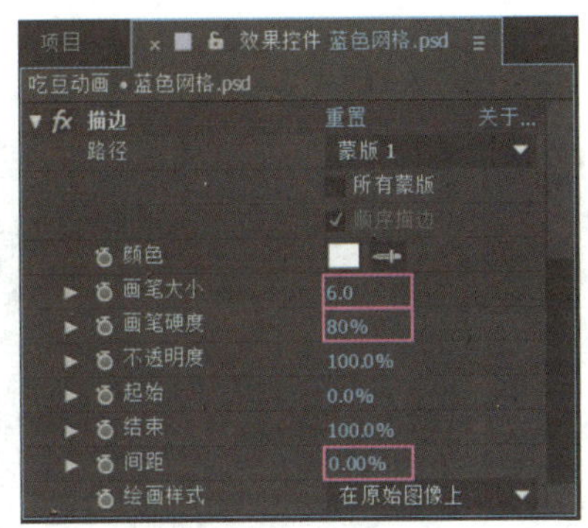

图 2-5-11 设置描边参数

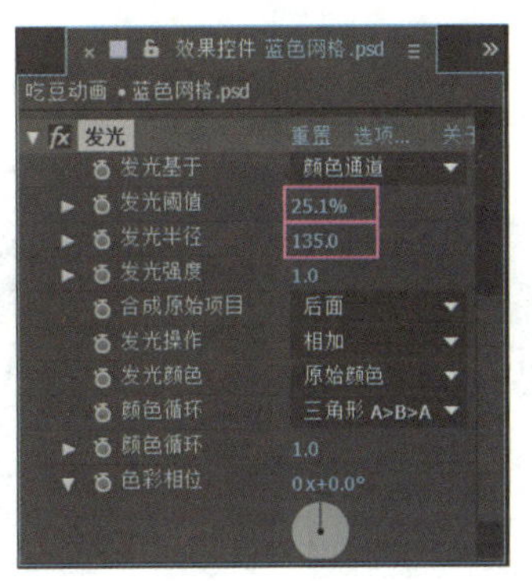

图 2-5-12 设置发光参数

2. 制作灰色豆子和黄色豆子

步骤1 选中“蓝色网格.psd”图层，按【Ctrl+C】键和【Ctrl+V】键复制该图层。展开复制得到的图层，利用【Delete】键删除其中的“蒙版”和“发光”项，然后选中该图层，利用“钢笔工具”按钮绘制如图2-5-14所示的蒙版图形。

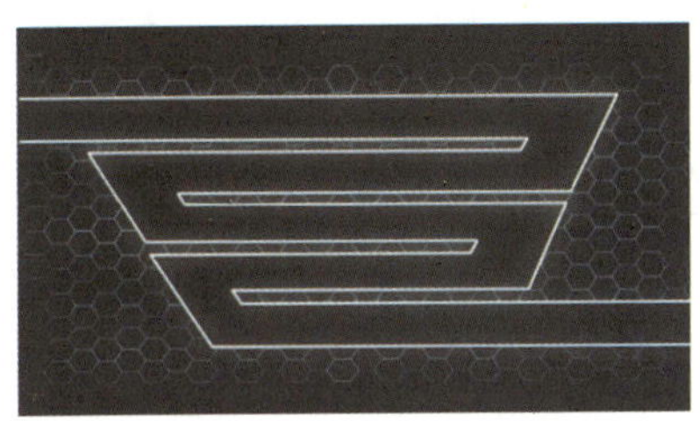

图 2-5-13 设置描边和发光效果

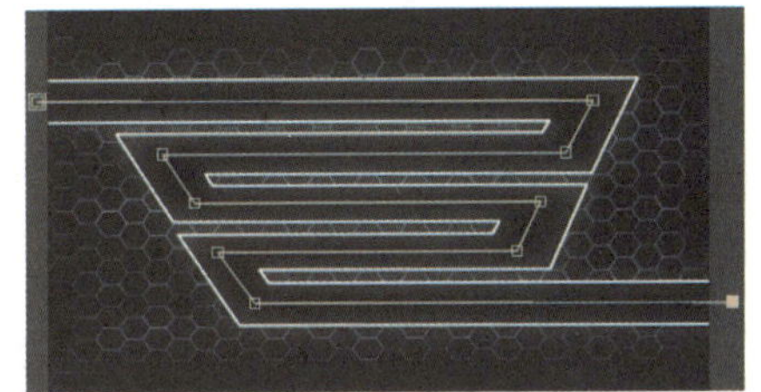

图 2-5-14 绘制蒙版图形

步骤2 选中复制得到的“蓝色网格.psd”图层中的“描边”选项，在“效果控件”面板中参照图2-5-15设置描边颜色（灰色）、画笔大小、硬度、不透明度、间距及绘画样式。此时，合成窗口中将出现灰色豆子。

步骤3 选中时间轴面板中最上方的“蓝色网格.psd”图层，然后按【Ctrl+C】键和【Ctrl+V】键复制该图层。选中该图层中的“蒙版”选项，在“效果控件”面板中单击“颜色”色块，在打开的对话框中将颜色设为黄色。此时，将出现黄色豆子，如图2-5-16所示。

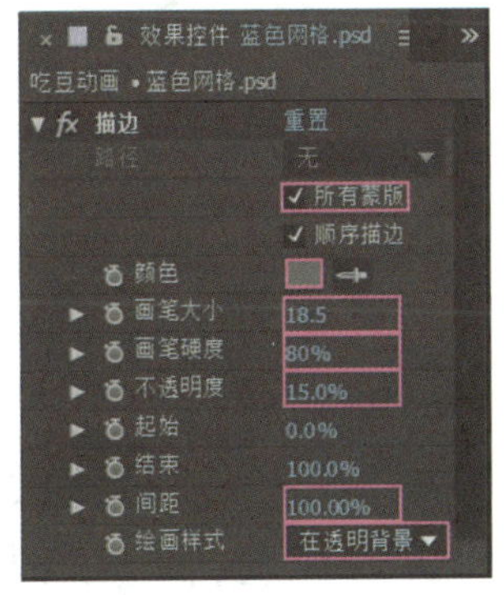

图 2-5-15 制作灰色豆子

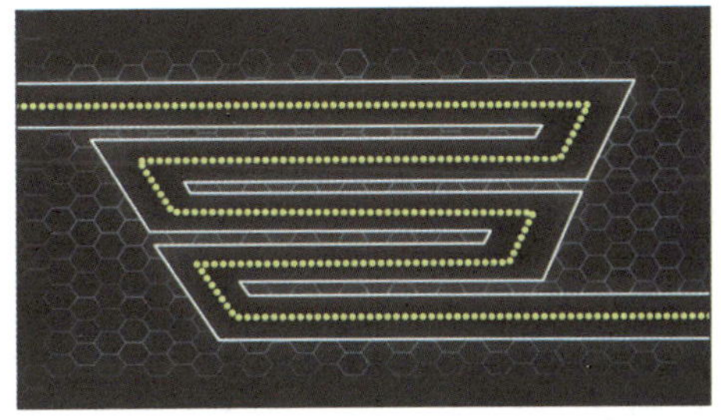

图 2-5-16 制作黄色豆子

步骤4 在最上方的“蓝色网格.psd”图层上右击，从右键菜单中选择“效果”>“风格化”>“浮雕”菜单，设置浮雕的参数，然后在“效果控件”面板中将“描边”效果的不透明

度设为100%，如图2-5-17所示。

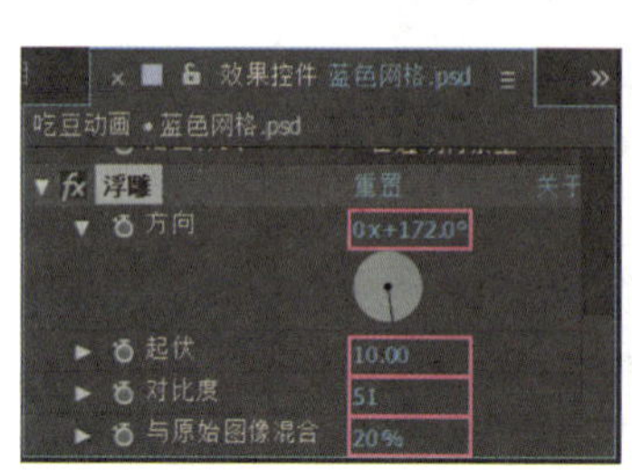

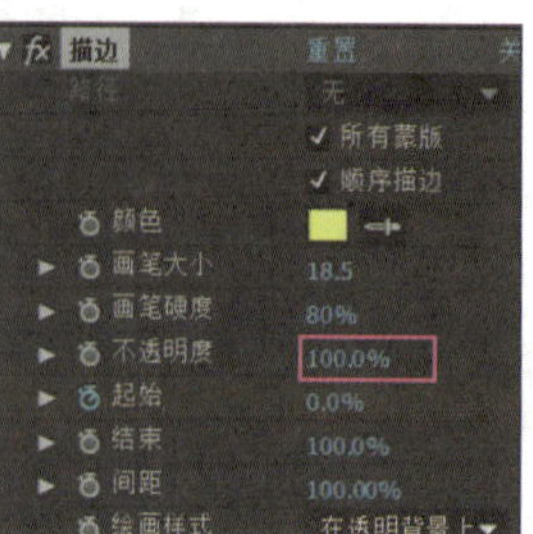

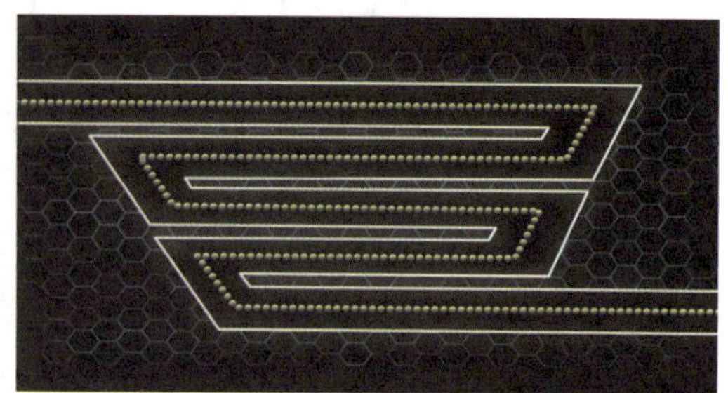

图 2-5-17　为黄色豆子设置浮雕效果

3．制作球体合成动画

该视频中，吃豆子的球体是利用“球.psd”图片制作而成的，且在吃豆过程中，球体的嘴巴一张一合。因此，需要为球体创建一个合成。

步骤1　按【Ctrl+N】键打开“合成设置”对话框，将合成名称设为“小球”并单击“确定”按钮。

步骤2　将项目面板中的“球.psd”素材拖拽到时间轴面板中，然后选中该图层，利用工具栏中的“椭圆工具”绘制一个与球体大小相当的圆，并在“蒙版1”右侧的列表框中选择“无”选项，如图2-5-18（a）所示。

步骤3　单击工具栏中的“选取工具”按钮，然后在圆的最下方的象限点上单击，并将该点移到球体的中心位置；按住【Ctrl】键并分别拖动圆心处象限点的手柄，调整该圆的形状，如图2-5-18（b）所示；在“蒙版1”右侧的列表框中选择“相加”选项并勾选右侧的“反转”复选框，结果如图2-5-18（c）所示。

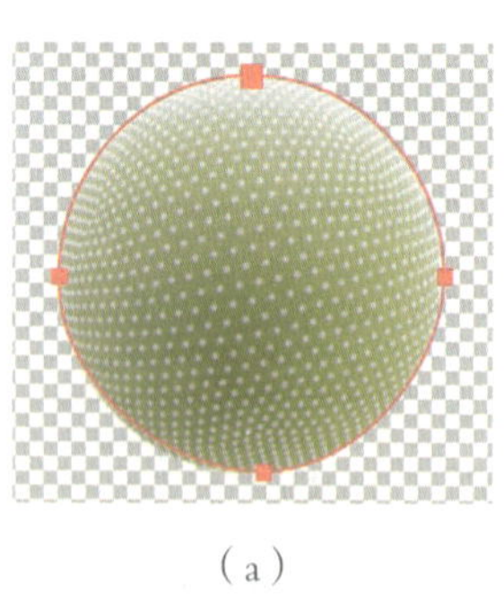

（a）

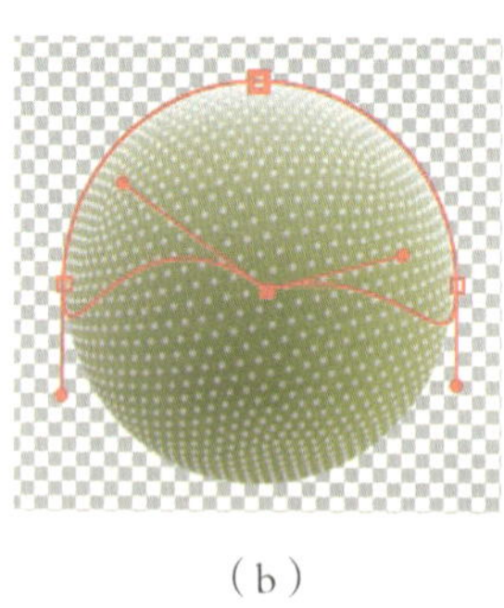

（b）

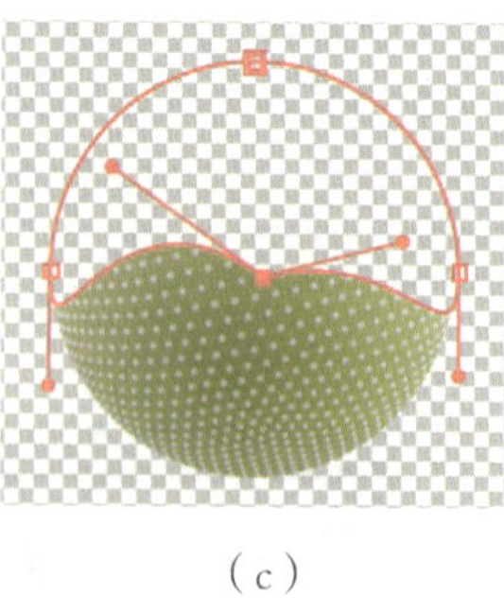

（c）

图 2-5-18　绘制蒙版图形

步骤4　在“球.psd”图层上右击，从右键菜单中选择“效果”>“颜色校正”>“色阶”菜单，然后参照图2-5-19调整参数，使得球体下半部分颜色深些。

步骤5　将“球.psd”图层复制一份，然后在复制的图层中的“蒙版1”后的“反转”复选框中单击（不勾选），接着利用“选取工具”调整球心处手柄的位置，如图2-5-20所示。

步骤6　删除最上方“球.psd”图层下的“色阶”效果，在该图层上右击，从右键菜单中选择“效果”>“透视”>“投影”菜单，然后调整阴影参数，如图2-5-21所示。

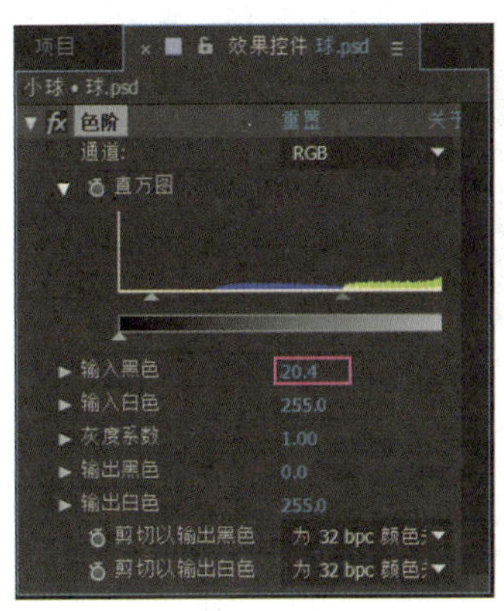

图 2-5-19　调整色阶

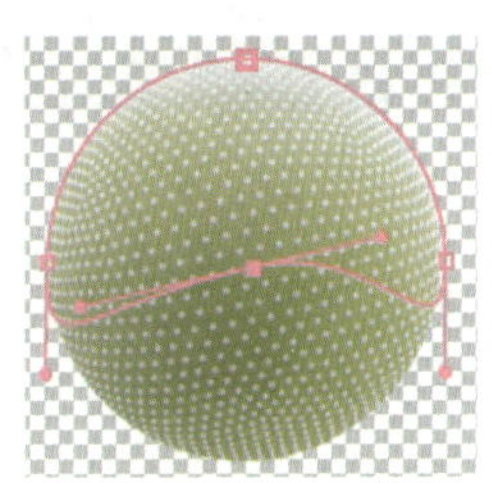

图 2-5-20　调整手柄

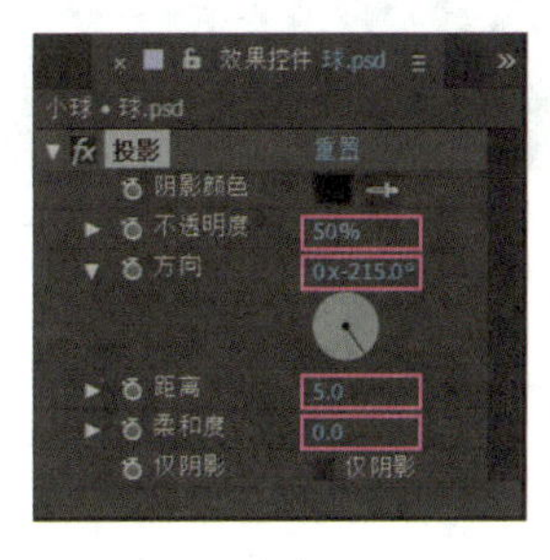

（a）

（b）

图 2-5-21　制作阴影效果

步骤 7　将当前时间指针拖到第 0 秒处，单击最下方“球.psd”图层中“旋转”属性前的按钮，拖动时间轴面板下方的滑块，使时间线区的比例变大。将时间指针拖到第 7 帧，将旋转角度设为 30°；将时间指针拖到第 14 帧，将旋转角度设为 0°。

步骤 8　在时间轴面板中按【Ctrl+A】键选中所有图层，然后按【R】键显示“旋转”属性，并为最上方“球.psd”图层添加旋转关键帧，即第 0 秒的旋转角度为 0°，第 7 帧的旋转角度设为 -50°，第 14 帧的旋转角度为 0°，如图 2-5-22 所示。

步骤 9　将时间线拖到第 20 帧，选中任意一个图层中第 7 帧和第 14 帧处的关键帧，按【Ctrl+C】键后在该图层上单击，按【Ctrl+V】键粘贴关键帧。采用同样的方法复制另外一个图层的关键帧，如图 2-5-23 所示。

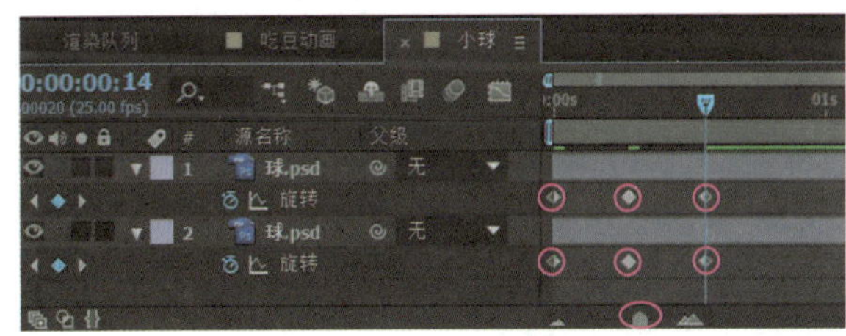

图 2-5-22　添加关键帧

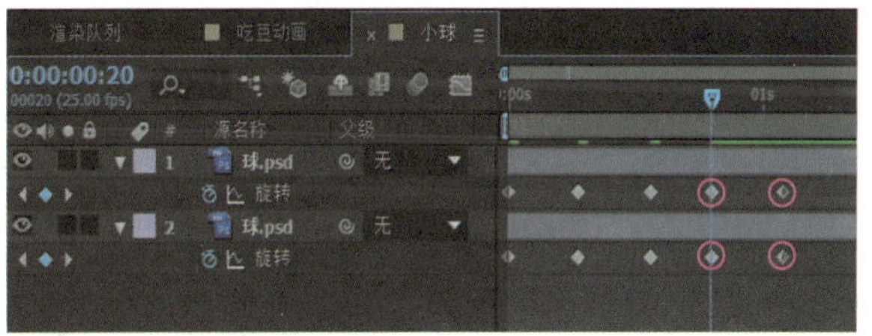

图 2-5-23　复制关键帧①

提　示

制作好如图 2-5-23 所示的关键帧后按空格键预览球体动画。如果球体在张开后无法闭合，可调整蒙版图形中曲线的手柄。此外，步骤 7 和步骤 8 中第 7 帧和第 14 帧关键帧的旋转角度值仅作为参考，读者可根据自己绘制的蒙版图形自行设置旋转角度。

步骤 10　分别将时间线拖到第 1 秒 10 帧、第 2 秒 12 帧、第 4 秒 18 帧、第 8 秒 20 帧、第 17 秒 19 帧处，并依次将该时间线前的所有关键帧（除第 0 秒处的关键帧外）依次复制，结果如图 2-5-24 所示。

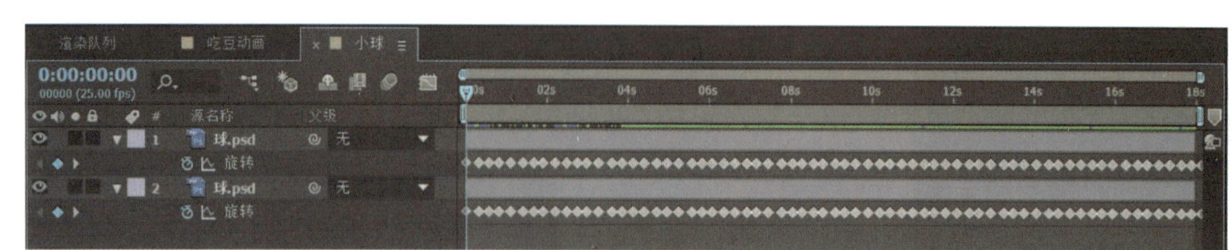

图 2-5-24　复制关键帧②

步骤11　切换到“吃豆动画”合成，将项目面板中的“小球”合成拖到时间轴面板中，将其缩放比例设置为10%左右，然后在合成窗口中利用“选取工具”将小球移动到运动轨道的左上角，使小球的中心与豆子所在水平线重合，如图2-5-25所示。

步骤12　拖动“小球”合成图层中“位置”属性中的X坐标值，使小球向左移出画面。将时间线拖至第2秒处，为其添加位置关键帧；将时间线拖至第5秒处，选中小球的中心并将其拖动到如图2-5-26所示的A点处。采用同样的方法，依次在第5秒12帧、第8秒、第8秒10帧、第11秒、第11秒10帧、第14秒、第14秒10帧、第17秒处将小球依次拖至B～I点，结果如图2-5-26所示。

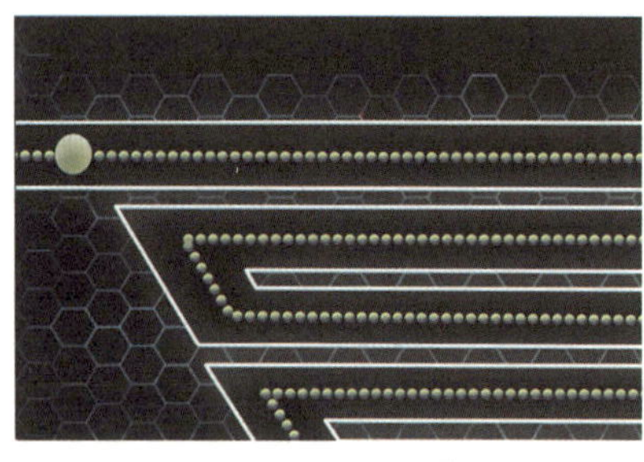

图 2-5-25　调整球体的位置

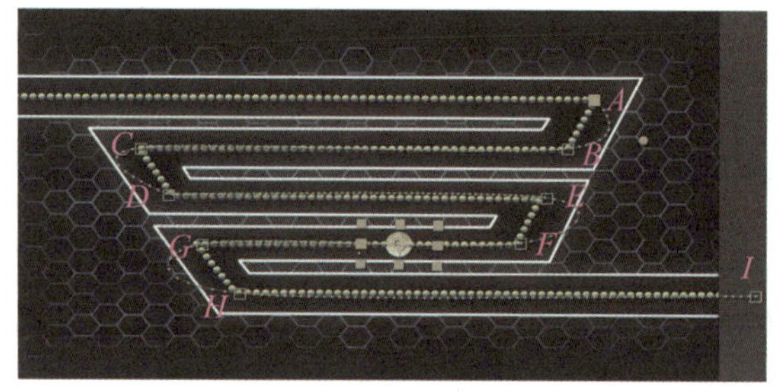

图 2-5-26　设置各关键帧处球体的位置

步骤13　选中工具栏中的“转换“顶点”工具”，依次在如图2-5-26所示的A～H点上单击，结果如图2-5-27所示。

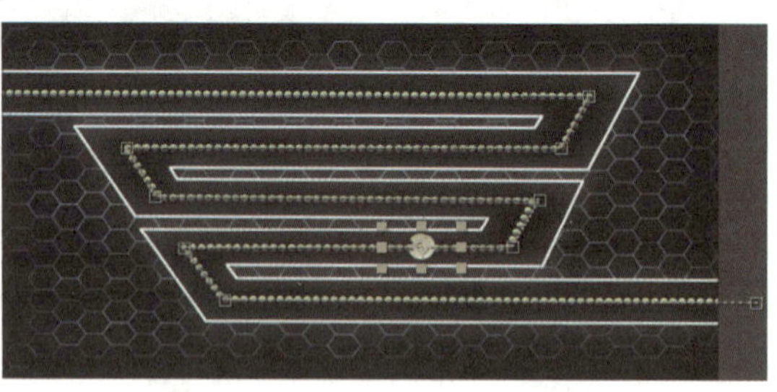

图 2-5-27　设置小球的运动路径

步骤14　按空格键可以看到小球在各转角处嘴巴张合的方向不对，为此，可在“小球”合成图层上右击，从右键快捷菜单中选择“变换”>“自动定向”菜单，在打开的对话框中选中“沿路径方向”单选钮并单击“确定”按钮。此时，按空格键即可看到小球在转角处会转向。

4. 制作豆子消失动画

按空格键可以看到小球在运动时豆子并不会消失。由于豆子是由“描边”效果生成的，因此，可通过为描边的“起始”属性设置关键帧控制豆子的消失速度，具体操作如下。

步骤1 选中最上方“蓝色网格.psd”图层下的“描边”选项，然后在第2秒处添加“起始”关键帧，开始值为0%；第5秒和第5秒12帧的“起始”关键帧值分别为23.5%和26%。

步骤2 第8秒和第8秒10帧的“起始”关键帧值分别为43.5%和46%。第11秒和第11秒10帧的“起始”关键帧值分别为62%和64.5%。第14秒和第14秒10帧的“起始”关键帧值分别为77.5%和80%。第17秒的“起始”关键帧值为100%。

提 示

上步操作中各“起始”关键帧处的起始值仅供读者参考。在完成上步操作后，读者可按空格键查看动画效果。如果小球与豆子的运动速率不一致，可通过调整上步操作中各关键帧的“起始”值解决。

5. 制作幕帘的打开动画

该案例中的幕帘由“上幕帘.psd”和“下幕帘.psd”两个素材组成，其动画的制作方法如下。

步骤1 将项目面板中的“上幕帘.psd”素材拖拽到时间轴面板中，然后将其缩放比例设为66%，再拖动“位置”属性的*y*坐标值，结果如图2-5-28所示。

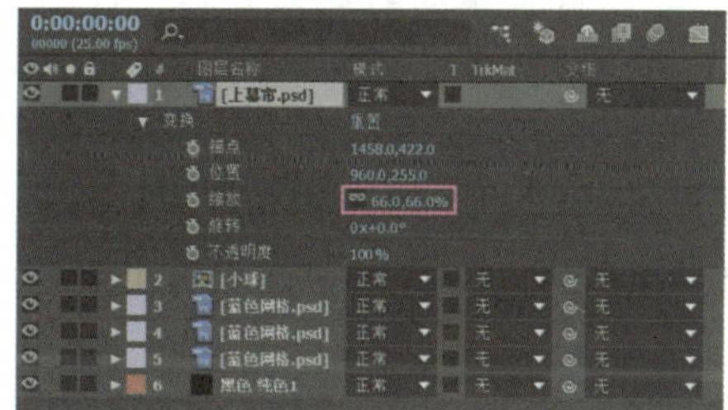

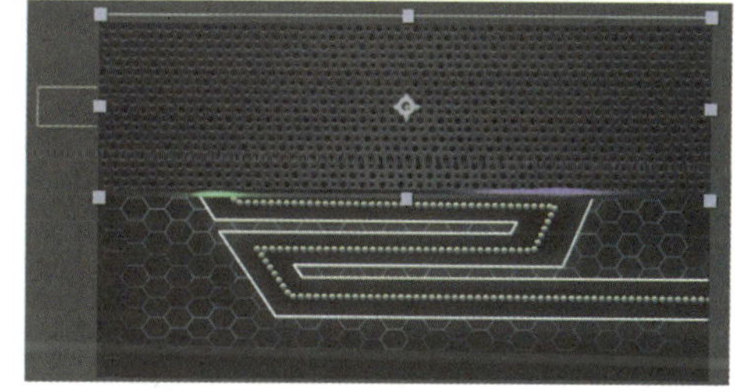

图2-5-28 调整“上幕帘”图片的大小和位置

步骤2 将时间线拖到第0秒，为“上幕帘.psd”图层添加“位置”关键帧，再将时间线拖到第1秒，拖动“位置”属性的*y*坐标值，结果如图2-5-29所示。

步骤3 采用同样的方法制作下幕帘，其缩放比例为66%，“位置”关键帧及其画面效果如图2-5-30所示。至此，本案例就制作完成了，按【0】键进行预览。

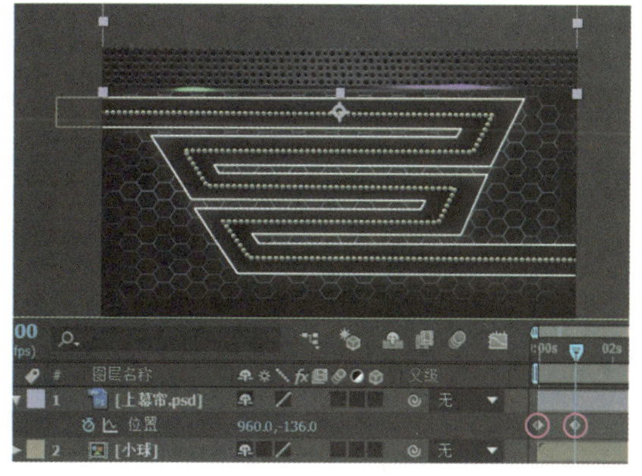

图2-5-29 设置“上幕帘”动画

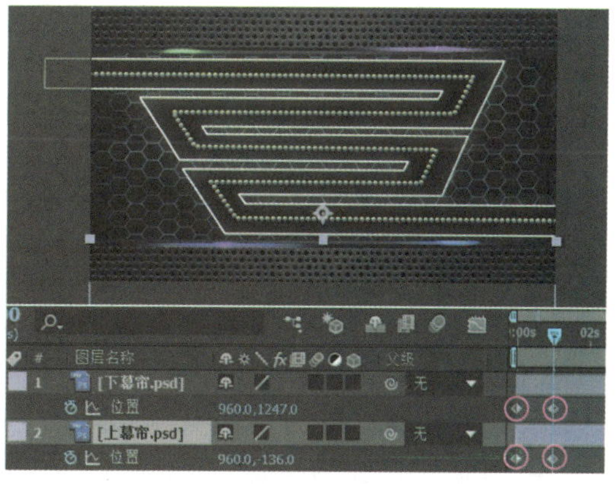

图2-5-30 设置“下幕帘”动画

本章总结

本章主要介绍了制作视频动画时常用的一些知识。在学完本章内容后，读者应重点掌握以下知识。

- After Effects中的动画制作和特效制作离不开图层，且图层具有上层遮挡下层的特点。因此，图层的排列顺序就决定了画面的最终效果。要调整图层的顺序，只需按住该图层的名称将其拖拽到其他图层的上方或下方即可。
- 在After Effects中，除音频图层外的其他图层至少有“锚点”“位置”“缩放”“旋转”和“不透明度”这5个基本属性。锚点是对象的坐标中心点。
- After Effects中的动画主要是通过关键帧来产生的。每个动画至少要有两个关键帧，一个控制动画的开始，一个控制动画的结束。
- 当一个图层与另一个图层发生父子关系后，两个图层就会联动。一个父层可以拥有多个子图层，但是一个子图层只能有一个父层。
- 在制作视频时，应注意4种Alpha遮罩的功能及用法。
- 利用“矩形工具”和“钢笔工具”组中的相关工具可为图层创建蒙版，从而实现蒙版抠像。
- 在没有视频图层和图片图层时，如果要制作某种特效，就必须先创建一个固态层。当要制作的影片较长时，为了便于协同合作，通常需要将一个或多个合成添加到另一个合成中，这种方式称为嵌套合成。

第3章

色彩校正与调色

在视频拍摄过程时，经常会因客观条件限制或主观失误，导致拍摄得到的素材过度曝光或曝光度不够，甚至产生严重偏色。如果制作影片时要使用这些素材，就必须对它们的色彩进行校正处理。此外，在制作影片时，有时为了增强画面的艺术感，或者营造某些特殊气氛，经常使用调色功能。例如，将彩色照片变成黑白图像，从而达到营造怀旧的效果。

本章主要介绍使用After Effects进行色彩校正与调色的方法，常用的命令有色调、曲线、色阶、色彩平衡、色相饱和度等。

学习目标

- 掌握几种常见的颜色模式
- 掌握色调、三色调等调整图像颜色命令的用法
- 掌握曝光度、色阶、色彩平衡、色相 / 饱和度等调整图像调色命令的用法
- 掌握曲线、单色保留等调整图像颜色和色调命令的用法
- 能够将彩色图像调整成水墨效果

案例一　制作人造疤痕

——色调和三色调

案例说明

在一些动作片和警匪片中，打斗时的流血事件时有发生。但是在拍摄过程中，经常会因为拍摄场地光线、化妆及拍摄技术等原因，造成拍摄得到的影片中出现演员身上的血渍因颜色不正而显得不够真实。为此，就需要对血渍进行颜色调整。

下面通过制作图3-1-1所示拳击运动员头部的血渍和身上的伤疤，来学习“色调”和“三色调”命令的用法。

素材：素材与实例\ch03\案例一\人造疤痕素材\拳击.jpg、伤疤.jpg

结果：素材与实例\ch03\案例一\人造疤痕.aep

拳击.jpg

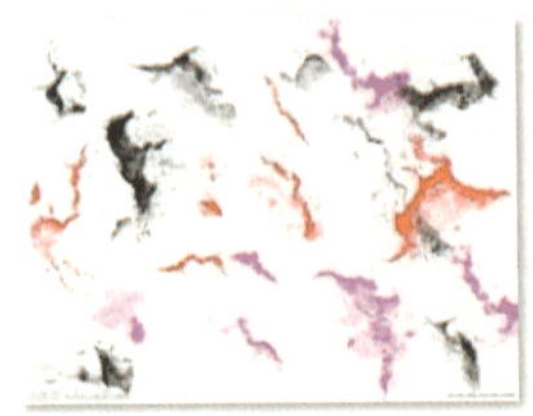

伤疤.jpg

图 3-1-1　制作人造疤痕

预备知识

一、了解色彩

色彩能够展现出作品的情感和含义，且不同颜色能给人带来不同的视觉感受，如红色给人热情似火的感觉，蓝色给人清爽舒适的感觉，如图3-1-2所示。设计时，应根据不同的场景和要表达的内容使用不同的色系，从而增强场景的真实性和视觉冲击力。

图 3-1-2　色彩的表达效果

色彩校正简称校色，是指将拍摄的画面所产生的偏色修正，还原出画面的本色。校色不改变原素材的色调。图3-1-3左图是在白炽灯下拍摄时，因摄像机的白平衡没有校准好，所以画面整体偏黄发暗，我们一般将这种情况称为偏色，校色后的效果如图3-1-3右图所示。

调色就是将画面中指定的色调或全部色调进行改变，从而形成不同感觉的其他色调效果，如图3-1-4所示。

图 3-1-3　校色

图 3-1-4　调色

二、颜色模式

将拍摄的图像上传到计算机中后，可通过修改图像的颜色模式使其呈现不同的色彩。在After Effects中，常用的颜色模式有RGB模式、灰度模式和HSB模式3种。

1. RGB模式

在该模式下，图像的颜色由红（R）、绿（G）、蓝（B）3原色混合而成。R、G、B三个通道中，每个通道的颜色取值范围均为0～255，则3个通道就有约1670万（2^{24}）种不同颜色。当图像中某个像素的R、G、B值都为0时，像素颜色为黑色；R、G、B值都为255时，像素颜色为白色；R、G、B值相等时，像素颜色为灰色。

2. 灰度模式

灰度模式图像只能包含纯白、纯黑及一系列从黑到白的灰色。该模式下的图像不包含任何色彩信息，但能充分表现出图像的明暗信息。

3. HSB模式

HSB模式是基于人对颜色的感觉而制定的，它是将颜色看成由色相（H）、饱和度（S）和明度（B）组成的。

- 色相：色相是色彩最基本的属性，也是人眼感觉到的不同颜色，如红色、绿色、蓝色等。例如，桌子上有一个红色的杯子，则这个杯子就具有红色色相。值得注意的是，黑、白、灰没有任何色彩倾向，可以认为它们没有色相。
- 饱和度：饱和度是指构成色彩的纯度，即色彩的浓度或鲜艳程度。饱和度越高，色彩越鲜艳；饱和度越低，色彩越不容易被感知，如图3-1-5所示。
- 明度：明度也称为明暗，物体在不同强弱光照下会产生明暗差别。合理的明度变化是画面产生层次的重要保证。图3-1-6所示为相同饱和度下不同明度的效果。

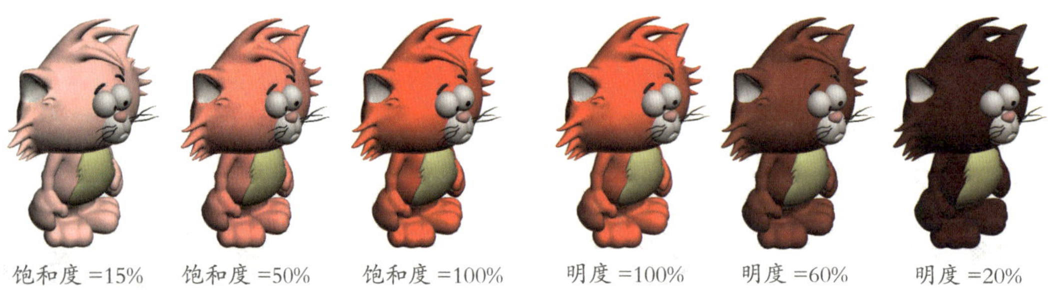

图 3-1-5　不同饱和度效果　　图 3-1-6　不同明度效果

三、常用调色命令

在时间轴面板中选中某个图层并右击，从弹出的快捷菜单中选择“效果”＞“颜色校正”菜单下的所需调色命令，或者在选中图层后选择菜单栏中的“效果”＞“颜色校正”菜单，从弹出的快捷菜单中也可以选择所需调色命令，这些调色命令如图3-1-7所示。

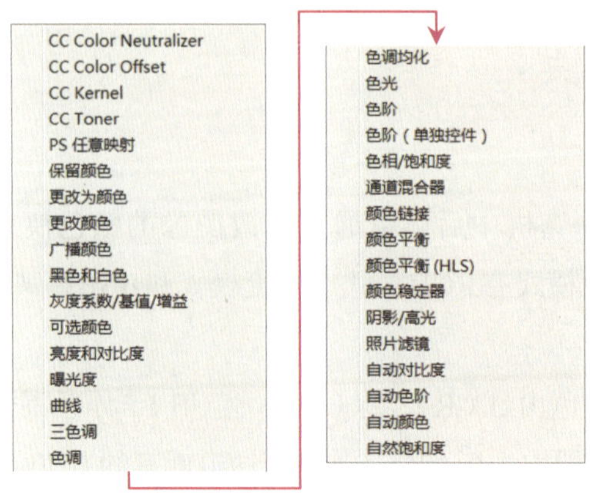

图 3-1-7　常用调色命令

案例实施——制作人造疤痕

扫一扫

制作思路

两个运动员头部的血渍可分别利用蒙版制作，即利用“钢笔工具”在“伤疤.jpg”图层上抠出所需图案，再利用“色调”功能调整血渍的颜色。运动员身上的伤疤与头部血渍的制作方法基本相同，不同之处在于它们的调色方法不同。

制作步骤

步骤1 启动After Effects CC软件，将本书配套素材中的“ch03”>“案例一”>“人造疤痕素材”文件夹中的所有素材导入项目面板中，然后将“拳击.jpg”素材拖拽到时间轴面板中生成“拳击”合成，再将“伤疤.jpg”素材拖拽到时间轴面板中。

步骤2 选中“伤疤.jpg”图层，然后利用工具栏中的“钢笔工具”绘制图3-1-8所示的封闭图形。

> **提 示**
>
> 由于使用“钢笔工具”绘制的蒙版图形是封闭的，所以在绘制完成后仅显示封闭区域内的内容，即该蒙版的模式为“相加”。为了方便读者观察，图3-1-8将蒙版的模式设为“无”，以下类似情况不再赘述。

步骤3 选中“伤疤.jpg”图层并右击，从弹出的快捷菜单中选择“效果”>“颜色校正”>“色调”菜单，在出现的效果控件面板中采用默认颜色，然后将“着色数量”值设为50%，如图3-1-9所示。

图3-1-8 绘制蒙版

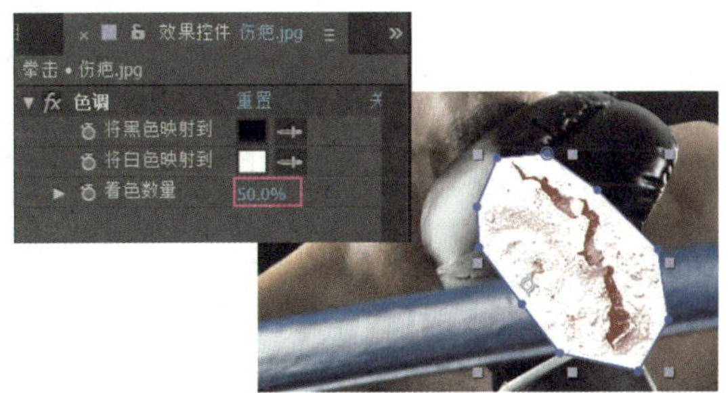

图3-1-9 调整伤疤的颜色

> **知识库**
>
> 使用“色调”命令后，可将“将黑色映射到”色块中的颜色映射到图像中的较暗部分，将“将白色映射到”色块中的颜色映射到图像中的较亮部分，“着色数量”编辑框用于调整映射强度。

步骤4 将“伤疤.jpg”图层的模式设为“相乘”，然后按【S】键，将该图层缩放到34%左右；在合成窗口中按住鼠标左键将血渍移动到合适位置，如图3-1-10所示。

图 3-1-10 调整血渍的位置

步骤5 选中“伤疤.jpg”图层，按【Ctrl+C】和【Ctrl+V】键复制该图层。为了方便操作，将复制得到的图层的模式设为“正常”，然后选中该图层并按【M】键，将蒙版的模式设为“无”；单击“蒙版1”，将光标放在合成窗口中的钢笔图形上并按住鼠标左键将钢笔图形移动到所需图案处，再通过调整钢笔图形中的顶点选择所需图案，如图3-1-11所示。

步骤6 将最上方“伤疤.jpg”图层中“蒙版1”的模式设为“相加”，将该图层的模式设为“相乘”，再将血渍移动到图3-1-12所示位置。

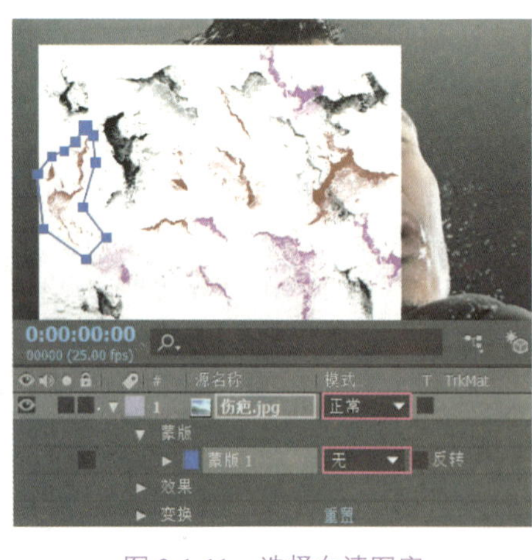

图 3-1-11 选择血渍图案

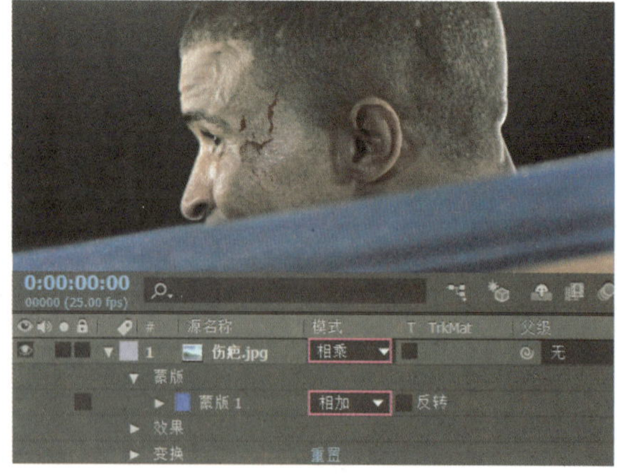

图 3-1-12 调整血渍的位置

步骤7 将“拳击.jpg”图层复制一份，然后选中复制得到的图层，利用“钢笔工具”绘制如图3-1-13所示的封闭图形。

步骤8 选中最上方的“拳击.jpg”图层并右击，从弹出的快捷菜单中选择“效果”>“颜色校正”>“三色调”菜单，在出现的效果控制面板中单击“中间调”色块，在弹出的“中间调”对话框中设置中间色的颜色，如图3-1-14所示。

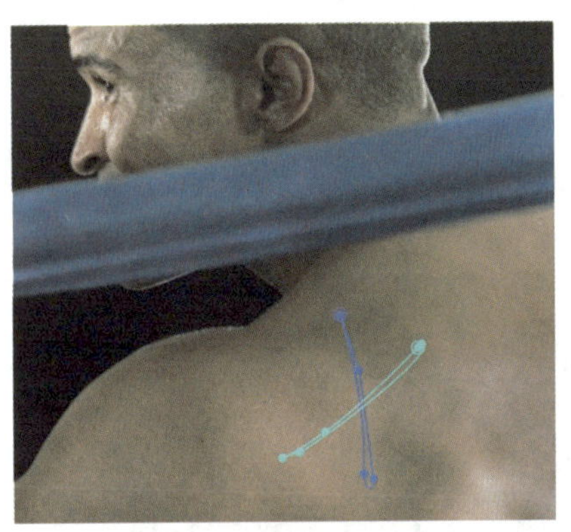

图 3-1-13　绘制伤疤图案

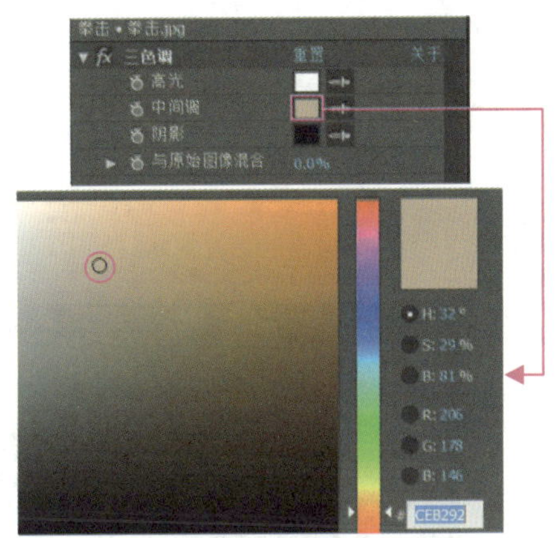

图 3-1-14　调整伤疤的颜色

知识库

利用“三色调”命令可以将图 3-1-14 中 3 个色块中的颜色按图像中的明亮、黑暗和中间调映射到该图像上。“与原始图像混合”编辑框用于控制 3 个色块的合成效果与原始图像的混合程度。该值越高，合成效果对原始图像的影响越小。当该值为 100% 时，原始图像不会产生明显效果；当该值为 0% 时，不显示原始图像的颜色。

步骤 9　为了使伤疤的边缘更加柔和、真实，需将最上方“拳击.jpg”图层的模式设为“柔光”，然后选中该图层，按【F】键显示“蒙版羽化”选项，将两个蒙版的羽化值均设为 4，如图 3-1-15 所示。

小技巧

图层的模式有多种，在实际制作过程中，可单击选中某个图层的名称，然后按住【Shift】键不松开，再依次按【+】或【-】键查看不同模式下图像的效果。

步骤 10　采用同样的方法将最下方的“拳击.jpg”图层复制一份，并利用“钢笔工具”绘制图 3-1-16 所示的封闭图形。

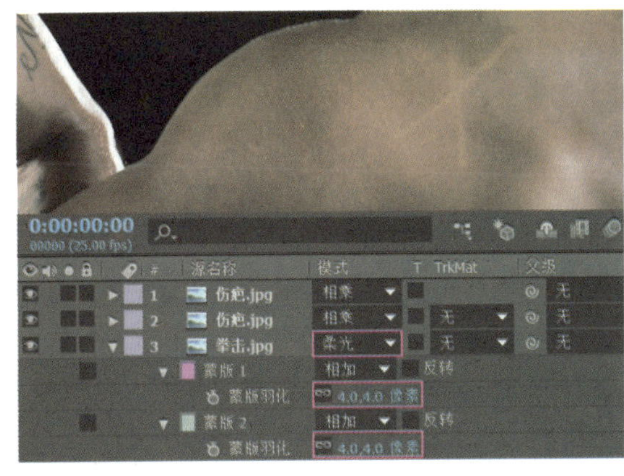

图 3-1-15　伤疤效果

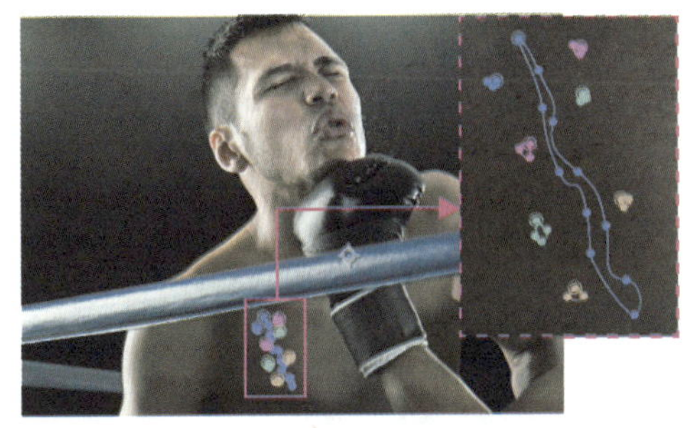

图 3-1-16　绘制伤疤图案

步骤 11 为图3-1-16所示的伤疤图案添加“三色调”命令，其中间调如图3-1-14所示，高光和阴影颜色采用默认设置，接着将该图层的模式设为“经典颜色减淡”；按【F】键，设置该图层中蒙版的羽化值（除大伤疤的羽化值为4外，其余伤疤的羽化值均为3），结果如图3-1-17所示。至此，该案例就制作完成了。

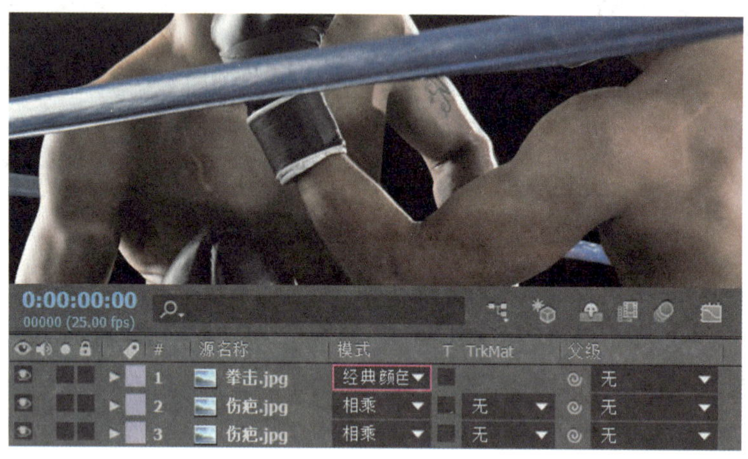

图 3-1-17　伤疤效果

案例二　制作岛国晚霞

——曲线

案例说明

几百黄昏声称海，此刻红阳可人心。在岛国，晚霞时的天空经常会出现火烧云的现象，再加上秀丽的自然风景，往往会给人一种心旷神怡的感觉。但是，在制作一些影片时，所得到的晚霞素材往往令人不够满意，不是晚霞的颜色不够理想，就是天际相交处不够唯美。

岛国晚霞

下面通过调整图3-2-1（a）所示素材中晚霞的颜色，来学习“曲线”命令的用法。

【案例 1】 **“岛国晚霞”简介**

请大家打开本书配套素材中的“ch03”＞“案例二”文件夹，观看其中的“岛国晚霞.mov”视频。该视频是由图3-2-1（a）所示的“风景.mov”视频制作的，最终的视频画面如图3-2-1（b）所示。

素材：素材与实例\ch03\案例二\岛国晚霞素材\风景.mov

结果：素材与实例\ch03\案例二\岛国晚霞.aep

(a)

(b)

图 3-2-1　素材与视频效果截图

预备知识

利用"曲线"命令可以调整图像的色调范围和色调响应曲线。当图像有多个颜色通道时，可从"通道"列表框中选择要调整的通道，然后对其进行亮度和对比度调节，如图3-2-2所示。

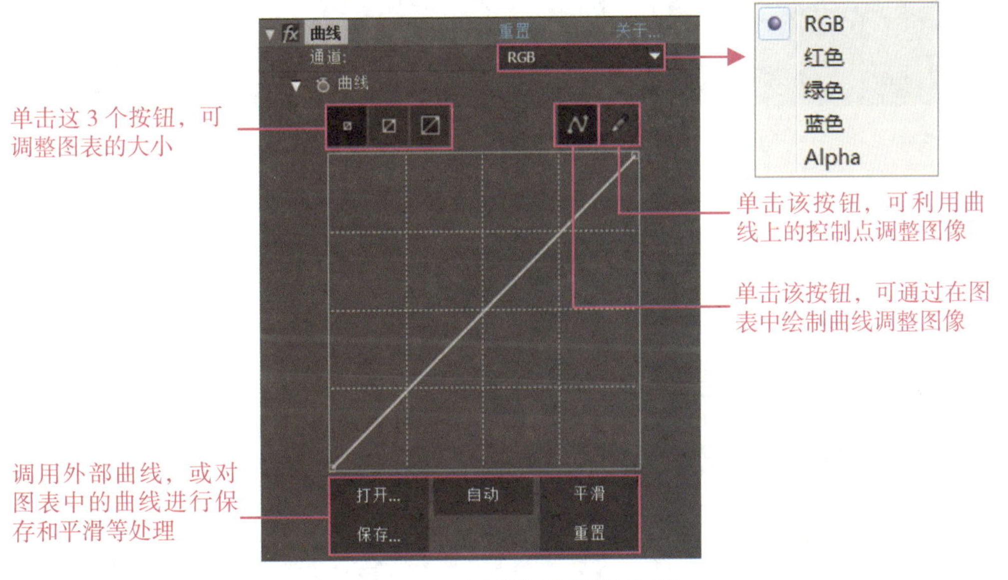

图 3-2-2　"曲线"效果控件面板

案例实施——制作岛国晚霞

制作思路

将"风景.mov"素材添加到时间轴面板中，然后利用"曲线"命令调整该画面的色调，再将"风景.mov"图层复制一份，利用蒙版和"曲线"命令制作天空与景色相交处，使天际边的色彩更加合理。此外，由于"风景.mov"素材中有蓝天和绿色植被，因此需要分别调整"红色""绿色"和"蓝色"通道的曲线。

制作步骤

步骤1 启动After Effects CC软件，将“ch03”>“案例二”>“岛国晚霞素材”文件夹中的素材导入项目面板中。

步骤2 将项目面板中的“风景.mov”素材拖拽到时间轴面板中。选中该图层并右击，从弹出的快捷菜单中选择“效果”>“颜色校正”>“曲线”菜单，在出现的效果控件面板中的“通道”列表框中选择“红色”，然后将光标放在图表的斜线上并按住鼠标左键将其向左拖动，结果如图3-2-3所示。

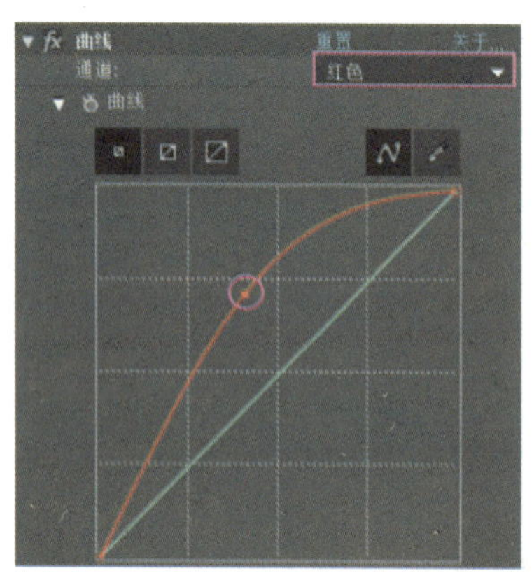

图3-2-3 调整“红色”通道的颜色

步骤3 在晚霞红光的映衬下，河两岸的绿色植被应呈现深绿色。因此，需要在效果控件面板中的“通道”列表框中选择“绿色”，再拖动曲线调整该通道的颜色。采用同样的方法调整“蓝色”通道的颜色，如图3-2-4所示。

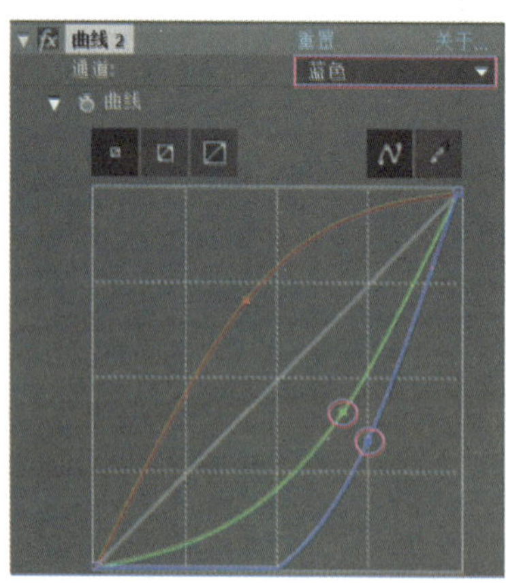

图3-2-4 调整“绿色”和“蓝色”通道的颜色

提 示

如果想要删除某个通道的曲线，可将光标放在该曲线的点上并按住鼠标左键将其拖出图表区域即可。

步骤4 将“风景.mov”图层复制一份，然后选中最上方的图层，利用工具栏中的“矩形工具”绘制图3-2-5所示的蒙版图形。

步骤5 展开最上方的“风景.mov”图层，然后选中其中的“效果”选项，在效果控件面板中调整“红色”“绿色”和“蓝色”通道中曲线的形状，再将该图层的不透明度设为60%，最后选择“RGB”通道，调整该通道的曲线，如图3-2-6所示。此时，画面效果如图3-2-7所示。

图 3-2-5 绘制蒙版

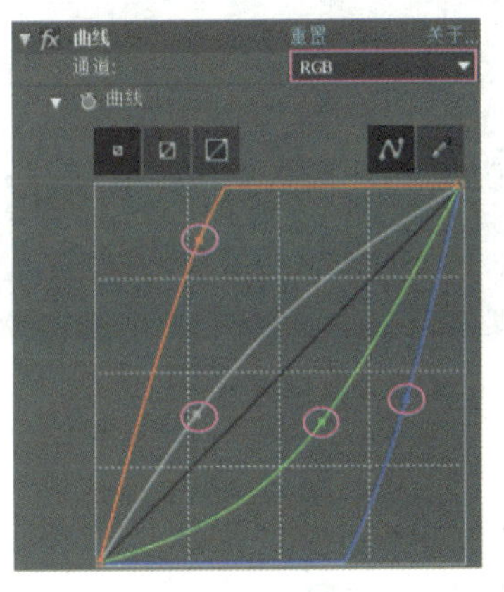

图 3-2-6 调整各通道的曲线

步骤6 展开最上方图层中的“蒙版1”选项，然后将“蒙版羽化”编辑框中的数值调整到80左右，以柔化蒙版的边缘。此时，画面效果如图3-2-8所示。至此，本案例就制作完成了，按【0】键进行预览。

图 3-2-7 调整天空与植被交接处的颜色

图 3-2-8 调整“风景.mov”图层的羽化值

案例三 制作阳光下的向日葵

——色阶和单色保留

案例说明

制作影片时，如果得到的原素材的色调太暗，可使用“色阶”和“保留颜色”命令进行校正。下面通过调整图3-3-1（a）所示图片的亮度，来学习“色阶”和“保留颜色”命令的用法，调整的最终效果如图3-3-1（b）所示。

素材：素材与实例\ch03\案例三\向日葵素材\向日葵.jpg

结果：素材与实例\ch03\案例三\阳光下的向日葵.aep

（a）

（b）

图 3-3-1　制作阳光下的向日葵

预备知识

利用“色阶”命令可以通过调整图像的暗调、中间调和高光的强度级别来校正图像，利用“保留颜色”命令可以保留图像中的某种颜色或色系，并使其他颜色均变成黑白色，具体操作请参考后面的案例实施。

案例实施——制作阳光下的向日葵

制作思路

将“向日葵.jpg”素材添加到时间轴面板中，然后利用“色阶”命令调整该画像的亮度。由于调整完亮度后的图像中天空太蓝，显得不够真实，为此，还需要使用“保留颜色”命令在保留花瓣颜色不变的提前下，将天空的颜色调整得暗些。

制作步骤

步骤1　启动After Effects CC软件，将“ch03”>“案例三”>“向日葵素材”文件夹中的素材导入项目面板。

步骤2　将项目面板中的“向日葵.jpg”素材拖拽到时间轴面板中。选中该图层并右击，从弹出的快捷菜单中选择“效果”>“颜色校正”>“色阶”菜单。此时，效果控件面板如图3-3-2所示。

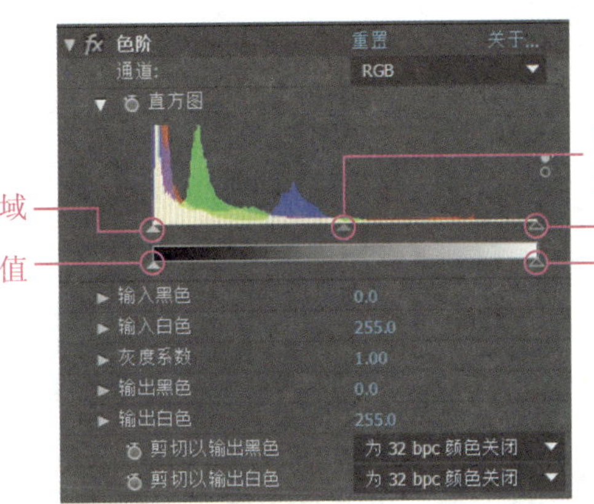

图 3-3-2 “色阶”效果控件面板

知识库

图 3-3-2 所示面板中各选项的功能如下。

通道：在该列表框中可选择要调整色阶的通道，可分别对 RBG、R、G、B 和 Alpha 透明通道的色阶单独进行调整。

直方图：通过直方图可以了解当前图像中像素的明暗分布情况。

输入黑色：用于控制输入图像中黑色的阀值，可通过拖动直方图中左上方的三角形滑块来控制。该滑块越靠近右侧，图像中亮度较低的地方就越黑。

输入白色：用于控制输入图像中白色的阀值，可通过拖动直方图中右上方的三角形滑块来控制。该滑块越靠近左侧，图像中亮度较高的地方就越白。

灰度系数：用于调整图像的对比度，可通过拖动其后的参数或拖动中间的滑块来调整。

输出黑色：通过拖动直方图中左下角的滑块调整整个画面中黑色的极限值。

输出白色：通过拖动直方图中右下角的滑块调整整个画面中白色的极限值。

步骤3 将直方图右上角的滑块拖至100处，使画面变亮，再拖动“灰度系数”文本框中的数值到1.7左右，如图3-3-3所示。

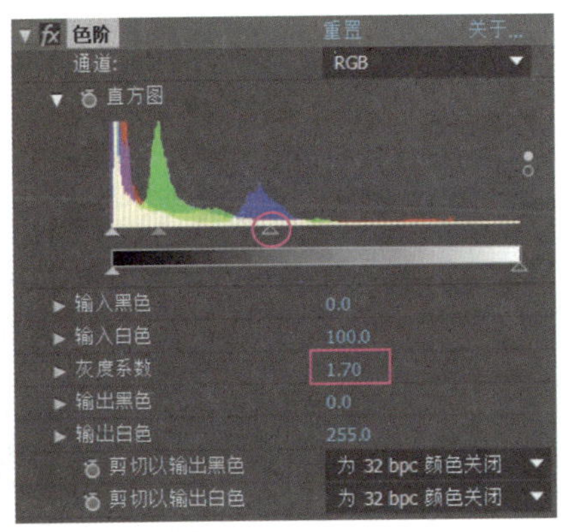

图 3-3-3 调整图像的亮度

由于图3-3-3所示画面中的天空太蓝，很不真实。为此，还需要为其进行如下处理。

步骤4 选中“向日葵.jpg”图层并右击，从弹出的快捷菜单中选择“效果”>“颜色校正”>“保留颜色”菜单。此时，单击“要保留的颜色”右侧的■按钮，在绘图区吸取花瓣的黄色，然后调整“脱色量”“容差”和“边缘柔和度”的参数，使图像中的天空的颜色变得柔和，如图3-3-4所示。至此，本案例就制作完成了。

图 3-3-4 调整天空的颜色

图 3-3-4 所示面板中各选项的功能如下。

脱色量：用于设置脱色程度的百分比。

要保留的颜色：用于设置保留不变的颜色。单击其后的色块，可在弹出的对话框中设置要保留的颜色；单击■按钮，可从当前图像中吸取要保留的颜色。

容差：按所设的脱色量调整保留色与消除颜色（除保留色外的其他颜色）的容差程度。

边缘柔和度：设置消除颜色和保留颜色之间的边缘羽化柔和程度。

匹配颜色：设置色彩匹配的方式，包括“使用 RGB”和“使用色相”两种。

知识补充——自动色阶

使用“自动色阶”命令可以对画面的黑白色阶进行处理，如图3-3-5所示。其中，调整“修剪黑色”编辑框中的参数，可加深图像中的黑色系部分，调整“修剪白色”编辑框中的参数，可加深图像中的白色系部分。

（a）调整前

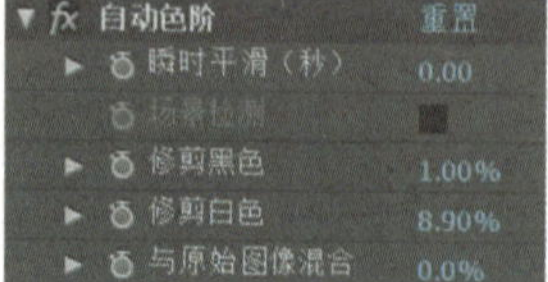

（b）相关参数

（c）调整后

图 3-3-5 使用“自动色阶”命令调整图像

课堂实训 1——制作花海

请大家打开本书配套素材中的“ch03”>“课堂实训”>“花海素材”文件夹，观看其中的“花海.mov”视频。该视频的画面比较暗，可使用“色阶”命令调整图像的亮度。此外，还可以使用“保留颜色”命令制作黑白效果，如图3-3-6所示。

花海

素材：素材与实例\ch03\课堂实训\花海素材\花海.mov

结果：素材与实例\ch03\课堂实训\花海.aep

（a）原图像

（b）黑白部分

（c）变亮部分

图 3-3-6　花海截图

提示：

（1）利用“色阶”命令提高画面的亮度。

（2）使用“保留颜色”命令时，可将脱色量设为100%，将要保留的颜色设为图像中没有的颜色。为“容差”设置关键帧，容差值依次为0%和100%，从而使得画面由黑白色逐渐变成彩色。

案例四　制作破土而出的竹子——颜色平衡

案例说明

由于拍摄时的技术问题与环境限制，导致所得到的素材中暗的部位不够暗，亮的部位不够亮，如图3-4-1（a）所示。为此，可使用“颜色平衡”命令分别调整素材中红平衡、绿平衡和蓝平衡，调整结果如图3-4-1（b）所示。

破土而出的竹子

下面通过调整“竹子”视频的色彩，来学习“颜色平衡”命令的用法。

素材：素材与实例\ch03\案例四\竹子素材\竹子.mov

结果：素材与实例\ch03\案例四\破土而出的竹子.aep

（a）

（b）

图 3-4-1　素材与视频效果截图

预备知识

当一幅图像处于不同亮度时，其色偏程度也不同。为此，After Effects提供了“颜色平衡”命令。使用它可以分别调整图像的暗部、中间调和亮部的色彩，使图像恢复正常的色彩平衡。“颜色平衡”命令是一个典型的、常用的调整偏色的工具，具体的操作方法请参考后面的案例实施。

案例实施——制作破土而出的竹子

扫一扫

制作思路

将“竹子.mov”素材添加到时间轴面板中，然后利用“颜色平衡”命令调整图像中各色彩之间的平衡度。

制作步骤

步骤1　启动After Effects CC软件，将“ch03”>“案例四”>“竹子素材”文件夹中的素材导入项目面板。

步骤2　将项目面板中的“竹子.mov”素材拖拽到时间轴面板中。选中该图层并右击，从弹出的快捷菜单中选择“效果”>“颜色校正”>“颜色平衡”菜单，如图3-4-2所示。

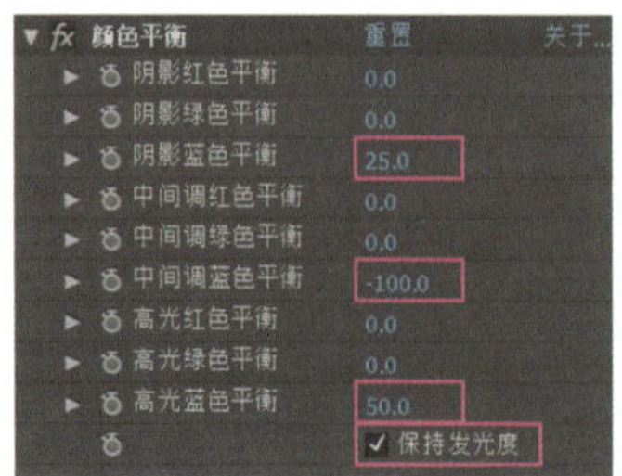

图 3-4-2　“颜色平衡”效果控件面板

图 3-4-2 所示面板中各选项的功能如下。

阴影红 / 绿 / 蓝色平衡：可以调整 RGB 色彩的阴影平衡效果。

中间调红 / 绿 / 蓝色平衡：可以调整 RGB 色彩的中间调平衡效果。

高光红 / 绿 / 蓝色平衡：可以调整 RGB 色彩的高光平衡效果。

保持发光度：选中该复选框，可以保持图像的平均亮度。

步骤3 由于本视频中的阴影和亮光部分较少，因此应先调整中间调蓝色平衡，再调整阴影蓝色平衡和高光蓝色平衡，如图3-4-2所示。至此，本案例就制作完成了，按【0】键进行预览。

案例总结

要调整图像的色彩，需要先分析画面的偏色。本案例的视频画面偏蓝，所以应减蓝。那么究竟是先调亮调、暗调还是中间调呢？一般情况下，应先调画面中面积比较大的部分的亮度，本案例先调中间调。

另外，在调色时，将蓝和绿数值都调到-100时，画面还偏蓝绿，此时就需要加红，即可达到减少蓝色和绿色的效果。

知识补充——灰度系数 / 基值 / 增益

与“颜色平衡”命令的功能类似，使用“灰度系数/基值/增益”命令可为每个通道单独调整响应曲线，如图3-4-3所示。

（a）调整前

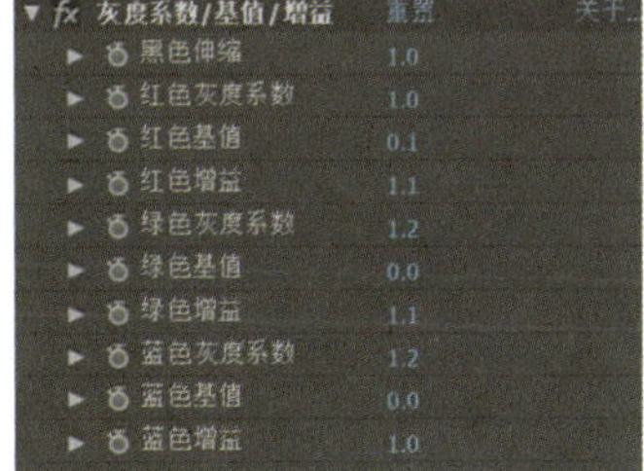

（b）相关参数

（c）调整后

图 3-4-3　调整画面的亮度

图3-4-3（b）中，各选项的功能如下。

◆ 黑色伸缩：用于重新映射所有通道的低像素值，该值较大时可使暗区变亮。

◆ 红色/绿色/蓝色灰度系数：用于指定中间曲线形状的指数。

◆ 红色/绿色/蓝色基值：用于为通道指定最低输出值，该值为0.0时表示完全关闭，为1.0时表示完全打开。

◆ 红色/绿色/蓝色增益：用于为通道指定最高输出值，该值为0.0时表示完全关闭，为1.0

时表示完全打开。

案例五　制作美女化妆术

——色相/饱和度和移除颗粒

案例说明

容貌，永远是女人永不停息的追求。当大家看到荧幕上那些光彩照人、肤如凝脂、晶莹剔透的美女时，时常会有种出水芙蓉的感觉，或许还有人会感慨生命和青春。其实，影视中的完美皮肤通常是化妆人员和视频后期制作人员努力的结果。

下面通过调整图3-5-1（a）所示图像，学习“色相/饱和度”和“移除颗粒”命令的用法，调整后的效果如图3-5-1（b）所示。

素材：素材与实例\ch03\案例五\美女化妆术素材\美女.jpg

结果：素材与实例\ch03\案例五\美女化妆术.aep

（a）

（b）

图3-5-1　美女化妆术

预备知识

“色相/饱和度”命令与“颜色平衡”命令的功能类似，都能对整个画面或画面中的单个颜色进行色彩处理，但“色相/饱和度”命令并不是以三原色RGB来描述色彩的，而是利用色相、饱和度和亮度来描述的。也就是说，利用“色相/饱和度”命令可以调整图像整体颜色或单个颜色的色相、饱和度和亮度。

此外，在后期制作中通常需要使用“移除颗粒”命令淡化人物的面部色斑和杂点。“色相/饱和度”和“移除颗粒”命令的具体操作请参考后面的案例实施。

案例实施——制作美女化妆术

制作思路

将“美女.jpg”素材添加到时间轴面板中。观察合成窗口中的图片可知，该素材中的所有颜色均不够鲜艳，因此可对整个画面的饱和度来调整。放大素材可以看出，该美女的脸部有暗斑，因此可利用“移除颗粒”命令来淡化色斑。

制作步骤

步骤1 启动After Effects CC软件，将“ch03”>“案例五”>“美女化妆术素材”文件夹中的素材导入项目面板。

步骤2 将项目面板中的“美女.jpg”素材拖拽到时间轴面板中。选中该图层并右击，从弹出的快捷菜单中选择“效果”>“颜色校正”>“色相/饱和度”菜单，然后在效果控件面板中采用默认的“主”通道，再拖动“主饱和度”滑块，结果如图3-5-2所示。

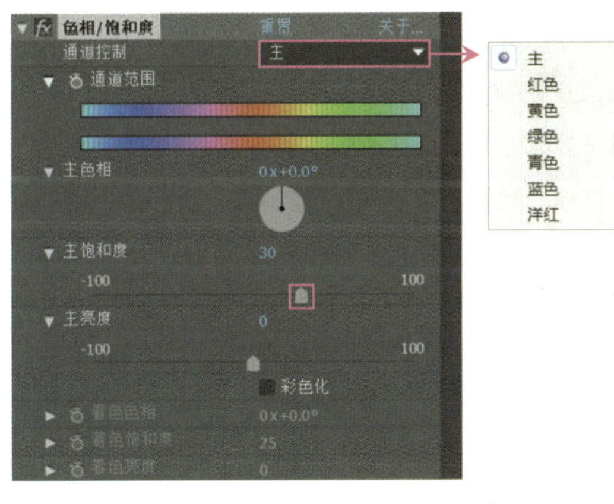

图 3-5-2　颜色平衡面板

知识库

图 3-5-2 所示面板中各选项的功能如下。

通道控制：在该列表框中可选择需要调整的通道。

通道范围：上面的颜色条显示调整前的颜色，下面的颜色条显示调整后的色相范围。若在“通道控制”下拉列表中选择“蓝色”，则“通道范围”彩条上多了 4 个可拖拽的手柄，中间两个手柄对应需要修改的色彩，如图 3-5-3 所示。拖动手柄对合成画面不产生任何影响。

主色相 / 饱和度 / 亮度：设置当前“通道控制”通道的色相、饱和度和亮度。

彩色化：选中该复选框，可激活其下的选项，通过调整这些选项可调整整个画面的颜色效果。

步骤3 选中“美女.jpg”图层并右击，从弹出的快捷菜单中选择“效果”>“杂色和颗粒”>“移除颗粒”菜单，则效果控件面板如图3-5-4所示。

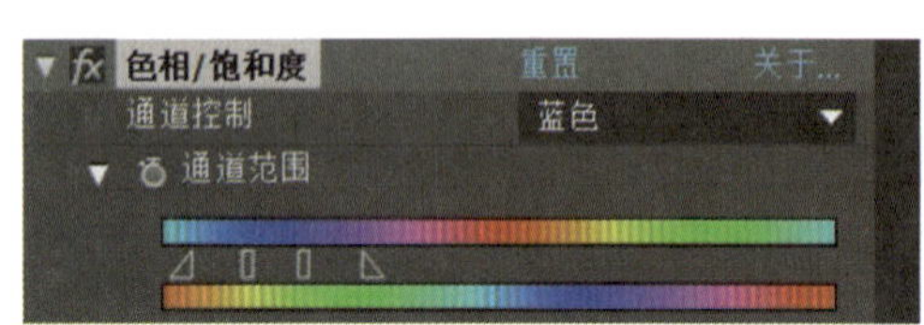

图 3-5-3 选择“蓝色”通道

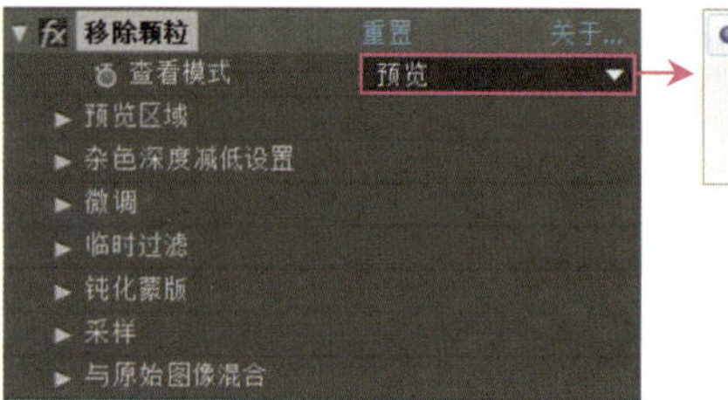

图 3-5-4 效果控件面板

知识库

图3-5-4所示面板中各选项的功能如下。

查看模式：在该列表框中可选择画面的显示模式。当画面的尺寸比较大时，为了提高计算机的运算速度，可先在该列表框中选择“预览”选项。此时，画面中将出现一个像素点，调整相关参数的效果将显示在该像素内。设置完成后选择“最终输出”选项即可。该列表框中的选项决定了渲染的最终效果。

预览区域：设置预览区的大小、位置等参数，仅当“查看模式”列表框中选择“预览”时使用。

杂色深度减低设置：设置噪波减少的各项数值。

微调：可以对噪点进行精细调节，如调整噪点的色相、纹理及大小。

临时过滤：设置是否开启实时过滤功能，并可以设置过滤的数量和运动敏感度。

钝化蒙版：通过设置数量、半径和阀值来控制图像的钝化蒙版效果。

采样：用于设置采样的相关参数，如采样点、数量、大小和采样区等。

与原始图像混合：设置与原始图像的混合比例、混合模式及颜色匹配情况。

步骤4 本案例中，我们将查看模式设为“最终输出”，将“杂色深度减低”值设为10，“成功”值设为5，其余采用默认设置，如图3-5-5所示。至此，该案例就制作完成了。

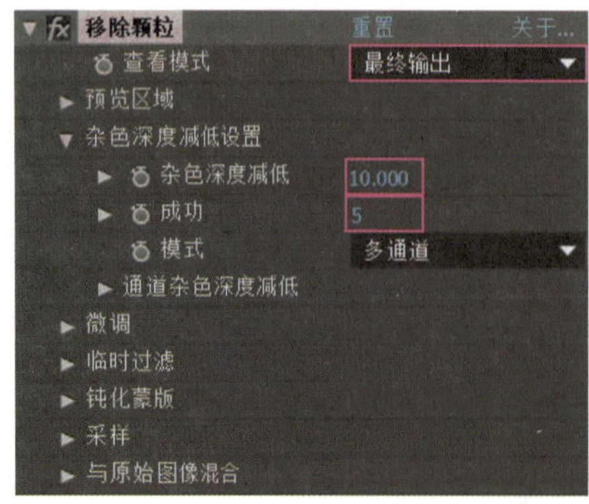

图 3-5-5 移除杂色效果

课堂实训 2——制作城市烟花燃放视频

烟花燃放视频

请大家打开本书配套素材中的“ch03”＞“课堂实训”＞文件夹，观看其中的“城市烟花燃放.mov”视频。该视频是由图3-5-6（a）所示的3幅图和“烟花.mov”视频制作而成的，其最终效果如图3-5-6（b）所示。

素材：素材与实例\ch03\课堂实训\城市烟花燃放素材\城市夜景.jpg、船.psd、烟花.mov、月亮.jpg

结果：素材与实例\ch03\课堂实训\城市烟花燃放.aep

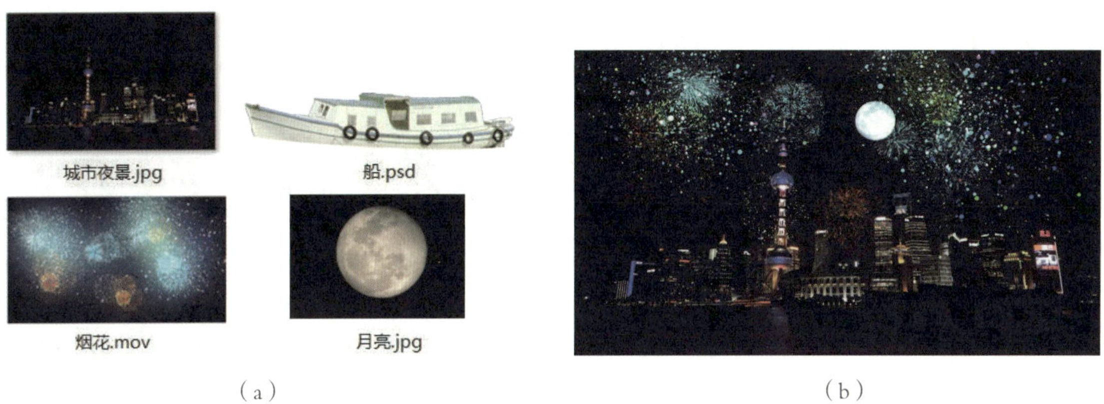

图 3-5-6　城市烟花燃放素材及视频截图

提示：

（1）创建合成并将“城市夜景.jpg”素材拖到时间轴面板中，并使其与合成画面大小匹配，然后将“月亮.jpg”素材拖到时间轴面板中并调整其大小和位置，再创建圆形蒙版抠出月亮图形，并为该图层添加“色相/饱和度”效果，如图3-5-7所示，最后将该图层的混合模式设为“发光度”。

（2）将“烟花.mov”拖到时间轴面板中，并将该图层的混合模式设为“经典颜色减淡”，最后调整其位置。

（3）将“船.psd”拖到时间轴中，为其添加“位置”关键帧，制作船只移动动画，然后为该图层添加“曲线”和“色相/饱和度”效果，调整其颜色和亮度，如图3-5-8和图3-5-9所示。

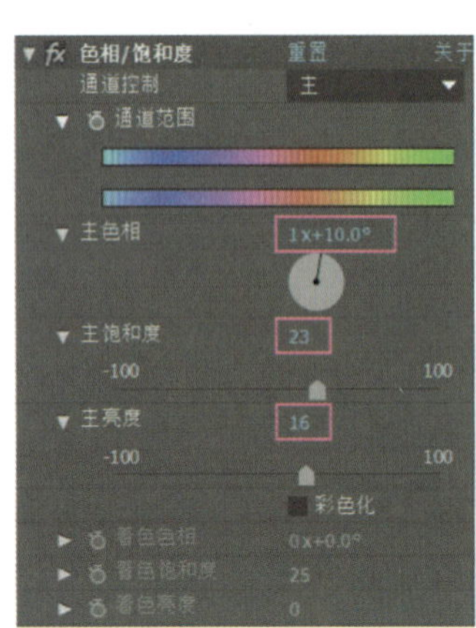

图 3-5-7 月亮的色相饱和度

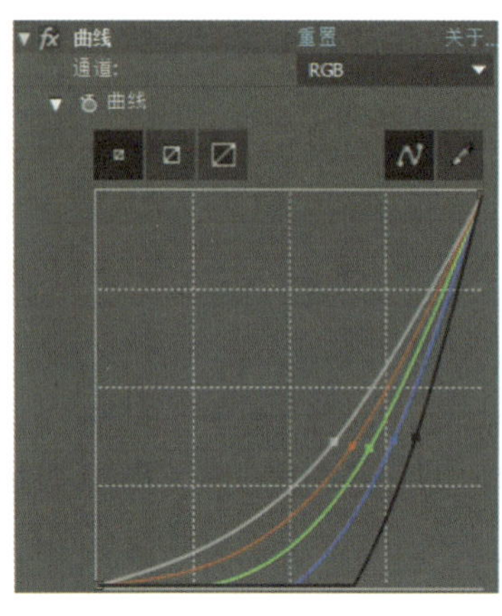

图 3-5-8 船的曲线

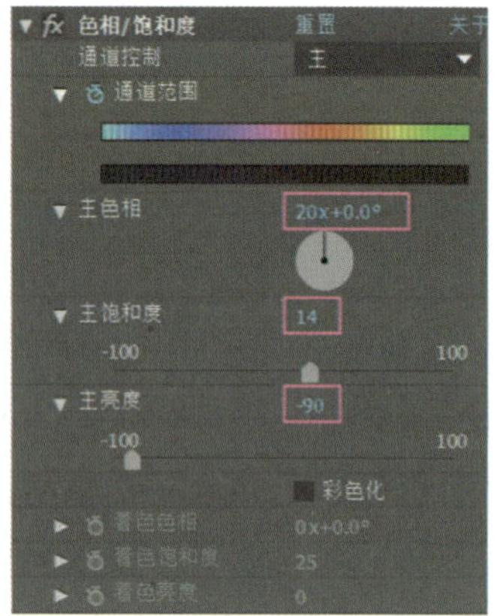

图 3-5-9 船的色相饱和度

课堂实训 3——制作水上明月

海上日出

请大家打开本书配套素材中的“ch03”＞“课堂实训”文件夹，观看其中的“海上日出.mov”视频。该视频是由图3-5-10（a）所示的“海水.mov”视频和“河岸.psd”“月亮.psd”“竹叶.psd”和“竹子.psd”图片制作的，其最终的视频画面如图3-5-10（b）所示。

素材：素材与实例\ch03\课堂实训\海上日出素材\海水.mov、河岸.psd、月亮.psd、竹叶.psd和竹子.psd

结果：素材与实例\ch03\课堂实训\海上日出.aep

（a）

（b）

图 3-5-10 素材与视频效果截图

提示：

（1）依次将“海水.mov”和“月亮.psd”素材拖拽到时间轴面板中，再将“海水.mov”图层复制一份，利用蒙版制作图3-5-11所示的画面，并为月亮添加位移动画。

（2）将“河岸.psd”“竹子.psd”和“竹叶.psd”素材拖拽到时间轴面板

中，然后制作图3-5-12所示的画面。

图 3-5-11　画面效果 ①

图 3-5-12　画面效果 ②

（3）分别为图3-5-11所示的两个“海水.mov”图层添加“色阶”命令，并利用“直方图”关键帧使得海面和天空的颜色随着月亮的升起越来越亮。

（4）为图3-5-12所示的3个“竹叶”图层添加“色相/饱和度”命令，使得画面右上角处的竹叶变成深绿色；为“河岸.psd”图层和3个“竹子”图层添加“色阶”和“色相/饱和度”命令，使河岸和竹子的颜色变深。

（5）分别将图3-5-12中的“竹叶.psd”图层各复制一份，然后利用蒙版分别抠出其中一个竹叶，并为其添加“旋转”和“位移”关键帧，最后创建一个纯黑色固态层，并利用蒙版和蒙版羽化功能使各画面的四周变暗。

案例六　制作水墨江南
——水墨效果

案例说明

水墨画被视为中国传统绘画，也就是国画的代表。最初的水墨画为黑白色，后续还有色彩缤纷的水墨画。下面通过将图3-6-1（a）所示的照片制作成图3-6-1（b）所示的水墨画，来学习利用After Effects制作水墨画的方法。

素材：素材与实例\ch03\案例六\水墨江南素材\江南水乡.jpg

结果：素材与实例\ch03\案例六\水墨江南.aep

在制作任何一种模拟效果之前，必须要先对模拟的原素材和所需效果进行分析，从而做到心中有数。通过对图3-6-1（b）所示的水墨效果分析，可以发现水墨画具有以下特点。

（a）

（b）

图 3-6-1　水墨效果

（1）水墨画的笔触部分比较清晰，画面中不必要的细节可以去除。

（2）水墨画笔触的四周应有水晕效果，即有水渗到宣纸的墨迹。

（3）水墨画应有虚实变化。

预备知识

在After Effects中制作水墨效果，其实就是利用“色调”“照片滤镜”“曝光度”“画笔描边”和“色阶”等命令对现有的彩色图像进行去色处理和效果叠加。

一、照片滤镜

“照片滤镜”命令是模仿在相机镜头前面加一个彩色滤镜，用户可以通过选择不同颜色的滤镜调整图像的颜色。例如，要使图3-6-2（a）所示的图片变成图3-6-2（b）所示的暖色调，可选中该素材所在的图层，然后右击，从弹出的快捷菜单中选择“效果”>“颜色校正”>“照片滤镜”菜单项，在打开的效果控件面板中选择要使用的滤镜或颜色，并调整滤镜或颜色的浓度即可。

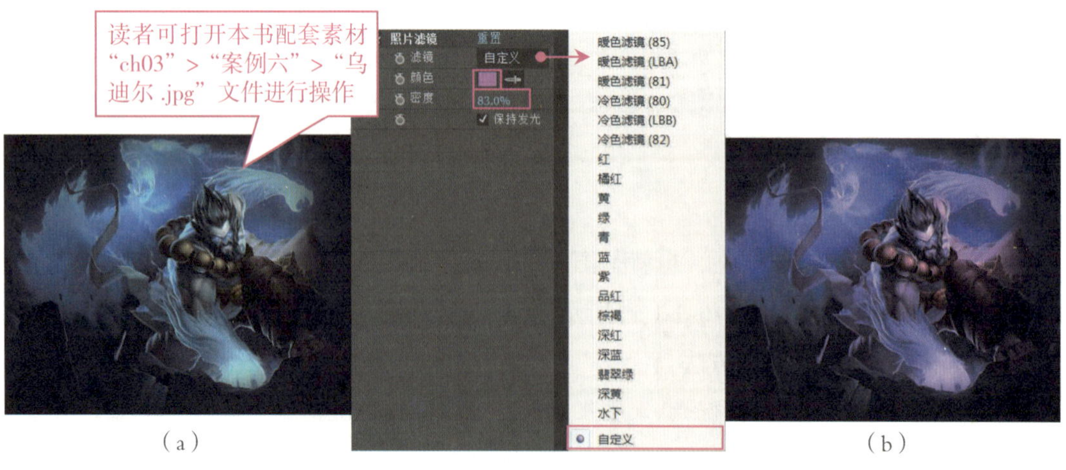

（a）　　　（b）

图 3-6-2　使用照片滤镜效果

二、曝光度

利用“曝光度”命令可以模拟照相机的“曝光”效果，该命令主要用于提高图像局部区域的亮度，如图3-6-3所示。

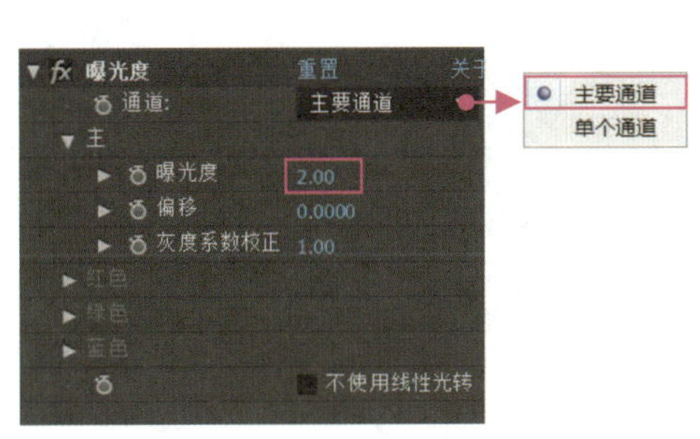

图3-6-3　为主要通道设置曝光度效果

三、画笔描边

使用“画笔描边”命令可以使图像产生类似带有笔触的水彩画效果，常用于制作水墨效果。执行“画笔描边”命令后，利用效果控件面板还可以设置运笔的角度、画笔大小、描边长度及浓度等参数。

案例实施——制作水墨江南

扫一扫

制作思路

导入素材后，先使用“色调”命令将彩色图像变成灰度图像，再注写文字，最后制作水墨效果。水墨效果是在“江南水乡.jpg”图层上制作的，先为其添加“照片滤镜”命令，使画面更加真实，然后利用“画笔描边”命令勾画图像的轮廓，必要时利用“快速模糊”命令制作模糊效果，最后利用“曝光度”命令调整局部亮度，利用“色阶”命令校正整幅图像的明暗。

制作步骤

步骤1　启动After Effects CC软件，将“ch03”>“案例六”>“水墨江南素材”文件夹中的素材导入项目面板。

步骤2　将项目面板中的“江南水乡.jpg”素材拖拽到时间轴面板中。选中该图层并右击，从弹出的快捷菜单中选择“效果”>“颜色校正”>“色调”菜单，采用默认参数，结果如图3-6-4所示。

步骤3　在工具栏中选择“直排文字工具” IT ，然后在合成窗口中单击，输入“江南忆”回车，按空格键后输入“最忆”回车，再输入“是杭州”回车。

步骤4　在合成窗口的文本框中单击后按【Ctrl+A】键选中所有文字，然后在右侧的“字符”面板中设置文字的字体、大小及宽度，再单击该面板右上角的☰按钮，在弹出的快捷菜单中选择“仿粗体”，最后将该文本移动到画面的合适位置，并单击“字符”面板中的前景色图标，在弹出的对话框中设置文字的颜色，结果如图 3-6-5 所示。

图 3-6-4　调整图像的色调

图 3-6-5　调整文字的字体、大小及颜色

步骤 5　选中“江南水乡.jpg”图层并右击，从弹出的快捷菜单中选择“效果”>“颜色校正”>“照片滤镜”菜单，然后在效果控件面板中选择滤镜及其参数，如图 3-6-6 所示。

提　示

如果在图 3-6-6 所示的“滤镜”列表框中选择“自定义”选项，可通过单击效果控件面板中“颜色”右侧的色块，在弹出的对话框中选择滤镜的颜色；如果选择除“自定义”外的其他选项，则该滤镜的颜色无法修改。

步骤 6　选中“江南水乡.jpg”图层并右击，从弹出的快捷菜单中选择“效果”>“风格化”>“画笔描边”菜单，然后在效果控件面板中设置笔画的大小、长度等参数，如图 3-6-7 所示。

图 3-6-6　设置滤镜效果

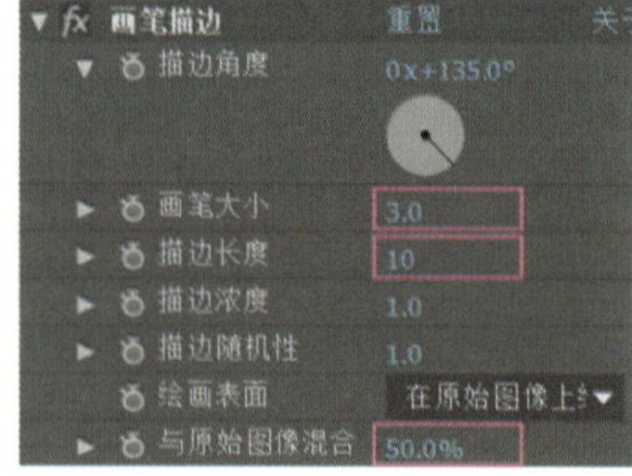

图 3-6-7　设置画笔描边参数

水墨渗到宣纸中会产生水晕效果，这种效果可通过使用“快速模糊”命令来实现，具体操作如下。

步骤 7　选中“江南水乡.jpg”图层并右击，从弹出的快捷菜单中选择“效果”>“模糊和锐化”>“快速模糊”菜单，参照图 3-6-8 所示设置模糊度和模糊方向。

图 3-6-8　设置模糊效果

提　示

After Effects 中的模糊实质上是由像素的位移产生的。如果不选中图 3-6-8 中的“重复边缘像素”复选框，则图像的四周将产生透明效果，即无像素。

步骤8　选中“江南水乡.jpg”图层并右击，从弹出的快捷菜单中选择“效果”>“颜色校正”>“曝光度”菜单，然后在效果控件面板中设置主要通道的相关参数，如图3-6-9所示。

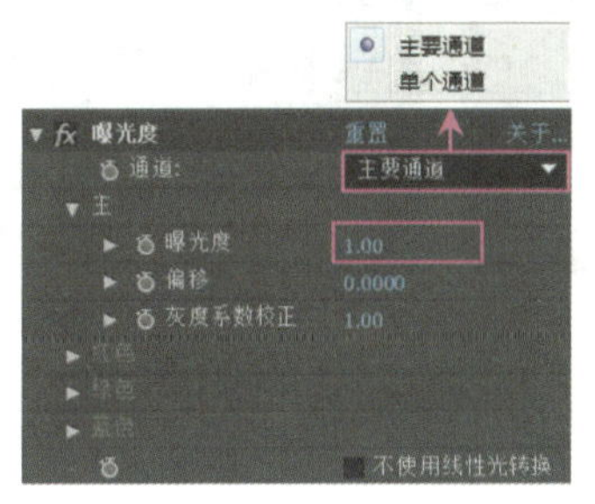

图 3-6-9　调整曝光度

提　示

如果在图 3-6-9 所示的“通道”列表框中选择“主要通道”选项，可调整整个图像的曝光度；如果选择“单个通道”选项，可分别调整“红色”“绿色”和“蓝色”通道的曝光度。

步骤9　选中“江南水乡.jpg”图层并右击，从弹出的快捷菜单中选择“效果”>“颜色校正”>“色阶”菜单，然后在效果控件面板中设置相关参数，如图3-6-10所示。至此，该案例就制作完成了。

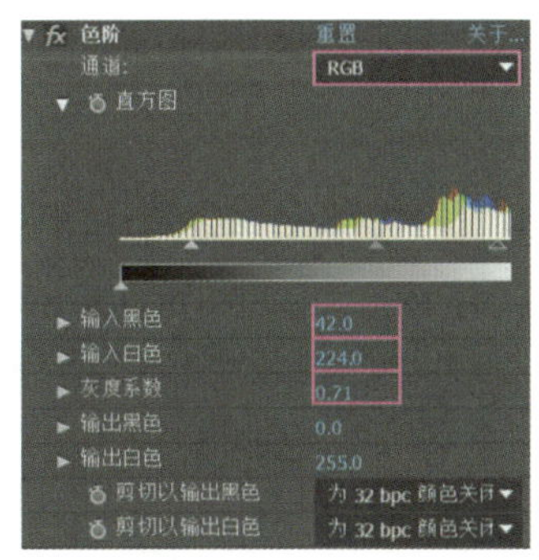

图 3-6-10　调整图像的色阶

知识补充

在将彩色图片修改为水墨画时，除了利用前面所介绍的命令外，通常还会用到“勾画”和“查找边缘”命令。

一、勾画

使用“勾画”命令可以突显图像的轮廓，如图3-6-11所示。

（a）勾画前　　（b）相关参数　　（c）勾画后

图 3-6-11　勾画效果

图3-6-11（b）所示面板中，相关选项的功能如下。

◆ 描边：可以设置描边的类型，包括“图像等高线”和“蒙版/路径”两种。要为蒙版中的路径描边，可选择“蒙版/路径”选项。

◆ 片段：设置勾画的程度，如创建各描边等高线所用的段数、描边长度、片段分布方式等。

◆ 混合模式：设置勾画与原图的混合模式，包括透明、超过、曝光不足和模板4种。

◆ 颜色：设置勾画的颜色。

◆ 宽度：设置勾画的宽度。

◆ 硬度：设置勾画边缘的硬度。

◆ 起始点不透明度：设置起始点的不透明度。

二、查找边缘

使用“查找边缘”命令可以强调具有大过渡的图像区域的边缘，该边缘在白色背景上显示为深色线条，在黑色背景上显示为彩色线条，如图3-6-12所示。如果选中图3-6-12（b）中的“反转”按钮，可反转边缘效果。

读者可打开本书配套素材“ch03”>“知识补充”>“小狗.jpg”文件进行操作

（a）强调前

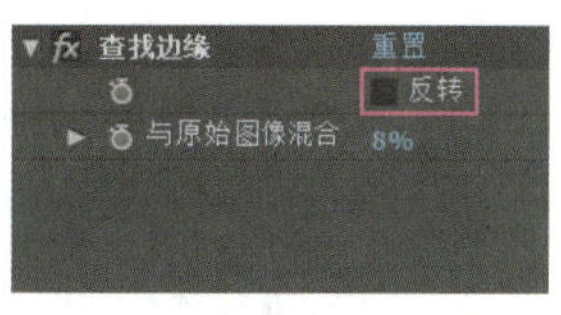

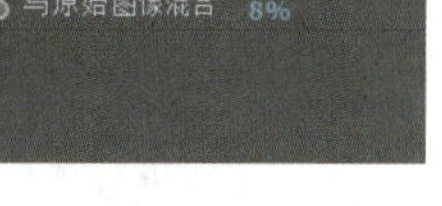

（b）相关参数

（c）强调后

图 3-6-12　强调图像的边缘

课堂实训 4——制作水墨山水画

请读者参照案例六中制作“水墨江南”视频的方法和前面所介绍的命令，将图3-6-13（a）所示的山水风景画修改为水墨山水画，水墨画的最终效果如图3-6-13（b）所示。

素材：素材与实例\ch03\课堂实训\水墨山水画素材\山水风景.jpg

结果：素材与实例\ch03\课堂实训\水墨山水画.aep

（a）

（b）

图 3-6-13　水墨山水画

提示：

(1)先利用“色调”命令将画面中的云变得稍灰些，再利用“灰度系数/基值/增益”命令增强画面的红色，红色基值为0.1，如图3-6-14所示。

(2)利用“查找边缘”命令勾画画面的边缘，再利用“勾画”命令勾画深色部位，如图3-6-15所示。

图 3-6-14　为画面添加红色效果

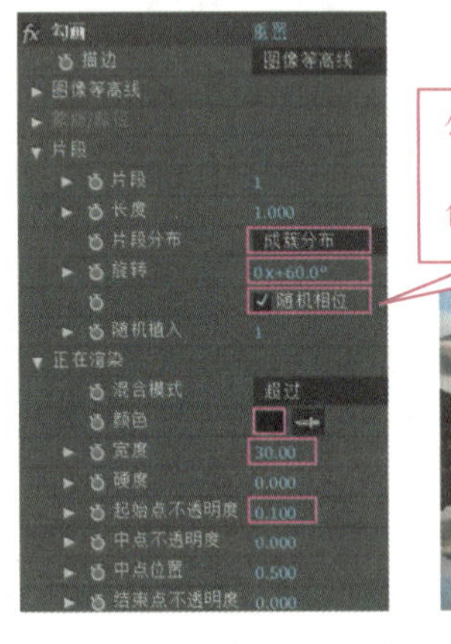

图 3-6-15　设置画面的边缘和深色部位

(3)使用“自然饱和度”命令为图像调色，再使用“自动色阶”命令将图像提亮。

本章总结

本章主要介绍了使用After Effects调整图像色彩的方法及常用命令。在学完本章内容后，读者应重点掌握以下知识。

- 色彩校正是指将画面所产生的偏色修正，还原出画面的本色而不改变原素材的色调，而调色是将画面中指定的色调或全部色调进行改变，从而形成不同感觉的其他色调效果。
- 利用“曲线”命令可以调整图像的色调范围和色调响应曲线。当图像有多个颜色通道时，可分别对所需通道进行亮度和对比度调节。
- 利用“色阶”命令可以通过调整图像的暗调、中间调和高光的强度级别来校正图像，利用“保留颜色”命令可以保留图像中的某种颜色或色系，并使其他颜色均变成黑白色。
- 利用“颜色平衡”命令可分别调整图像的暗部、中间调和亮部的色彩，使图像恢复正常的色彩平衡。
- 利用“色相/饱和度”命令可以调整图像整体颜色或单个颜色的色相、饱和度和亮度，从而改变图像的颜色。
- 在After Effects中，可利用“色调”“照片滤镜”“曝光度”“画笔描边”“勾画”“查找边缘”等命令将彩色图像调为水墨效果。

第4章 三维空间动画

或许有人会认为After Effects是一款纯粹的二维合成与特效软件，与三维没有任何关系。其实，After Effects的三维空间是一个非常实用的模块，其重要性不亚于其他任何模块。可以这么说，如果不了解After Effects的三维空间模块，就无法在After Effects中搭建场景，也无法制作空间感较强的画面。

After Effects的三维空间模块比较复杂，它不仅涉及到3D图层，在操作过程中还会涉及到视图操作、灯光和摄影机动画。本章通过3个常见的案例效果，来学习三维空间的相关知识，如3D图层、灯光、摄像机等。

学习目标

- 掌握“3D 图层”的功能及相关属性
- 熟悉多视图窗口的切换方法
- 了解“高级闪电”命令的使用方法
- 掌握利用“3D 图层”功能制作三维立方体的思路和方法
- 熟悉制作摄像机动画的方法
- 能够灵活使用“3D 图层”功能搭建三维场景

案例一　制作三维立方体

——3D 图层、灯光和摄像机

案例说明

与三维软件中的三维制作不同，After Effects中的三维空间是以片状的图层为基础的，并不具有建模能力。例如，要在After Effects中制作一个立方体，需要用6个面来组合。此外，利用After Effects的三维空间及摄像机功能，还可以制作三维文字或立体Logo动画，从而方便后期修改。

下面通过制作图4-1-1所示的效果图，来学习After Effects中的三维空间、灯光及摄像机的相关知识。

【案例 1】　“三维立方体”简介

请大家打开本书配套素材中的“ch04”＞“案例一”文件夹，观看其中的“三维立方体.mov”视频。该视频是由图4-1-1（a）所示的6幅图片，并结合灯光和摄像机制作而成的，最终的视频画面如图4-1-1（b）所示。

旋转的三维立方体

素材：素材与实例\ch04\案例一\三维立方体素材\背面图案.jpg、底部图案.jpg、顶部图案.jpg、右侧图案.jpg、正面图案.jpg、左侧图案.jpg

结果：素材与实例\ch04\案例一\三维立方体.aep

思考：

（1）图4-1-1（b）所示的立体效果是怎样形成的？

（2）立方体的6个平面是怎样作为一个整体旋转的？

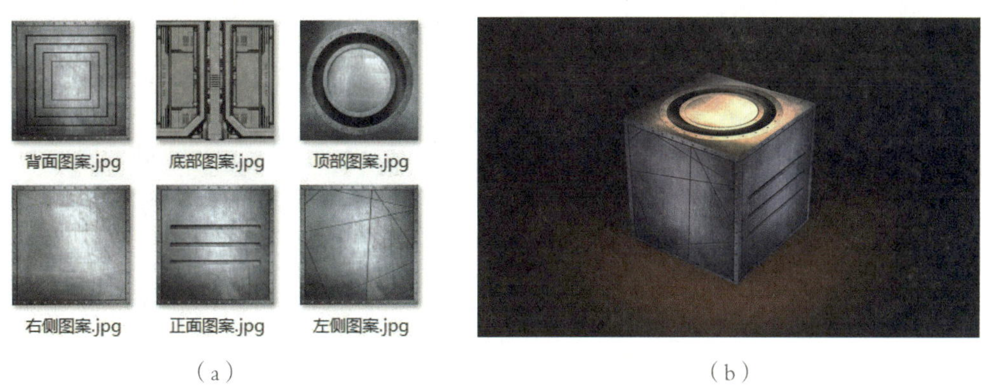

（a）　　　　（b）

图 4-1-1　素材与视频效果截图

一、3D 图层的属性

3D图层中有*X*、*Y*、*Z*三个轴向，*X*轴和*Y*轴形成一个平面，*Z*轴与这个平面垂直，但这个*Z*轴在多数情况下并不能定义图像的厚度，即3D图层仍然是一个没有厚度的平面，但*Z*轴可以使这个平面图像在深度空间中移动位置或旋转角度，如图4-1-2所示。

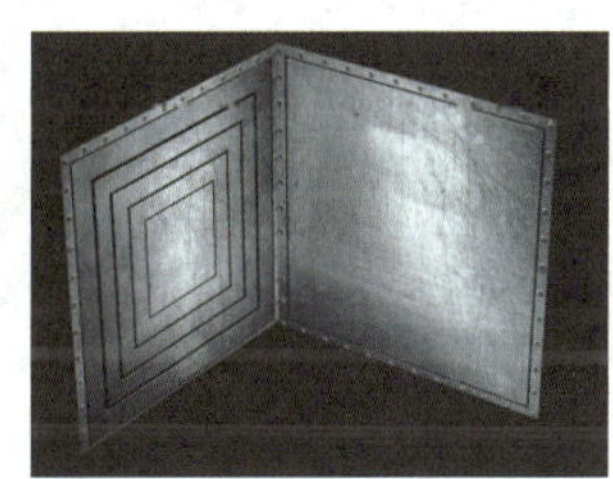

图 4-1-2　三维平面的组成

要制作图4-1-2所示效果，首先需要将图层定义为3D图层，即选中该图层并右击，从弹出的快捷菜单中选择“3D图层”项，或在该图层右侧列的方框中单击，打开3D图层功能。单击该图层右侧的按钮，可关闭3D图层功能。与二维图层相比，3D图层增加了部分属性，如图4-1-3所示。

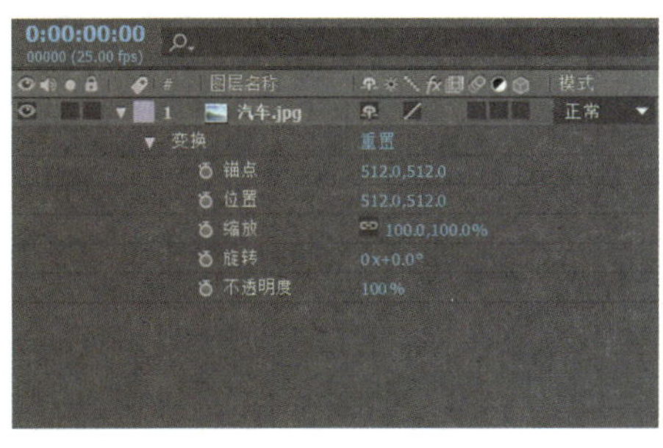

（a）二维图层　　　　（b）3D 图层

图 4-1-3　二维图层与 3D 图层的属性

由图4-1-3（b）可知，将二维图层转换为3D图层后，“锚点”“位置”“缩放”属性均增加了Z轴数值，且转换成3D图层的图像可在任意轴上旋转，即在空间任意角度旋转。此外，利用3D图层的“材质选项”属性，可以设置该图层与光照和阴影的交互效果。

提　示

图4-1-3（b）中的“方向”属性与“X轴旋转”“Y轴旋转”“Z轴旋转”属性的区别在于：利用“方向”属性只能使对象在0～360°范围内旋转；使用“X轴旋转”“Y轴旋转”“Z轴旋转”属性的旋转数值不限。

二、应用多视图窗口

在进行三维合成时，经常需要在合成窗口中同时显示多个视图，以便从不同方向观察对象。在合成窗口底部的“选择视图布局”列表框中单击，在弹出的下拉列表中可选择视图的布局形式，在“3D视图弹出式菜单”列表框中单击，在弹出的下拉列表中可以设置当前视口中显示哪种视图，如图4-1-4所示。

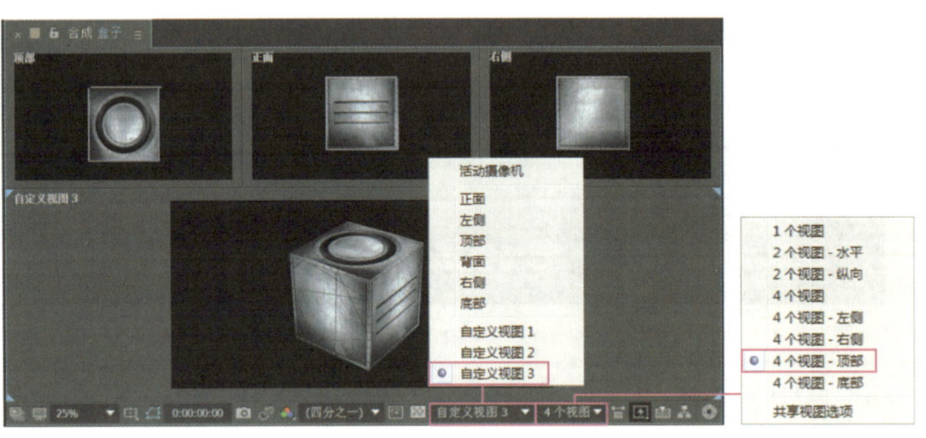

图4-1-4　多视图窗口

三、摄像机的基础知识

与实际生活中常见的摄像机一样，After Effects中的摄像机也具有焦距、视角等概念。要创建一个摄像机，可按【Ctrl+Shift+Alt+C】键，或者在图层区的空白处右击，从弹出的快捷菜单中选择“新建”>“摄像机”菜单，或者在菜单栏中选择“图层”>“新建”>“摄像机”菜单，然后在打开的“摄像机设置”对话框的“预设”列表框中选择所需焦距，如图4-1-5所示。

由图4-1-5所示可知，After Effects提供了9种常用的焦距规格，从视野范围极大的15 mm广角镜头到200 mm的鱼眼镜头。其中，50 mm的透视效果与正常情况下人的眼睛所看到的画面透视感相同，小于50 mm的镜头焦距统称为广角。焦距值越小的广角镜头的透视效果越明显，景深越大。

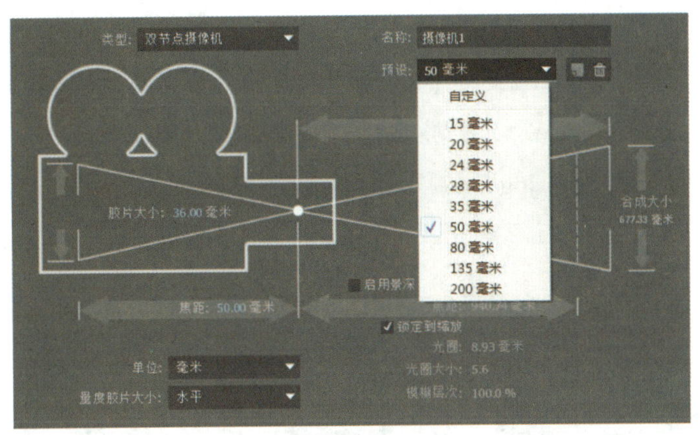

图 4-1-5 “摄像机设置”对话框

大于50 mm的镜头焦距统称为长焦。焦距值越大的长焦镜头的透视效果越不明显，景深越小。

案例实施 ——制作三维立方体

制作思路

先利用3D图层功能将立方体的6个面拼接成一个三维立方体，然后创建摄像机，再创建立方体上方的聚光灯及环境灯光，最后创建一个暗红色的固态层作为背景层，并为该立方体制作旋转动画。

制作步骤

1. 拼接立方体的6个面

步骤1 启动After Effects CC软件，将本书配套素材中的“ch04”>“案例一”>“三维立方体素材”文件夹中的所有素材导入项目面板中，然后将“左侧图案.jpg”素材拖拽到时间轴面板中，将合成名称修改为“三维立方体”，将预设设为“HDTV 1080 25”，持续时间设为20秒。

步骤2 在合成窗口底部的“选择视图布局”列表框中单击，在弹出的下拉列表中选择“4个视图-顶部”或“4个视图-底部”，然后在该列表框左侧的“3D视图弹出式菜单”列表框中单击，在弹出的下拉列表中选择“自定义视图3”选项。

步骤3 在“左侧图案.jpg”图层右侧列的方框中单击，打开3D图层功能，然后按【R】键，将*Y*轴的旋转角度设为90°，如图4-1-6所示。按【S】键，将该图层的缩放比例设为60%。

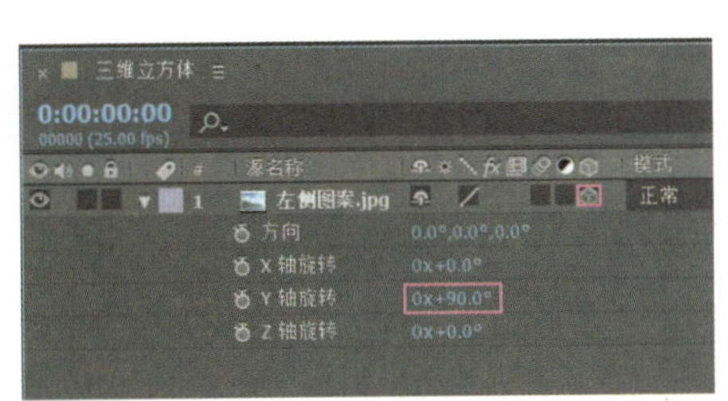

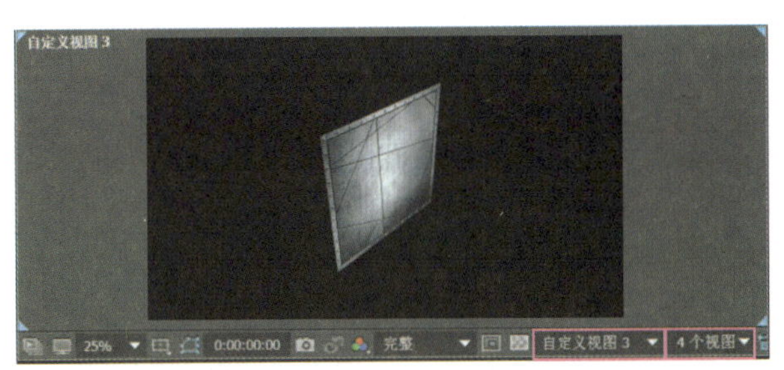

图 4-1-6 设置图层的旋转角度

步骤4 将“底部图案.jpg”图层拖拽到时间轴面板中，然后打开3D图层功能，按【S】键，将该图层的缩放比例设为60%；按【R】键，将*X*轴的旋转角度设为90°；按【P】键，参照正面视图和自定义视图3调整*X*、*Y*方向上的位置参数，使底部图案如图4-1-7所示。

步骤5 依次将“正面图案.jpg”“顶部图案.jpg”“右侧图案.jpg”“背面图案.jpg”素材拖拽到时间轴面板中。选中“正面图案.jpg”图层，按住【Shift】键单击“背面图案.jpg”图层，然后在任一图层右侧的列中单击，打开3D图层功能；按【S】键，将任一图层的缩放比例设为60%；最后关闭“顶部图案.jpg”“右侧图案.jpg”“背面图案.jpg”图层，如图4-1-8所示。

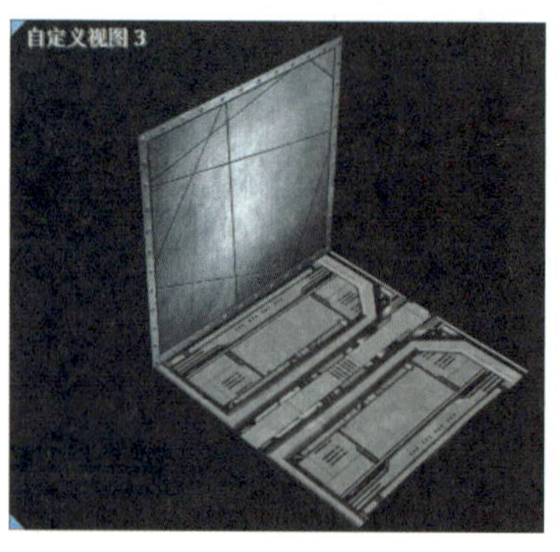

图 4-1-7　调整底部图案的方位

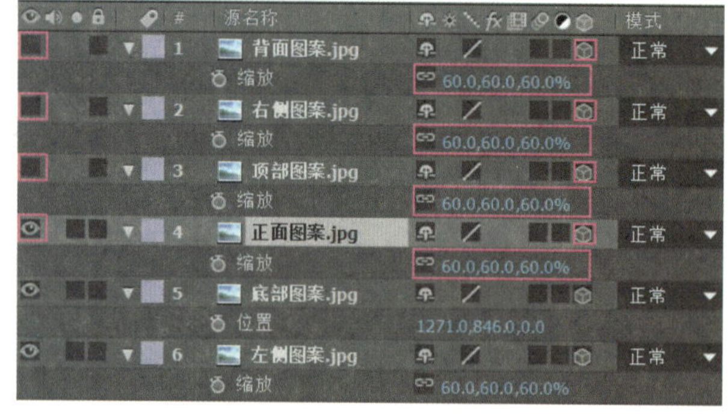

图 4-1-8　图层区效果

步骤6 选中“正面图案.jpg”图层按【P】键，然后调整*X*、*Z*方向上的位置参数，如图4-1-9所示。

步骤7 打开“顶部图案.jpg”图层，然后将其*X*轴的旋转角度设为90°，并调整其*X*、*Y*轴方向上的位置参数，如图4-1-10所示。

步骤8 采用同样的方法，分别调整“右侧图案.jpg”和“背面图案.jpg”图层的旋转角度及位置，如图4-1-11所示。

图 4-1-9　正面图案的方位

图 4-1-10　顶面图案的方位

图 4-1-11　右、背面图案的方位

2. 创建摄像机

步骤1 在图层区的空白处右击，从弹出的快捷菜单中选择“新建”>“摄像机”菜单，或者按【Ctrl+Shift+Alt+C】键，打开“摄像机设置”对话框。采用默认的“双节点摄像机”类型及摄像机名称，在“预设”列表框中单击，在弹出的下拉列表中选择“50毫米”，其他采用默认设置并单击“确定”按钮，如图4-1-12所示。

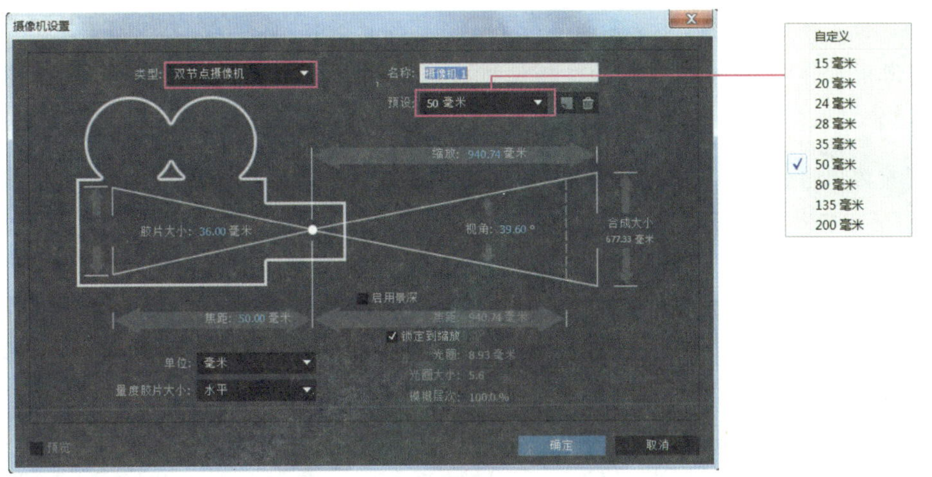

图 4-1-12　“摄像机设置”对话框

知识库

图 4-1-12 所示“摄像机设置”对话框中，各选项的功能如下。

“类型”列表框：用于设置摄像机的类型。其中，利用双节点摄像机可分别调整摄影机的位置和目标点的位置，而单节点摄像机只具有位置点，不具有目标点。

“名称”文本框：用于设置摄像机的名称，默认名称为摄像机 1、摄像机 2……。

“预设”列表框：用于设置摄像机所使用的镜头类型。

“缩放”“视角”和“焦距”编辑框：用于调整摄像机的视角。这几个参数是相互关联的，改变其中一个参数，其他参数也会随之改变。其中，“缩放”编辑框用于调整可视范围和层平面间的距离；“视角”编辑框用于调整可拍摄的宽度范围，该值越小，可视范围越小，越接近鱼眼镜头；“焦距”编辑框用于设置摄像机的焦点长度，该值越小，摄像机的视野范围越大。

步骤2　在自定义视图3中单击，然后在合成窗口底部的“3D视图弹出式菜单”列表框中单击，在弹出的下拉列表中选择“摄像机1”选项，将当前视图切换为摄像机视图。单击工具栏中的“统一摄像机工具”，将光标放在摄像机视图中并按住鼠标左键拖动鼠标，调整摄像机的视角，如图4-1-13所示。

知识库

创建好摄像机后，虽然可通过调整“摄像机”图层中“目标点”“位置”和“方向”属性的参数调整摄像机的方位，但利用图 4-1-13 所示的相关工具调整摄像机更加方便、直观。图 4-1-13 中各工具的功能如下。

轨道摄像机工具：使摄像机绕目标点旋转。

跟踪 *XY* 摄像机工具：用于移动摄像机，即同时移动摄像机的位置点和目标点。

跟踪 *Z* 摄像机工具：用于沿 *Z* 轴拉远或推近摄像机视图。

统一摄像机工具：选中该工具后，在摄像机视图中按住鼠标左键并拖动鼠标，相当于选择了“轨道摄像机工具”；按住鼠标右键并拖动鼠标，相当于选择了“跟踪 *Z* 摄像机工具”；按住鼠标中键并拖动鼠标，相当于选择了“跟踪 *XY* 摄像机工具”。

步骤3 将光标放在“统一摄像机工具”![]上并按住鼠标左键不放，从弹出的工具组中选择“跟踪Z摄像机工具”，然后将光标放在摄像机视图中并按住鼠标左键拖动鼠标，调整摄像机的焦距。

步骤4 选中“摄像机1”图层并按【A】键，然后调整X方向上的目标点参数，使立体图位于合成画面的中间位置。此时，正面视图如图4-1-14所示。

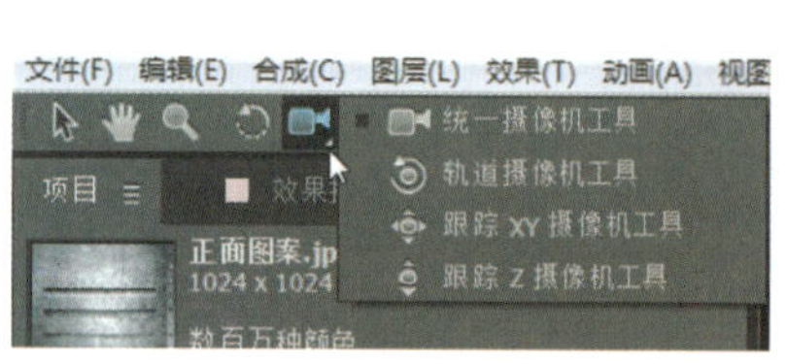

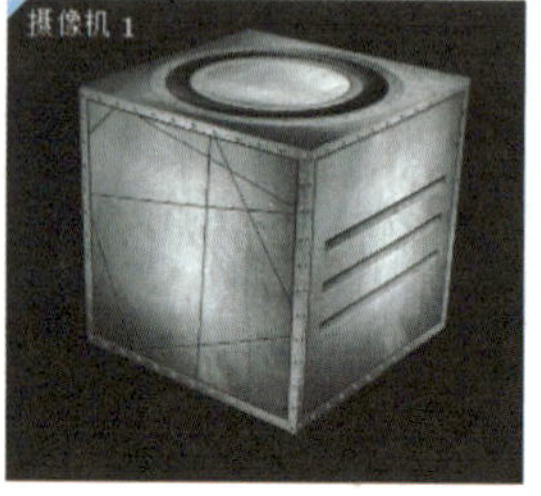

图 4-1-13 调整摄像机的视角

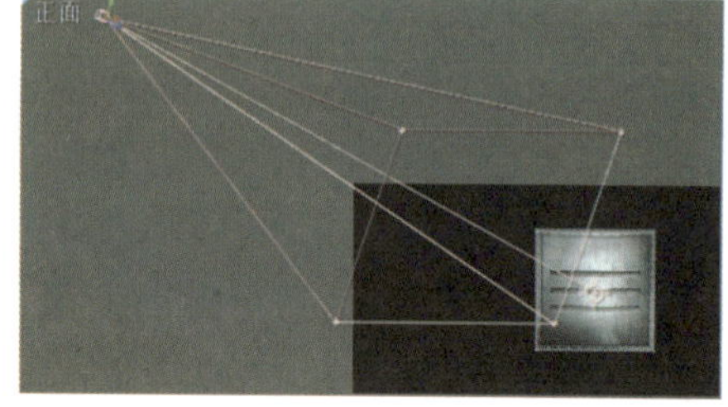

图 4-1-14 正面视图

3. 创建聚光灯和环境灯光

聚光灯的灯光强度及颜色受环境灯光强度和颜色的影响，因此，应先为三维立方体添加聚光灯，然后添加环境灯，最后再调整所添加的聚光灯的强度、颜色和衰减等。

步骤1 在图层区的空白处右击，从弹出的快捷菜单中选择“新建”＞“灯光”菜单，然后在打开的对话框中设置灯光的类型和颜色，其他采用默认设置并单击“确定”按钮，如图4-1-15所示。

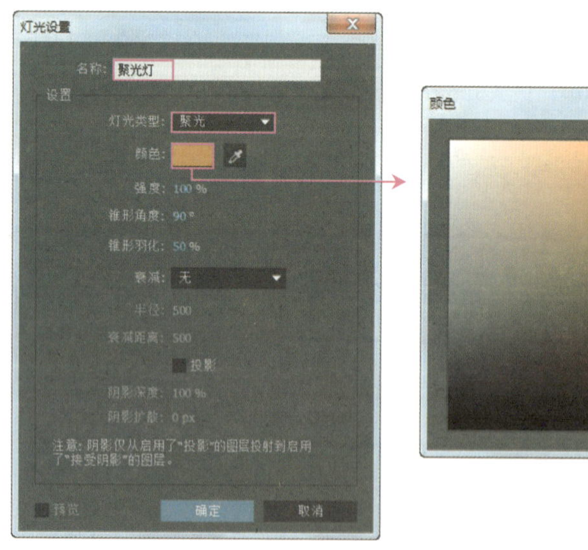

图 4-1-15 设置灯光的类型和颜色

步骤2 在摄像机视图中单击聚光灯的位置点并拖动鼠标，使其位于目标点的上方，然后在顶部视图和正面视图中分别调整目标点和位置点，最后展开“灯光1”图层下方的“灯光选项”项，将强度设为600%，如图4-1-16所示。

步骤3 参照步骤1创建一个环境灯光，灯光强度为100%，颜色为暗紫色（R:64，G:48，B:70），结果如图4-1-17所示。

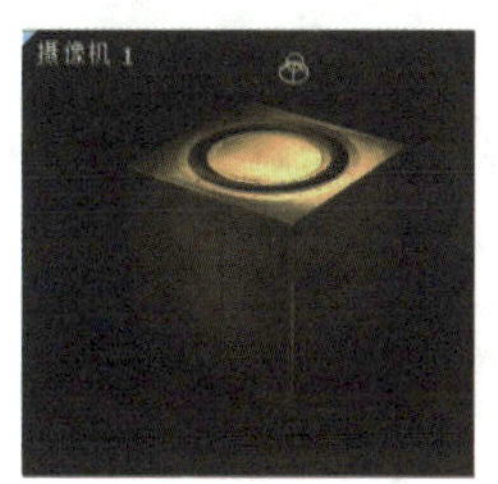

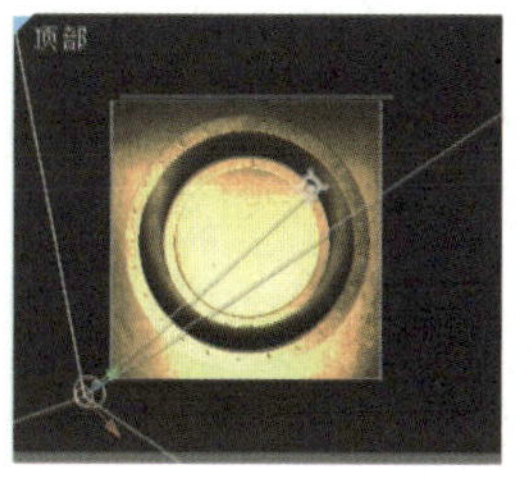

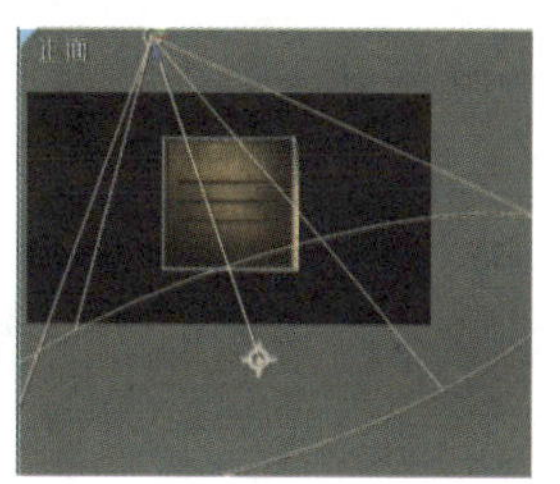

图 4-1-16　设置聚光灯的位置

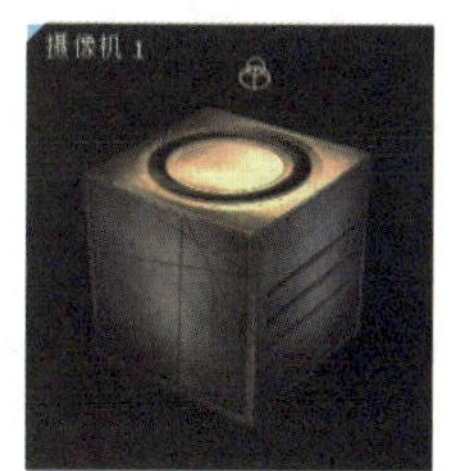

图 4-1-17　添加环境灯效果

步骤4　选择“新建”>“纯色”菜单创建一个固态层，其颜色为暗紫色（R:30，G:19，B:14），然后将该图层的名称改为“地面”；将该图层设为3D图层，并将其*X*方向的旋转角度设为90°，缩放比例设为500%；调整该图层“位置”属性的*X*轴和*Y*轴坐标值，结果如图4-1-18所示。

步骤5　展开“灯光1”图层，然后设置聚光灯的衰减参数及投影效果，结果如图4-1-19所示。至此，该三维立方体就制作完成了。

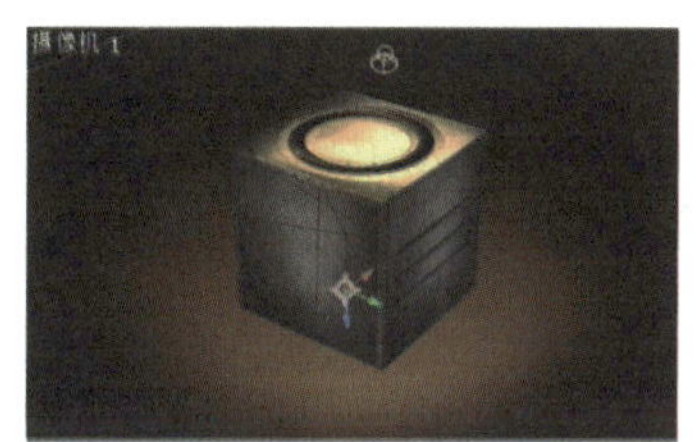

图 4-1-18　创建地面

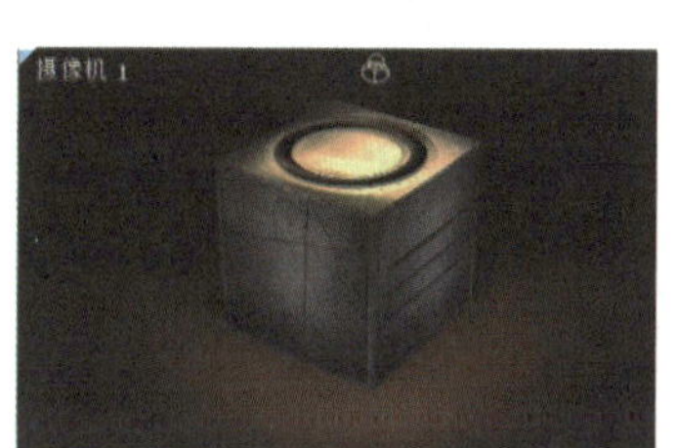

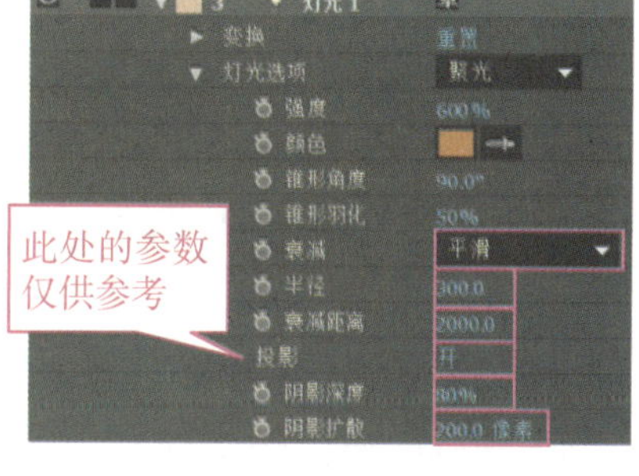

图 4-1-19　调整灯光的衰减和阴影效果

知识库

图 4-1-19 所示聚光灯中各选项的功能如下。

灯光选项：在该列表框中可选择所需灯光的类型，包括“平行”“聚光”“点”和“环境”4 种。其中，平行灯光是一束光线沿同一个方向向目标物体平行投射，并产生柱形的照射区域；聚光灯是从一点向某一方向投射，并产生锥形的照射区域；点光源是从一个点向四周发射光线；环境灯光没有光线的发射点，该灯光可以照亮场景中的所有对象，但无法产生阴影。

强度：用于设置灯光的强度。该值越大，场景越亮。当该值为 0 时，场景变黑。

锥形角度：用于设置聚光灯的圆锥角度，该值越大，光照范围越广。

锥形羽化：用于为聚光灯照射区域设置一个柔和边缘。该值为 0 时，光圈边缘界线分明。

衰减：用于设置灯光的衰减方式，包括“无”“平滑”和“反向正方形已固定”。选择好衰减方式后，利用其下的“半径”和“衰减距离”编辑框可以设置衰减的半径和距离，以产生真实的光照效果。

阴影深度：开启投影功能后，通过调整该参数可控制阴影的颜色深度，该值较小时将产生较浅的投影。

阴影扩散：用于设置阴影的柔和度。该值越大，阴影越柔和。

4. 制作立方体的旋转动画

要使立方体的6个面能够作为一个整体旋转，必须将它们作为一个合成，并与灯光、摄像机等并列在同一个合成中，具体操作方法如下。

步骤1 在图层区中同时选中立方体的6个平面所在的图层并右击，从弹出的快捷菜单中选择“预合成”菜单，在打开的“预合成”对话框中将新合成名称设为“立方体”，采用默认选中的“将所有属性移动到新合成”单选钮，单击“确定”按钮。

步骤2 切换到“三维立方体”时间轴面板，然后打开“立方体”图层右侧的“折叠”开关。此时，该立方体重现合成窗口中。

步骤3 打开“立方体”图层的“3D图层”开关，按【A】键，通过调整X、Y轴的参数将锚点移至画面中间位置，然后按【R】键，分别在第0秒和第20秒处添加“Y轴旋转”关键帧，Y轴旋转参数分别为0x+0.0°和2x+0.0°。至此，本案例就制作完成了，按【0】键进行预览。

知识补充——三维坐标模式

当合成中存在三维图层、摄像机或灯光等三维属性的图层时，工具栏中的“本地轴模式”、“世界轴模式”和“视图轴模式”这3个按钮将被激活。在这3个功能间灵活切换，将会使3D图层的变换操作更加方便。

◆ 本地轴模式：选中某个3D图层并单击该按钮，即可显示本地轴模式坐标。将光标移至某个轴（或轴的旋转参数）上并拖动鼠标，可沿该轴方向旋转图像。此时，该坐标系也随之一起旋转，如图4-1-20所示。

◆ 世界轴模式：选中某个3D图层并单击该按钮，即可显示世界轴模式坐标。将光标移至某个轴向（或轴的旋转参数）上并拖动鼠标，可沿该轴方向旋转图像，但该坐标系并不发生任何变化，如图4-1-21所示。

◆ 视图轴模式：选中任意一个3D图层，其视图轴模式坐标的方位均一致。将光标移至某个轴向（或轴的旋转参数）上并拖动鼠标，可沿任意方向旋转图像，但该坐标系并不发生任何变化，如图4-1-22所示。

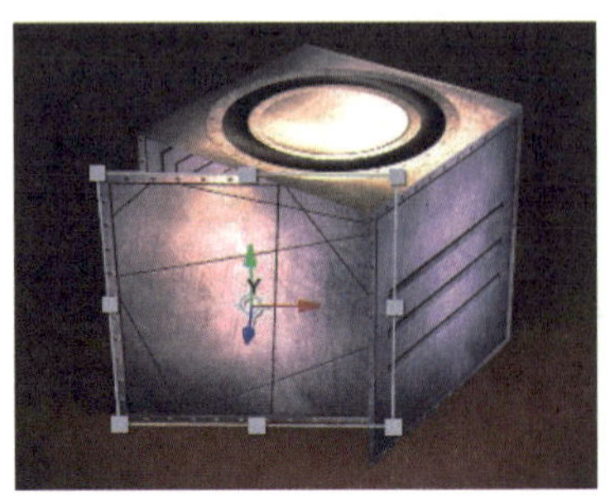
图4-1-20 本地轴模式

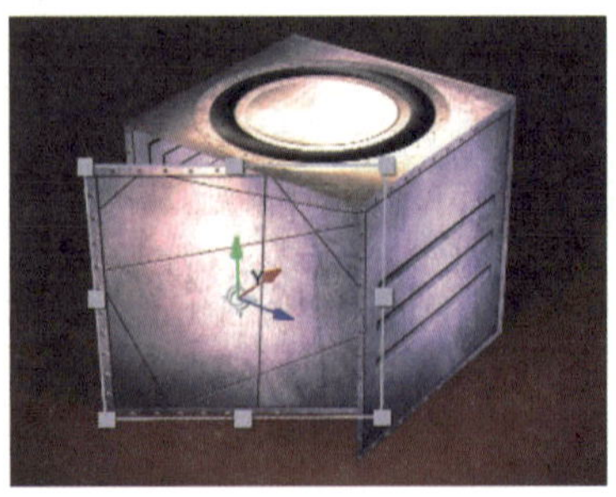
图4-1-21 世界轴模式

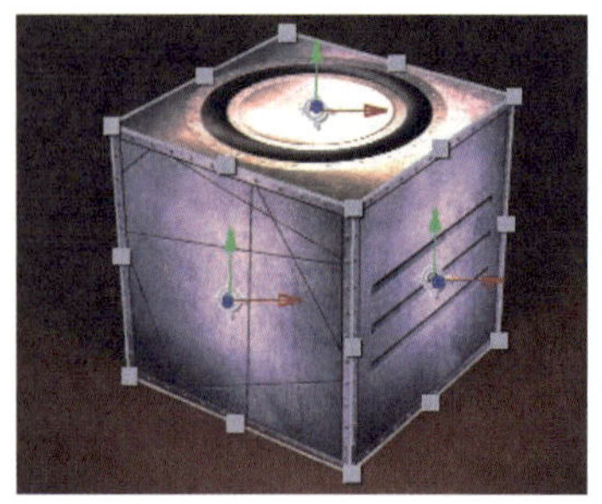
图4-1-22 视图轴模式

课堂实训 1——制作旋转的立方体盒子

请大家打开本书配套素材中的"ch04" > "课堂实训"，观看其中的"旋转的立方体盒子.mov"视频。该视频中的立方体盒子是使用纯色固态层、如图4-1-23（a）所示的背景图及3D图层功能制作而成的，如图4-1-23（b）所示。

旋转的立方体盒子

素材：素材与实例\ch04\课堂实训\立方体盒子素材\背景图.jpg

结果：素材与实例\ch04\课堂实训\旋转的立方体盒子.aep

（a）

（b）

图 4-1-23　素材与视频效果截图

提示：

（1）新建一个名为"平面"的合成，创建两个纯色固态图层制作立方体盒子的一个面，如图4-1-24（a）所示。

（2）新建一个合成，将"平面"合成添加到该合成中，然后将"平面"图层设为3D图层，调整该图层的"方向"参数或3个坐标轴的旋转角度，复制5次"平面"图层并进行调整，制作如图4-1-24（b）所示的立方体。

（a）

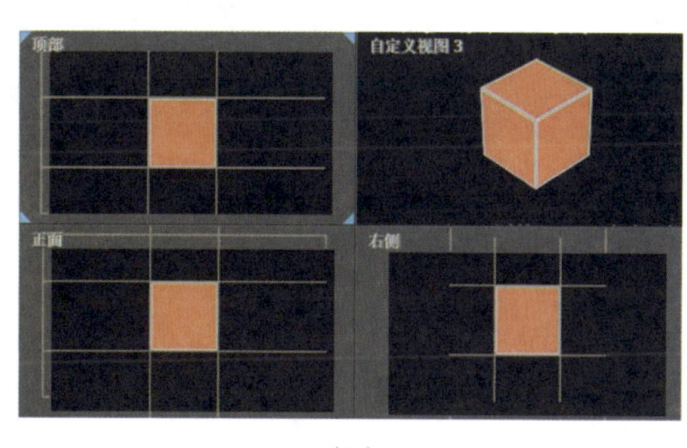

（b）

图 4-1-24　制作立方体盒子

（3）新建一个合成，并将"背景图.jpg"图层拖拽到时间轴面板中，然后将上步创建的立方体合成添加到该合成中，使其入点位于1秒16帧处，并打开该合成层的折叠和3D图层功能，接着制作缩放和旋转动画，如图4-1-25所示。

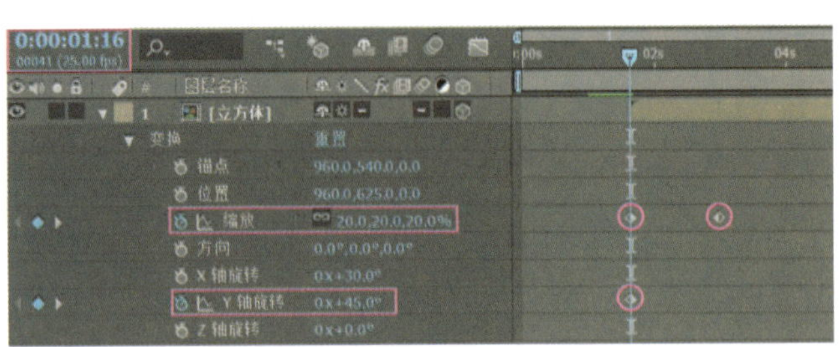

图 4-1-25　图层参数

（4）将“背景图.jpg”图层设为3D图层，然后调整其角度和方向，并在其第0秒和第1秒处添加“缩放”关键帧，制作远离动画效果。

课堂实训 2——制作热点新闻快播

请大家打开本书配套素材中的“ch04”＞“课堂实训”，观看其中的“热点新闻快播.mov”视频。该视频中的立方体盒子是使用多个图片和视频制作而成的，读者可参照课堂实训1中的方法，制作如图4-1-26所示的热点新闻快播片头。

热点新闻快播

素材：素材与实例\ch04\课堂实训\新闻快播素材

结果：素材与实例\ch04\课堂实训\热点新闻快播.aep

图 4-1-26　视频画面截图

提示：

（1）由于“新闻快播素材”文件夹中的素材大小不一，所以在制作前，需要先将除背景图外的其他图片添加到时间轴面板中，然后调整它们的缩放比例，使得缩放后的所有图片的大小基本相同。此外，对于播放时间较短的视频素材，可使用右键快捷菜单中的“时间”＞“时间伸缩”命令将其播放时间延长。

（2）创建“不透明度”关键帧制作文字的淡入淡出效果，通过对包含立方体的合成添加“位置”“方向”和“旋转”关键帧，制作立方体出现并旋转的动画效果。

案例二　制作电闪雷鸣的3D文字

——高级闪电及摄像机动画

案例说明

“侠盗联盟”片头

在武侠影片和恐怖影片的片头中，经常会出现电闪雷鸣的场景。下面通过制作“侠盗联盟”片头，来学习“高级闪电”命令的用法及摄像机动画的制作方法。

【案例2】　“侠盗联盟”简介

请大家打开本书配套素材中的“ch04”>“案例二”文件夹，观看其中的“侠盗联盟片头.mov”视频。该片头是由图4-2-1（a）所示的“背景.mov”视频和“侠盗联盟”文字，并结合摄像机动画制作的，最终的视频画面如图4-2-1（b）所示。

素材：素材与实例\ch04\案例二\侠盗联盟素材\背景.mov

结果：素材与实例\ch04\案例二\侠盗联盟.aep

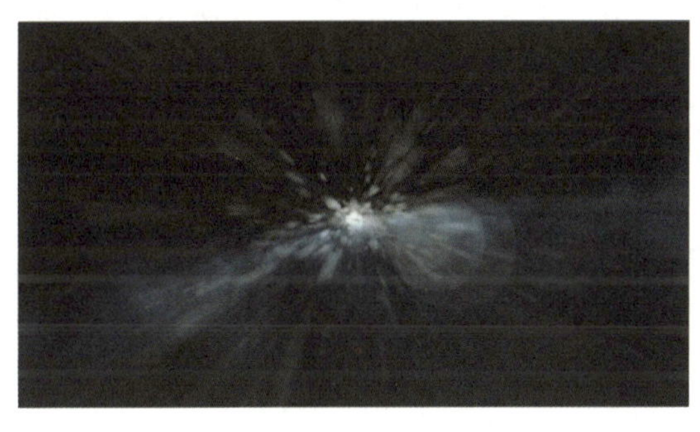

（a）

（b）

图4-2-1　素材与视频效果截图

在观看“侠盗联盟”视频时，需要注意以下几点：

（1）文字“侠盗联盟”出场时倾斜，待文字完整显示时转正，停顿1秒15帧后再逐渐缩小。

（2）在文字“侠盗联盟”大小不变的1秒15帧中，该文字有发光动画。

（3）注意文字“侠盗联盟”的色彩和发光变化，以及闪电时光电的路径变化。

（4）文字“侠盗联盟”在消失时先变大再变小，从而起到缓冲作用。

预备知识

一、“高级闪电”命令

在After Effects中，利用“高级闪电”命令可以模拟自然界中真实的闪电或模拟物体间的电击效果。要在某个图层上制作闪电效果，可先选中该图层并右击，从弹出的快捷菜单中选择

“效果”>“生成”>“高级闪电”菜单。此时，效果控件面板如图4-2-2所示。

在该效果控件面板的“闪电类型”列表框中可以设置闪电的类型，包括方向、击打、回弹、随机、垂直等，常见的闪电效果如图4-2-3所示。

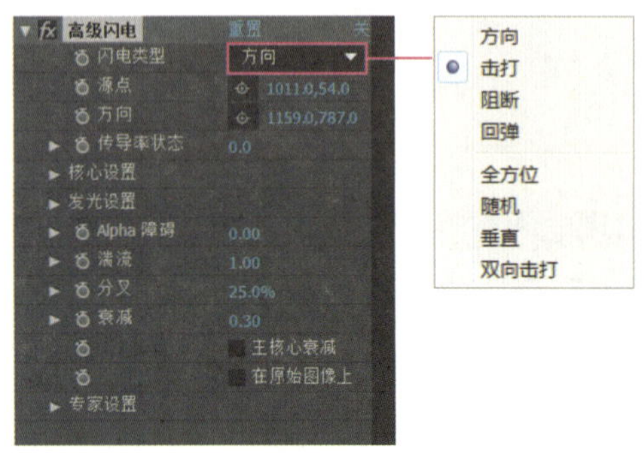

图 4-2-2 “高级闪电”效果控件面板

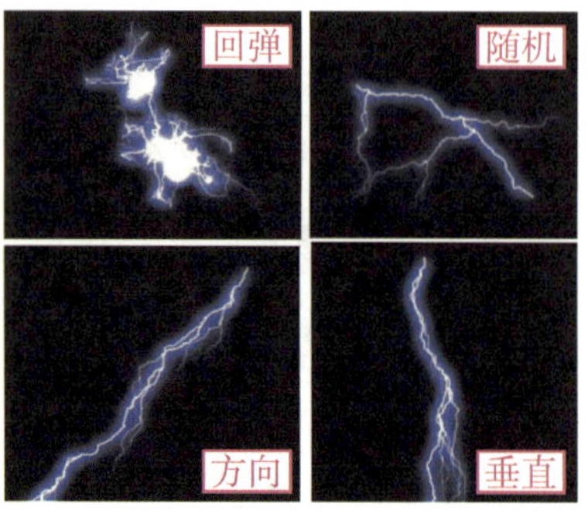

图 4-2-3 常见的闪电效果

二、摄像机动画

静止的场景会使画面略显呆板。要使静止的场景活动起来，最好的方法不是让场景运动，而是让摄像机运动。摄像机的运动可通过为摄像机添加“位置”或“方向”关键帧来实现。

案例实施——制作“侠盗联盟”片头

制作思路

将“背景.mov”素材添加到时间轴面板中，然后创建“文本”图层并注写文字“侠盗联盟”，再添加摄像机，并为其添加动画，接着为文字“侠盗联盟”添加浮雕、发光等效果，最后利用“高级闪电”命令制作闪电效果。

制作步骤

1. 构图并添加摄像机

步骤1 启动After Effects CC软件，将“ch04”>“案例二”>“侠盗联盟素材”文件夹中的素材导入项目面板，并将该素材拖拽到时间轴面板中。

步骤2 在图层区的空白处右击，从弹出的快捷菜单中选择“新建”>“文本”菜单，在合成窗口中输入“侠盗联盟”。选中“侠盗联盟”图层并右击，从弹出的快捷菜单中选择“效果”>“生成”>“梯度渐变”菜单，然后分别设置起始颜色和结束颜色，如图4-2-4所示。

知识库

利用“梯度渐变”命令可以在当前素材画面上添加两种不同颜色的线性或径向渐变效果。图4-2-4所示“梯度渐变”面板中各选项的功能如下。

渐变起点 / 渐变终点：分别用于设置渐变开始和结束的位置。

起始颜色 / 结束颜色：分别用于设置开始渐变的颜色和结束渐变的颜色。

渐变形状：用于设置渐变的形状，包括“线性渐变”和“径向渐变”。

渐变散射：用于控制渐变颜色的分散程度，并消除光带条纹。

交换颜色：单击该按钮，可将起始颜色和结束颜色互换。

步骤3 选中“侠盗联盟”图层，然后在合成窗口右侧的“字符”面板中将文字的字体设为“方正粗倩简体”，像素设为100，结果如图4-2-5所示。

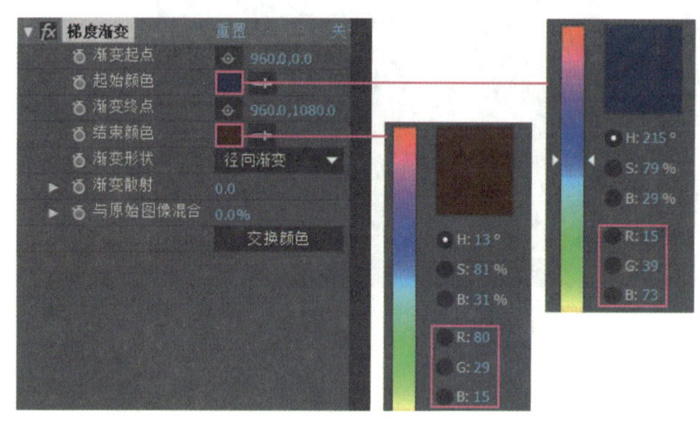

图 4-2-4　调整梯度渐变的颜色

图 4-2-5　文字效果

步骤4 按【Ctrl+Shift+Alt+C】键，在打开的对话框中将焦距设为11.25，其他采用默认设置，如图4-2-6所示，最后单击“确定”按钮创建摄像机。

2. 为摄像机添加动画

步骤1 将合成窗口设为4视图显示，并将其中一个视图设置为摄像机视图，然后将“侠盗联盟”图层的3D图层功能打开。选中“摄像机1”视图，将光标放在右侧视图的*Y*轴上并按住鼠标左键拖动，使得目标点位于文字的中间位置，如图4-2-7所示。

步骤2 将时间线拖动到第2秒处，单击“统一摄像机工具”，在摄像机视图中按住鼠标右键并拖动鼠标，使得文字“侠盗联盟”的大小合适，然后为摄像机的“目标点”和“位置”属性添加关键帧。

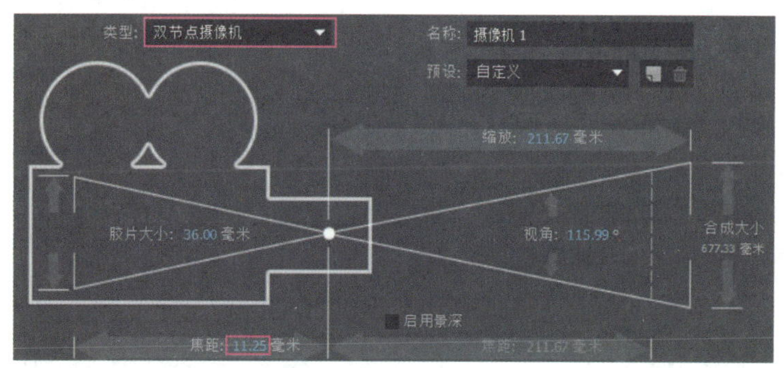

图 4-2-6　设置焦距

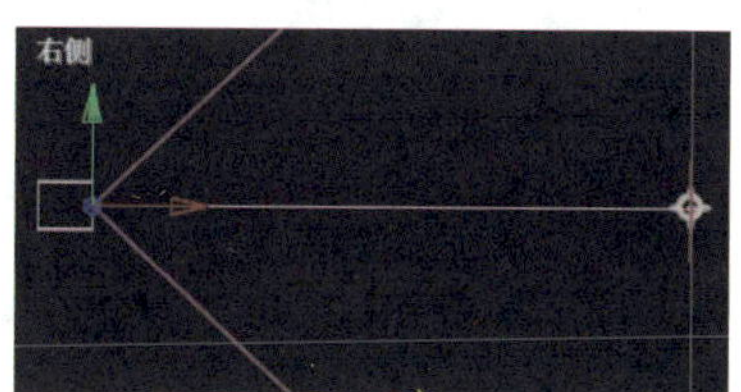

图 4-2-7　平移摄像机

如果不进行图 4-2-7 所示操作，则在完成步骤 2 的相关操作后，文字“侠盗联盟”不会位于合成窗口的中间位置。

步骤3 将时间线拖动到第0秒处，然后按住鼠标左键在摄像机视图中拖动鼠标，使得摄像机视图中的文字适当倾斜，此时的顶部视图和摄像机视图如图4-2-8所示。按住鼠标右键在摄像机视图中拖动鼠标，使得文字“侠盗联盟”冲出画面。

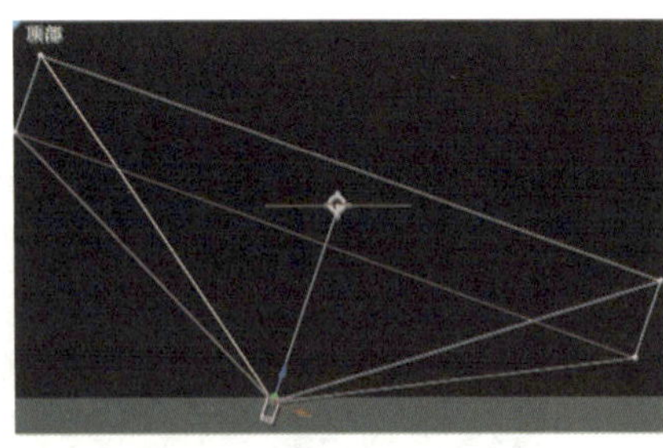

图 4-2-8　调整摄像机的方向

步骤4 将时间线拖至第3秒13帧处，然后将第2秒处的两个关键复制到此处；将时间线拖至第4秒处，利用“统一摄像机工具”和鼠标右键将文字缩小到合适大小。为了使画面在缩小时有所缓冲，可将时间线拖至第3秒15帧处，将文字适当放大即可，结果如图4-2-9所示。

3. 为文字添加色彩和发光效果

该视频中，文字“侠盗联盟”看起来具有厚度，且颜色有所变化，这是因为该文字添加了“彩色浮雕”效果；文字比较亮，是因为它添加了“发光”效果。第2秒至第3秒间出现一道白光横扫文字的效果，这是因为该文字添加了“CC Light Sweep”动画，具体的操作方法如下。

步骤1 将时间线拖至第15帧左右，然后选中“侠盗联盟”图层并右击，选择“效果”>“风格化”>“彩色浮雕”菜单，将起伏值设为2，对比度设为1000，并设置“起伏”关键帧，结果如图4-2-10所示。

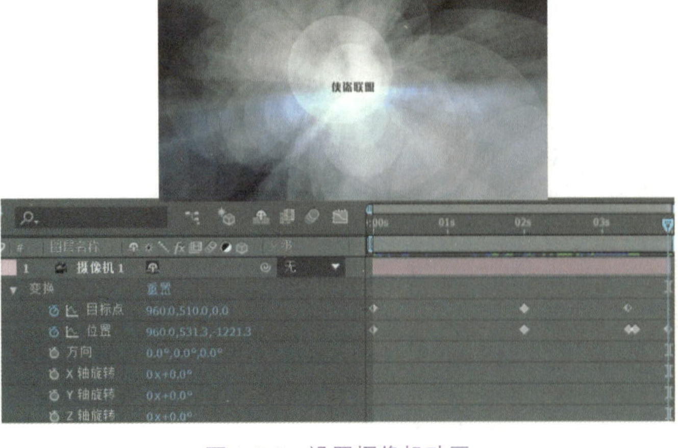

图 4-2-9　设置摄像机动画

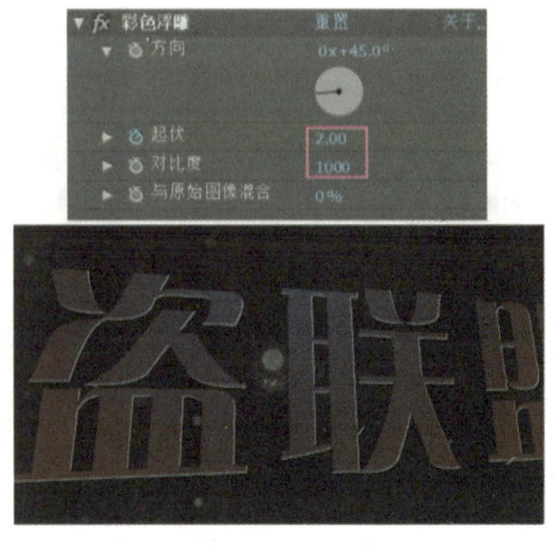

图 4-2-10　第 15 帧画面效果

步骤2 将时间线拖至第10帧左右，将起伏值设为32，方向设为324°，再将时间线拖动至第0秒，并将第10帧处的关键帧移至第0秒。如果合成窗口的文字上出现斜线，可在效果控件面板中设置梯度渐变的“渐变散射”参数，如图4-2-11所示。

提 示

利用“彩色浮雕”命令可以使画面产生带有其本身色彩的浮雕效果，而利用“浮雕”命令可以使画面产生灰色的浮雕效果。

众所周知，拍摄视频时，离镜头越近的物体，其运动具有模糊效果。在该片头伊始，文字从镜头前“飞”入画面，所以在设置好摄像机动画后，还需要为其设置景深效果。

步骤3 展开“摄像机1”图层中的“摄像机选项”，打开景深效果，并将光圈设为20像素，如图4-2-12所示。

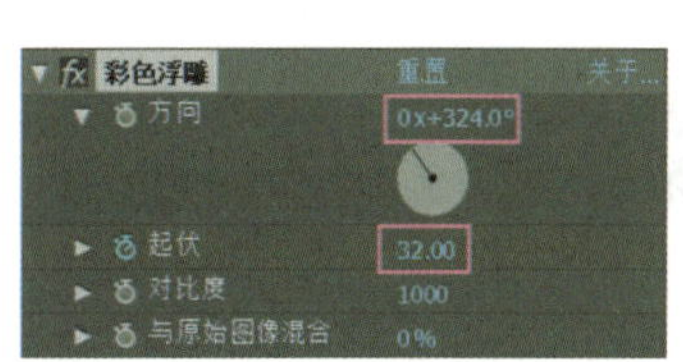

图 4-2-11 第 0 秒参数及第 12 帧画面

图 4-2-12 设置景深效果

步骤4 选中“侠盗联盟”图层并右击，从弹出的快捷菜单中选择“效果” > “风格化” > “发光”菜单，然后根据需要调整发光阈值、发光半径及发光强度等参数，如图4-2-13所示。

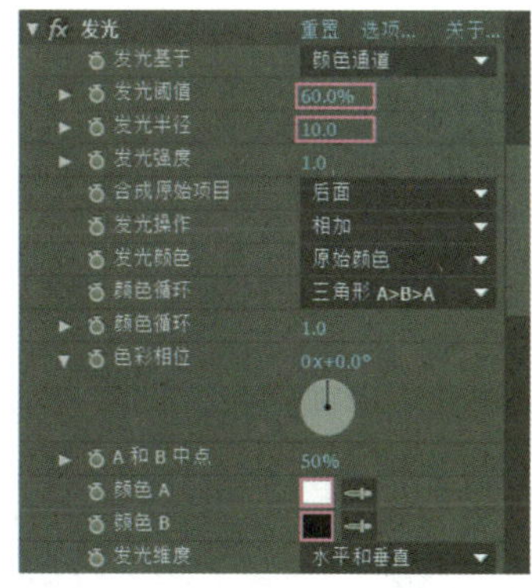

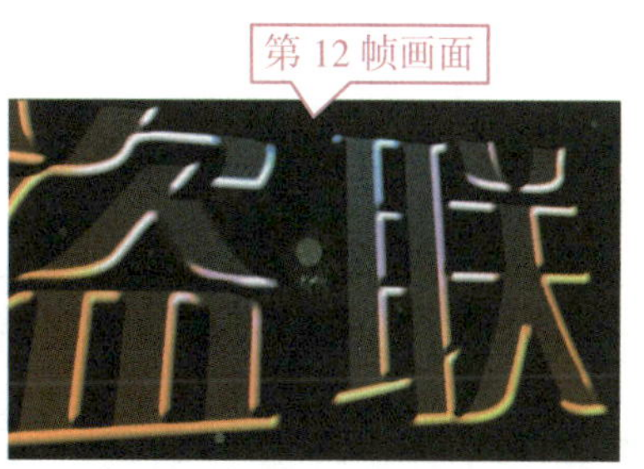

图 4-2-13 设置发光效果

知识库

利用“发光”命令可以使图像中较亮部分及其周围的像素变亮，以创建漫射的发光光环。图 4-2-13 所示“发光”面板中各选项的功能如下。

发光基于：用于确定发光是基于图像的原始颜色还是基于其 Alpha 通道。基于 Alpha 通道的发光仅在不透明区域和透明区域之间的图像边缘产生漫射亮度。

发光阈值：较低的百分比会在图像的更多区域产生发光效果，较高的百分比会在图像的更少区域产生发光效果。

发光半径：发光效果从图像的明亮区域开始延伸的距离，以像素为单位。较大的值会产生漫射发光，较小的值会产生锐化边缘的发光。

发光强度：是指发光的亮度。

合成原始项目：用于指定发光的合成结果和图层。其中，“顶端”用于将发光效果放在图像顶端，以便使用“发光操作”列表中的混合方式；“后面”用于将发光效果放在图像后面，从而创建逆光效果；“无”用于从图像中分离发光效果。

发光颜色：用于设置发光的颜色。若选择“A 和 B 颜色”选项，则可按“颜色 A”和“颜色 B”色块中的颜色创建渐变发光。

颜色循环：在“发光颜色”列表框中选择“A 和 B 颜色”选项时，可在“颜色循环”列表框中设置渐变曲线的形状。

色彩相位：拖动其后的参数或指针，可在颜色周期中设置开始循环的颜色位置。

A 和 B 中点：用于指定渐变中使用的两种颜色之间的平衡点。若该值较小，则使用的 *A* 颜色较少；若该值较高，则使用的 *B* 颜色较少。

颜色 A / 颜色 B：当“发光颜色”列表框中选择“A 和 B 颜色”选项时，可利用这两个颜色色块设置发光颜色。

发光维度：用于指定发光是水平的、垂直的，还是这两者兼有。

步骤5 选中“侠盗联盟”图层并右击，从弹出的快捷菜单中选择“效果”>“生成”>“CC Light Sweep”菜单，然后将时间线拖至第2秒，参照图4-2-14设置光线的相关参数，再拖动“Center”属性的*Y*参数，将光线的扫描位置移至文字的最左侧，最后为“Center”属性添加关键帧。

步骤6 将时间线拖至第3秒，拖动“Center”属性的*Y*参数，使光线从左至右依次从文字“侠盗联盟”上滑过，结果如图4-2-15所示。

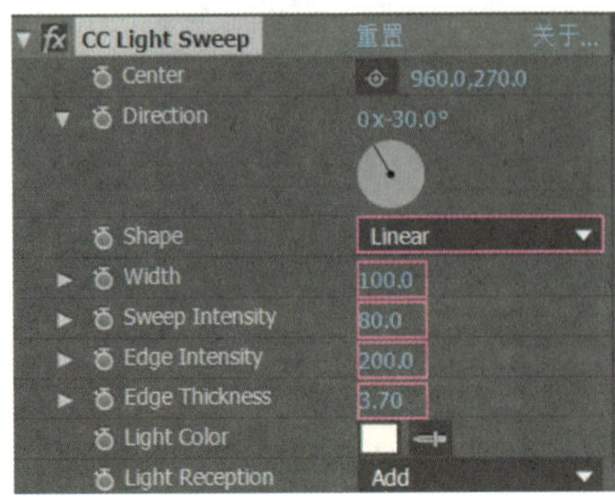

图 4-2-14 设置光线扫描参数

图 4-2-15 合成画面效果

知识库

CC Light Sweep 即 CC 光线扫描，利用该命令可以使指定颜色的光线从一个位置移动到另一个位置。图 4-2-14 所示面板中各选项的功能如下。

Cente（中心）：用于设置光线的中心点位置。

Direction（方向）：用于设置光线扫描的旋转角度。

Shape（形状）：用于设置光线的形状，包括“Linear（线性）”“Smooth（光滑）”和“Sharp（锐利）”3 种。

Width（宽度）：用于设置光线扫描的宽度。

Sweep Intensity（扫描亮度）：用于调节光线的亮度。

Edge Intensity（边缘亮度）：用于调节光线与图像边缘相接触时的明暗程度。

Edge Thickness（边缘厚度）：用于调节光线与图像边缘相接触时的光线厚度。

Light Color（光线颜色）：用于设置光线的颜色。

Light Reception（光线接收）：用于设置光线与源图像的叠加方式。

4. 制作闪电

步骤 1 选中“侠盗联盟”图层并右击，选择“效果”>“生成”>“高级闪电”菜单，然后在效果控件面板中选中“在原始图像上合成”复选框，如图 4-2-16 所示。

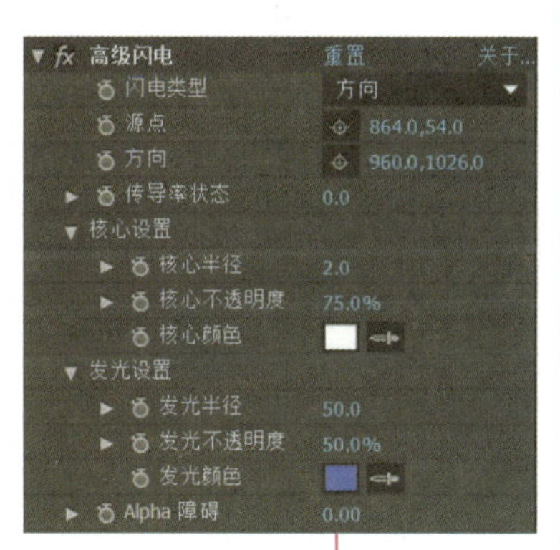

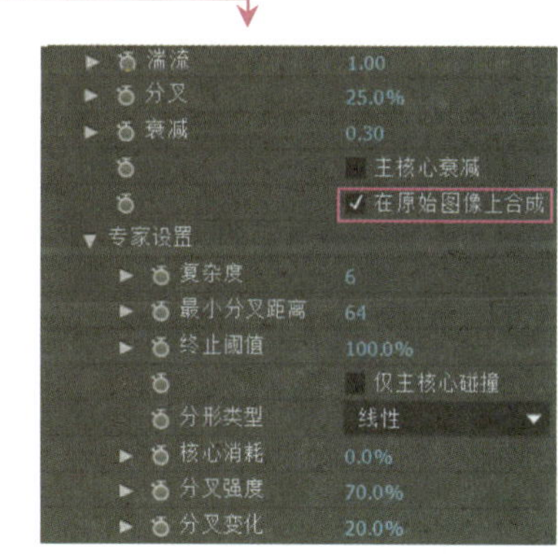

图 4-2-16 “高级闪电”效果控件面板

知识库

利用“高级闪电”命令可以模拟出不同形状的真实闪电效果。图 4-2-16 所示面板中各选项的功能如下。

闪电类型：设置闪电的类型，包括“方向”“击打”“阻断”“回弹”“全方位”“随机”“垂直”和“双向击打”共 8 种。

源点：设置闪电的源点位置。

方向 / 外径：指定闪电移动的方向或从源点开始移动的距离。当闪电类型为“垂直”时，“方向”不可用。

传导率状态：用于更改闪电的路径。

核心设置：用于设置闪电的核心部分，包括闪电的半径、核心的不透明度及核心颜色。

发光设置：用于设置闪电外围的发光半径、不透明度及发光颜色。

Alpha 障碍：指定原始图层的 Alpha 通道对闪电路径的影响。

湍流：指定闪电路径中的湍流数量。该值越高，击打越复杂，其中包含的分支和分叉越多；该值越低，击打越简单，其中包含的分支越少。

分叉：用于设置分支分叉的百分比。“湍流”和“Alpha 障碍”设置均会影响分叉。

衰减：指定闪电强度连续衰减或消散的数量。

主核心衰减：衰减主要核心及分叉。

在原始图像上合成：显示闪电与原始素材的合成状态。若未勾选该复选框，则只会显示闪电。

专家设置：该组中的相关选项可以对闪电进行更精细地设置。

① 复杂度：用于设置闪电湍流的复杂程度。

② 最小分叉距离：设置闪电分支分叉的疏密程度。该值越低，闪电中的分叉越多；该值越高，分叉越少。

③ 终止阀值：设置闪电分支的阀值。

④ 仅主核心碰撞：勾选该复选框，会使闪电的分支产生碰撞效果。

⑤ 分形类型：设置创建闪电分形的类型，包括“线性”“半线性”和“样条”。

⑥ 核心消耗：指定创建新分叉时消耗核心强度的百分比。

⑦ 分叉强度：设置新分叉的不透明度。

⑧ 分叉变化：设置分叉不透明度的变化量。

步骤2 将时间线拖至第2秒07帧左右，然后在效果控件面板中设置闪电的相关参数，如图4-2-17所示。在合成窗口中分别拖动闪电两端的◉，调整闪电方向，接着在效果控件面板中调整“Alpha障碍”和“湍流”的值，使画面如图4-2-18所示，最后为“方向”添加关键帧。

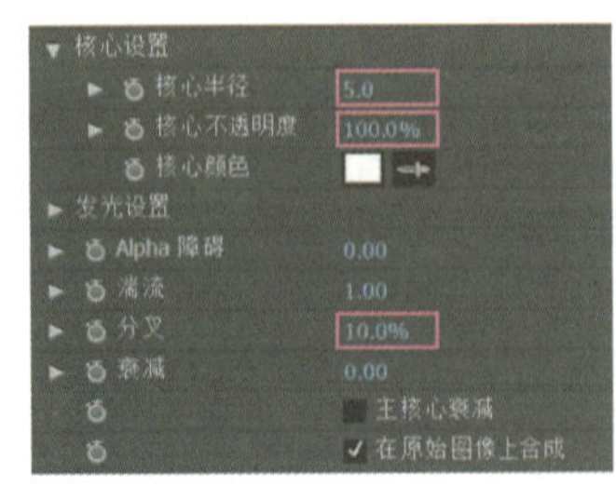

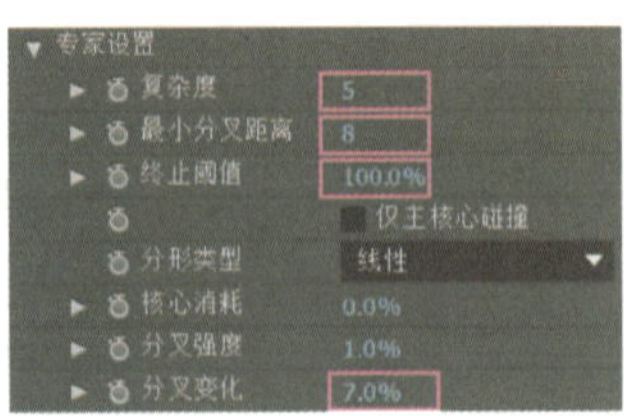

图 4-2-17　设置闪电参数

图 4-2-18　闪电效果

步骤3 将时间线拖至第2秒左右，在合成窗口中按住鼠标左键将闪电下端的◉图标拖至上端◉图标下方，使画面中不出现闪电；将时间线拖至第2秒14帧左右，然后在合成窗口中按住鼠标左键将闪电下端的◉图标拖至上端◉图标右侧，使画面中不出现闪电。

步骤4 将时间线拖至第2秒处，按空格键可以看到闪电的主核心有长有短，如图4-2-19所示。如果闪电的主核心长度变化不大，可调整“终止阀值”中的参数。至此，本案例就制作完成了，按【0】键进行预览。

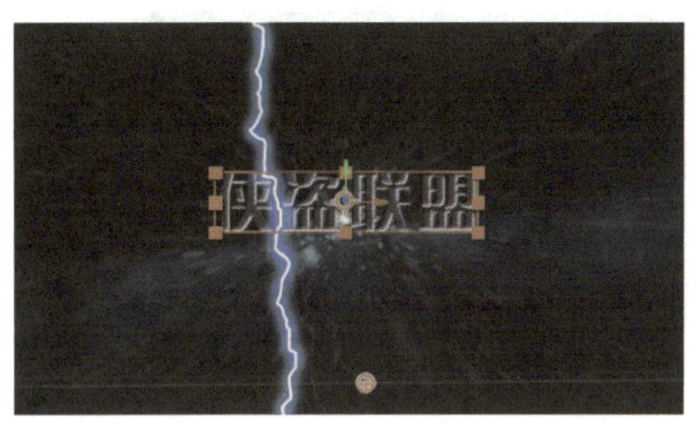

图 4-2-19　闪电的主核心变化

知识补充——摄像机的景深效果

在制作动画时，为了更加真实地表现场景，经常需要对场景进行对焦与脱焦操作，即对摄像机的景深进行控制。After Effects中摄像机的默认景深效果是关闭的，要开启景深，可展开“摄像机”图层中的“摄像机选项”，将“景深”设为“开”，如图4-2-20所示。

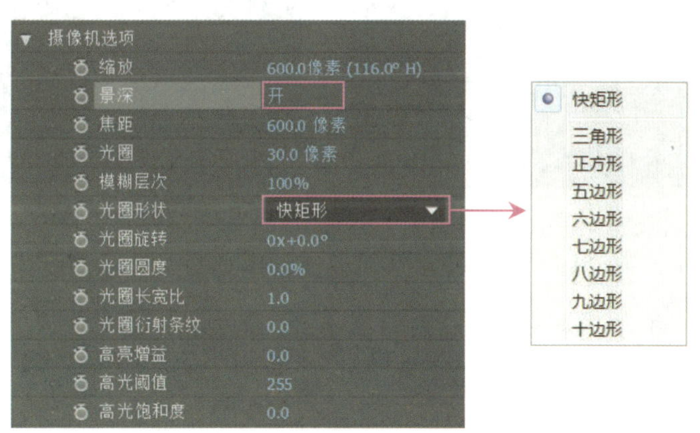

图 4-2-20　摄像机选项

图4-2-20中的“光圈”用于调整镜头孔径的大小。该数值会影响景深，增加光圈会增加景深的模糊度。“模糊层次”用于设置图像中景深模糊的程度。该值为100%时将生成自然模糊效果，降低该值可减少模糊。

扫一扫

课堂实训 3——制作闪电魔幻球

请大家打开本书配套素材中的“ch04”>“课堂实训”，观看其中的“闪电魔幻球.mov”视频。该视频是由图4-2-21（a）所示的背景图、“高级闪电”命令及“CC Lens”命令制作而成的，视频最终效果如图4-2-21（b）所示。

素材：素材与实例\ch04\课堂实训\闪电魔幻球素材\底图.jpg

结果：素材与实例\ch04\课堂实训\闪电魔幻球.aep

（a）

（b）

图 4-2-21　素材与视频效果截图

提示：

（1）将“底图.jpg”素材拖拽到时间轴面板中，然后新建一个“球形闪电”合成，并在该合成中按【Ctrl+Y】键新建一个蓝色固态图层，接着选择“效果”>“生成”>“圆形”命令，制作图4-2-22所示效果。

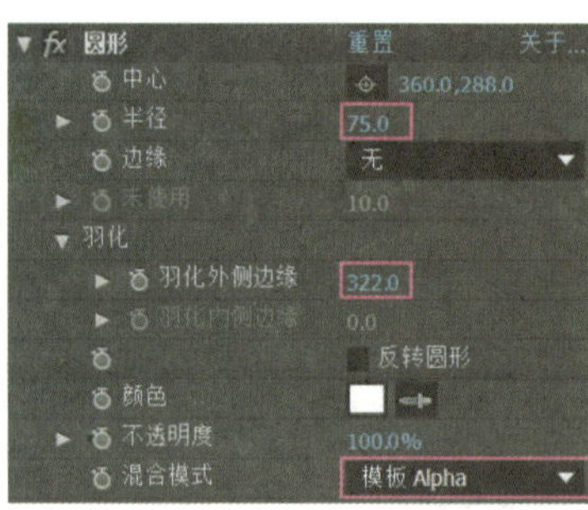

图 4-2-22　相关参数及效果

（2）创建一个纯色固态图层，并在该图层上创建高级闪电，将发光颜色设为洋红，将“闪电类型”设为“随机”，并为“外径”和“传导率状态”属性添加关键帧，“传导率状态”值分别为10和100，效果如图4-2-23所示。

（3）为上步创建的图层添加“效果”>“扭曲”>“CC Lens”命令，参数及效果如图4-2-24所示，最后将创建的闪电图层复制一份，将其“缩放”值设为-100%。

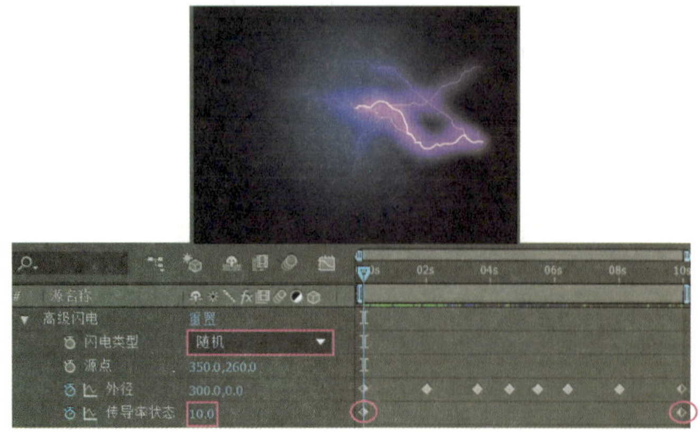

图 4-2-23　设置闪电效果

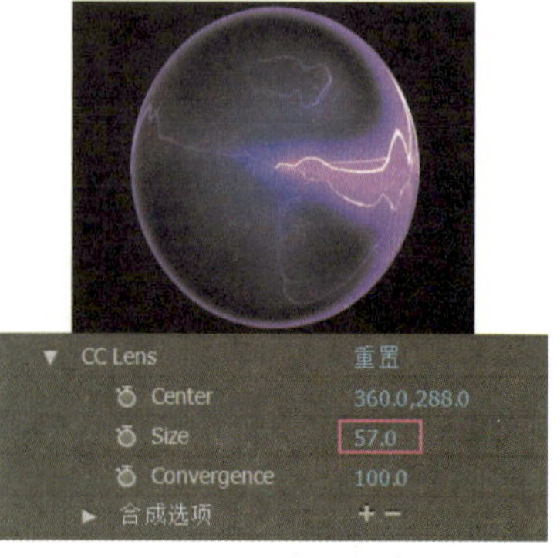

图 4-2-24　设置镜头效果

使用“CC Lens”命令可以使图像发生镜头扭曲效果，图4-2-24所示面板中各选项的功能如下。

Cente（镜头中心）：设置镜头中心的位置。

Size（大小）：调整镜头效果的尺寸大小。

Convergence（会聚）：可以使图像产生向中心会聚的效果。

（4）将“球形闪电”合成拖到另一个合成的时间轴面板中，然后参照图4-2-25所示制作手握魔幻球效果。

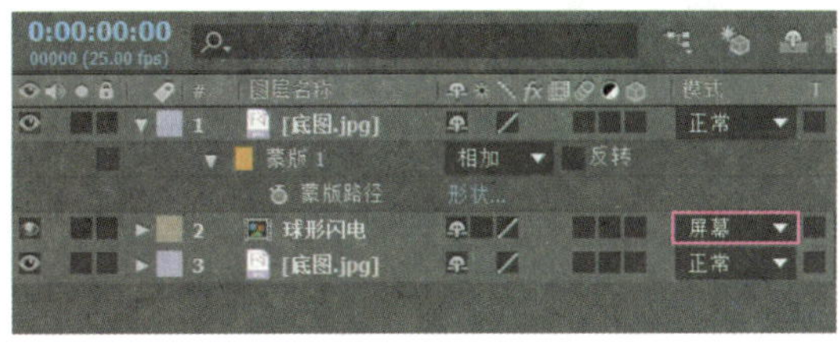

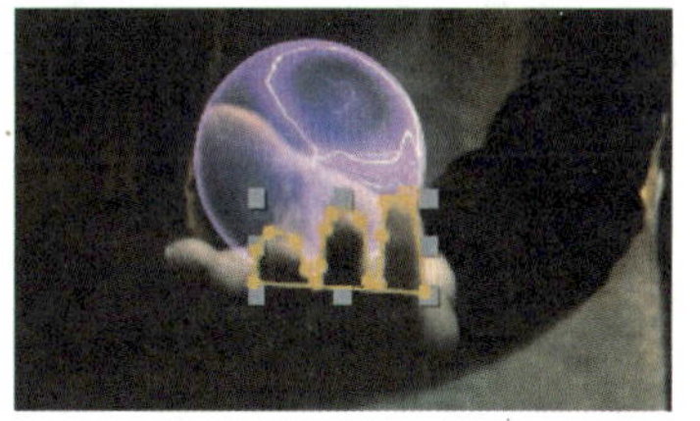

图 4-2-25　相关参数及效果

案例三　制作梦幻城堡

——3D 图层的综合应用

案例说明

梦幻城堡

一提起梦幻城堡，大家可能立刻会想到美丽的公主、闪亮的马车、潺潺流水，这种场景在电影《冰雪奇缘》《美女与野兽》，以及《迪士尼米老鼠》等儿童动画片中经常会见到。这些电影或动画片中的城堡基本上都是用利用三维软件建模，并利用After Effects等软件后期合成的。

下面通过制作图4-3-1所示的梦幻城堡，来学习三维空间中3D图层及摄像机的综合应用。

【案例3】　**“梦幻城堡”视频简介**

请大家打开本书配套素材中的“ch04”>“案例三”文件夹，观看其中的“梦幻城堡.mov”视频。该片头是由图4-3-1（a）所示的“烟花.mov”视频，以及“天空.jpg”“绿植.psd”“天空.jpg”和“城堡.psd”，并结合摄像机动画制作的，最终的视频画面如图4-3-1（b）所示。

素材：素材与实例\ch04\案例三\梦幻城堡素材\烟花.mov、天空.jpg、绿植.psd、天空.jpg、城堡.psd

结果：素材与实例\ch04\案例三\梦幻城堡.aep

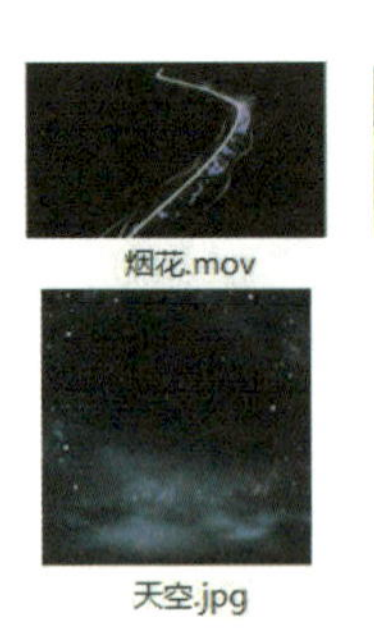

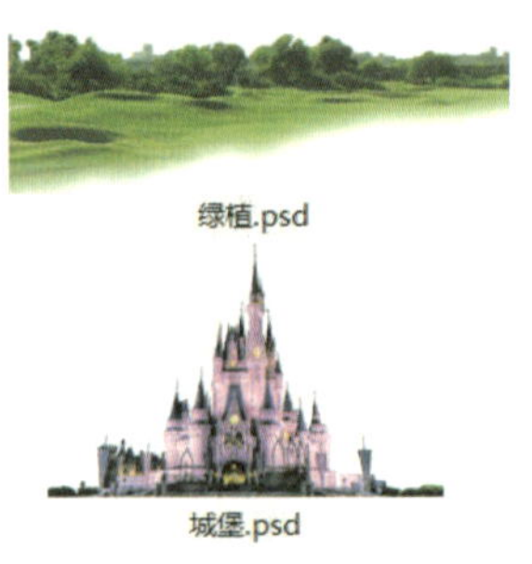

（a）

（b）

图 4-3-1　素材与视频效果截图

在观看“梦幻城堡”视频时，需要注意以下几点：

（1）镜头从上向下照射水面，并逐渐向上转动，依次呈现水面、城堡的倒影、城堡及两侧的绿植，最后呈现天空。当整个画面出现在合成窗口中后，镜头逐渐拉近。

（2）水面中要有星星、城堡和烟花的倒影。

（3）夜色中的绿植颜色与河岸颜色成为一体。

案例实施——制作梦幻城堡

制作思路

先利用“天空.jpg”“绿植.psd”“天空.jpg”和“城堡.psd”搭建画面，再制作“水面”合成，接着创建摄像机，并制作摄像机动画，最后再进行细节调整，如调整河滩的绿植颜色、添加烟花效果、制作烟花的倒影等。

制作步骤

1. 搭建三维场景1

步骤1　启动After Effects CC软件，将“ch04”＞“案例三”＞“梦幻城堡素材”文件夹中的“绿植.psd”素材导入项目面板，然后在弹出的对话框中选中“选择图层”单选钮，在右侧的列表框中选择“河岸”，最后单击“确定”按钮，仅将“河岸”图层导入项目面板中。

步骤2　除“绿植.psd”素材外，将“梦幻城堡素材”文件夹中的其他素材全部导入项目面板中。

步骤3　将“天空.jpg”素材拖拽到时间轴面板中生成“天空”合成，然后将该合成的名称改为“梦幻城堡”，预设设为“HDTV 1080 25”，持续时间设为15秒。

步骤4　将“城堡.psd”素材拖拽到时间轴面板中，将该图层的大小设为40%，然后将其沿*Y*轴向上移到画面的合适位置。

步骤5　将“城堡.psd”图层复制一份，并打开该图层的“3D图层”功能，然后按【R】键，将“方向”属性的*X*值设为180°，再按【P】键将其沿*Y*轴向下移动到合适位置。选中“天空.psd”图层并按【P】键，调整*Y*轴参数，使画面如图4-3-2所示。

步骤6　将“河岸/绿植.psd”图层拖拽到时间轴面板中“城堡”图层的下方，并调整绿植

的位置，如图4-3-3中左侧的绿植。将“河岸/绿植.psd”图层复制一份，并打开该图层的“3D图层”功能，然后将“方向”属性中的Y坐标值设为180，并调整该图层的X坐标，结果如图4-3-3所示。

图4-3-2　天空、城堡及其倒影效果

图4-3-3　绿植的位置

2. 制作水面

由于该水面中要有星星的倒影，因此可将水面作为一个合成嵌套在“梦幻城堡”合成中。“水面”合成中的水面利用两个纯色固态层构成，然后利用遮罩功能将“天空.jpg”融入水面中，具体操作方法如下。

步骤1　按【Ctrl+N】键，将合成的名称设为“水面”，其余采用默认设置并回车。

步骤2　在时间轴面板的图层区右击，从右键快捷菜单中选择“新建”>“纯色”菜单，在打开的对话框中将该固态层的颜色设为深紫色（R:32，G:12，B:69），然后单击“确定”按钮。

步骤3　采用同样的方法再创建一个纯色固态层，颜色为（R:232，G:219，B:255）。

步骤4　选中最上方的固态层，利用工具栏中的“矩形工具”绘制一个矩形，然后按【F】键，调整蒙版的羽化值，结果如图4-3-4所示。

步骤5　将“天空.jpg”素材拖拽到时间轴面板中，按【T】键将不透明度设为30%，将该图层的模式设为“发光度”。

步骤6　切换到“梦幻城堡”合成，将项目面板中的“水面”合成素材拖拽到时间轴面板中“河岸/绿植.psd”图层的下方，结果如图4-3-5所示。

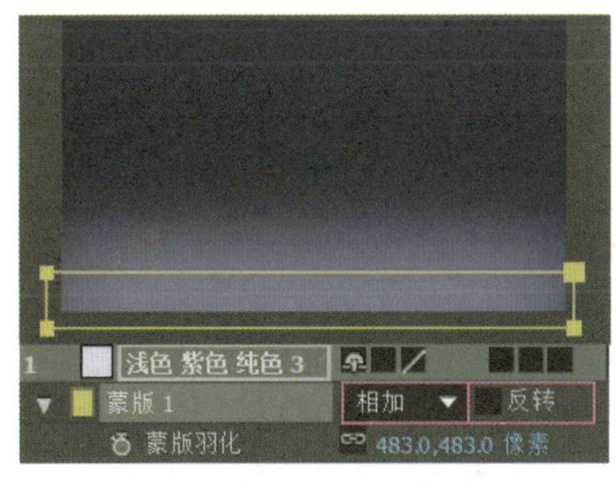

图4-3-4　蒙版羽化效果

图4-3-5　设置水面中的星星

3. 搭建三维场景2

在某些情况下，要使场景中的多个景、物运动起来，使用摄像机动画会使整个操作更加简便。要为摄像机添加动画，就必须将图层设为3D图层。利用“3D图层”功能可以使图像沿任意

方向360°旋转，并通过合理布置景、物的位置，可以使视频画面的空间感更强，具体的操作步骤如下。

步骤1 打开图层区中所有图层的“3D图层”开关，然后将合成窗口以4个视图方式显示，接着在顶部视图中分别调整“天空.jpg”、2个“河岸/绿植.psd”和2个“城堡.psd”图层的Z轴参数，如图4-3-6所示。

提 示

在调整2个“河岸/绿植.psd”图层的Z轴参数时，可先在时间轴面板中选中两个“河岸/绿植.psd”图层，然后按【P】键，接着拖动其中一个图层的Z轴参数即可。2个“城堡.psd”图层的调整方法与之相同。

步骤2 选中“水面”图层并按【R】键，然后将“方向”属性的X参数向左拖动至300°左右，再将该图层沿Y轴向下移动，使得其上方边缘与城堡的底面平齐，如图4-3-7所示。

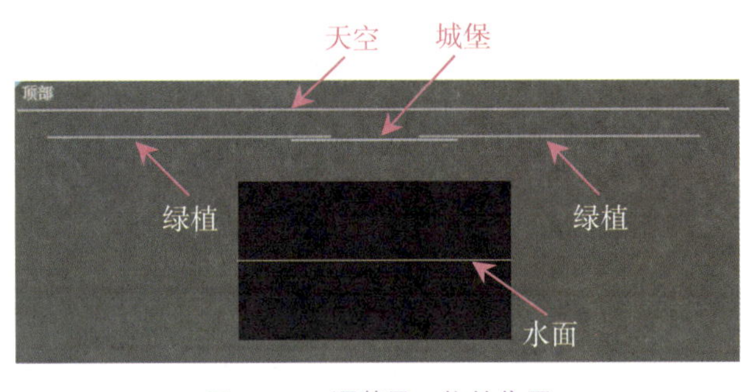

图4-3-6 调整景、物的位置

图4-3-7 调整水面的方位

由于水面遮挡了河滩上的绿植，因此需要利用“蒙版”功能去除水面的多余部分，并将水面四周羽化，使得水面更真实。

步骤3 选中“水面”图层，然后利用工具栏中的“钢笔工具”在顶部视图中绘制一个封闭图形，再结合摄像机视图调整图形的顶点，使得河滩上的绿植露出，接着按【F】键调整蒙版的羽化值，按【T】键将不透明度设为80%，最后按【S】键，分别将X、Y轴适当放大，结果如图4-3-8所示。

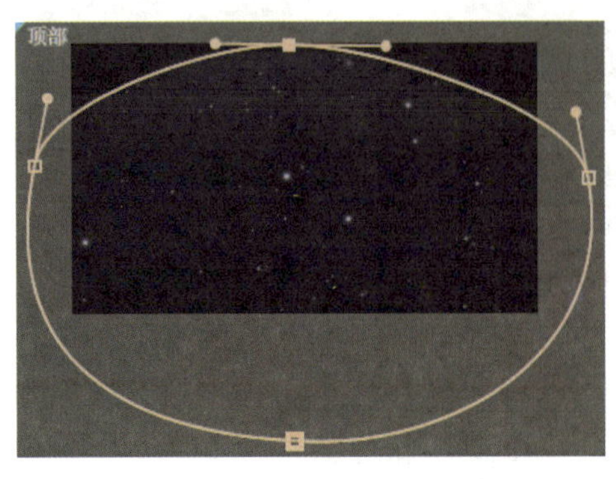

图4-3-8 调整水面

步骤4 选中“水面”图层，然后调整“位置”属性中的Z轴参数，使得右侧视图如图4-3-9所示。

4. 创建摄像机动画

步骤1 按【Ctrl+Shift+Alt+C】键，在打开的“摄像机设置”对话框中将焦距设为18.75毫米，然后单击“确定”按钮；在“摄像机1”时间轴上单击，并在右侧视图中沿Z轴拖动摄像机，使图像充满整个项目面板，再沿Y轴拖动摄像机，效果如图4-3-10所示。

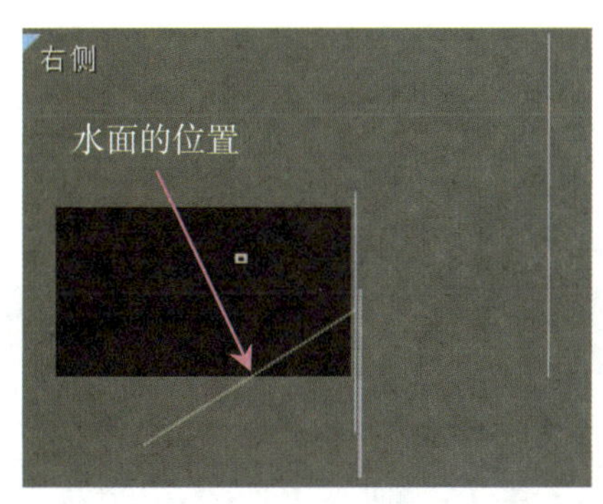

图4-3-9 调整水面的空间位置

图4-3-10 调整焦距效果

步骤2 将时间线拖至第0秒处，为摄影机添加“目标点”“位置”和“方向”关键帧；将时间线拖至第14秒处，将光标放在右侧视图中摄像机的位置点处，待出现“Z”时向右拖动，同时调整摄像机的位置点和目标点。

步骤3 拖动“位置”属性中的Z轴参数，将镜头拉近，再拖动“目标点”属性中的Y轴参数，使画面向下移动，最后适当调整“位置”属性中的Y轴参数，使其与“目标点”属性中的Y轴参数相同，从而使得画面更具有立体感，结果如图4-3-11所示。

此时，按空格键预览视频，必要时可通过调整“天空.jpg”图层中“位置”属性的Y轴参数，为场景选择合适的星空图案。为了使视频的内容更加丰富，天空更加真实，还可以通过调整摄像机，使画面中依次呈现水面、倒影及其他场景，具体操作如下。

步骤4 将时间线拖至第6秒处，调整“位置”属性的Z轴参数，将镜头拉远；再调整“目标点”属性的Y轴参数，将图像上移，结果如图4-3-12所示。

图4-3-11 第14秒效果

图4-3-12 第6秒效果

步骤5 将时间线拖至第0秒处，在“摄像机1”时间轴上单击，并在右侧视图中沿Z轴向左拖动像机到合适位置；拖动“位置”属性的Z轴参数，将镜头拉近。

步骤6 单击工具栏中的“统一摄像机工具”，然后在摄像机视图中按住鼠标左键向下稍拖动鼠标，接着调整“位置”属性中X轴参数，使其与“目标点”属性中X轴参数相同，最后拖动“目标点”属性中Y轴参数，使摄像机的目标点向下，直至画面中仅呈现水面，如图4-3-13所示。

提 示

将“位置”属性中Y轴参数拖动至最小极限时，如果画面中还会出现城堡的倒影，如图4-3-14所示。此时，可选中“摄像机1”时间轴，然后在右侧视图中沿Z轴移动目标点和位置点，再调整“位置”属性中Y轴参数即可。

图4-3-13 第0秒画面

图4-3-14 画面中仍有倒影

知识库

如果在预览时画面中的绿植出现图4-3-15所示的情况，可按【Ctrl+Z】键返回至使用“统一摄像机工具”和鼠标左键调整镜头方向前，然后拖动“位置”属性的Z轴参数，将镜头再拉得更近些，再接着步骤6进行操作。

将时间线拖动至第2秒左右，如果出现天空与水面相交的情况，这是因为“天空.jpg”与“水面”的空间距离太近，可通过调整“天空.jpg”图层的Z轴和Y轴参数来解决。

5. 制作烟花并调色

由于烟花素材为一段视频，因此要在当前画面中显示烟花，需要使用图层的“亮度遮罩”功能将该视频中的烟花图案叠加在当前画面上。此外，由于该场景为夜景，因此还需要利用“曲线”和“三色调”功能调整河岸绿植的颜色。

步骤1 将“烟花mov”素材拖拽到时间轴面板中，然后复制该图层，并将下方图层的模式改为“亮度遮罩”，接着将这两个“烟花mov”图层的起始位置移至第3秒，结果如图4-3-16所示。

步骤2 双击“水面”图层，参照上步操作在打开的时间轴面板中制作烟花的倒影，这两个“烟花.mov”图层的起始位置为第3秒15帧左右，不透明度均为30%。

图 4-3-15　调整镜头后的意外效果

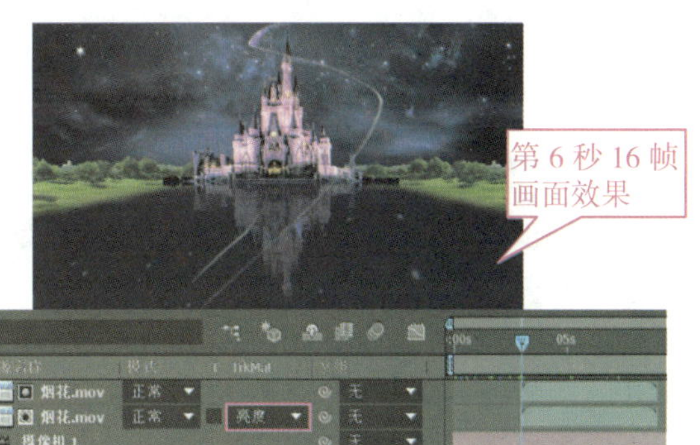

图 4-3-16　调整烟花的位置

步骤3　在“梦幻城堡”合成中选择任意一个“河岸/绿植”图层并右击，从弹出的快捷菜单中选择“效果”＞“颜色校正”＞“曲线”命令，然后参照图4-3-17调整曲线。

步骤4　选中添加“曲线”效果的“河岸/绿植”图层并右击，从弹出的快捷菜单中选择“效果”＞“颜色校正”＞“三色调”命令，然后参照图4-3-18调整相关参数。

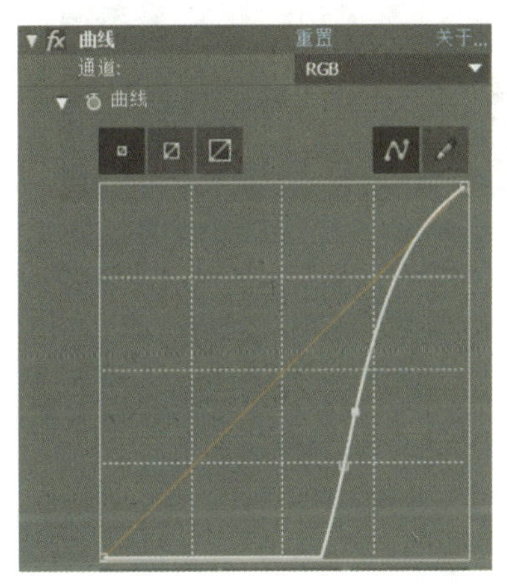

图 4-3-17　调整曲线

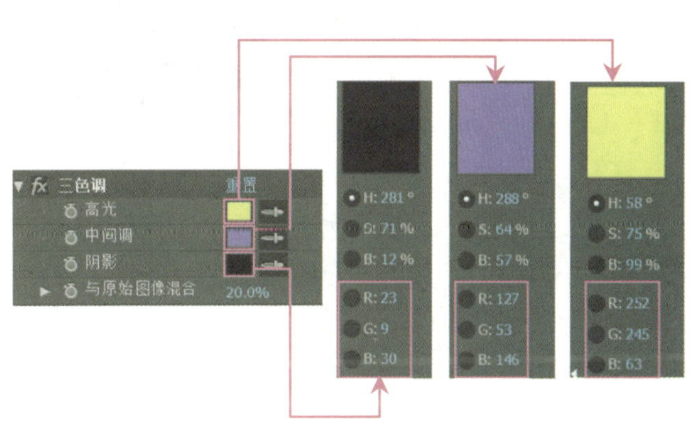

图 4-3-18　调整三色调

步骤5　展开“河岸/绿植”图层，选中其下的“效果”选项并按【Ctrl+C】键，再选择另一个“河岸/绿植”图层，按【Ctrl+V】键将效果进行复制，结果图4-3-19所示。至此，本案例就制作完成了，按【0】键进行预览。

图 4-3-19　调整绿植的颜色效果

课堂实训 4——三维空间综合应用

请读者根据前面所学知识，利用图4-3-20（a）中的“地图.jpg”“红旗.png”和“旗杆.psd”素材，并结合3D图层功能、摄像机及灯光制作图4-3-20（b）所示的效果。

素材：素材与实例\ch04\课堂实训\中国地图素材\地图.jpg、红旗.png、旗杆.psd

结果：素材与实例\ch04\课堂实训\中国地图.aep

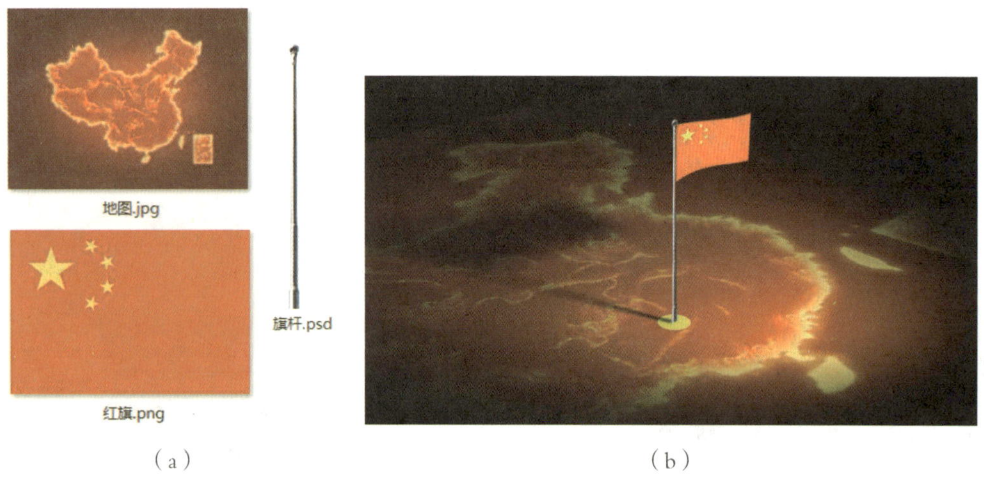

（a）　　（b）

图 4-3-20　素材与视频效果截图

提示：

（1）创建一个黄色固态层，并利用“椭圆工具”绘制一个圆形蒙版，作为旗杆的底座，最后将该图层设为3D图层。

（2）分别将“旗杆.psd”和“红旗.png”拖拽到时间轴面板中，并将它们均设为3D图层，然后移动它们的位置，如图4-3-21（a）所示，最后为“红旗.png”图层添加“贝赛尔曲线变形”命令，并通过拖动红旗面上的切点调整红旗的形状，结果如图4-3-21（b）所示。

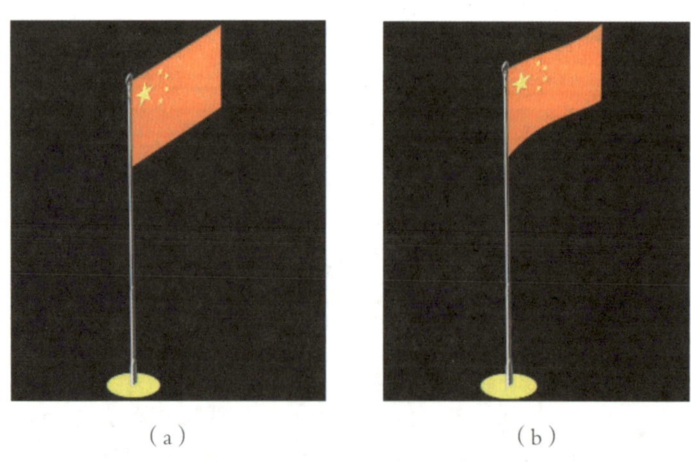

（a）　　（b）

图 4-3-21　红旗在三维空间的形态

（3）为“红旗.png”图层添加“色阶”效果，并进行调整，使红旗颜色更加鲜艳。

（4）添加一个白色的聚光灯，调整其位置、目标点和强度等参数，并启用“阴影”选项，设置“阴影深度”和“阴影扩散”参数，最后开启“旗杆.psd”和“红旗.png”图层的材质投影选项。

本章主要介绍了使用After Effects的三维空间模块制作视频的方法。在学完本章内容后，读者应重点掌握以下知识。

- 3D图层中有*X*、*Y*、*Z*三个轴向，利用“3D图层”功能可以使图像沿任意方向360°旋转，并通过合理布置景、物的位置，可以使视频画面的空间感更强。
- 利用“3D图层”功能制作视频时，可先构建二维画面，再开启“3D图层”功能搭建三维场景，最后创建摄像机动画。
- 搭建三维场景时，最好将视图切换成4视图模式显示，并根据需求将某个视图设置为摄影机视图或其他视图。
- 将光标移至某个轴（或轴的旋转参数）上并拖动鼠标，若当前使用的是本地轴模式，则该坐标系将随图像的旋转而旋转；若当前使用的是世界轴模式，则图像在旋转时，该坐标系并不发生任何变化。

第5章

打造绚丽的文字特效

文字是视频画面中最直观的元素，可以起到解释说明的作用。在制作视频时，合理地应用文字特效，不仅能够突出要表达的内容，还能够丰富画面效果。此外，在以文字为主体制作视频时，绚丽的文字特效可以使画面更具有设计感。

本章通过制作几个常见文字特效案例，来学习制作文字特效时常用的命令，如置换图、分形杂色、复合模糊及摄像机光晕等。

学习目标

- 掌握“置换图”“分形杂色”和“复合模糊”命令的功能及用法
- 掌握“镜头光晕”“四色渐变”和“残影”命令的功能及用法
- 掌握制作文字扭曲变形的方法
- 掌握制作文字沿指定路径运动的方法
- 灵活运用 After Effects 提供的有关 3D 文本动画预设，并能够根据需要修改动画效果

案例一　制作飘渺文字

——扭曲变形

案例说明

在一些电影预告片或电视栏目包装中，经常会先呈现影片或栏目要表达的主要内容，然后出现绚丽的文字及其特效，从而突出主题，达到宣传的目的。下面通过制作“龙斗台球”片头，来学习制作飘渺文字的方法及常用命令的用法。

【案例 1】　“龙斗台球”片头

扫一扫

“龙斗台球”片头

请大家打开本书配套素材中的“ch05”>“案例一”文件夹，观看其中的“龙斗台球片头.mov”视频。该片头是由图 5-1-1（a）所示的“台球.psd”图片和“光影特效.mov”视频制作而成的，最终的视频画面如图 5-1-1（b）所示。

素材：素材与实例\ch05\案例一\龙斗台球素材\台球.psd和光影特效.mov

结果：素材与实例\ch05\案例一\龙斗台球.aep

台球.psd

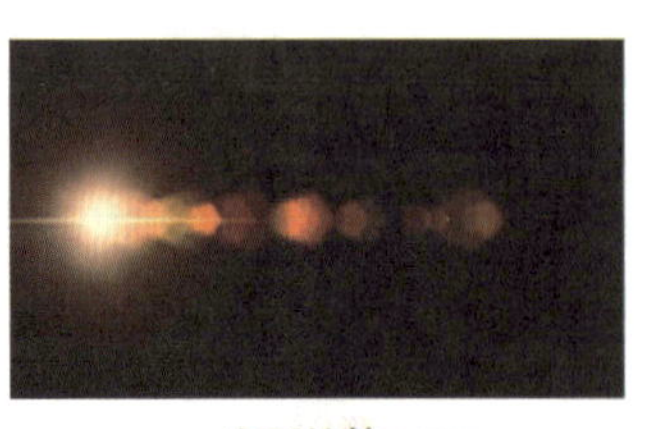

光影特效.mov

（a）素材

（b）效果图

图 5-1-1　素材与视频效果截图

思考：

（1）文字“龙斗台球（NO.1）”的颜色是怎样实现的？

（2）文字“龙斗台球（NO.1）”消失时的噪波和模糊效果是怎样实现的？

预备知识

一、置换图

利用“置换图”命令可以将其他图层作为映射层，并按映射层中的某个通道值对当前图层进行水平或垂直方向变形，如图5-1-2所示。

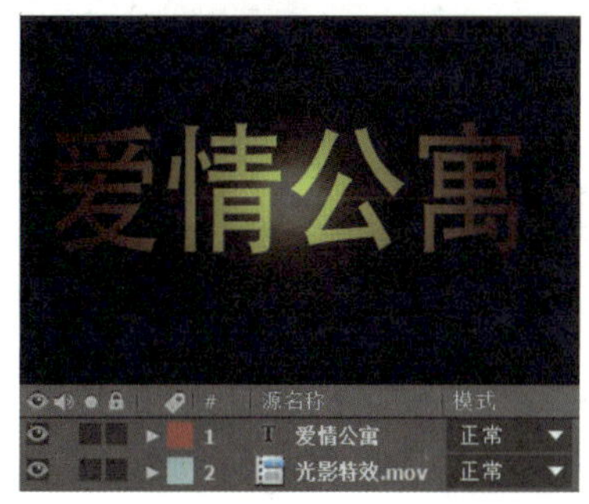

（a）应用“置换图”命令前

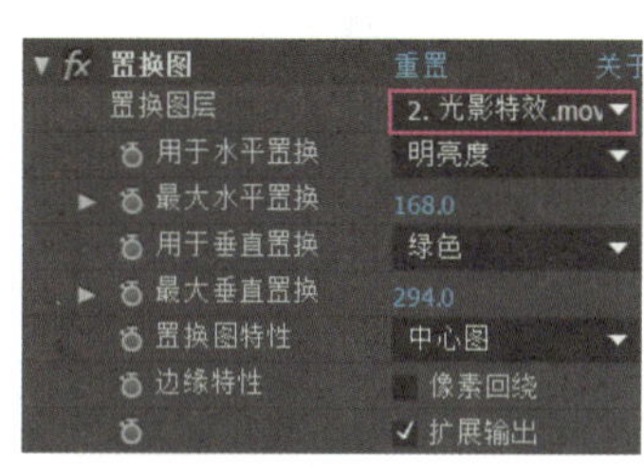

（b）“置换图”面板

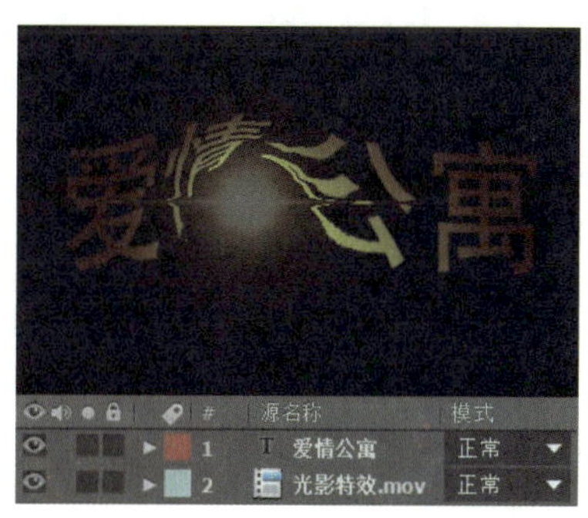

（c）应用“置换图”命令后

图5-1-2 应用“置换图”命令效果

二、分形杂色

利用“分形杂色”命令能够制作出灰色噪波效果，常结合“快速模糊”命令模拟光线、斑点或其他特效，如图5-1-3所示。

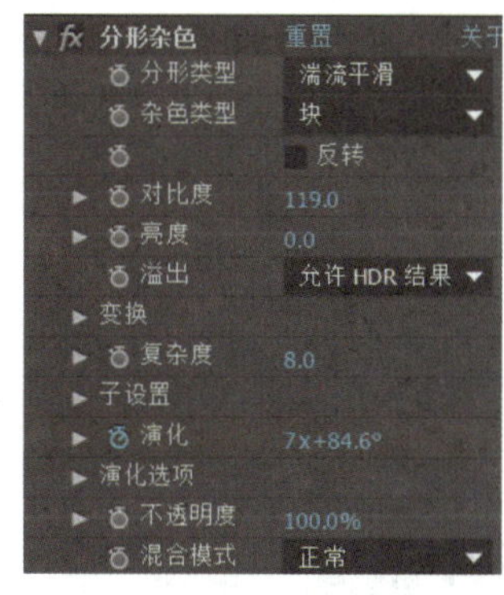

（a）“分形杂色”面板

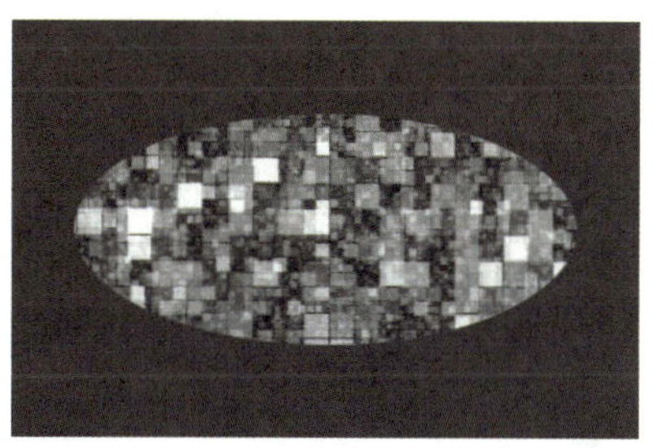

（b）噪波效果

图5-1-3 应用“分形杂色”命令效果

三、复合模糊

使用“复合模糊”命令可根据图层的亮度对当前图层进行模糊处理，也可为当前图层指定一个模糊映射层，用映射层的弯度变化控制另一个图层的模糊效果，如图5-1-4所示。

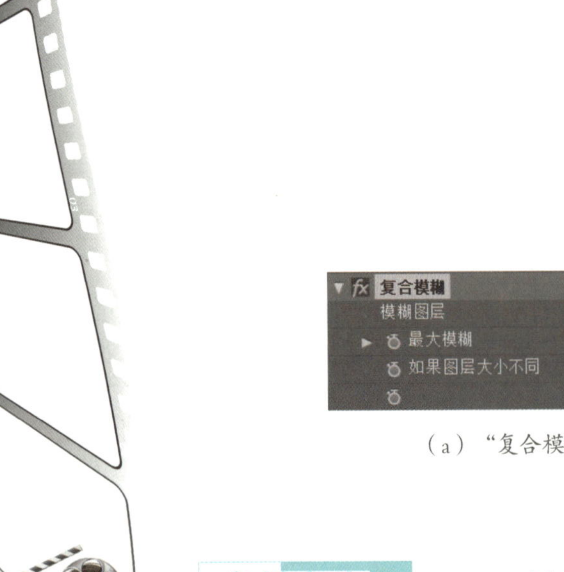

（a）“复合模糊”面板

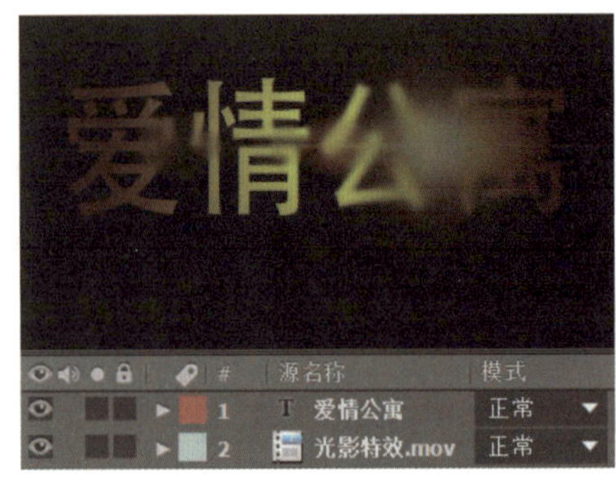

（b）模糊效果

图 5-1-4　应用“复合模糊”命令效果

案例实施——制作“龙斗台球”片头

制作思路

将“台球.psd”素材拖拽到时间轴面板中，然后制作“龙斗台球（NO.1）”文字及其特效，接着新建一个合成，并利用“分形杂色”和“快速模糊”命令制作噪波图案，再为“龙斗台球（NO.1）”文字制作噪波模糊效果，最后将“光影特效.mov”素材拖拽到时间轴面板中。

制作步骤

1．构建画面，并制作台球运动动画

步骤1　启动 After Effects CC 软件，将本书配套素材中的“ch05”>“案例一”>“龙斗台球素材”文件夹中的所有素材导入项目面板中，然后将“台球.psd”素材拖拽到时间轴面板中，再将该合成的名称修改为“龙斗台球片头”，将预设设为“HDTV 1080 25”，将持续时间设为5秒。

步骤2　选中“台球.psd”图层并按【S】键，将缩放比例设为175%左右；按【T】键，将不透明度设为9%。

步骤3　在图层区右击，从右键快捷菜单中选择“新建”>“文本”菜单，在合成窗口中输入“龙斗台球（NO.1）”；选中输入的文字，参照图5-1-5（a）所示设置文字的字体及大小，最后将该文字移至图像的正中间，如图5-1-5（b）所示。

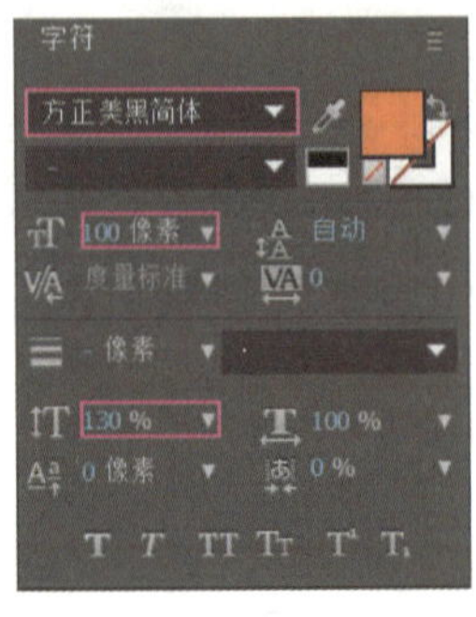

（a）

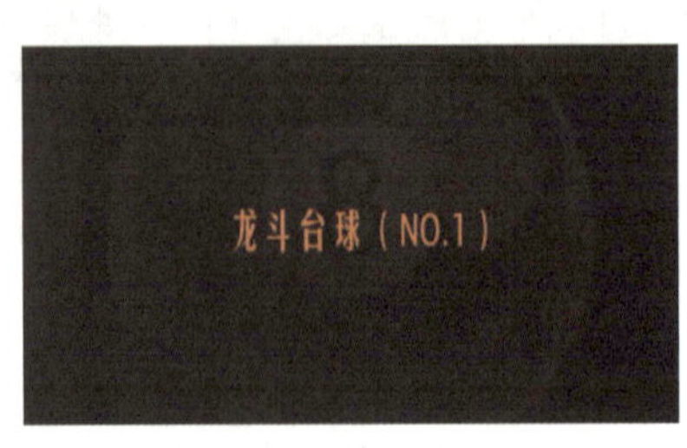

（b）

图 5-1-5　注写文字

步骤4 选中上步创建的文字图层并右击，从右键快捷菜单中选择“效果”>“生成”>“梯度渐变”菜单，然后参照图5-1-6（a）设置起始颜色和结束颜色，最后通过拖动“渐变起点”和“渐变终点”中的Y轴参数设置渐变位置，结果如图5-1-6（b）所示。

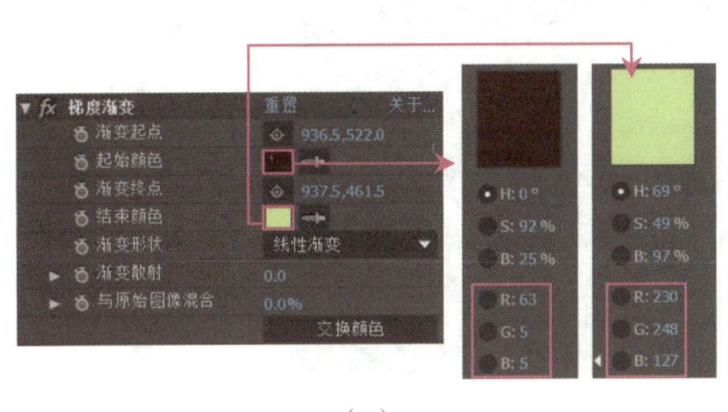

（a）

（b）

图 5-1-6　为文字设置颜色渐变效果

步骤5 选中文字图层并右击，从右键快捷菜单中选择“效果”>“风格化”>“彩色浮雕”菜单，然后将起伏值设为3.7，如图5-1-7所示。

步骤6 选中合成窗口中的台球图片，将其拖拽到该面板的左上角。按【P】键，然后将时间线拖至第0秒，为其添加位置关键帧；将时间线拖至第2秒15帧，在合成窗口中将台球图片拖拽到该面板的右下角，结果如图5-1-8所示。

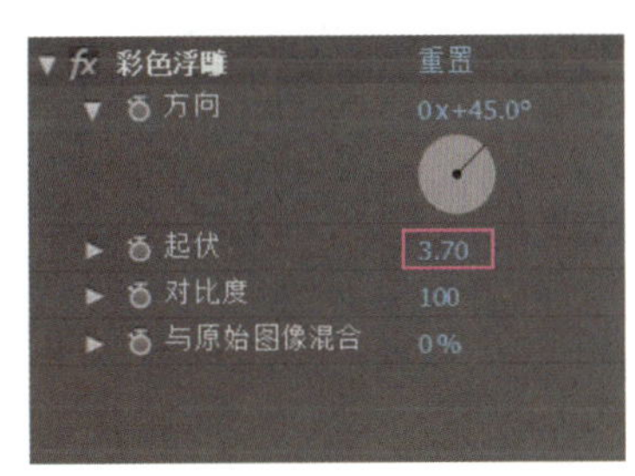

图 5-1-7　“彩色浮雕”面板

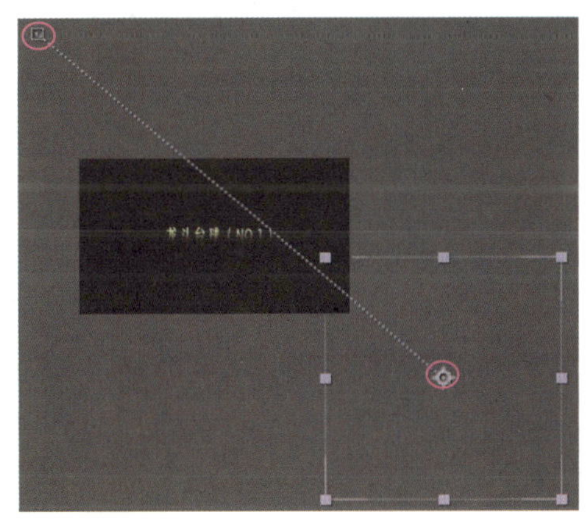

图 5-1-8　台球的运动轨迹

2. 制作噪波图案

噪波图案可利用“分形杂色”和“快速模糊”命令制作，具体操作方法如下。

步骤1 按【Ctrl+N】键新建合成，在打开的对话框中的“名称”编辑框中输入“噪波”，然后单击“确定”按钮。在图层区右击，从弹出的快捷菜单中选择“新建”>“纯色”菜单，在打开的对话框中采用默认设置及颜色，单击“确定”按钮。

步骤2 选中上步创建的固态层，然后利用工具栏中的“椭圆工具”绘制大小合适的椭圆，如图5-1-9所示。

步骤3 选中固态层并右击，从弹出的快捷菜单中选择“效果”>“杂色和颗粒”>“分

形杂色”菜单，然后在效果控件面板中设置相关参数，如图5-1-10所示。

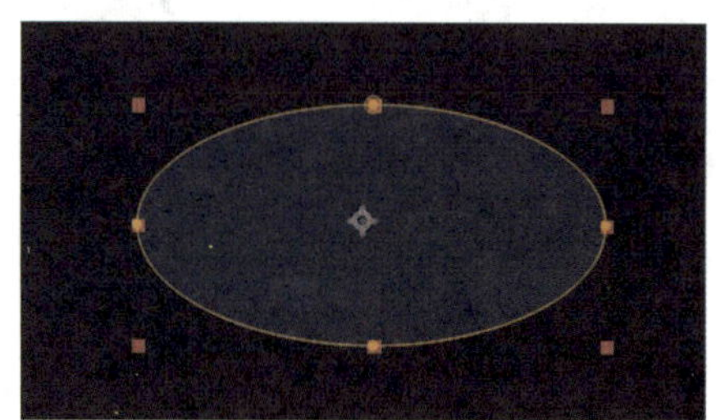

图 5-1-9　绘制椭圆

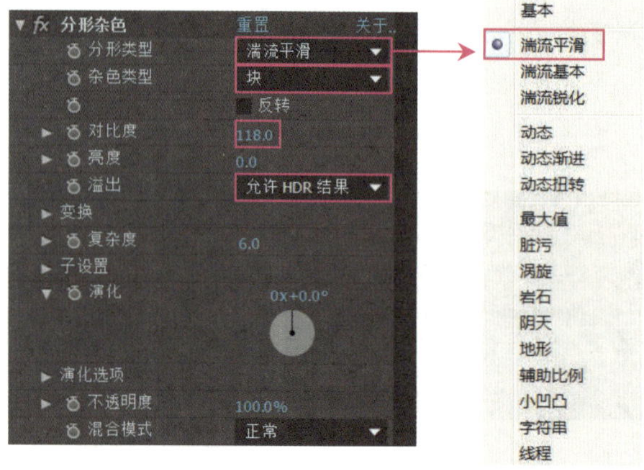

图 5-1-10　“分形杂色”面板

知识库

分形杂色是通过为每个杂色图块生成随机编号的网格来创建的。使用“分形杂色”命令可以制作出灰色的噪波效果，可以模拟云、火、熔岩、蒸汽、流水等。图 5-1-10 中各选项的功能如下。

分形类型：用于确定网格的特性。

杂色类型：用于设置杂色的类型，有块、线性、柔和线性和样条 4 种。

反转：选中该复选框，可使杂色中的黑色区域变成白色，而白色区域变为黑色。

对比度：用于设置杂色的对比效果，默认值为 100。如果该值较大，可生成较大的黑白区域，常用于显示不太精细的细节；如果该值较小，可生成更多灰色区域，从而使杂色柔和。

亮度：用于设置杂色的亮度效果。

溢出：用于重映射 0 ～ 1.0 范围之外的颜色值，各选项的功能如下。

① 剪切：可使高于 1.0 的所有值显示为纯白色，低于 0 的所有值显示为纯黑色。调整“对比度”编辑框中的参数，可使剪切效果更加明显。

② 柔和固定：可降低对比度，使杂色显示为灰色，且几乎没有纯黑色或纯白色的区域。

③ 反绕：可使高于 1.0 的值或低于 0 的值退回到范围内。

④ 允许 HDR 结果：不执行重映射，即保留 0 ～ 1.0 范围以外的值。

变换：用于旋转、缩放和定位杂色图层。

复杂度：用于设置杂色的外观深度和细节数量，如图 5-1-11 所示。

子设置：用于设置子杂色的比例、角度、位置等。

演化：用于指定杂色的演化效果，通过为“演化”设置动画来指定杂色在一段时间内演化的数量。在指定时间内旋转的次数越多，杂色变化的速度越快。

不透明度：用于设置杂色的不透明度。

混合模式：用于设置分形杂色与原始图像之间的混合模式。

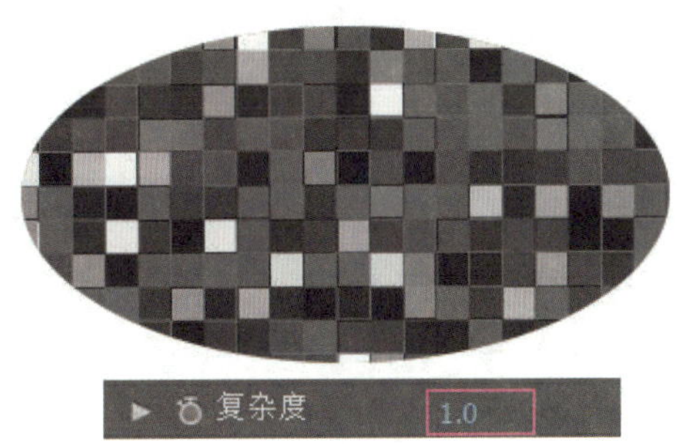

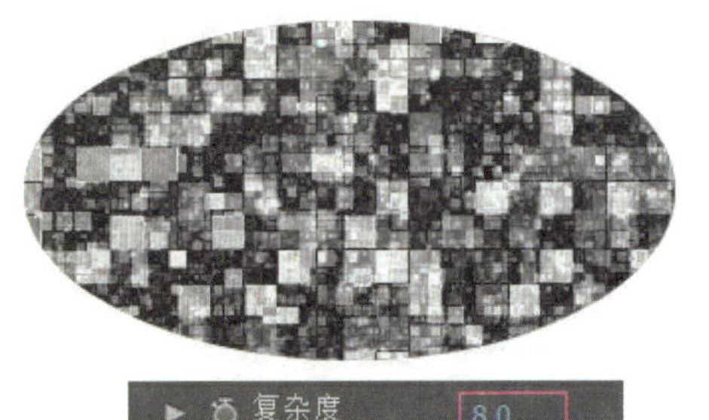

图 5-1-11 复杂度不同时的杂色效果

步骤4 选中固态层并按【P】键，将时间线拖拽至第4秒处，为其添加“位移”关键帧；将时间线拖拽至第1秒处，然后将上步创建的噪波图案水平向右拖拽到如图5-1-12所示位置。

步骤5 在第1秒处添加“演化”关键帧，然后将时间线拖拽至第4秒处，将演化值设为10x+0.0°，如图5-1-13所示。

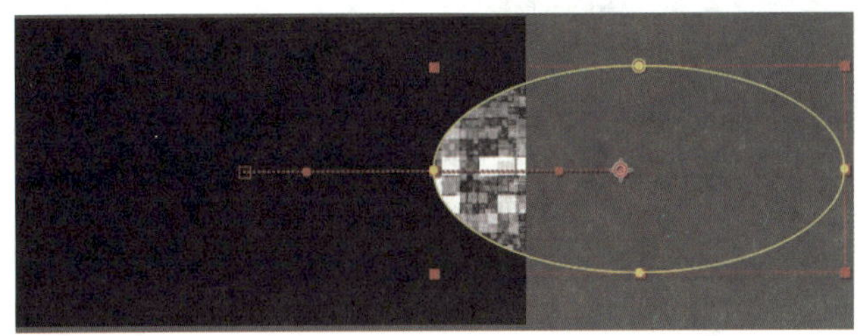

图 5-1-12 第 1 秒处噪波的位置

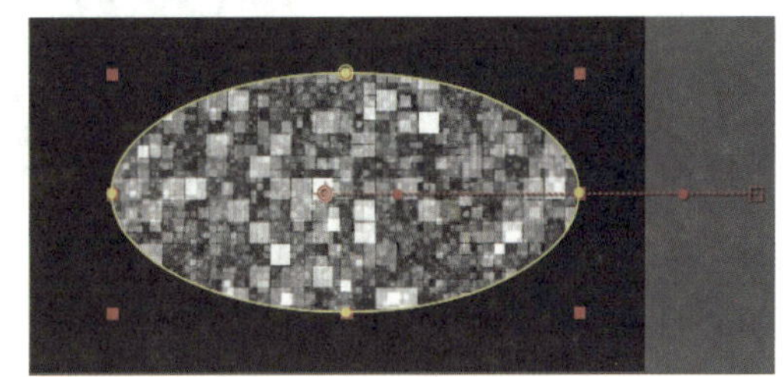

图 5-1-13 第 1 秒处噪波的演化效果

步骤6 选中固态层并右击，从弹出的快捷菜单中选择“效果”>“模糊和锐化”>“快速模糊”菜单，采用默认的“水平和垂直”模糊方向，将模糊度设为“30”。

3. 制作噪波效果

利用“置换图”命令将前面创建的“噪波”预合成作为置换层，可制作文字的噪波效果。为了使噪波效果更加真实，还可为文字添加“发光”和“复合模糊”命令，具体操作方法如下。

步骤1 将“噪波”合成拖至时间轴面板文字图层的上方，然后选中文字图层并右击，再选择“效果”>“扭曲”>“置换图”菜单，参照如图5-1-14所示设置相关参数。单击“噪波”图层前的按钮，将该图层隐藏。此时，拖动时间线可以看到文字已经扭曲，如图5-1-15所示。

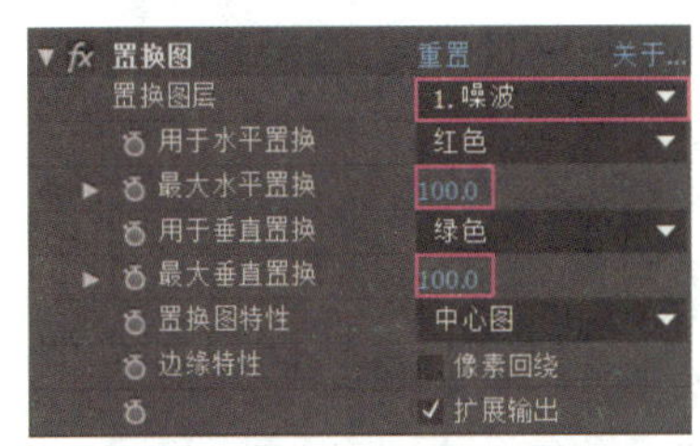

图 5-1-14 “置换图”面板

图 5-1-15 文字扭曲效果

图 5-1-14 所示“置换图”面板中，各选项的功能如下。

置换图层：选择需要置换的图层。

用于水平 / 垂直置换：用于设置对置换图层中的哪个通道进行水平或垂直方向置换。当置换图层中没有所选通道（如红色）时，则按置换图层的亮、暗程度来置换。

最大水平 / 垂直置换：用于设置最大水平或垂直的变形程度。

置换图特性：用于设置置换图的方式，包括中心图、伸缩对应图以适合和拼贴图 3 种。

步骤2 选中文字图层并右击，从弹出的快捷菜单中选择“效果” > “模糊和锐化” > “复合模糊”菜单，然后设置模糊图层及相关参数，如图 5-1-16 所示。

图 5-1-16 “复合模糊”面板

知识库

图 5-1-16 所示“复合模糊”面板中，各选项的功能如下。

模糊图层：用于指定模糊映射层。

最大模糊：以像素为单位，指定受影响图层的最大模糊程度。

伸缩对应图以适合：当“模糊图层”列表框中的图层尺寸与当前图层尺寸不同时，选中该复选框，可使“模糊图层”列表框中的图层的尺寸与当前图层的尺寸相同。

反转模糊：选中该复选框，可将模糊效果进行反向，即将模糊效果中明亮的部位减弱，黑暗的部位变亮。

步骤3 选中文字图层并右击，从弹出的快捷菜单中选择“效果” > “风格化” > “发光”菜单，然后设置发光参数，如图 5-1-17 所示。此时，合成窗口中的效果如图 5-1-18 所示。

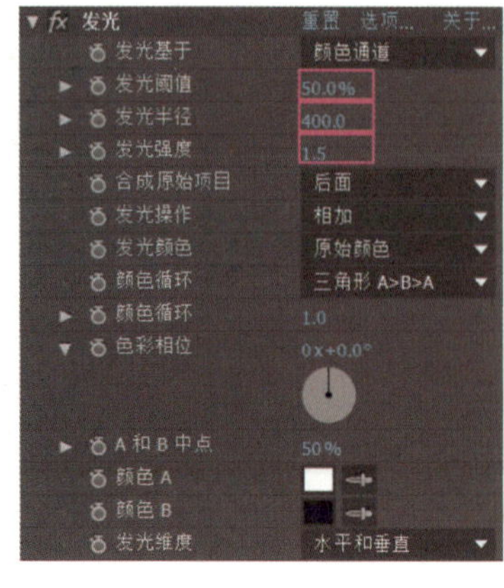

图 5-1-17 “发光”面板

图 5-1-18 发光效果

步骤4 将时间线拖至第2秒18帧处，为文字图层添加“不透明度”关键帧；将时间线拖至第3秒04帧处，将不透明度设为0。

步骤5 将“光影特效.mov”素材拖拽到时间轴面板中，然后将时间线拖至第16帧处，按住【Shift】键拖动“光影特效.mov”图层，使其起始位置与时间线平齐，并将该图层的混合模式设为“相加”。至此，本案例就制作完成了，按【0】键进行预览。

课堂实训1——制作水面波浪效果

请大家打开本书配套素材中的“ch05”＞“课堂实训”，观看其中的“水面波浪.mov”视频。该视频是由图5-1-19（a）所示的“背景.jpg”“鱼1.jpg”和“鱼2.jpg”图片制作而成的，画面的最终效果如图5-1-19（b）所示。

水面波浪

素材：素材与实例\ch05\课堂实训\水面波浪素材\背景.jpg、鱼1.jpg、鱼2.jpg

结果：素材与实例\ch05\课堂实训\水面波浪.aep

（a）　　（b）

图5-1-19　素材与视频效果截图

提示：

图5-1-19（b）中的水波是使用“分形杂色”“无线电波”“置换图”和“CC Glass”命令制作而成的，具体操作方法如下。

（1）创建一个尺寸为500×500的“波浪纹理”合成，在该合成中创建一个纯色固态图层，并为该图层添加“分形杂色”效果。其中，分型类型为“涡旋”，“对比度”为110，“亮度”为-50，最后在该时间轨的起始和终止位置添加“演化”关键帧，演化值依次为0x+0°和3x+0°。

（2）创建一个纯色固态图层，并为该图层添加“无线电波”效果，如图5-1-20（a）所示。其中，该时间轨的起始位置的“频率”“扩展”和“寿命”参数如图5-1-20（b）所示，终止位置的参数均为0。

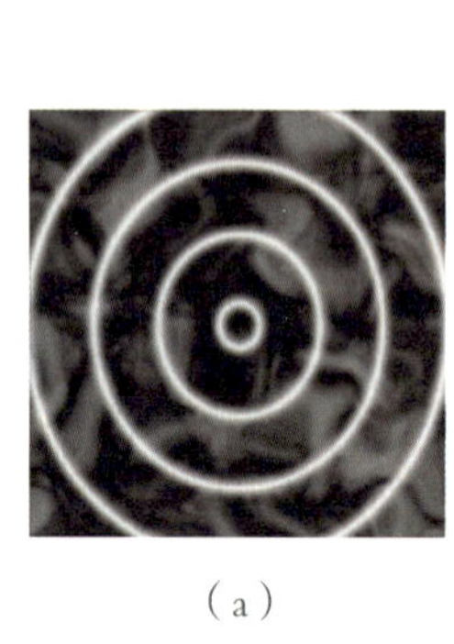

(a)

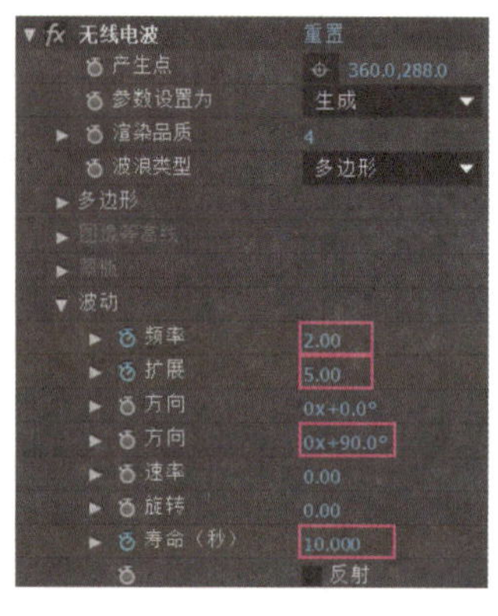

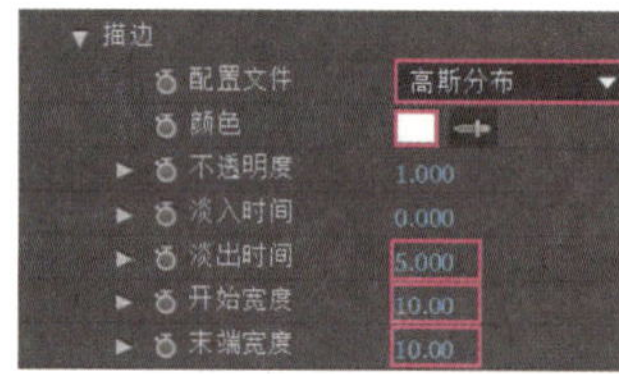

(b)

图 5-1-20　制作无线电波

（3）创建一个纯色固态图层，并为该图层添加“快速模糊”效果，并打开该图层的“调整图层”按钮，则可将模糊效果应用于其他图层。

（4）创建一个大小为 1920×1080 的总合成，将“背景.jpg”和“波浪纹理”合成添加在该合成中，然后创建一个纯色固态层，为其添加“置换图”效果，再添加“CC Glass”效果，如图 5-1-21 所示，最后打开该固态图层的“调整图层”按钮，效果如图 5-1-22 所示。

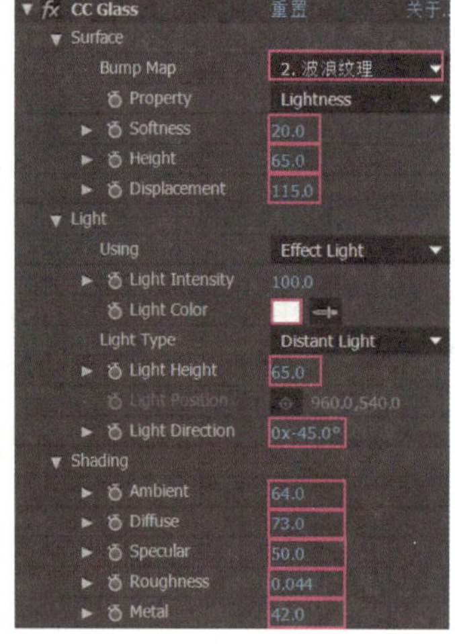

图 5-1-21　“置换图”和“CC Glass”参数

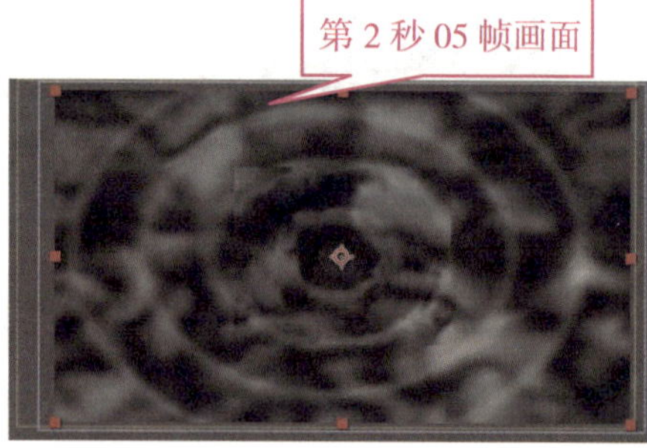

图 5-1-22　画面效果

使用“CC Glass”命令可以使图像产生玻璃表面的光泽效果。图 5-1-21 所示“CC Glass”面板中，相关选项的功能如下。

Surfac（表面）：设置表面相关参数。

Bump Map（凹凸贴图）：设置凹凸贴图的图层。

Property（属性）：设置当前画面效果的通道类型。

Softness（柔和度）：设置画面的柔和程度。

Height（高度）：设置玻璃的凸起高度效果。

Displacement（移位）：设置图像的移位程度。

Light（灯光）：设置灯光照射的角度和强度等属性。

Shading（阴影）：设置图像的阴影效果。

（5）隐藏“背景.jpg”图层，然后选择“合成”>“预渲染”菜单，在打开的对话框中将“渲染格式”设为“PNG”序列，将该合成渲染成序列帧，最后将该序列帧图片插入到“总合成”合成中，并将该序列帧图层设为3D图层，调整波浪的位置及大小。

案例二　制作舞动的文字

——3D路径

案例说明

在一些栏目包装中经常可以看到沿路径舞动的3D文字。下面通过制作“猫和老鼠”片头，来学习利用3D路径制作文字动画的方法。

【案例2】　“猫和老鼠”片头简介

请大家打开本书配套素材中的“ch05”>“案例二”文件夹，观看其中的“猫和老鼠.mov”视频。该片头是由图5-2-1（a）所示的“猫.psd”和“老鼠.jpg”图片制作而成的，最终的视频画面如图5-2-1（b）所示。

“猫和老鼠”片头

素材：素材与实例\ch05\案例二\猫和老鼠素材\猫.psd和老鼠.jpg

结果：素材与实例\ch05\案例二\猫和老鼠片头.aep

（a）

（b）

图5-2-1　素材与视频效果截图

思考：

文字“TOM and JERRY”在沿路径运动时，各字母间的间距变化是怎样实现的？

预备知识

字体、字号、字间距和颜色是文字最重要的参数。在制作文字动画时，除了可以利用位置、锚点、缩放、旋转和不透明度关键帧外，还可以使文字沿着指定路径运动，并根据路径的起伏情况设置文字动画。

案例实施——制作“猫和老鼠”片头

制作思路

利用纯色固态层制作浅蓝色背景，并利用“镜头光晕”命令制作光晕；利用纯色固态层及蒙版功能制作下方背景图案，该图案的颜色可使用“四色渐变”和“浮雕”命令制作。将“猫.psd”和“老鼠.jpg”添加到时间轴面板中，并为“老鼠.jpg”添加“位置”关键帧，最后制作“TOM and JERRY”文字动画。

制作步骤

1. 构图

步骤1 启动After Effects CC软件，将“ch05”＞“案例二”＞“猫和老鼠素材”文件夹中的素材导入项目面板。按【Ctrl+N】键新建合成，将合成名称设为“猫和老鼠”，预设设为“HDTV 1080 25”，持续时间设为6秒。

步骤2 按【Ctrl+Y】键创建纯色固态层，将颜色设为浅蓝色（R:127，G:218，B:250）。选中创建的固态图层并右击，从弹出的快捷菜单中选择“效果”＞“生成”＞“镜头光晕”菜单，然后调整“光晕中心”的坐标值，如图5-2-2所示。

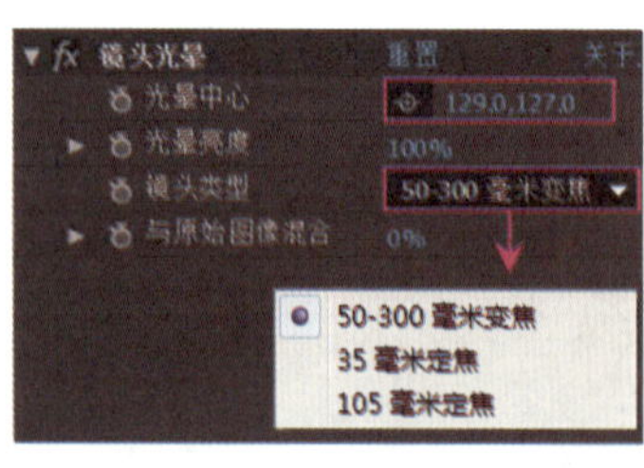

图 5-2-2　设置镜头光晕效果

知识库

利用“镜头光晕”命令可以模拟强光经过摄像机镜头时产生的光环和光斑效果。“镜头光晕”面板中的“光晕中心”选项，用于设置镜头光晕的中心点位置；“镜头类型”列表框用于确定镜头光晕的类型。

步骤3 选中创建的纯色固态层，依次按【Ctrl+C】键和【Ctrl+V】键复制该图层，然后展开复制得到的图层，选中“效果”选项并按【Delete】键将其删除，接着选中该图层，利用工具栏中的“钢笔工具”绘制如图5-2-3所示的封闭图形。

步骤4 选中最上方的纯色固态层并右击，从弹出的快捷菜单中选择“效果”>“生成”>“四色渐变”菜单，分别单击“颜色3”和“颜色4”右侧的色块，在弹出的对话框中设置它们的颜色，如图5-2-4所示。

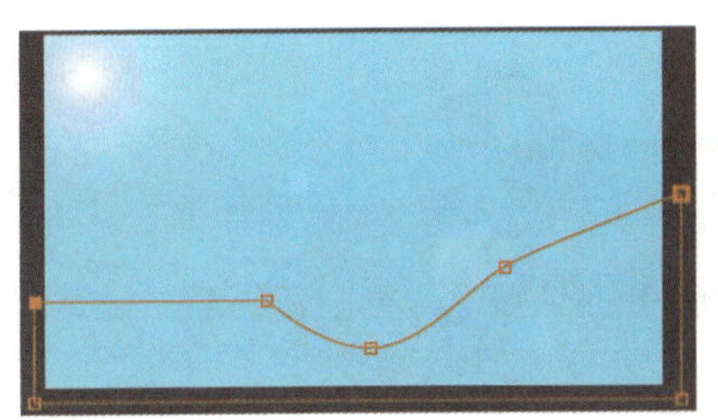

图 5-2-3 绘制蒙版图形

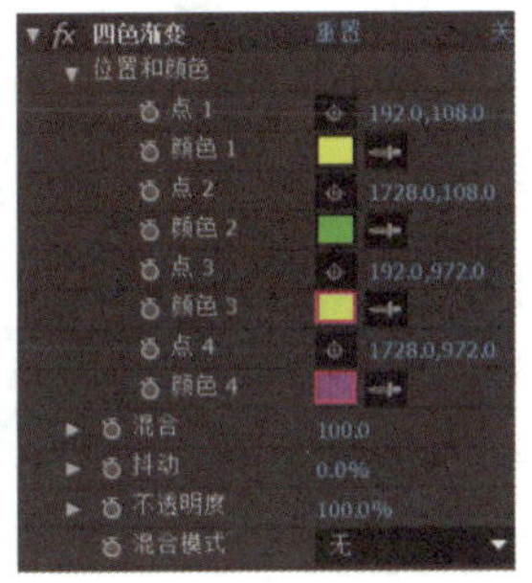

图 5-2-4 设置四色渐变效果

知识库

利用“四色渐变”命令可以设置4个颜色点的不同位置，从而使画面产生最多4种颜色渐变效果。其中，“混合”编辑框用于设置4个颜色的混合度，该值越大，颜色间的逐渐过渡面积越大；“混合模式”用于设置渐变效果与当前图层的混合模式，包括相加、相乘、叠加等。

步骤5 选中最上方的纯色固态层并右击，从弹出的快捷菜单中选择“效果”>“风格化”>“浮雕”菜单，然后设置相关参数，最后调整蒙版中曲线的形状，如图5-2-5所示。

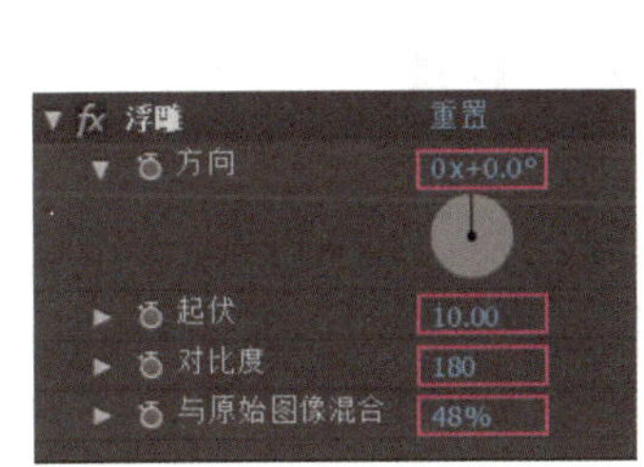

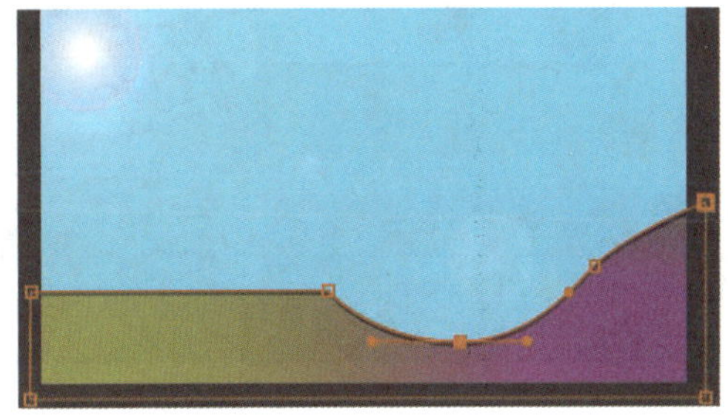

图 5-2-5 设置浮雕效果

步骤6 将“猫.psd”素材拖拽到时间轴面板中，并将该图层的模式设为“较深的颜色”；选中该图层并右击，从弹出的快捷菜单中选择“变换”>“水平翻转”菜单，然后将该图层缩放至90%左右，并移动到合适位置，结果如图5-2-6所示。

步骤7 将“老鼠.jpg”素材拖拽到时间轴面板中，将其模式设为“较深的颜色”。

2. 制作猫和老鼠动画

步骤1 选中“老鼠.jpg”图层，将时间线拖至第0秒，为其添加“位置”关键帧，然后在合成窗口中将老鼠拖至图5-2-7所示的*A*点处，使老鼠移出画面；将时间线拖至第19帧，将老鼠拖至*B*点；将时间线拖至第1秒09帧，将老鼠拖至*C*点；将时间线拖至第2秒24帧，将老鼠拖至*D*点；将时间线拖至第4秒，将老鼠拖至*E*点，使老鼠移出画面，最后在合成窗口中分别调整路径中各顶点的位置及曲线形状。

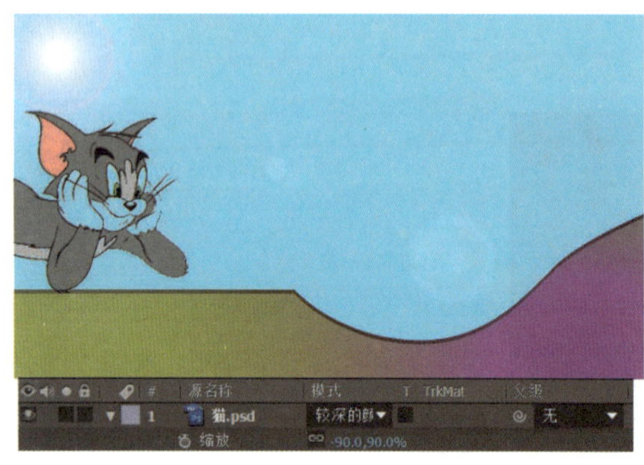

图 5-2-6　猫的位置及效果

图 5-2-7　老鼠的移动路径

步骤2　选中“老鼠.jpg”图层并按【A】键，调整“锚点”属性的坐标值，本例设为“183.0，387.0”；选中“老鼠.jpg”图层并按【R】键，然后将时间线拖至合适位置并依次添加“旋转”关键帧，使老鼠的脚始终在轮廓线上，如图5-2-8所示。

图 5-2-8　调整老鼠运动时的角度

步骤3　同时选中“老鼠.jpg”和“猫.psd”图层并按【P】键，然后拖动时间线，使画面如图5-2-9所示。此时，为“猫.psd”图层添加“位置”关键帧；将时间线拖动至第4秒，拖动“位置”属性的*X*值，使猫和老鼠同时移出画面。最后按【0】键可以看到，猫和老鼠在水平面上均向左移出画面，如图5-2-10所示。

图 5-2-9　老鼠运动画面 ①

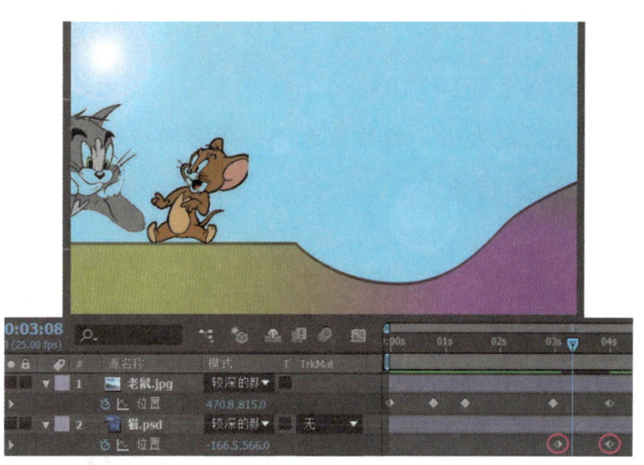

图 5-2-10　老鼠运动画面 ②

3. 制作文字及其动画

步骤1　在图层区右击，从弹出的快捷菜单中选择“新建”＞“文本”菜单，在合成窗口中输入“TOM and JERRY”，然后在“字符”面板中设置字体及字号，如图5-2-11所示。

步骤2　选中文本图层，然后利用工具栏中的“钢笔工具”绘制如图5-2-12所示的曲线。

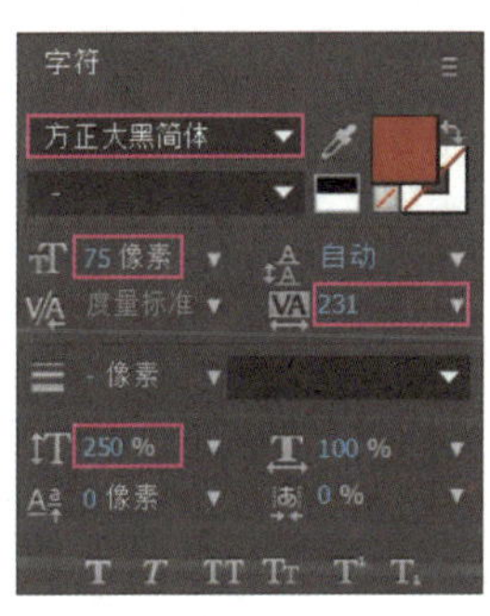

图 5-2-11　“字符”面板

图 5-2-12　绘制文字路径

步骤3　依次展开文本图层下方的“文本”和“路径选项”，将路径设为“蒙版1”。将时间线拖至第1秒，添加“首字边距”关键帧，并拖动“首字边距”属性的参数，使文字“TOM and JERRY”从右侧移出画面，如图5-2-13所示。

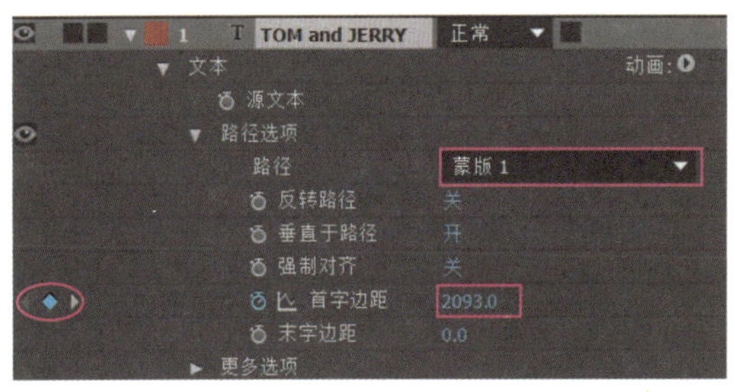

图 5-2-13　指定文字的路径及位置

步骤4　将时间线拖至第4秒08帧处，拖动“首字边距”属性的参数，使文字“TOM and JERRY”位于水平线上，如图5-2-14所示。

步骤5　单击“文本”右侧“动画”项的按钮，在弹出的列表中选择“字符间距”选项。

将时间线拖至第1秒，添加“字符间距大小”关键帧，然后将“字符间距大小”参数设为-5；将时间线拖至第1秒18帧处，将“字符间距大小”参数设为34；将时间线拖至第2秒09帧处，将“字符间距大小”参数设为-5；将时间线拖至第2秒21帧处，将“字符间距大小”参数设为-8，如图5-2-15所示。

图 5-2-14　指定文字的位置

图 5-2-15　制作文字字符间距

步骤6　选中文字图层并右击，为该图层分别添加“梯度渐变”和“彩色浮雕”效果，如图5-2-16所示。至此，本案例就制作完成了，按【0】键进行预览。

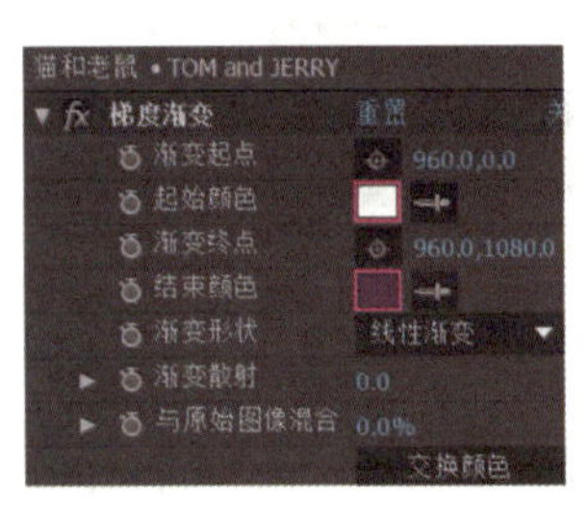

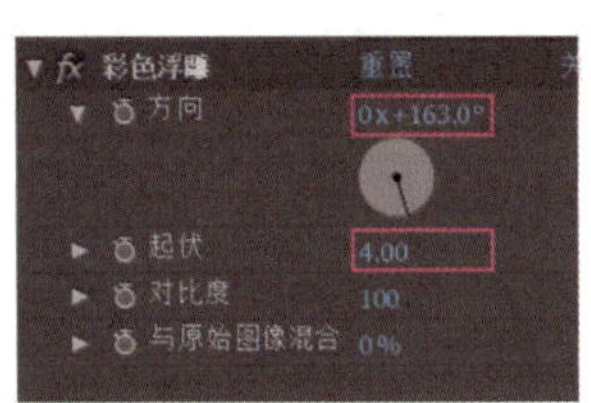

图 5-2-16　设置文字效果

案例三　制作滴血文字

——毛边和液化

案例说明

在一些普法栏目和惊悚电影宣传中，滴血文字效果使用比较多。下面通过制作“烟害”公益广告片头，来学习利用“毛边”和“液化”命令制作滴血文字的方法。

【案例3】 "烟害广告"片头简介

请大家打开本书配套素材中的"ch05" > "案例三"文件夹，观看其中的"烟害广告.mov"视频。该广告片头是由"烟头背景.psd"图片制作而成的，最终的视频画面如图5-3-1所示。

素材：素材与实例\ch05\案例三\烟害广告素材\烟头背景.psd

结果：素材与实例\ch05\案例三\烟害广告.aep

"烟害"广告片头

图 5-3-1 视频效果截图

思考：血液是怎样由文字的上方流到文字下方的？

预备知识

对某个对象执行"液化"命令后，可利用"液化"面板中的多个工具对当前图层中的部分区域进行扭曲、旋转等液化变形，如图5-3-2所示。

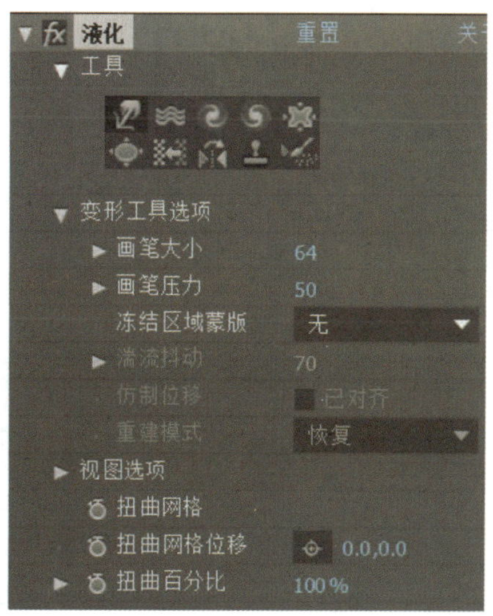

图 5-3-2 "液化"面板

案例实施——制作“烟害广告”片头

制作思路

将“烟头背景.psd”素材添加到时间轴面板中，然后分别注写“烟害”和“《血的教训》”文字，将这两个文本分别放置在合适位置，并设置好文字的外观，接着为“烟害”图层添加“梯度渐变”和“彩色浮雕”命令，最后为其添加“毛边”和“液化”效果。

制作步骤

步骤1 启动After Effects CC软件，将“ch05”>“案例三”文件夹>“烟头背景.psd”素材导入项目面板，再将该素材添加到时间轴面板中。在图层区右击，选择“新建”>“文本”菜单，然后输入“烟害”。选中所输入的文字，参照如图5-3-3所示设置文字的外观。

步骤2 采用同样的方法，利用右键快捷菜单创建一个文本图层，并注写文字“《血的教训》”，文字外观设置如图5-3-4所示。

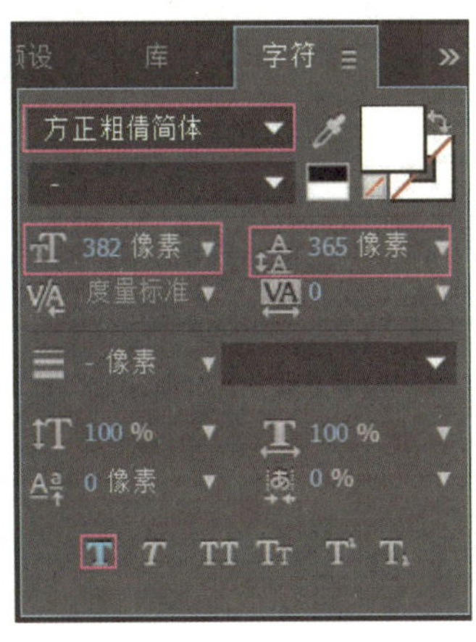

图 5-3-3 设置文字的外观①

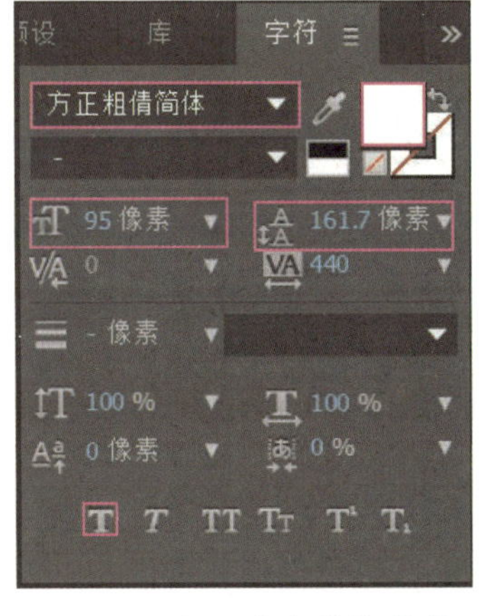

图 5-3-4 设置文字的外观②

步骤3 选中“烟害”图层并右击，从弹出的右键快捷菜单中选择“效果”>“生成”>“梯度渐变”命令，然后设置起始颜色和结束颜色，最后分别调整颜色的渐变位置，如图5-3-5所示。

步骤4 选中“烟害”图层并右击，从弹出的右键快捷菜单中选择“效果”>“风格化”>“彩色浮雕”命令，将浮雕方向设为23°，起伏值设为15，对比度设为100，效果如图5-3-6所示。

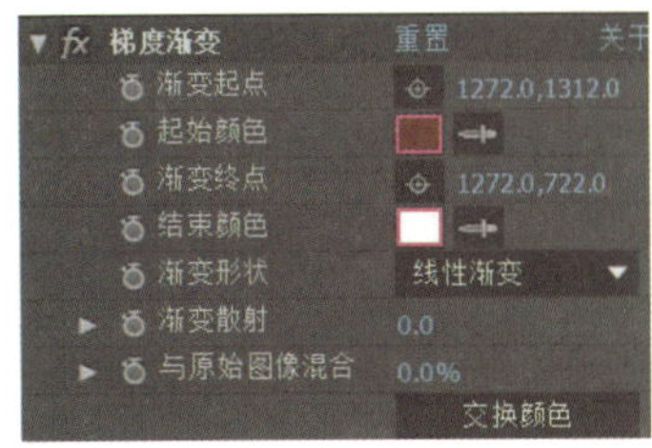

图 5-3-5 梯度渐变

图 5-3-6 彩色浮雕效果

步骤5 选中“烟害”图层并右击，从弹出的右键快捷菜单中选择“效果”>“风格化”>“毛边”命令，然后在“毛边”效果控件面板中调整其相关参数，如图5-3-7所示。

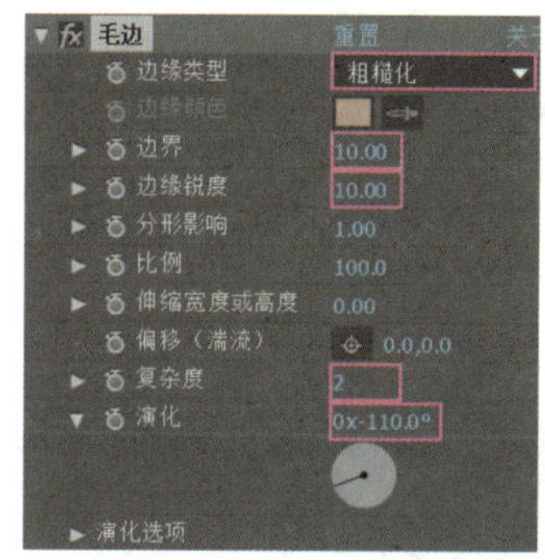

图5-3-7 毛边

知识库

使用“毛边”命令可以使素材画面的边缘出现腐蚀、锈迹等效果，其边缘类型有“粗糙化”“剪切”“生锈”“刺状”等多种，如图5-3-8所示。

（a）无毛边

（b）有毛边

图5-3-8 毛边效果前后对比图

步骤6 选中“烟害”图层并右击，从弹出的选择快捷菜单中“效果”>“扭曲”>“液化”命令，然后选中液化工具并设置画笔参数，接着在文字的合适位置涂抹，制作流血效果，如图5-3-9所示。

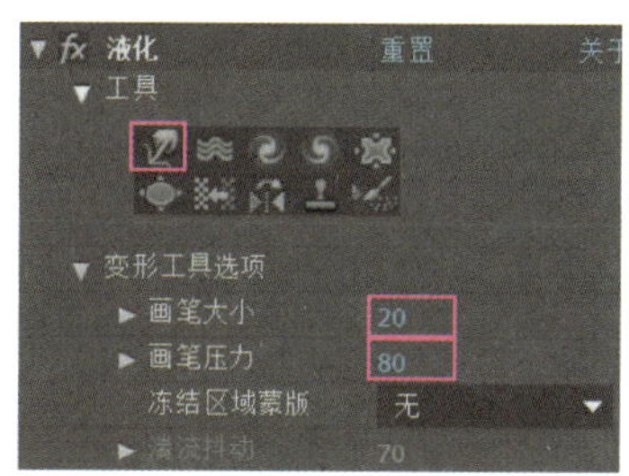

图5-3-9 液化参数及效果

步骤7 在第15帧和第2秒17帧处添加“扭曲百分比”关键帧，扭曲值分别为50%和200%；在第10帧、第3秒、第5秒15帧和第6秒处添加“扭曲网格位移”关键帧，并根据画面效果分别调整各关键帧处扭曲网格位移参数。至此，本案例就制作完成了。

课堂实训 2——制作湍流的文字

请大家打开本书配套素材中的“ch05”>“课堂实训”，观看其中的“湍流的文字.mov”视频。该视频是由一张背景图片制作而成的，画面的效果如图5-3-10所示。

湍流的文字

素材：素材与实例\ch05\课堂实训\湍流的文字素材\背景.jpg

结果：素材与实例\ch05\课堂实训\湍流的文字.aep

（a）

（b）

图 5-3-10 素材与视频效果截图

提示：

图5-3-10所示的文字效果是使用“湍流置换”命令制作出来的。在制作过程中，需要将“置换”类型设为“湍流”，并为其添加“数量”“大小”和“偏移(湍流)”关键帧。

案例四 制作舞动的文字

——3D 文本动画预设

案例说明

在一些电视栏目中经常可以看到文字逐个变大或变小后移动到画面的其他位置，且在移动过程中，文字的外观发生变化。下面通过制作图5-4-1所示的“新闻资讯”片头，来学习“逐字3D化”功能的用法。

【案例 4】 **“新闻资讯”片头简介**

请大家打开本书配套素材中的“ch05”>“案例四”文件夹，观看其中的“新闻资讯.mov”片头。该片头是由图5-4-1（a）所示的“科技背景.mov”视频及文字制作而成的，最终的视频画面如图5-4-1（b）所示。

“新闻资讯”片头

素材：素材与实例\ch05\案例四\新闻资讯素材\科技背景.mov

结果：素材与实例\ch05\案例四\新闻资讯.aep

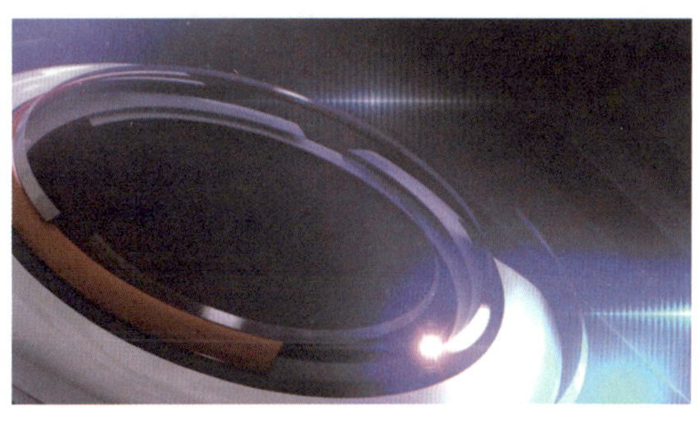

（a）

（b）

图 5-4-1　素材与视频效果截图

思考：左上角的文字是怎样逐个放大并显示在画面中间位置的？

预备知识

After Effects中预设了很多文本动画效果，如果用户对文本没有特别的动画制作需求，只是需要将文本以动画的形式展现出来，使用动画预设是一个很不错的选择。

要为文本添加动画预设，可先选中该文本所在的图层，然后在合成窗口右侧的“效果与预设”面板中的“Text”选项组中展开所需选项，并双击该选项中的命令，如图5-4-2所示，最后根据需要在图层区修改该命令的相关参数即可。

文本的所有动画预设选项。展开某个选项，即可看到该选项包含的动画预设

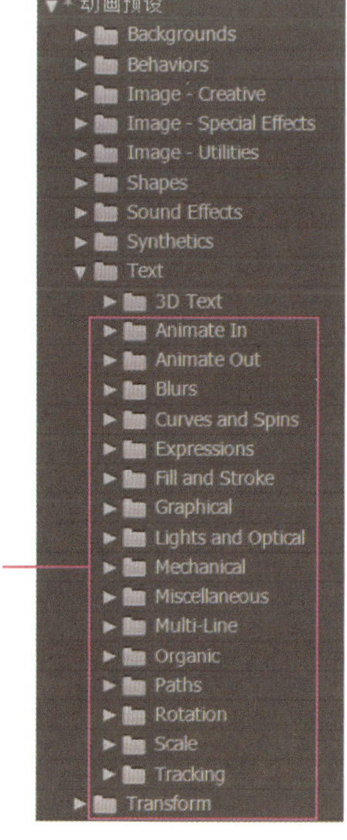

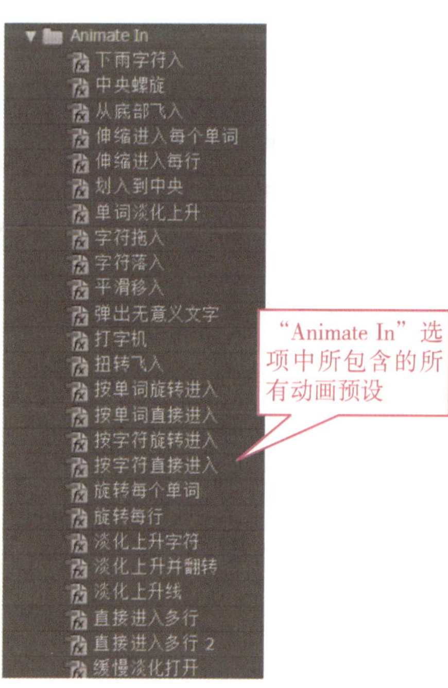

“Animate In”选项中所包含的所有动画预设

图 5-4-2　“效果与预设”面板

提 示

“效果与预设”面板中的动画预设命令很多，如果想要预览动画预设效果，可单击“效果与预设”面板标签右侧的☰按钮，在弹出的快捷菜单中选择“浏览预设”菜单，可预览动画效果。

案例实施——制作“新闻资讯”片头

制作思路

将“科技背景.mov”素材拖拽到时间轴面板中，然后创建文本图层，并注写文字“今日关注时事新闻资讯”，接着设置文字的字体、字号、渐变色和浮雕效果。为文字添加预设动画，并修改预设动画的相关参数，最后为文字添加残影效果。

制作步骤

步骤1 启动After Effects CC软件，将“ch05”>“案例四”>“新闻资讯素材”文件夹中的“科技背景.mov”素材导入项目面板，再将该素材拖至时间轴面板中。在图层区右击，选择“新建”>“文本”菜单，在合成窗口中输入“今日关注时事新闻资讯”，然后在“字符”面板中设置字体及字号，如图5-4-3所示，最后将文字移动到画面的中间位置。

步骤2 选中上步创建的文字图层并右击，从右键快捷菜单中选择“效果”>“生成”>“梯度渐变”菜单，然后参照图5-4-4（a）设置起始颜色和结束颜色，最后通过拖动“渐变起点”和“渐变终点”中的Y轴参数设置渐变位置，结果如图5-4-4（b）所示。

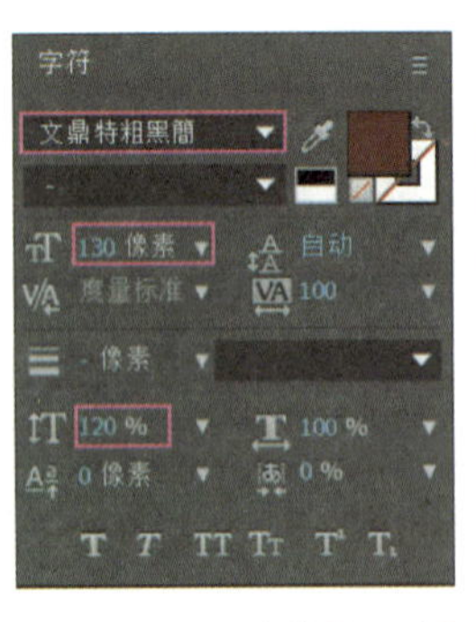

图 5-4-3 “字符”面板

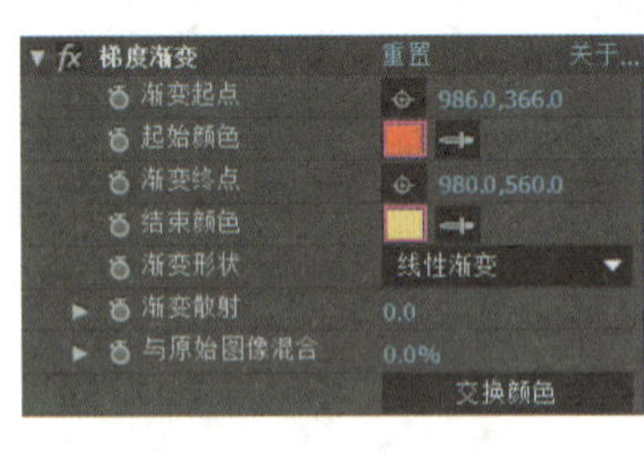

（a）

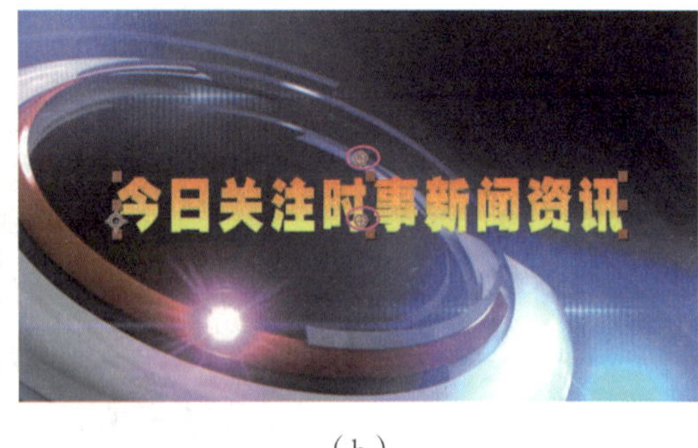

（b）

图 5-4-4 为文字设置颜色渐变效果

步骤3 选中文字图层并右击，从右键快捷菜单中选择“效果”>“风格化”>“彩色浮雕”菜单，然后参照图5-4-5设置相关参数。

步骤4 将时间线拖至第1秒，选中文字图层，然后在合成窗口右侧的“效果和预设”面板中依次展开“动画预设”>“Presets”>“Text”>“3D Text”选项，接着双击“3D 行盘旋进入”命令。

步骤5 单击文字图层右侧的按钮，关闭“3D图层”功能。展开图层区中的“Animator

1”选项，参照图5-4-6调整各选项的参数。

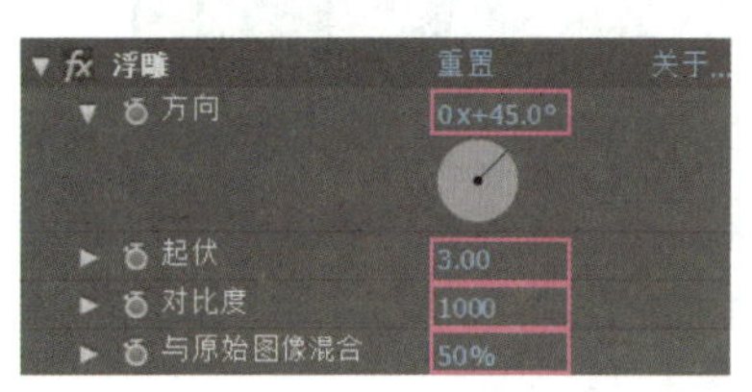

图 5-4-5 “浮雕”面板

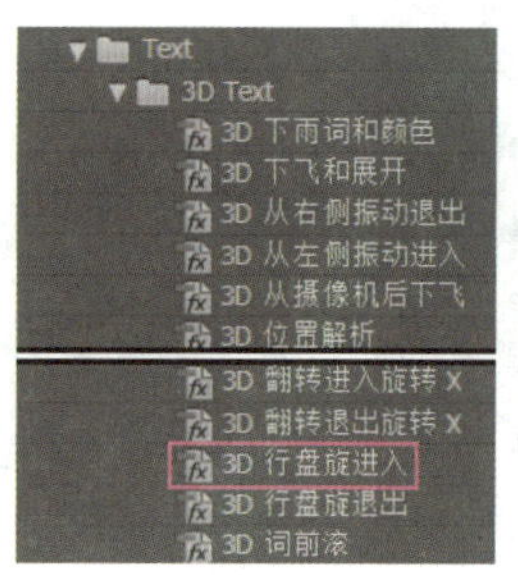

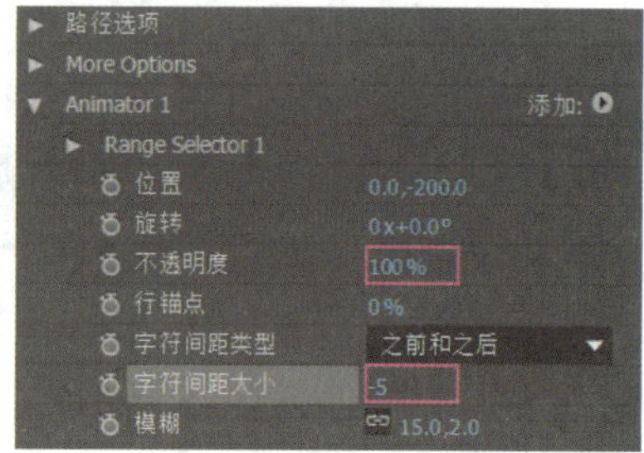

图 5-4-6 选择预设命令并设置参数

步骤6 在“Animator 1”选项右侧的“添加”按钮上单击，从弹出的快捷菜单中选择“属性”>“缩放”选项，然后将“缩放”参数设为56%，再调整“位置”参数，使文字位于画面的右上角，最后将“Animator 1”选项中的“模糊”参数设为0，使文字变得清晰，如图5-4-7所示。

步骤7 为了使文字在运动过程中产生“重影”效果，可选中文字图层并右击，从弹出的快捷菜单中选择“效果”>“时间”>“残影”菜单，然后参照图5-4-8所示设置残影参数。

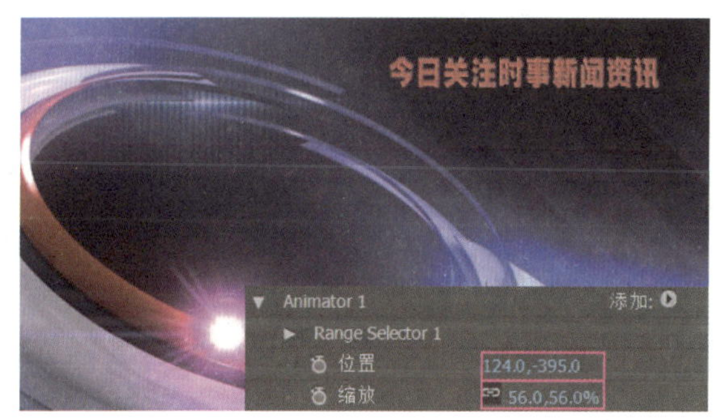

图 5-4-7 调整文字的缩放比例和位置

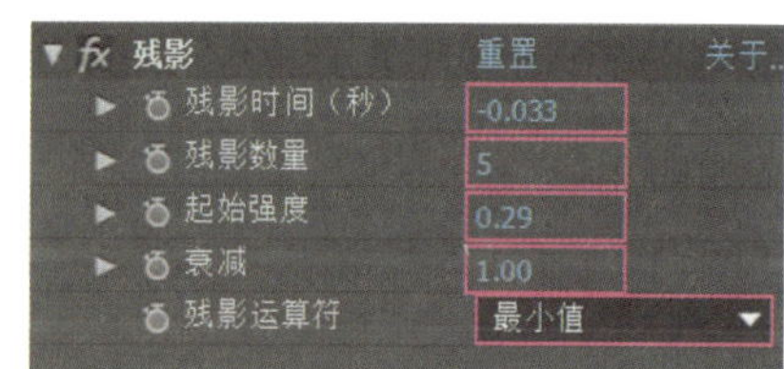

图 5-4-8 “残影”面板

知识库

使用“残影”命令可以使运动的画面产生部分帧延迟，从而产生残影效果。图5-4-8所示“残影”面板中，各选项的功能如下。

残影时间（秒）：设置延时图像的产生时间，以秒为单位。

残影数量：设置延续画面的数量。

起始强度：设置延续画面的开始强度数值。

衰减：设置延续画面的衰减程度。

残影运算符：选择残影效果的叠加模式。

步骤8 按【0】键可以看到重影效果并不理想。此时，依次展开“Range Selector 1”>“高级”选项，然后根据需要调整“结束”“缓和高”和“缓和低”参数，如图5-4-9所示。

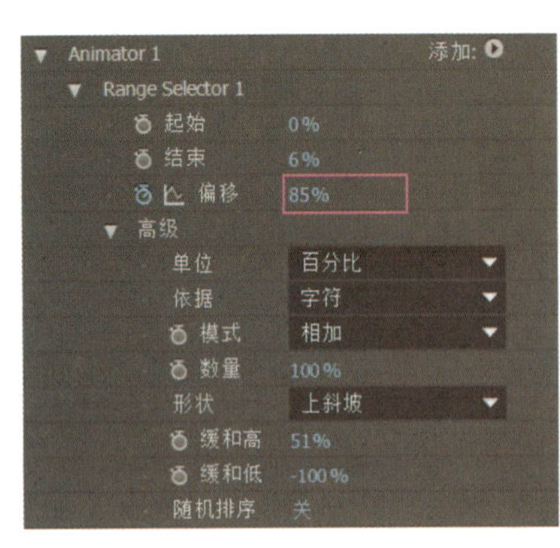

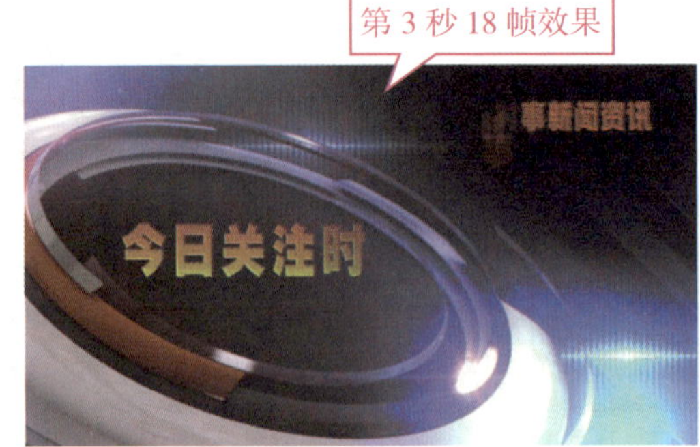

图 5-4-9　调整文字的残影效果

步骤9　按【0】键可以看到文字"今日关注时事新闻资讯"在盘旋进入时的速度较快，为此，可展开"文本"＞"Animator 1"＞"Range Selector1"选项，将最右侧的"偏移"关键帧移动至第6秒处。至此，本案例就制作完成了，按【0】键进行预览。

课堂实训 3——制作模糊渐变文字

请大家打开本书配套素材中的"ch05"＞"课堂实训"＞"社会与法素材"文件夹，观看其中的"社会与法(忏悔录).mov"视频。该视频是由图5-4-10（a）所示的"背景.mov"视频及文字制作而成的，画面的最终效果如图5-4-10（b）所示。

素材：素材与实例\ch05\课堂实训\社会与法素材\背景.mov

结果：素材与实例\ch05\课堂实训\社会与法.aep

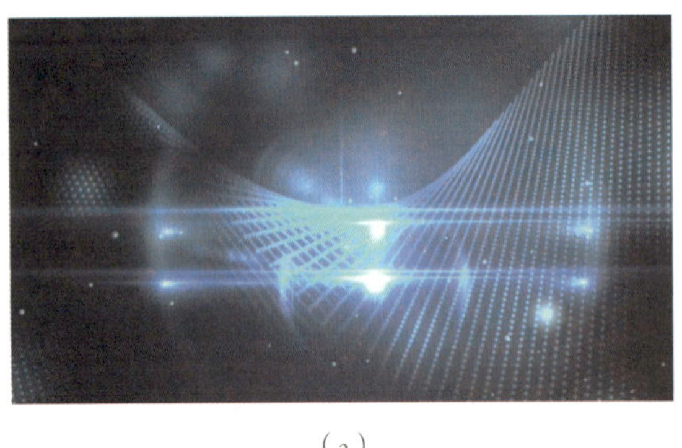

（a）

（b）

图 5-4-10　素材与视频效果截图

提示：

(1)将"背景.mov"素材拖到时间轴面板中，通过复制图层延长背景视频的播放长度。

(2)创建文本图层并输入"社会与法"文字图层，并利用"梯度渐变"和"彩色浮雕"命令设置文字的颜色和立体感，接着开启该图层的3D开关，并制作文字位移动画。采用同样的方

法为“忏悔录”文字创建图层，为其添加“彩色浮雕”效果后开启该图层的3D开关。

（3）为“社会与法”图层添加“Presets”>“Text”>“Blurs”>“多雾”动画预设，并在“时间轴”面板中调整其“偏移”关键帧的时间点，为“忏悔录”图层添加“Presets”>“Text”>“Curves and Spins”>“俯冲入”动画预设，最后创建摄像机，并通过为其添加“位置”关键帧制作文字缩放效果。

本章总结

本章主要介绍了使用After Effects制作文字特效时常用的命令。学完本章内容后，应重点掌握以下知识。

- 利用“镜头光晕”命令可以模拟强光经过摄像机镜头时产生的光环和光斑效果。利用“四色渐变”命令可以设置4个颜色点及它们的不同位置，从而使画面最多产生4种颜色渐变效果。
- 利用“置换图”命令可以将其他图层作为映射层，并按映射层中的某个通道值对当前图层进行水平或垂直方向变形。
- 利用“分形杂色”命令能够制作出灰色噪波效果，常结合“快速模糊”命令模拟光线、斑点或其他特效。
- 使用“复合模糊”命令可根据图层的亮度对当前图层进行模糊处理，也可为当前图层指定一个模糊映射层，用映射层的弯度变化控制另一个层的模糊效果。
- 在制作文字动画时，除了可以利用位置、锚点、缩放、旋转和不透明度关键帧外，还可以使文字沿着指定路径运动，并根据路径的起伏情况设置文字动画。
- 利用“效果与预设”面板“Text”选项组中的相关选项，可以为文字添加各种动画预设，也可以根据需要调整预设动画的相关参数。

第6章 抠像、跟踪和稳定

在此之前，我们学习了使用蒙版抠像和使用关键帧制作动画的方法。但是，蒙版抠像只能抠某个指定区域的图像。要抠除视频中的内容，需按视频素材中的颜色和亮度抠像，即键控抠像。此外，在视频后期合成时，经常需要使某些素材与视频画面同步运动，或者抑制视频画面的抖动，这就必须使用After Effects提供的跟踪运动和稳定运动功能。

学习目标

- 掌握“Keylight（1.2）”“线性颜色键”和“抠像清除器”命令的功能及用法
- 掌握“颜色范围”“高级溢出抑制器”和“差值遮罩”命令的功能及用法
- 掌握一点跟踪、两点跟踪及四点跟踪的原理和操作方法
- 掌握一点稳定和两点稳定的操作方法

案例一 键控工具

——Keylight（1.2）、线性颜色键和抠像清除器

案例说明

在电影和电视剧拍摄时，经常会在人物的后面悬挂一个蓝色或绿色的背景，以便将拍摄得到的人物置于其他场景中。图6-1-1（a）所示的视频就是在绿色背景下拍摄得到的，这种绿布通常被称为绿背。在后期处理中，很容易将这种纯色背景处理成透明背景，从而提取出主体。更换背景后的效果如图6-1-1（b）所示。

（a）

（b）

图 6-1-1　为视频更换背景

“Keylight（1.2）”和“线性颜色键”命令用于抠像，而“抠像清除器”命令用于对抠像后的细节进行处理。下面通过制作“偷天换日”视频，来学习这3个命令的用法。

【案例 1】“偷天换日”简介

请大家打开本书配套素材中的“ch06”>“案例一”文件夹，观看其中的“偷天换日.mov”视频。该视频是由图6-1-2（a）所示的“天空背景.mov”和“大树.mov”视频制作而成的，最终的视频画面如图6-1-2（b）所示。

偷天换日

素材：素材与实例\ch06\案例一\偷天换日素材\天空背景.mov和大树.mov

结果：素材与实例\ch06\案例一\偷天换日.aep

（a）

（b）

图 6-1-2　素材与视频效果截图

思考："大树.mov"视频的背景是怎样抠掉的？

预备知识

抠像又称"键控"，英文为Keying，就是选取一种关键色彩使其透明，从而将主体从背景中提取出来。After Effects中提供了如图6-1-3所示的多种键控命令，可以根据亮度和差值等进行抠像。下面介绍几种常用的键控命令的功能及使用方法。

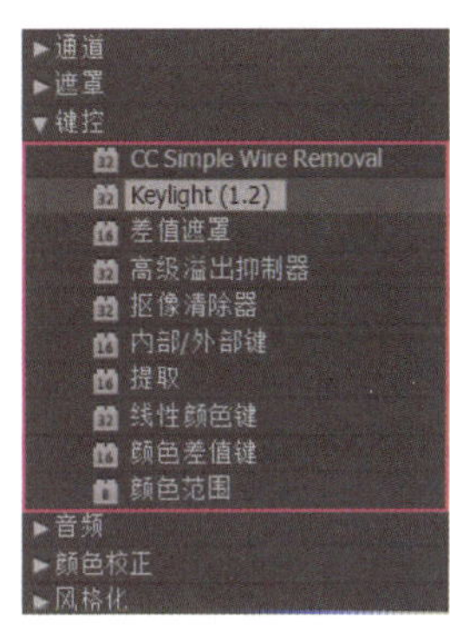

图 6-1-3　键控命令

案例实施——偷天换日

制作思路

将"天空背景.mov"素材作为背景层，然后为"大树.mov"图层添加"Keylight（1.2）"命令，并指定要抠除的颜色，接着为"大树.mov"图层添加"线性颜色键"命令，使不需要的颜色变成透明，最后为"大树.mov"图层添加"抠像清除器"命令，调整伪像和丢失的细节。

制作步骤

步骤1　启动After Effects CC软件，将本书配套素材中的"ch06" > "案例一" > "偷天换日素材"文件夹中的所有素材导入项目面板中，然后将"天空背景.mov"素材拖拽到时间轴面板中，再将预设设为"HDTV 1080 25"，持续时间设为6秒，素材的缩放比例设为188%左右。

步骤2　将"大树.mov"素材拖拽到时间轴面板中，然后选中该图层并右击，从右键快捷菜单中选择"效果" > "键控" > "Keylight（1.2）"菜单，在效果控件面板中单击"Screen Colour"右侧的按钮，最后在蓝色天空的任意位置单击，指定要抠除的颜色，如图6-1-4所示。

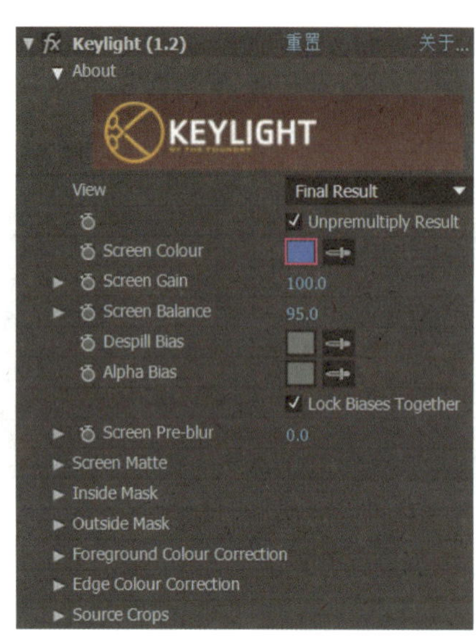

图 6-1-4　使用“Keylight（1.2）”命令

知识库

除了利用右键快捷菜单选择“Keylight（1.2）”命令外，选中要添加命令的图层，然后在工具栏中选择“效果”>“键控”>“Keylight（1.2）”菜单，或展开合成窗口右侧“效果和预设”面板中的“键控”选项，也可以添加该命令。

使用“Keylight（1.2）”命令抠图非常方便，且抠图效果显著，还可以对要抠的素材进行颜色校正和边缘校正，使抠像更加精细。如图 6-1-4 所示“Keylight（1.2）”面板中，常用选项的功能如下。

Screen Colour（屏幕颜色）：用于设置或选择要抠除的颜色。

Screen Gain（屏幕增益）：用于设置抠像的颜色范围。

Screen Balance（屏幕平衡）：设置画面中颜色的平衡效果。

Despill Bias（色彩偏移）：设置去除溢出的颜色部分。

Alpha Bias（Alpha 偏移）：即透明度偏移，可以使 Alpha 通道向某一类颜色偏移。

Screen Pre-blur（屏幕模糊）：当素材上有噪点时，可以使用该选项进行模糊，从而得到较好的 Alpha 通道。

Screen Matte（屏幕遮罩）：利用该选项组中的相关参数，可以控制抠像的细节效果，如缩减的 Alpha 暗部、亮部或恢复缩减黑色和白色后损失的 Alpha 细节等。

Inside Mask/Outside Mask（内侧遮罩 / 外侧遮罩）：调节内侧遮罩或外侧遮罩的边缘，使其与图像更好地融合。

步骤 3　选中“大树.mov”图层并右击，从右键快捷菜单中选择“效果”>“键控”>“线性颜色键”菜单，在效果控件面板中单击按钮，然后在合成窗口中大树下方的天蓝色区域单击，指定需要移除的颜色；单击按钮，在大树轮廓处要移除的颜色上单击，最后设置“匹配容差”值，如图 6-1-5 所示。

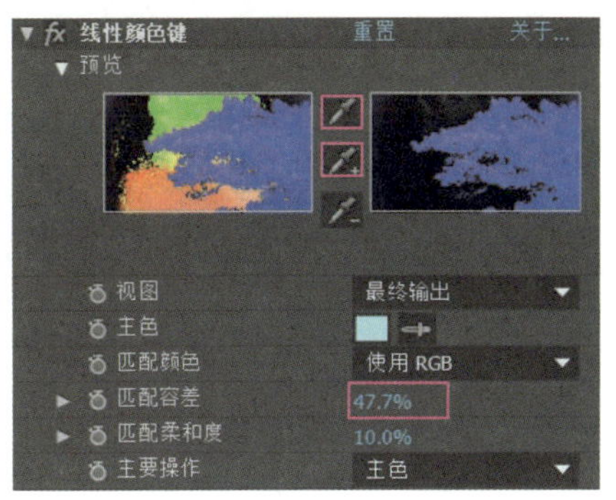

图 6-1-5　使用“线性颜色键”命令

知识库

使用“线性颜色键”命令可将图像的每个像素与指定的主色进行比较。如果像素的颜色与主色近似匹配，则此像素将变得完全透明。不太匹配的像素将变得不太透明，根本不匹配的像素保持不透明。如图 6-1-5 所示“线性颜色键”面板中，相关选项的功能如下。

：用于在素材中拾取需要键控的颜色。

：用于为键控的颜色增加颜色范围，可以在合成窗口或预览视图中拾取颜色。

：用于为键控的颜色减少颜色范围。

匹配颜色：设置颜色的显示模式，有“使用 RBG”“使用色相”和“使用色度”共 3 种。

主要操作：用于指定键控的是主色还是保持颜色。

步骤 4　选中“大树.mov”图层并右击，从右键快捷菜单中选择“效果”>“键控”>“抠像清除器”菜单，然后在效果控件面板中调整相关参数，如图6-1-6所示。至此，本案例就制作完成了，按【0】键进行预览。

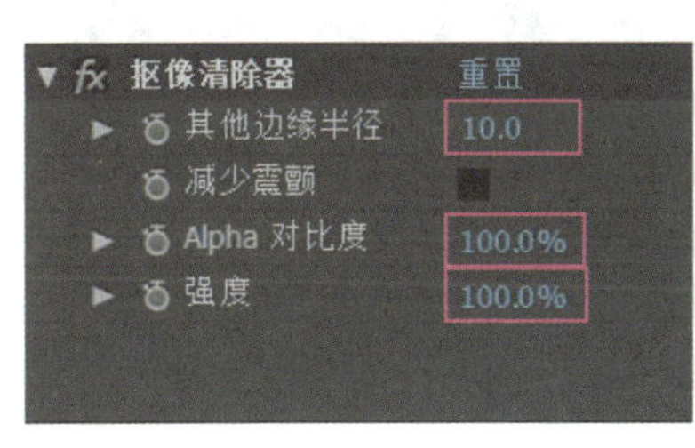

图 6-1-6　使用“抠像清除器”命令

知识库

使用“抠像清除器”命令可恢复通过典型抠像效果抠出的场景中的 Alpha 通道细节，包括恢复因压缩伪像而丢失的细节。如图 6-1-6 所示“抠像清除器”面板中，相关选项的功能如下。

其他边缘半径：用于处理素材边缘，其功能类似于“蒙版羽化”命令。

减少震颤：用于控制素材在运动时，其上颜色的位置是否微动。

Alpha 对比度：用于设置 Alpha 通道的对比度。

强度：用于设置细节的恢复程度。

案例二　更换舞台背景

——颜色范围、高级溢出抑制器和差值遮罩

案例说明

使用“颜色范围”和“差值遮罩”命令也可以抠像，但它们的抠像原理完全不同。“高级溢出抑制器”命令主要用于对素材边缘的颜色进行压缩，并非用于抠像。下面通过制作“更换舞台背景”视频，来学习这3个命令的用法。

【案例2】　**“更换舞台背景”简介**

请大家打开本书配套素材中的“ch06”>“案例二”文件夹，观看其中的“更换舞台背景1.mov”和“更换舞台背景2.mov”视频。这两个视频均使用图6-2-1（a）所示的“舞蹈.mov”视频和“舞台.jpg”图片制作而成的，最终的视频画面如图6-2-1（b）和（c）所示。

素材：素材与实例\ch06\案例二\更换舞台背景素材\跳舞.mov、舞台.jpg

结果：素材与实例\ch06\案例二\更换舞台背景.aep

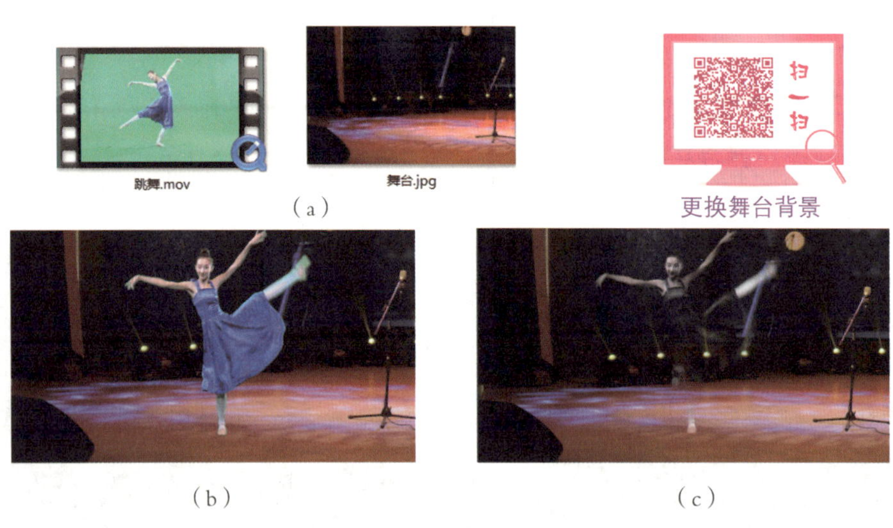

图6-2-1　素材与视频效果截图

案例实施　——更换舞台背景

制作思路

将“舞台.jpg”素材作为背景色，然后为“跳舞.mov”素材绘制蒙版，以去除画面四周的其他内容，接着为该图层添加“颜色范围”命令，以抠除绿背，再利用“色阶”和“高级溢出抑制器”命令调色，从而制作图6-2-1（b）所示的效果。

图6-2-1（c）所示的效果是使用“高级溢出抑制器”“差值遮罩”和“抠像清除器”命令制作而成的。

制作步骤

步骤1 启动After Effects CC软件，将本书配套素材中的“ch06”>“案例二”>“更换舞台背景素材”文件夹中的所有素材导入项目面板中，然后将“舞台.jpg”素材拖拽到时间轴面板中，再将该合成的名称修改为“更换舞台背景1”，将预设设为“HDTV 1080 25”，将持续时间设为5秒。

步骤2 将“跳舞.mov”素材拖拽到时间轴面板中，然后选中该图层，利用工具栏中的“钢笔工具”绘制如图6-2-2所示的封闭图形，以抠除画面四周的杂物。

步骤3 选中“跳舞.mov”图层并右击，在“效果和预览”面板的“键控”选项组中双击“颜色范围”命令，在效果控件面板中单击按钮，然后在合成窗口的绿背中单击，使该部分颜色透明；单击按钮，在缩览图中除白色人物外的其他白色区域处单击，最后调整颜色范围的相关参数如图6-2-3所示。

图 6-2-2 绘制蒙版图形

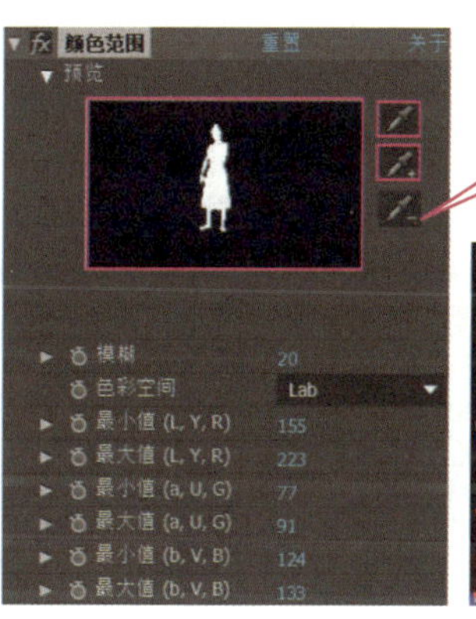

图 6-2-3 使用“颜色范围”命令

知识库

使用“颜色范围”命令可在包含多种颜色的图像上，或在亮度不均且包含同一种颜色的蓝背或绿背上抠除指定的颜色范围。如图6-2-3所示“颜色范围”面板中，相关选项的功能如下。

模糊：用于柔化透明和不透明区域之间的边缘。

最大值和最小值：拖动“最小值”和“最大值”滑块，可微调使用和吸管选择的颜色范围。其中，拖动“最小值”滑块，以微调颜色范围的起始颜色；拖动“最大值”滑块，以微调颜色范围的结束颜色。“L、Y、R”滑块可控制指定颜色空间的第1个分量，“a、U、G”滑块可控制第2个分量，“b、V、B”滑块可控制第3个分量。

步骤4 选中“舞台.jpg”图层后按【S】键，将该图层的缩放比例设为47%，然后按【P】键，将舞台画面移动到合成画面的合适位置，结果如图6-2-4所示。

步骤5 选中“跳舞.mov”图层并右击，从右键快捷菜单中选择“效果”>“颜色校正”>“色阶”菜单，然后参照图6-2-5设置参数，使画面颜色加深。

步骤6 选中“跳舞.mov”图层并右击，从右键快捷菜单中选择“效果”>“键控”>“抠像清除器”菜单，然后在效果控件面板中调整相关参数，如图6-2-6所示。

图 6-2-4　画面效果

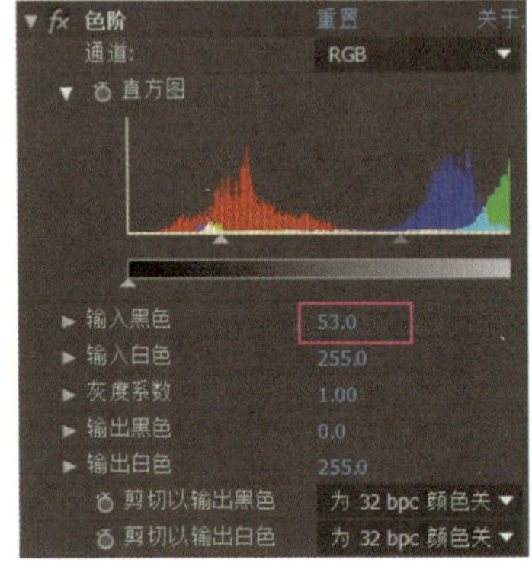

图 6-2-5　“色阶”面板

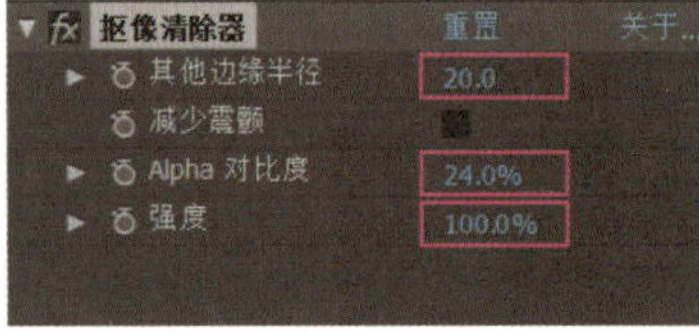

图 6-2-6　“抠像清除器”面板

至此，第一种舞台效果就制作完成了。按【0】键可查看视频效果。要制作第2种舞台效果，可按如下操作进行。

步骤7 在项目面板中选择“更换舞台背景1”合成并按【Ctrl+C】和【Ctrl+V】键，将该合成复制一份，然后双击复制得到的合成“更换舞台背景2”，接着选中“跳舞.mov”图层，单击效果控件面板中所有效果前的fx按钮，关闭所有效果。

步骤8 选中“跳舞.mov”图层，在“效果和预览”面板的“键控”选项组中双击“高级溢出抑制器”命令，使绿背变成蓝背，如图6-2-7所示。

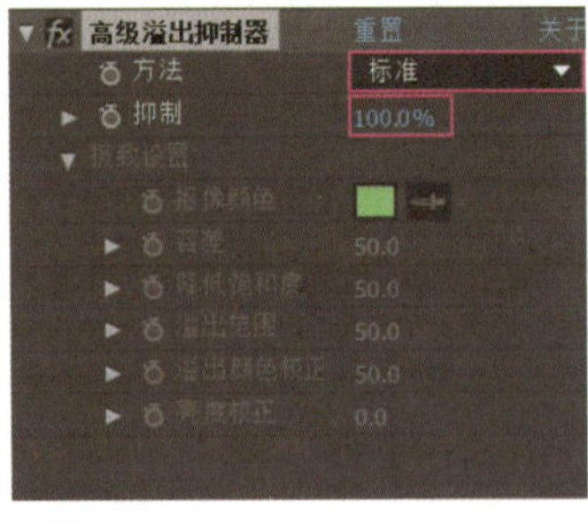

图 6-2-7　使用“高级溢出抑制器”命令

知识库

“高级溢出抑制器”命令主要用于对素材（包括抠完像的素材）边缘的颜色进行压缩，并非用于抠像。图6-2-7所示面板中的“抑制”选项用于设置抑制效果。该值越大，抑制效果就越突出。若在“方法”列表框中选择“极致”选项，则会激活“极致设置”选项，以便用户设置“抠像颜色”和“容差”等属性。

步骤9 选中“跳舞.mov”图层，在“效果和预览”面板的“键控”选项组中双击“差值遮罩”命令，然后设置相关参数，如图6-2-8所示。

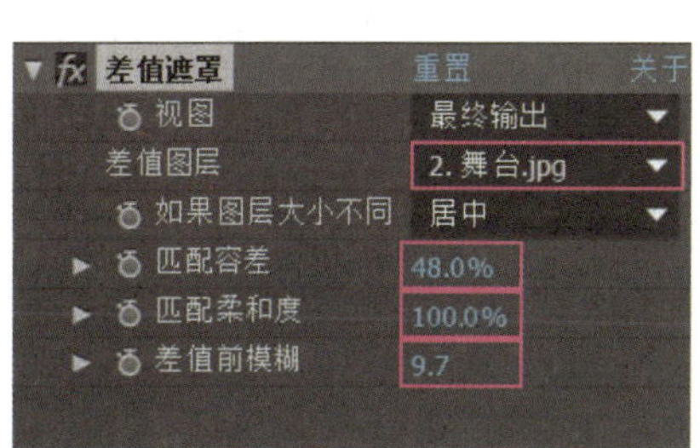

图 6-2-8 使用“差值遮罩”命令

知识库

使用“差值遮罩”命令可以去除两个素材中颜色相匹配的色相。图6-1-14所示“差值遮罩”面板中，各选项的功能如下。

视图：用于设置视图的显示方式，包括“最终输出”“仅限源”和“仅限遮罩”3种。

差值图层：用于指定哪个素材作为差值图层。

如果图层大小不同：用于设置差值的位置，包括“居中”和“拉伸以适合”两种。

匹配差容：用于设置抠像间两个图像可允许的最大差值，超过这个最大差值的部分将被抠除。

匹配柔和度：用于设置柔化透明和不透明区域之间的边缘。该值越高，匹配的像素越透明，但匹配像素的数量不会增加。

差值前模糊：用于对差值抠像的内部区域边缘进行模糊处理，但不会使整个图像模糊。

步骤10 选中“跳舞.mov”图层，在效果控件面板中单击“抠像清除器”命令前的■按钮，使其变成fx按钮，然后将“抠像清除器”命令拖拽到“差值遮罩”命令的下方。至此，本案例就制作完成了，按【0】键进行预览。

补充学习 ——差值遮罩

使用“差值遮罩”命令可以去除两个图层中颜色匹配的像素，常用于对运动物体的背景进行抠像。

例如，要将图6-2-9（a）所示的“底图.jpg”和“圆形图案.jpg”图片叠加成图6-2-9（b）所示的效果，需要为上方图层添加“差值遮罩”命令，并将“底图.jpg”图层作为差值图层。

素材：素材与实例\ch06\案例二\差值遮罩素材\底图.jpg、圆形图案.jpg

结果：素材与实例\ch06\案例二\差值遮罩.aep

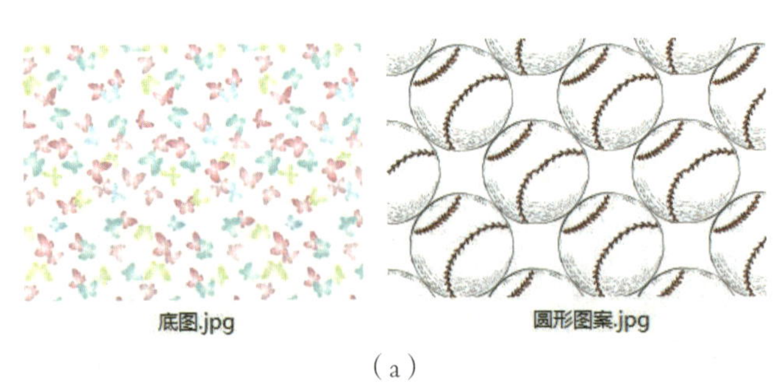

（a）

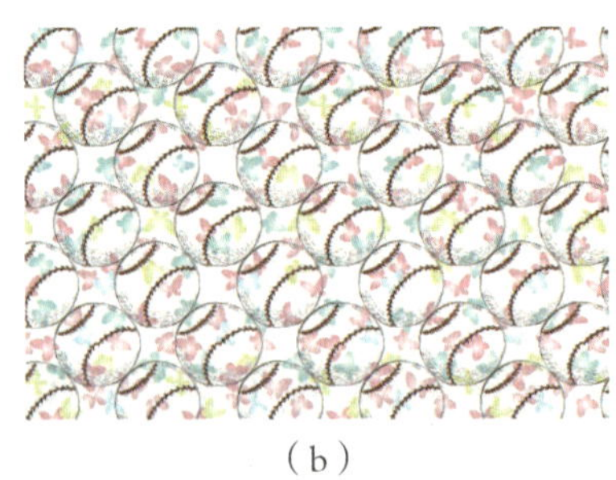

（b）

图 6-2-9 差值遮罩效果

案例三 和谐号列车标志跟踪

——一点跟踪

案例说明

跟踪运动是指在指定范围内进行运动跟踪分析，并自动创建关键帧，然后将跟踪的结果应用到其他图层上，从而制作跟踪动画。例如，在制作替换视频中的广告牌、机关枪连续射击时枪口的火花，或者使烟雾跟随飞行的飞机运动等动画时，经常需要使用“跟踪运动”命令。

一点跟踪是指通过跟踪视频中的某一点，生成该视频的位置、旋转或缩放关键帧，再将这些关键帧应用于其他图层，从而使得其他图层跟随着该图层发生相应的变化。下面通过为行驶中的和谐号列车添加一个Logo图片，来学习一点跟踪的方法及应用。

【案例 3】 **“和谐号列车标志跟踪”简介**

扫一扫

和谐号列车标志跟踪

请大家打开本书配套素材中的“ch06”>“案例三”文件夹，观看其中的“和谐号列车标志跟踪.mov”视频。该视频是由图6-3-1（a）所示的“标志.jpg”图片和“列车.mov”视频制作而成的，最终的视频画面如图6-3-1（b）所示。

素材：素材与实例\ch06\案例三\和谐号列车素材\列车.mov、标志.jpg

结果：素材与实例\ch06\案例三\和谐号列车标志跟踪.aep

标志.jpg

列车.mov

（a）

（b）

图 6-3-1 素材与视频效果截图

思考："标志.jpg"图片是怎样跟随列车的行驶而运动的？

预备知识

在After Effects中进行跟踪运动合成时，至少需要两个图层，即跟踪层和被跟踪层。要使某个图层上的内容跟随另一个图层（跟踪层）的运动而运动，需要先选中跟踪层，然后选择"动画">"跟踪运动"菜单，在打开的如图6-3-2所示的"跟踪器"面板中进行相关设置。

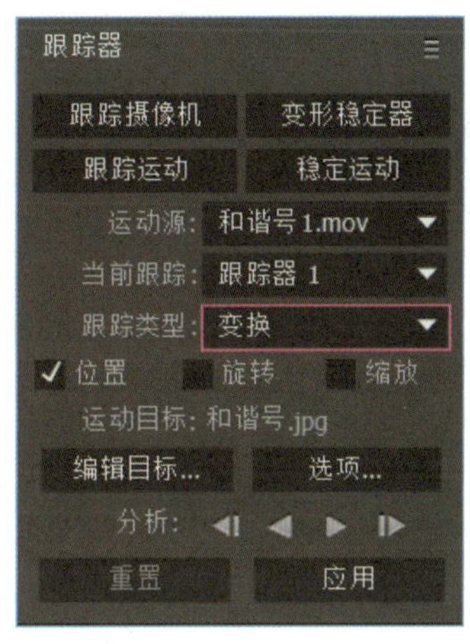

图 6-3-2 "跟踪器"面板

◆ 跟踪摄像机：系统会根据画面的视角或画面中对象的缩放情况自动分析画面，并在画面上自动生成跟踪点，常用于使某个图层中的对象跟随另一个图层对象的运动而运动。

◆ 变形稳定器：系统会自动处理当前视频画面，以消除画面和摄影机的抖动。

◆ 跟踪运动：可通过指定跟踪点的位置自动生成系列关键帧，常用于使某个图层的对象跟踪另一个图层对象的运动而运动。

◆ 稳定运动：可通过指定跟踪点的位置，以消除画面和摄影机的抖动。

案例实施 ——和谐号列车标志跟踪

制作思路

将"列车.mov"素材作为背景层，然后为该图层添加"跟踪运动"命令，并设置跟踪范围；利用"向前分析"按钮▶生成跟踪关键帧，并利用"应用"按钮将跟踪轨迹应用于"标志.jpg"图层；调整"标志.jpg"图层的旋转角度、位移动画和缩放动画，并利用"定向模糊"命令模糊标志。

制作步骤

步骤1 启动After Effects CC软件，将本书配套素材中的"ch06">"案例三">"和谐号列车素材"文件夹中的所有素材导入项目面板中，然后依次将"列车.mov"和"标志.jpg"素材拖拽到时间轴面板中。

步骤2 选中“标志.jpg”图层，并将其模式设为“相乘”，结果如图6-3-3所示。

步骤3 选中“列车.mov”图层并右击，从弹出的快捷菜单中选择“跟踪运动”菜单。将时间线拖至第22帧处，框选合成窗口中的跟踪点1并其将拖动到如图6-3-4（a）所示位置，再拖动跟踪点1的外框，以示跟踪区域，如图6-3-4（b）所示。

图 6-3-3　画面效果

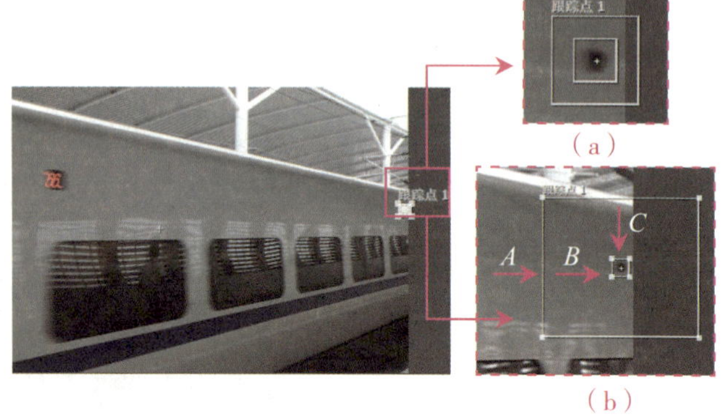

图 6-3-4　设置跟踪位置和范围

知识库

图 6-3-4 中箭头 *A* 所指矩形区域为搜索区域，箭头 *B* 所指矩形区域为特征区域，箭头 *C* 所指的点为附加点。

特征区域：定义要跟踪的元素。特征区域应当围绕一个与众不同的可视元素，以便 After Effects 在整个跟踪持续期间都能够清晰地识别被跟踪的特征。

搜索区域：定义 After Effects 为查找跟踪特性而要搜索的区域。搜索区域的大小和位置取决于要跟踪特征的特点。搜索区域必须要能容纳被跟踪特征的运动。

附加点：指定目标的附加位置。

步骤4 在合成窗口右侧的“跟踪器”面板中进行设置，然后单击“向前分析”按钮▶，当如图6-3-4（b）所示的跟踪位置移出合成画面时按空格键停止分析，并生成跟踪路径，如图6-3-5所示。

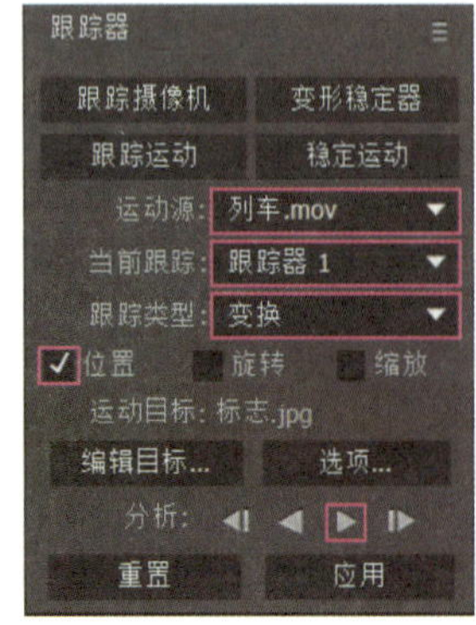

图 6-3-5　生成跟踪路径

在跟踪过程中，当跟踪点没有跟上要跟踪的元素时，可先按回车键暂停跟踪，修改跟踪采样框的位置和大小，再利用“向前分析”按钮▶重新生成路径。图 6-3-5 所示“跟踪器”面板中，各选项的功能如下。

运动源：用于设置创建跟踪的动画层。如果当前合成中有静态的图层，则该图层呈现不可选择的灰色状态。

当前跟踪：显示当前使用的轨迹。一个图层可以被多次执行跟踪命令，即包含多个轨迹。

跟踪类型：用于设置跟踪模式，包括“稳定”“变换”“平行边角定位”“透视边角定位”和“原始”。它们的运动跟踪原理相同，不同之处在于跟踪点的数目及跟踪数据应用于目标的方式。

位置 / 旋转 / 缩放：设置对象的跟踪方式，“位置”“旋转”和“缩放”复选框可同时选中。

编辑目标：单击该按钮，可选择或修改要应用跟踪的目标图层。

选项：单击该按钮，在打开的“动态跟踪器选项”对话框中可为当前的跟踪器进行设置。

分析：用于开始对源素材中的跟踪点进行帧到帧的分析。

① 向后分析 1 个帧◀|：通过退回到上一帧来分析当前帧。

② 向后分析◀：从当前帧向后一直到动画素材工作区域的起始点进行反向分析。

③ 向前分析▶：从当前帧向前一直到动画素材工作区域的结束点进行常规分析。

④ 向前分析 1 个帧|▶：通过前进到下一帧来分析当前帧。

重置：单击该按钮，可将当前帧所选轨迹的跟踪范围、搜索范围和跟踪点恢复到默认位置，并删除当前所选跟踪中的跟踪数据。

应用：将跟踪数据以关键帧的形式发送到目标图层或效果控制点。

步骤 5 单击“跟踪器”面板中的“应用”按钮，在打开的对话框中采用默认维度“X 和 Y”，如图 6-3-6 所示，最后单击“确定”按钮，则跟踪的位置关键帧将被自动添加到“标志.jpg”图层。此时，单击“标志.jpg”图层，则合成窗口如图 6-3-7 所示。

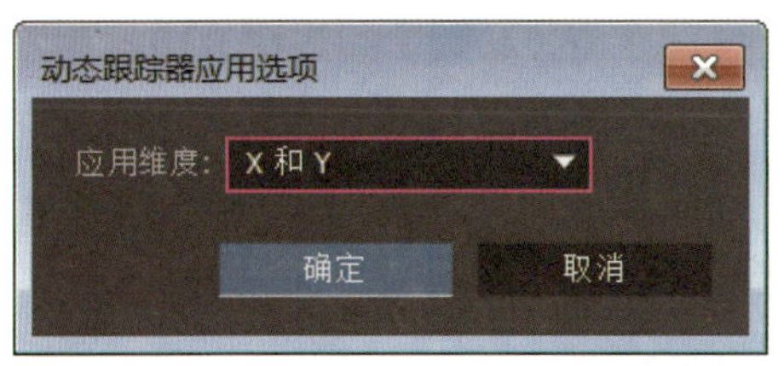

图 6-3-6　“动态跟踪器应用选项”对话框

图 6-3-7　合成窗口效果

知识库

将跟踪位置数据应用于目标时，默认情况下选中图 6-3-6 所示的“X 和 Y”选项，表示允许运动目标沿 *X* 和 *Y* 两个轴运动。若选中“仅 X”或“仅 Y”选项，则表示运动目标仅限于水平或垂直方向运动。

步骤6 将时间线拖至第0秒，在合成窗口中将标志拖动到如图6-3-8所示的箭头1处；拖动时间线到跟踪轨迹的另一侧，然后在合成窗口中将标志图片拖动到如图6-3-8所示的箭头2处；删除“标志.jpg”图层时间线右侧的所有“位置”关键帧，结果如图6-3-8所示。

步骤7 将时间线拖至第0秒，将“标志.jpg”图层的缩放比例设为8%，并添加“缩放”关键帧；在第2秒添加“缩放”关键帧，缩放比例为50%；在第3秒10帧添加“缩放”关键帧，缩放比例为130%。

步骤8 将“标志.jpg”图层设为3D图层，然后调整“方向”属性中的*Y*轴和*Z*轴参数，如图6-3-9所示。

图 6-3-8　调整起始和终止位置

图 6-3-9　图片的旋转角度及缩放动画

提　示

如果“标志.jpg”图片的位置太高，可调整“标志.jpg”图层“锚点”属性的Y坐标，或选中“标志.jpg”图层中“位置”属性的所有关键帧，然后将光标放在合成窗口的本地坐标轴上，待出现*Y*轴时向下拖动即可。

步骤9 选中“标志.jpg”图层并右击，从弹出的快捷菜单中选择“效果”＞“模糊和锐化”＞“定向模糊”菜单，然后在“定向模糊”面板中设置相关参数，如图6-3-10所示。至此，本案例就制作完成了，按【0】键进行预览。

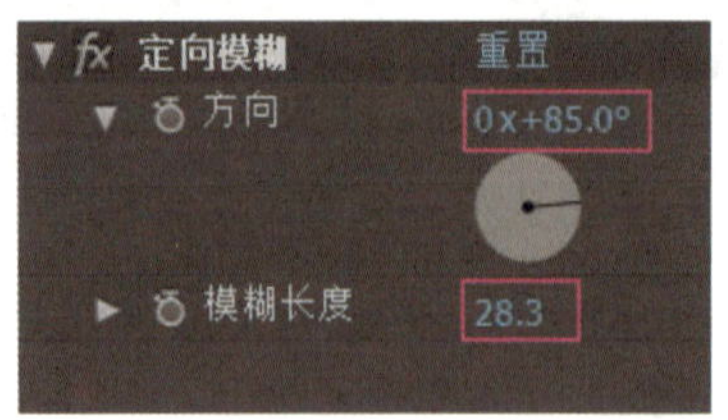

图 6-3-10　“定向模糊”面板

案例四　制作飞碟事件
——两点跟踪

案例说明

两点跟踪与一点跟踪的原理完全相同，它们的不同之处在于，两点跟踪时画面中有两个跟踪点，并且需要分别指定两个跟踪点的位置、搜索区域及特征区域。下面通过在视频中楼房的上方制作盘旋的飞碟动画，来学习两点跟踪的具体操作方法。

【案例 4】　**“飞碟视频”简介**

飞碟

请大家打开本书配套素材中的“ch06”＞“案例四”文件夹，观看其中的“飞碟.mov”视频。该视频是由图 6-4-1（a）所示的“飞碟.psd”图片和“楼房.mov”“闪电.mov”“乌云.mov”视频制作而成的，最终的视频画面如图 6-4-1（b）所示。

素材：素材与实例\ch06\案例四\飞碟素材\飞碟.psd、楼房.mov、闪电.mov和乌云.mov

结果：素材与实例\ch06\案例四\飞碟.aep

（a）

（b）

图 6-4-1　制作飞碟视频

在观看“飞碟”视频时，需要思考以下几个问题：

① 在楼房的拍摄角度变化过程中，其上空的乌云是怎样随之改变相应角度的？

② 飞碟始终在楼房上方盘旋，当其飞过楼顶后会被楼房挡住，最后再从楼顶处飞出。那么，飞碟是怎样跟随镜头的移动而变化的？

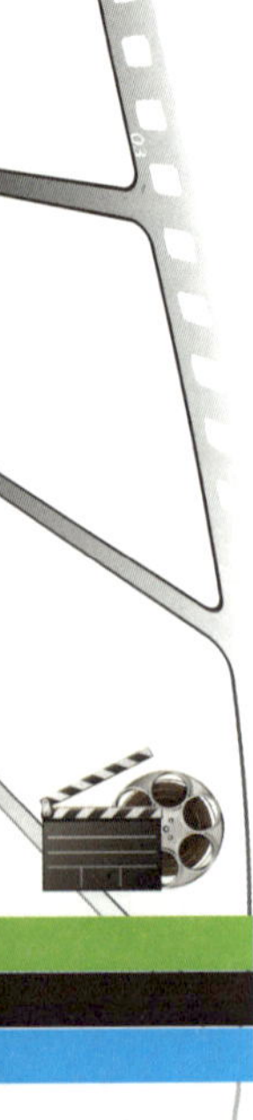

案例实施 ——制作飞碟事件

制作思路

该视频的制作可分为构图、添加动画和细节调整3部分。利用“飞碟.psd”和“闪电.mov”素材制作好飞碟画面后，可先利用“跟踪运动”命令跟踪“楼房.mov”的位置和旋转角度，并将生成的关键帧赋予“飞碟”合成，再抠出楼房，并利用“色阶”命令使视频中的楼房更清晰些；接着跟踪“楼房.mov”的位置、旋转角度和缩放比例，并将生成的关键帧赋予“飞碟.psd”图层，最后将“乌云.mov”的父级设为“飞碟.psd”图层，使得乌云随着“飞碟.psd”图层的运动而运动，从而防止镜头穿帮。

制作步骤

1. 构图

步骤1 启动After Effects CC软件，将本书配套素材中的“ch06”>“案例四”>“飞碟素材”文件夹中的所有素材导入项目面板中，然后将“楼房.mov”素材拖拽到时间轴面板中。

步骤2 将“乌云.mov”素材拖拽到时间轴面板中，将其不透明度设为70%，缩放比例设为400%，最后调整乌云的位置，如图6-4-2所示。

步骤3 按【Ctrl+N】键新建一个“飞碟”合成，并将其持续时间设为21秒05帧，然后将“飞碟.psd”素材添加到该合成中，将其缩放比例设为60%；将“闪电.mov”素材拖拽到时间轴面板中并右击该图层，选择“时间”>“时间伸缩”菜单，将“拉伸因数”设为150%，然后拖动时间线使闪电画面出现，再将该图层的缩放比例设为“300.0，390.0%”。

步骤4 选中“闪电.mov”图层，利用工具栏中的“椭圆工具”绘制两个圆（外圆与飞碟外轮廓大小相近），再设置第2个蒙版的叠加模式及该图层的模式，如图6-4-3所示，最后将该图层的不透明度设为5%。

图6-4-2 第4秒画面

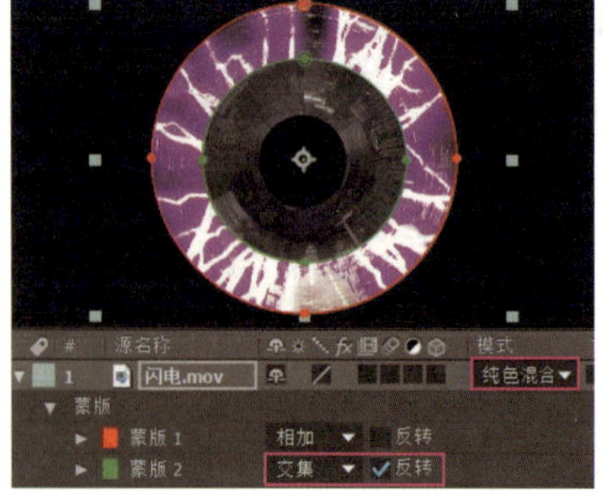

图6-4-3 飞碟合成

绘制蒙版时，可在绘制完一个圆后按【Ctrl+T】键，然后将光标放在出现的四边形的角点处拖动，调整圆的形状，最后按回车键退出当前状态。

步骤5 将时间线拖至第0秒，为“飞碟.psd”图层添加“旋转”关键帧，再将时间线拖至时间轴的最右端，为其添加“旋转”关键帧，旋转角度为“0x+180.0° ”。

步骤6 将项目面板中的“飞碟”合成拖至前面创建的合成中，然后将该合成层设为3D图层，并参照图6-4-4调整飞碟的旋转方向，最后将该图层的不透明度设为80%。

图6-4-4　调整飞碟的方向

2. 添加动画

步骤1 选中“楼房.mov”图层，然后选择“动画”>“跟踪运动”菜单，在出现的“跟踪器”面板中选中“旋转”和“位置”复选框，则画面中出现两个跟踪点。将时间线拖至第0秒，分别框选两个跟踪点，并将它们移动至合适位置，再指定搜索区域和特征区域，如图6-4-5所示。

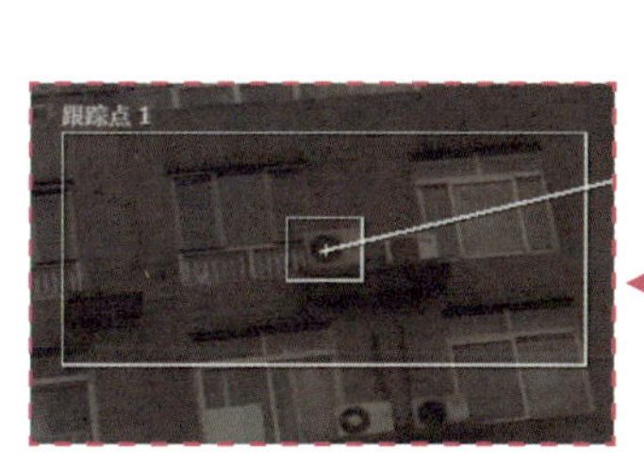

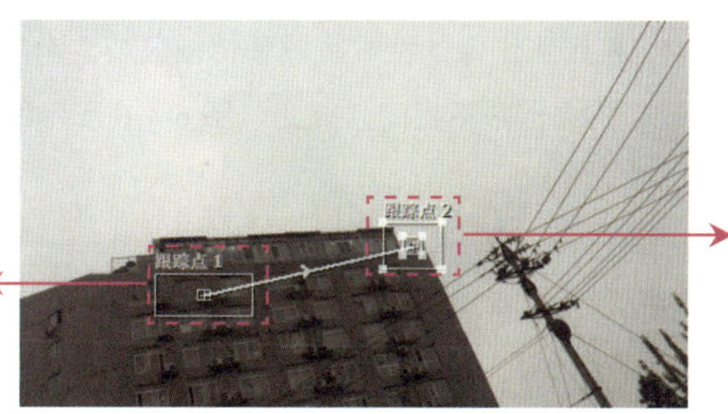

图6-4-5　指定两个跟踪点的位置和区域

步骤2 单击“向前分析”按钮▶生成关键帧，直至时间线运动至时间轴的最右端，然后单击“跟踪器”面板中的“编辑目标”按钮，在打开的对话框中将运动目标设为“飞碟”，接着单击“应用”按钮，在出现的对话框中采用默认的“X和Y”选项，单击“确定”按钮，即可将位置路径和旋转路径关键帧赋予“飞碟”合成。

提 示

依次展开"楼房.mov"图层中的"动态跟踪器"和"跟踪器1"选项，可以看到该图层下有两个跟踪器，且画面中有两个跟踪点，这就是两点跟踪，其操作方法与一点跟踪基本相同。

通常情况下，两点跟踪时并不会同时选中"旋转"和"缩放"复选框。如果镜头晃动幅度比较大且比较频繁，勾选"旋转"选项即可；如果没有明显的镜头推拉，建议不要选中"缩放"复选框。这是因为在跟踪过程中，跟踪点偶尔会出现小幅度偏移的情况，这将导致跟踪层会突然缩放，使得跟踪失败。

此外，在进行两点跟踪时，两个跟踪点之间的间隔尽量远一些，这样，即使跟踪点发生轻微的抖动，也不会对跟踪效果产生非常显著的影响。否则，即使是轻微的抖动也会产生剧烈的旋转和缩放。

此时，按空格键可以看到，飞碟始终在楼房的某处并与楼房一起运动。为此，还需要通过为"飞碟"合成添加"锚点"关键帧来控制飞碟的位移，具体操作如下。

步骤3 分别在"飞碟"图层的第0秒，第9秒、第14秒和第16秒添加"锚点"关键帧，使飞碟从画面的左上角飞进楼顶后消失，再由楼顶从画面的左上角飞出画面。这4个关键帧处的画面效果如图6-4-6所示。

 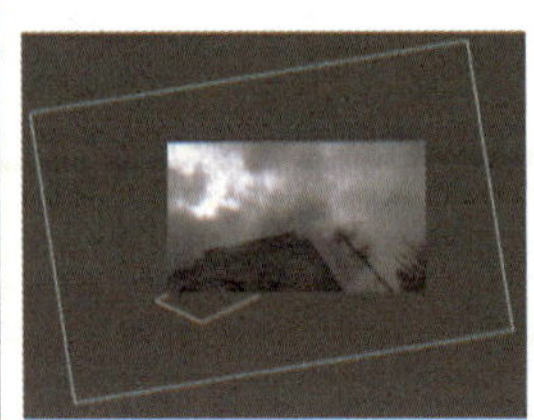  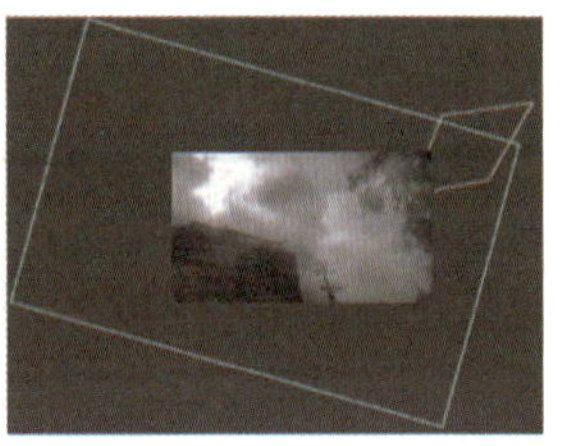

图 6-4-6 飞碟的位置

提 示

在跟踪楼房的位置时，每个人选择的搜索区域和特征区域均有所差别。将跟踪得到的这些关键帧赋予飞碟后，飞碟的运动轨迹也各不相同。因此，图6-4-6所示的画面效果及关键帧位置仅供读者参考。

步骤4 选中"楼房.mov"图层按【Ctrl+C】键和【Ctrl+V】键，然后将复制得到的"楼房.mov"图层拖至其他图层的上方；选中复制的"楼房.mov"图层并右击，从弹出的快捷菜单中选择"效果">"键控">"线性颜色键"菜单，接着单击按钮，再在除楼房外的其他空白处单击，最后设置"匹配柔和度"参数，如图6-4-7所示。拖动时间线，可看到飞碟从楼房顶部飞过的效果，如图6-4-8所示。

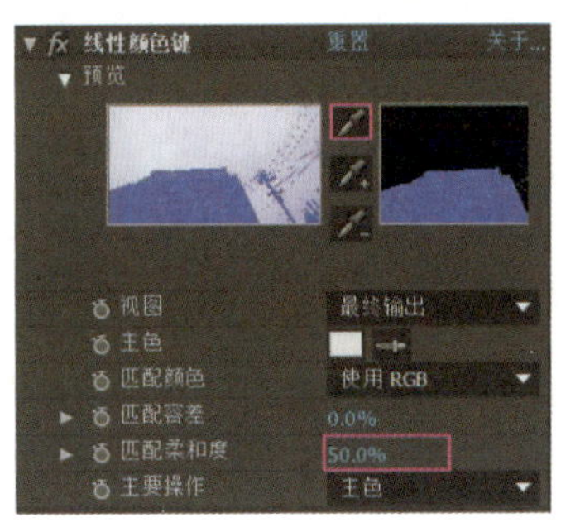

图 6-4-7　“线性颜色键”面板

（a）抠图前

（b）抠图后

图 6-4-8　抠图效果对比

3．检查，调整细节

按空格键预览可知，当画面中的楼房在发生位移和旋转时，楼房上空的乌云并未发生同方位的位移和旋转，这就是所谓的穿帮镜头。要改善这种穿帮，需在屏幕中找准某一个物体，并使该物体与楼房发生同样的位置、缩放和旋转，然后使乌云跟随该物体运动（即乌云的父级为该物体），具体的操作方法如下。

步骤 1　将“飞碟.psd”素材拖拽到时间轴面板中，然后在“跟踪器”面板的“运动源”列表框中单击，在弹出的下拉列表中选择“楼房.mov”，在“跟踪类型”列表框中选择“变换”，接着选中“缩放”复选框，如图 6-4-9 所示。

步骤 2　单击“编辑目标”按钮，在出现的对话框中选择“飞碟.psd”并单击“确定”按钮，最后依次单击“应用”和“确定”按钮，即可为“飞碟.psd”图层赋予“位置”“旋转”和“缩放”关键帧。

步骤 3　将时间线拖至第 0 秒，将“乌云.mov”图层的父级设为“飞碟.psd”。隐藏“飞碟.psd”图层，然后按【0】键，可以看到乌云与楼房的位移方向一致。至此，本案例就制作完成了。

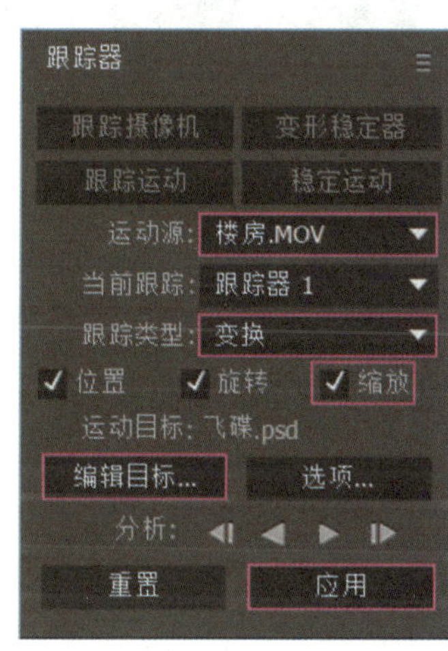

图 6-4-9　“跟踪器”面板

知识库

选择“图层”>“新建”>“文本”菜单，利用新建的“文本”图层也可以代替步骤 1 和步骤 2 中的“飞碟.psd”图层。但是，将文本图层作为“乌云.mov”图层的父级后，无需隐藏文本图层。

在设置两点跟踪时，经常会建立一个空物体，并将跟踪数据应用到该空物体上，然后将其他需要跟踪的图层设为空物体的子图层，从而让空物体带动其一起运动。这样，可以随意修改跟随运动的图层，使图层间容易校对位置。

课堂实训 1——制作“机关枪射击”视频

机关枪射击

请大家打开本书配套素材中的“ch06”>“课堂实训”文件夹，观看其中的“机关枪射击.mov”视频。该视频是由图6-4-10（a）所示的“火.mov”和“开枪.mp4”视频制作而成的，画面的最终效果如图6-4-10（b）所示。

素材：素材与实例\ch06\课堂实训\机关枪射击素材\火.mov和开枪.mp4

结果：素材与实例\ch06\课堂实训\机关枪射击.aep

（a）

（b）

图 6-4-10　素材与视频效果截图

提示：射击时，枪口会发生位移，且有火花出现。为此，可利用“一点跟踪”功能追踪枪口的位置，并将生成的关键帧赋予“火花.mov”图层，使火花随枪口移动。

案例五　修复肩扛拍摄视频的抖动——一点稳定

案例说明

实际生活中，在拍摄一些运动的物体时，经常会因为拍摄技术和拍摄环境受限，导致拍摄得到的画面发生抖动或摇晃的情况。在After Effects中，利用“稳定运动”命令可修复视频画面的抖动，使其趋于稳定。

一点稳定与一点跟踪的操作方法基本相同。下面通过为一段肩扛拍摄得到的视频添加一点稳定效果，来学习使画面趋于稳定的具体操作方法。

【案例5】　**“修复肩扛拍摄视频的抖动”简介**

请大家打开本书配套素材中的“ch06”>“案例五”文件夹，观看其中的“汽车.mov”视频，如图6-5-1所示为肩扛拍摄视频的画面。

素材：素材与实例\ch06\案例五\肩扛拍摄视频素材\汽车.mov

结果：素材与实例\ch06\案例五\肩扛拍摄视频.aep

肩扛拍摄视频

图 6-5-1　视频画面截图

思考：利用“一点稳定”功能怎样使画面趋于稳定？

预备知识

在After Effects中，可以利用一点稳定或两点稳定使视频画面的抖动状况趋于稳定。一点稳定和两点稳定与一点跟踪和两点跟踪的操作方法基本相同，都需要在图6-5-2所示的“跟踪器”面板中设置运动源和运动目标，只是跟踪类型由“变换”变成了“稳定”。

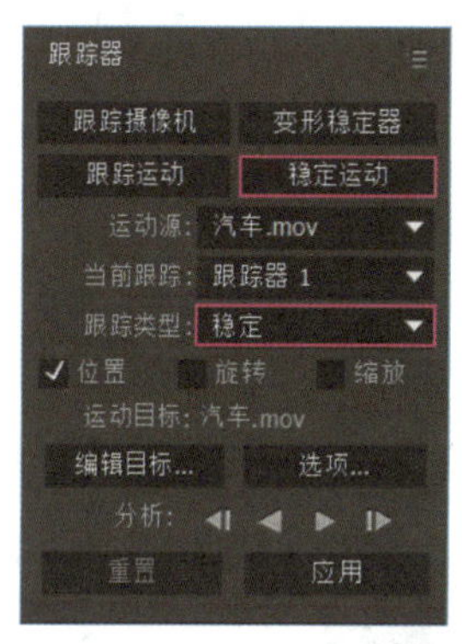

图 6-5-2　“跟踪器”面板

案例实施——修复肩扛拍摄视频的抖动

制作思路

将“汽车.mov”素材拖拽到时间轴面板中，为其添加“跟踪运动”命令，并将跟踪类型设为“稳定”，然后指定采样框的位置及大小，最后生成关键帧即可。

制作步骤

步骤1　启动After Effects CC软件，将本书配套素材中的“ch06”>“案例五”>“肩扛拍摄视频素材”文件夹中的素材导入项目面板中，然后将“汽车.mov”素材拖拽到时间轴面板中，将预设设为“HDTV 1080 25”。

步骤2　选中“汽车.mov”图层，然后在“跟踪器”面板中单击“稳定运动”按钮，采用默认选中的“位置”复选框和运动目标，如图6-5-3所示。

步骤3　由于在前6秒镜头具有很严重的拉伸，为了方便跟踪，将时间线拖至第7秒，然后框选画面中出现的采样框并将其移至汽车大灯处，再调整搜索区域和特征区域，如图6-5-4

所示。

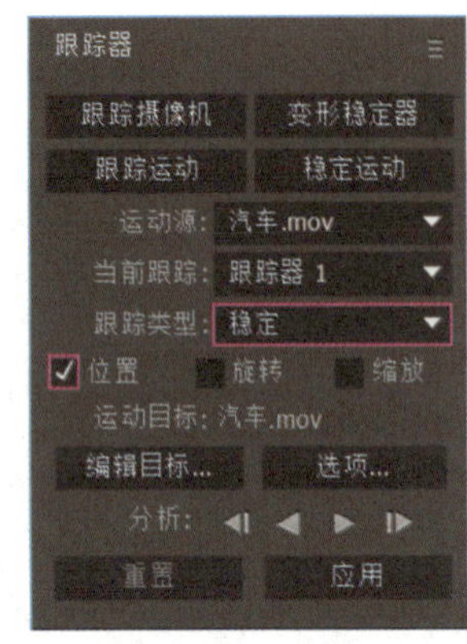

图 6-5-3 “跟踪器”面板

图 6-5-4 指定采样位置和区域

步骤 4 采用默认的运动目标“汽车.mov”，单击“向前分析”按钮▶生成关键帧，然后单击“应用”按钮，在出现的对话框中采用默认的“X和Y”选项并单击“确定”按钮，返回至合成窗口。

步骤 5 按【0】键可以看到合成画面中出现如图6-5-5（a）所示的状况。此时，可按【S】键将该图层的缩放比例调大些，再按【P】键调整“位置”属性的参数。本例中的缩放比例为144%，“位置”参数为“549.0，600.0”，调整后的画面如图6-5-5（b）所示。

（a）调整前

（b）调整后

图 6-5-5 第 1 秒 12 帧画面

提 示

所谓“鱼和熊掌不可兼得”，稳定的代价就是牺牲一些画面质感。如图 6-5-5（b）所示，添加“一点稳定”后的画面虽然不太抖动，但整个画面被放大了，且其中的汽车始终位于画面的左侧，不仅构图很不美观，也大大降低了画面的质量。因此，在前期拍摄过程中，尽量让镜头稳一些，且该用三角架时一定要用三角架。

案例六　修复航拍视频的抖动

——两点稳定

案例说明

航空拍摄的视频中的元素比较多，要使该画面趋于稳定，必须使用“两点稳定”功能。下面通过修复航拍视频的抖动，来学习利用“两点稳定”功能使画面趋于稳定的具体操作方法。

【案例 6】　**“修复航拍视频的抖动”简介**

请大家打开本书配套素材中的“ch06”＞“案例六”文件夹，观看其中的“航拍渥太华.mov”视频，如图 6-6-1 所示为航拍视频画面。

素材：素材与实例\ch06\案例六\航拍视频素材\渥太华.mov

结果：素材与实例\ch06\案例六\航拍渥太华.aep

修复航拍视频

图 6-6-1　视频画面截图

思考：利用“两点稳定”功能怎样使画面趋于稳定？

案例实施　——修复航拍视频的抖动

制作思路

将“渥太华.mov”素材拖拽到时间轴面板中，为其添加“跟踪运动”命令，并将跟踪类型设为“稳定”，然后分别指定两个采样框的位置及大小，最后生成关键帧即可。

制作步骤

步骤1 启动After Effects CC软件，将本书配套素材中的“ch06”＞“案例六”＞“航拍视频素材”文件夹中的素材导入项目面板中，然后将“渥太华.mov”素材拖拽到时间轴面板中，将预设设为“HDTV 1080 25”。

步骤2 选中“渥太华.mov”图层，在“跟踪器”面板中单击“稳定运动”按钮，然后选中“位置”和“旋转”复选框，采用默认的运动目标“渥太华.mov”，如图6-6-2所示。

步骤3 确认时间线位于第0秒，然后分别框选画面中出现的采样框，并将其移至图6-6-3所示位置，并分别调整搜索区域和特征区域。

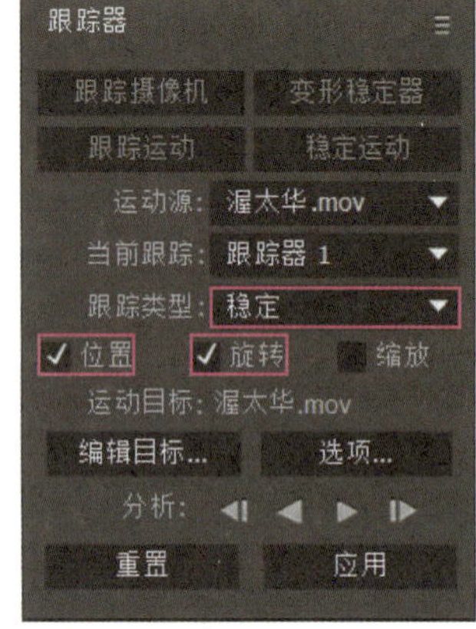

图6-6-2 “跟踪器”面板

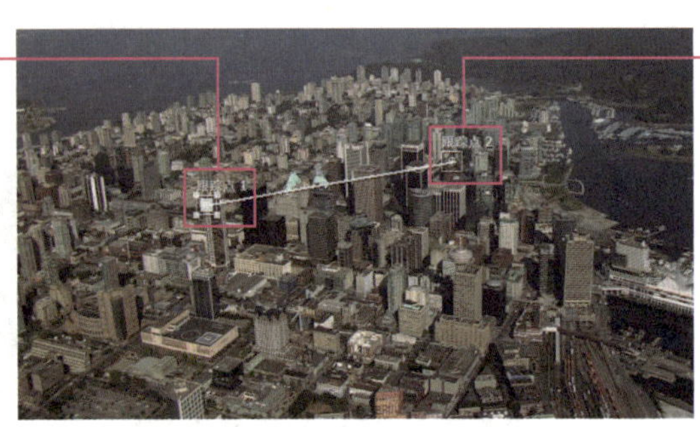
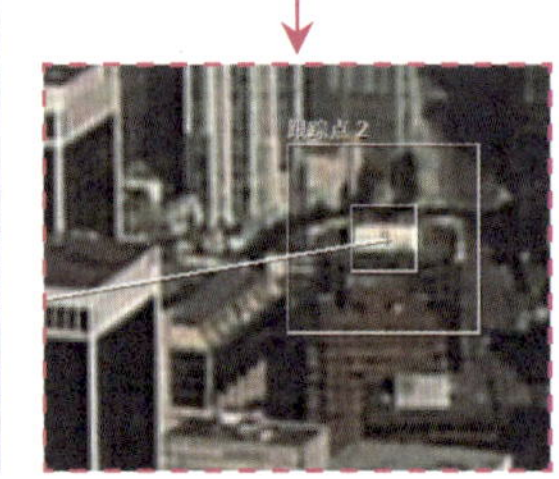

图6-6-3 指定采样位置和区域

步骤4 单击“向前分析”按钮▶生成关键帧，最后单击“应用”按钮，在出现的对话框中采用默认的“X和Y”选项并单击“确定”按钮，返回至合成窗口。此时，合成窗口的效果如图6-6-4所示。

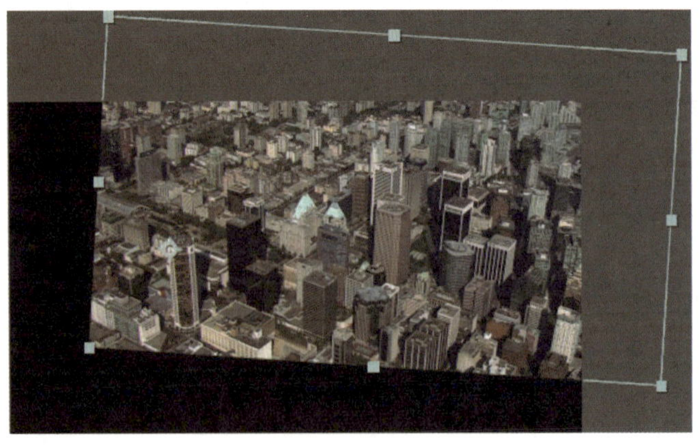

图6-6-4 合成画面效果

步骤5 按【S】键将该图层的缩放比例调大些，再按【P】键调整“位置”属性的参数。至此，本案例就制作完成了，按【0】键进行预览。

课堂实训 2——更换视频中的舞台背景

更换舞台背景

四点跟踪与一点跟踪和两点跟踪的原理相同，它们的不同之处在于，四点跟踪时画面中有4个跟踪点，并且需要分别指定4个跟踪点的位置、搜索区域及特征区域。四点跟踪常用于跟踪替换视频中的素材。

请大家打开本书配套素材中的“ch06”>“课堂实训”文件夹，观看其中的“更换舞台背景.mov”视频。该视频是由图6-6-5（a）所示的“舞台背景.mov”和“蝴蝶飞舞.mpg”视频制作而成的，最终的视频画面如图6-6-5（b）所示。

素材：素材与实例\ch06\课堂实训\更换舞台背景素材\舞台背景.mov和蝴蝶飞舞.mpg

结果：素材与实例\ch06\课堂实训\更换舞台背景.aep

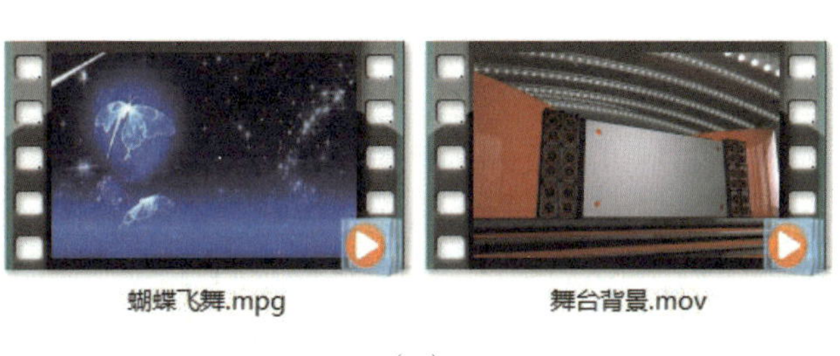

（a）

（b）

图 6-6-5　素材与视频效果截图

提示：

（1）为“舞台背景.mov”图层添加“色相/饱和度”效果，使得该视频画面变成紫色。

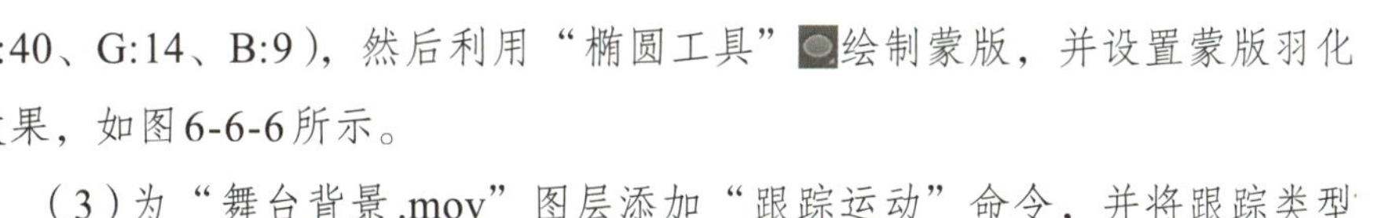

（2）在“舞台背景.mov”图层的上方新建一个纯色固态层（暗红色，R:40、G:14、B:9），然后利用“椭圆工具”绘制蒙版，并设置蒙版羽化效果，如图6-6-6所示。

（3）为“舞台背景.mov”图层添加“跟踪运动”命令，并将跟踪类型设为“透视边角定位”，再分别调整4个跟踪点的位置，如图6-6-7所示。

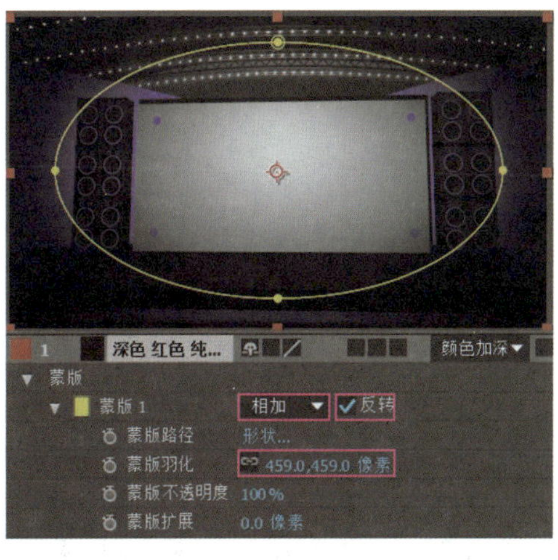

图 6-6-6　设置蒙版效果

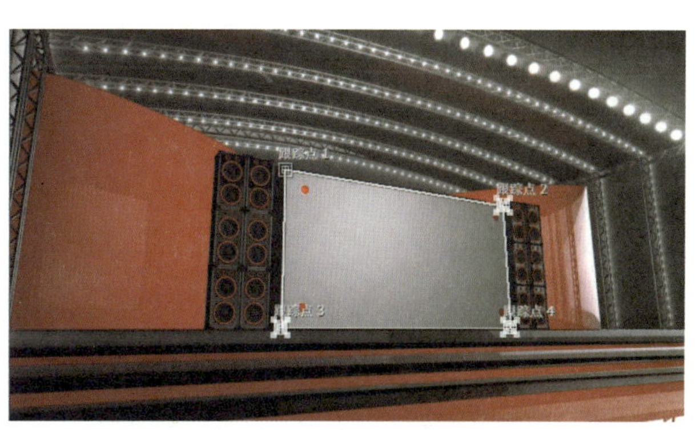

图 6-6-7　4 个跟踪点的位置

本章主要介绍了After Effects提供的各种键控工具，以及跟踪运动和稳定运动的相关知识。学完本章内容后，应重点掌握以下知识。

- 使用“Keylight（1.2）”命令抠图非常方便，且抠图效果显著，还可以对要抠的素材进行颜色校正和边缘校正，使抠像更加精细。
- 使用“线性颜色键”命令可将图像的每个像素与指定的主色进行比较。如果像素的颜色与主色近似匹配，则此像素将变得完全透明。不太匹配的像素将变得不太透明，根本不匹配的像素保持不透明。
- 使用“颜色范围”命令可在包含多种颜色的图像上，或在亮度不均且包含同一种颜色的蓝背或绿背上抠除指定的颜色范围。
- 使用“差值遮罩”命令可以去除两个图层中颜色匹配的像素，常用于对运动物体的背景进行抠像。
- 使用“抠像清除器”命令可恢复通过典型抠像效果抠出的场景中的Alpha通道细节，包括恢复因压缩伪像而丢失的细节。
- “高级溢出抑制器”命令主要用于对素材（包括抠完像的素材）边缘的颜色进行压缩，并非用于抠像。
- 要使某个图层上的内容跟随另一个图层（跟踪层）的运动而运动，需要先选中跟踪层，然后选择“动画”>“跟踪运动”菜单，在打开的“跟踪器”面板中进行相关设置，从而使被跟踪层和跟踪层生成关键帧。
- 在After Effects中可以利用一点稳定或两点稳定使视频画面的抖动状况趋于稳定。一点稳定和两点稳定与一点跟踪和两点跟踪的操作方法基本相同。

第7章

炫彩粒子特效

After Effects中的各种光效和仿真特效在很多时候都是依靠粒子来实现的。使用粒子可以产生大量相似物体独立运动的动画效果，再配合图层的叠加、相乘等混合模式，可以使画面更加丰富、炫丽。

After Effect中的粒子分为两类，一类是软件自带的粒子系统，如雨、雪、爆炸、灰尘、火花等，另一类是软件外部的各种粒子插件。本章以制作常见的粒子特效为例，来介绍软件自带的、且效果较好的粒子的制作方法，以及常用的外部粒子插件的使用方法。

学习目标

- 掌握使用“CC Snowfall”命令制作雪花飘落的方法
- 掌握使用“CC Rainfall”命令制作下雨的方法
- 掌握使用“CC Particle World”命令制作梦幻粒子的方法
- 掌握使用“Power Sphere”插件创建三维球体的方法
- 掌握使用“Particular”插件制作烟雾和球形粒子的方法
- 掌握粒子替换和将子画面作为粒子材质的方法

案例一　制作山村雪景

——飘落的雪花

案例说明

在观看电影或电视节目时，经常会看到一些带有大量相似对象运动的场景，如蜂拥而出的大量机械怪兽，狂风卷起的沙尘暴，或者是漫天飘落的雪花等。如果以每一个单独的对象为单位制作场景中的这些相似的对象，无疑是一项十分巨大的工程。但是，使用粒子系统将会使这一切变得非常容易。

山村雪景

下面通过制作“山村雪景”动画，来学习利用After Effects自带的“CC Snowfall”命令制作雪花飘落的方法。

【案例 1】　“山村雪景”简介

请大家打开本书配套素材中的“ch07”>“案例一”文件夹，观看其中的“山村雪景.mov”视频。该视频是由图7-1-1（a）所示的“山村.tif”图片制作而成的，最终的视频画面如图7-1-1（b）所示。

素材：素材与实例\ch07\案例一\山村雪景素材\山村.tif

结果：素材与实例\ch07\案例一\山村雪景.aep

思考：这段视频中，雪花的飘落速度由缓慢到急促再到缓慢，雪花的数量由少变多再到少，这种效果是怎样实现的？

(a)

(b)

图 7-1-1　素材与视频效果截图

预备知识

粒子是指小而简单的对象，将它大量地进行复制即可创建出如雪、雪、沙尘等效果。After Effects提供了多种类型的粒子系统，用户可以根据需要改变粒子的形状、大小、颜色、数量，以及运动方式等。

选中某个图层，然后选择“效果”＞“模拟”菜单，即可看到After Effects提供的所有粒子系统，如图7-1-2所示。

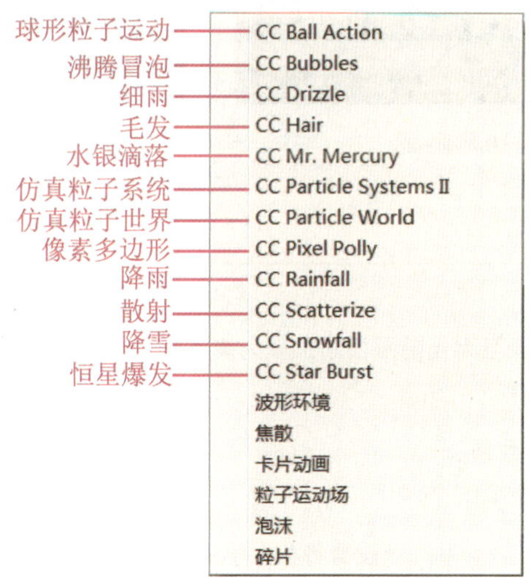

图 7-1-2　After Effects 提供的粒子命令

案例实施——制作山村雪景视频

扫一扫

制作思路

将“山村.tif”素材拖拽到时间轴面板中，并为其设置位移动画，再新建一个纯色固态层，并选中该图层，为其添加“CC Snowfall”命令，通过调整相关参数制作雪花动画。

制作步骤

步骤1 启动After Effects CC软件，将“ch07”>“案例一”>“山村雪景素材”文件夹中的素材导入项目面板，然后将“山村.tif”素材拖拽到时间轴面板中，并将该合成的播放制式设为“HDTV 1080 25”，持续时间设为27秒。

步骤2 选中“山村.tif”图层并按【S】键，然后将缩放比例设为190%；按【P】键，分别在第0秒和第10秒处添加“位置”关键帧，“位置”属性的*Y*坐标值分别为960和395，*X*轴采用默认设置，如图7-1-3所示。

步骤3 按【Ctrl+Y】键打开“纯色设置”对话框，在“名称”编辑框中输入“雪花”，单击“确认”按钮采用默认的背景色；选中创建的“雪花”图层并右击，从弹出的快捷菜单中选择“效果”>“模拟”>“CC Snowfall”菜单，打开图7-1-4所示的面板。

图 7-1-3 第 10 秒画面

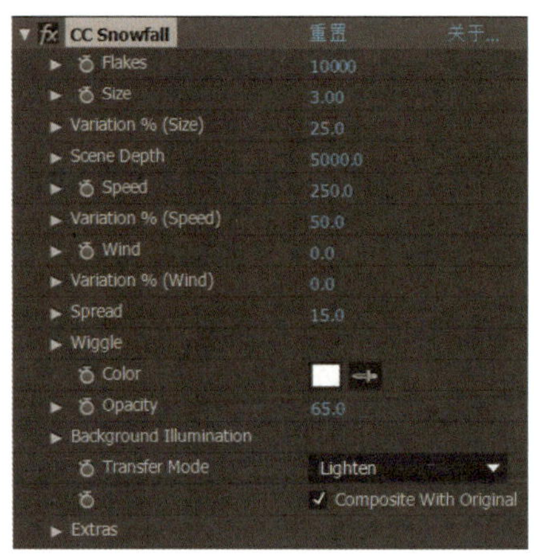

图 7-1-4 “CC Snowfall”面板

知识库

使用“CC Snowfall”命令可为当前画面添加较为真实的下雪效果。图7-1-4所示面板中，相关选项的功能如下。

Flaks（片）：设置降雪的数量。

Size（大小）：设置雪花的大小。

Variation %（Size）[变化（大小）]：设置雪花大小变化百分数。

Scene Depth（场景深度）：设置场景的深度。

Speed（速度）：设置下雪的速度。

Variation %（Speed）[变化（速度）]：设置速度的变化百分数。

Wind（风）：设置风的大小。

Spread（扩散）：设置雪的扩散程度。

Wiggle（晃动）：设置雪的晃动属性，包括晃动量、晃动频率、是否随机摆动，以及雪花的平面度百分数。

Color（颜色）：设置雪花的颜色。

Opacity（不透明度）：设置雪花的不透明度。

Background Illumination（背景亮度）：设置雪花的背景亮度，包括Influence %（影响百分数）" Spread Width（扩散宽度）和Spread Height（传播的高度）。

Transfer Mode（传播模式）：设置雪花的输出模式。

Composite With Orginal（基本层混合）：设置雪花是否与其所在的图层进行混合。

Extras（附加）：用于设置雪花在飘落时的相关附加属性，包括Offset（偏移）、Ground Level %（距离地面百分数）、Embed Depth %（嵌入深度百分数）及Random Seed（随机数量）。

步骤4 取消“Composite With Orginal”（基本层混合）复选框，然后参照图7-1-5所示调整雪花的数量、大小、场景深度、下雪速度等参数，最后按【0】键可以看到雪花的飘落效果。

步骤5 为了使雪花的效果更加明显，可选中“山村.tif”图层并右击，然后选择“效果”>“颜色校正”>“色阶”菜单，在打开的“色阶”控件面板中分别将“输入黑色”设为80，“输入白色”设为240，“灰度系数”设为0.65。

步骤6 选中“雪花”图层，然后在第0秒处添加“Flakse（片）”和“Size（大小）”关键帧；将时间线拖至第14秒处，将“Flakse”和“Size”值分别设为7200和9.8，效果如图7-1-6所示。

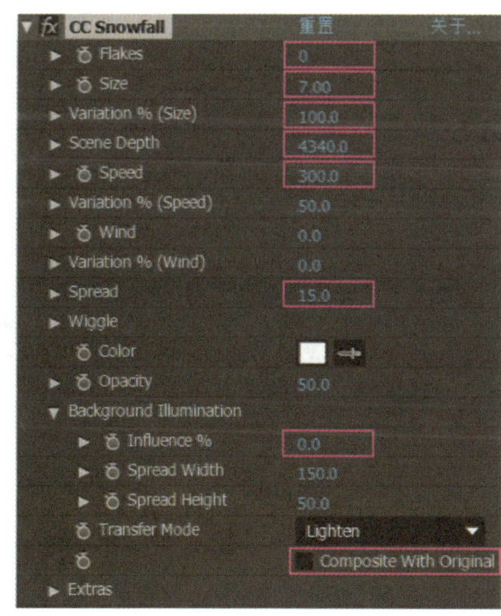

图 7-1-5 “CC Snowfall”面板

图 7-1-6 第 14 秒画面

步骤7 将时间线拖至时间轴的最右端，将“Flakse”和“Size”值分别设为1340和5.6。至此，本案例就制作完成了，按【0】键进行预览。

案例二　制作荷塘雨景

——瓢泼大雨

案例说明

无论是瓢泼大雨还是绵绵细雨，都是电影或电视节目中经常可以看到的。下面通过制作“荷塘雨景”视频动画，来学习利用After Effects自带的“CC Rainfall”命令制作瓢泼大雨的方法。

荷塘雨景

【案例2】　**“荷塘雨景”简介**

请大家打开本书配套素材中的“ch07”＞“案例二”文件夹，观看其中的“荷塘雨景.mov”视频。该视频是由图7-2-1（a）所示的“荷塘.jpg”图片制作的，最终的视频画面如图7-2-1（b）所示。

素材：素材与实例\ch07\案例二\荷塘雨景素材\荷塘.jpg

结果：素材与实例\ch07\案例二\荷塘雨景.aep

（a）

（b）

图7-2-1　素材与视频效果截图

预备知识

使用“CC Rainfall”命令可为画面添加较为真实的下雨效果，其制作方法与使用“CC Snowfall”命令制作雪花飘落的操作方法基本相同，都需要在执行命令后，通过在效果控件面板中设置相关选项或者调整它们的参数，从而达到所需效果。

案例实施 ——制作荷塘雨景

制作思路

将“荷塘.jpg”素材拖拽到时间轴面板中，然后新建一个纯色固态层，并选中该图层，为其添加“CC Rainfall”命令，最后通过调整相关参数制作大雨动画。

制作步骤

步骤1 启动After Effects CC软件，将“ch07”>“案例二”>“荷塘雨景素材”文件夹中的素材导入项目面板，然后将“荷塘.jpg”素材拖拽到时间轴面板中，并将该合成的播放制式设为“HDTV 1080 25”，持续时间设为10秒。

步骤2 选中“荷塘.jpg”图层并按【S】键，然后将缩放比例设为38%。

步骤3 按【Ctrl+Y】键打开“纯色设置”对话框，在“名称”编辑框中输入“大雨”，单击“确认”按钮采用默认的背景色；选中创建的“大雨”图层并右击，从弹出的快捷菜单中选择“效果”>“模拟”>“CC Rainfall”菜单，打开如图7-2-2所示的面板。

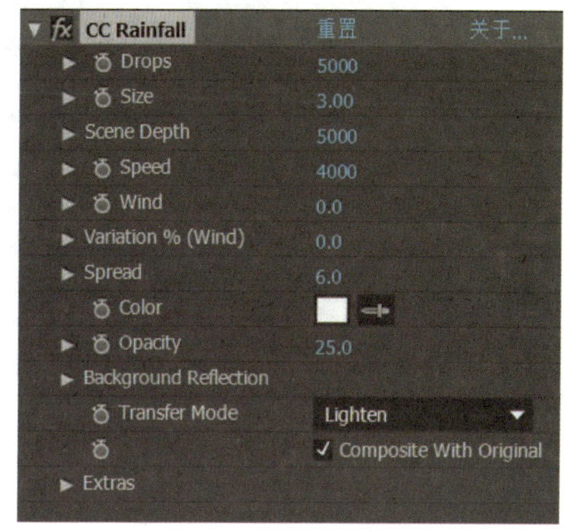

图7-2-2 “CC Rainfall”面板

知识库

如图7-2-2所示面板中，相关选项的功能如下。

Drop（下降）：设置下降的雨滴数量。

Size（大小）：设置雨滴的大小。

Scene Depth（场景深度）：设置雨景的深度。

Speed（速度）：设置下雨的速度。

Wind（风向）：设置风向。

Variation %（Wind）（风向变化）：设置风向变化的百分数。

Spread（扩散）：设置雨滴的扩散程度。

Color（颜色）：设置雨滴的颜色。

Opacity（不透明度）：设置雨滴的不透明度。

步骤4 将时间线拖至第0秒，参照图7-2-3设置雨滴的数量、大小、雨景深度、下雨速度等参数，然后分别为“Drops（下降）”和“Speed（速度）”添加关键帧，效果如图7-2-4（a）所示。

步骤5 将时间线拖至第6秒，然后将“Drops”和“Speed”的参数分别设为4000和5030；将时间线拖至时间轴的最右端，将“Drops”和“Speed”的参数分别设为5600和8400，效果如图7-2-4（b）所示。至此，本案例就制作完成了，按【0】键进行预览。

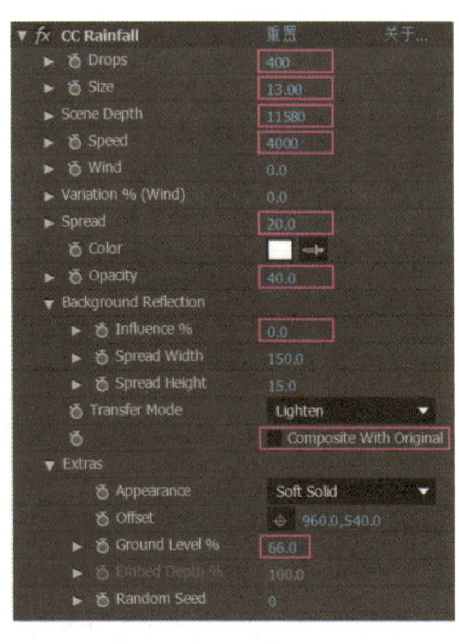

图 7-2-3 “CC Rainfall”面板

（a）第 6 秒画面

（b）第 10 秒画面

图 7-2-4 画面效果

案例三 制作梦幻特效

——CC Particle Worl（CC 仿真粒子世界）

案例说明

梦幻特效

在一些游戏或其他虚拟场景中，经常会看到大量运动的粒子特效。下面通过为游戏《圣魔之血》中的人物制作粒子特效，使场景产生梦幻效果，来学习“CC Particle World”（CC仿真粒子世界）命令的使用方法。

【案例 3】 **“梦幻特效”视频简介**

请大家打开本书配套素材中的“ch07”>“案例三”文件夹，观看其中的“梦幻特效.mov”视频。该视频是由图7-3-1（a）所示的“场景.jpg”和“游戏人物.jpg”图片制作的，最终的视频画面如图7-3-1（b）所示。

素材：素材与实例\ch07\案例三\梦幻特效素材\场景.jpg、游戏人物.jpg

结果：素材与实例\ch07\案例三\梦幻特效.aep

（a）

（b）

图 7-3-1 素材与视频效果截图

思考：

（1）图7-3-1（b）所示场景的紫色背景是怎样形成的？

（2）图7-3-1（b）中的梦幻粒子是怎样制作的？

预备知识

利用“CC Particle World”（CC仿真粒子系统）命令可以产生大量的运动粒子效果，可通过对粒子的产生方式、形状、大小、颜色等进行设置，从而制作出所需要的粒子颜色及运动效果，常用于制作梦幻粒子特效。

案例实施——制作梦幻粒子特效

制作思路

将“场景.jpg”素材拖拽到时间轴面板中，修改该素材的颜色，并添加“位置”和“缩放”动画，然后抠出“游戏人物.jpg”素材中的人物，调整该人物的颜色，并使人物从画面上方下移，最后利用“CC Particle World”命令制作梦幻粒子。

制作步骤

1. 构图

步骤1 启动After Effects CC软件，将“ch07”>“案例三”>“梦幻特效素材”文件夹中的素材导入项目面板，然后将“场景.jpg”素材拖拽到时间轴面板中，并将持续时间设为5秒。

步骤2 展开“场景.jpg”图层，将缩放比例设为270%，然后在第0秒处添加“位置”关键帧，并调整“位置”参数，使画面如图7-3-2所示。

步骤3 在第1秒处添加“缩放”关键帧，然后将时间线拖至第1秒20帧处，调整“位置”参数，再将缩放比例设为173%左右，使得画面如图7-3-3所示。将时间线拖至第1秒处，然后调整“位置”参数，使得画面如图7-3-4所示。

图 7-3-2　第 0 秒画面

图 7-3-3　第 1 秒 20 帧画面

步骤 4　按【0】键预览时，如果发现第 0 秒至第 1 秒 20 秒处画面有跳动，可在工具栏中选择“转换“顶点”工具”，然后在“场景.jpg”图层的时间轨上单击，并在合成窗口的时间线上第 0 秒和第 1 秒 20 帧处的夹点上单击，如在图 7-3-4 中两个箭头所指的夹点上单击，使路径变成两条直线。

步骤 5　将“游戏人物.jpg”素材拖拽到时间轴面板中，然后将其缩放比例设为“-50.0, 50.0%”。选中该图层并右击，从弹出的快捷菜单中选择“效果”>“键控”>“颜色范围”菜单，在“颜色范围”面板中单击按钮，接着在合成窗口中人物的空白区域单击，即可指定变成透明区域的颜色。此时的画面效果如图 7-3-5 所示。

图 7-3-4　第 1 秒画面

图 7-3-5　抠图效果

步骤 6　将时间线拖至第 1 秒 09 帧处，利用【Alt+｛】键裁剪时间线左侧“游戏人物.jpg”图层的时间轨。在第 1 秒 23 帧处为“游戏人物.jpg”图层添加“位置”关键帧，画面如图 7-3-5 所示；将时间线拖至第 1 秒 09 帧处，调整“位置”参数，使得画面中的人物如图 7-3-6 所示。

2. 制作梦幻粒子

步骤 1　按【Ctrl+Y】键打开“纯色设置”对话框，在“名称”编辑框中输入“梦幻粒子”，采用默认的背景色并单击“确认”按钮；选中创建的“粒子”图层并右击，从弹出的快捷菜单中选择“效果”>“模拟”>“CC Particle World”菜单，打开如图 7-3-7 所示的面板。

图 7-3-6　第 1 秒 09 帧画面

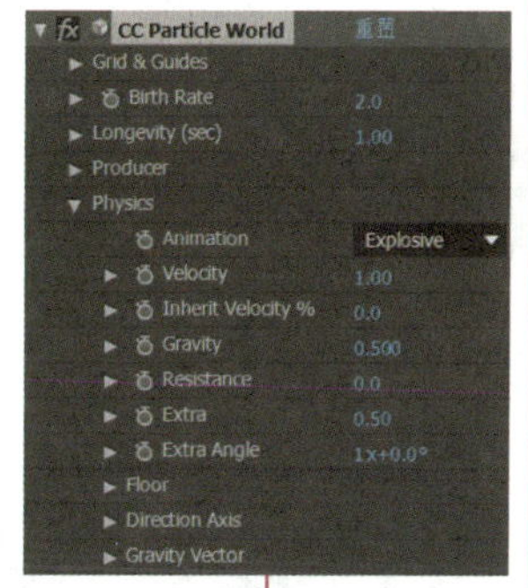

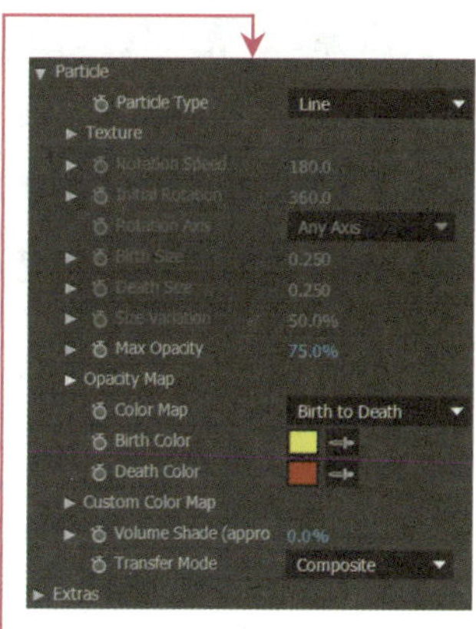

图 7-3-7　“CC Particle World”面板

知识库

如图7-3-7所示面板中，相关选项的功能如下。

Grid & Guide（网格与参考线）：设置网格与参考线的各项属性。

Birth Rate（生长速率）：设置粒子产生的数量。

Longevity（寿命）：设置粒子的存活时间，单位为秒。

Producer（发生器）：该选项组主要用来设置粒子的位置及粒子产生的范围。

Physics（物理学）：用于设置粒子的运动效果。其中，相关选项的功能如下。

① Animation（动画）：在该列表框中可选择粒子的运动方式，如“Explosive（爆炸）”“Cone Axis（锥轴）”“Twirly（急速旋转）”“Vortex（漩涡）”等。

② Velocity（速度）：设置粒子的发射速度。该值越大，粒子飞散得越高越远。

③ Inherit Velocity %（继承的速率）：用来控制子粒子从主粒子继承的速率大小。

④ Gravity（重力）：用于为粒子添加重力。当该值为负值时，粒子向上运动。

⑤ Resistance（阻力）：用于设置粒子产生时的阻力。该值越大，粒子发射的速度越小。

⑥ Extra（附加）：用于设置粒子的扭曲程度。当Animation（动画）右侧的粒子方式不为Explosive（爆炸）时，Extra（附加）和Extra Angle（附加角度）才可用。

⑦ Extra Angle（附加角度）：用于设置粒子的旋转角度。

⑧ Floor（地面）：设置视图中网格的高低位置。

Particle（粒子）：该选项组主要用来设置粒子的纹理、形状和颜色。其中，相关选项的功能如下。

① Particle Type（粒子类型）：在该列表框中可设置产生的粒子的形状。

② Texture（纹理）：用于设置粒子的材质贴图。需要注意的是，只有当Particle Type（粒子类型）为纹理类型时，该选项才可用。

③ Max Opacity（最大透明度）：用于设置粒子的透明度。

④ Color Map（颜色贴图）：在右侧的下拉菜单中可选择粒子贴图的类型。

⑤ Birth Color（产生粒子颜色）：设置刚产生的粒子的颜色。

⑥ Death Color（死亡粒子颜色）：设置即将死亡的粒子的颜色。

⑦ Volume Shade（体积阴影）：为粒子设置阴影。

⑧ Transfer Mode（叠加模式）：设置粒子与粒子之间的叠加模式。

步骤2 展开效果控件面板中的“Physics（物理学）”选项组，参照图7-3-8（a）调整粒子的发射速度、重力和旋转角度；展开Particle（粒子）选项组，参照图7-3-8（b）调整粒子的类型、粒子的大小变化百分数、最大不透明度，以及颜色贴图、产生粒子的颜色（R:223、G:114、B:246）和死亡粒子的颜色（R:229、G:56、B:255）。

步骤3 按【0】键可以看出，粒子从画面的中间位置发射，且粒子非常集中，如图7-3-9所示。为此，可展开“Producer（发生器）”选项组，然后参照图7-3-10设置粒子的位置及范围。

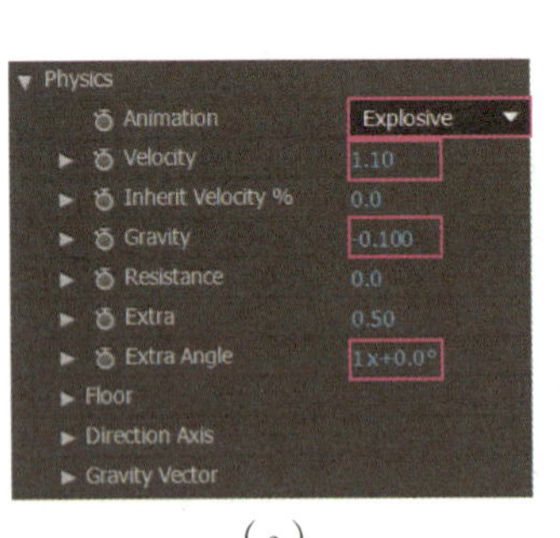

（a）

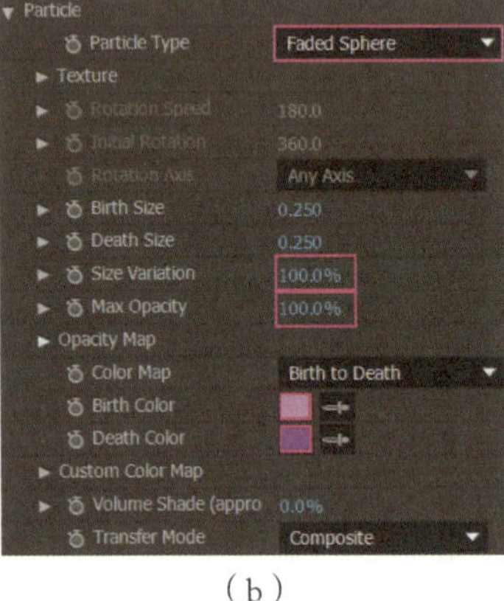

（b）

图 7-3-8　设置粒子的运动效果及颜色

图 7-3-9　粒子效果

步骤4 选中效果控件面板中的“CC Particle World”效果，然后在合成窗口中单击粒子发射点，将发射点（有光的部位）移至如图7-3-11所示位置，最后将“梦幻粒子”图层复制一份，使得粒子的颜色加深。

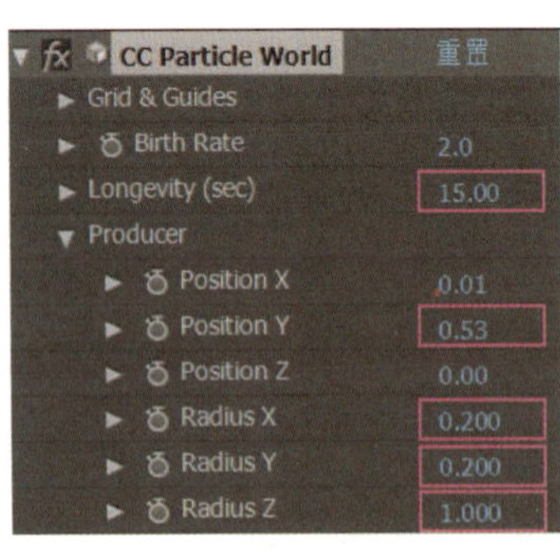

图 7-3-10　调整发射点的位置

图 7-3-11　调整粒子发射点的位置

3. 细部调整

制作好动画后，接下来需要从画面色彩搭配、运动时的模糊程度等方面进行调整。本案例中，可通过对“场景.jpg”图层添加“色阶”和“色相/饱和度”命令，将场景颜色调成紫色，再为该图层添加“快速模糊”命令，使得画面效果更加真实。

步骤1 选中“场景.jpg”图层并右击，从弹出的快捷菜单中选择“效果”>“颜色校正”>“色阶”菜单，然后参照图7-3-12调整该图层的色阶；再次选中“场景.jpg”图层并右

击，从弹出的快捷菜单中选择“效果”>“颜色校正”>“色相/饱和度”菜单，将“主色相”设为 0x+72.0°，如图 7-3-13 所示。

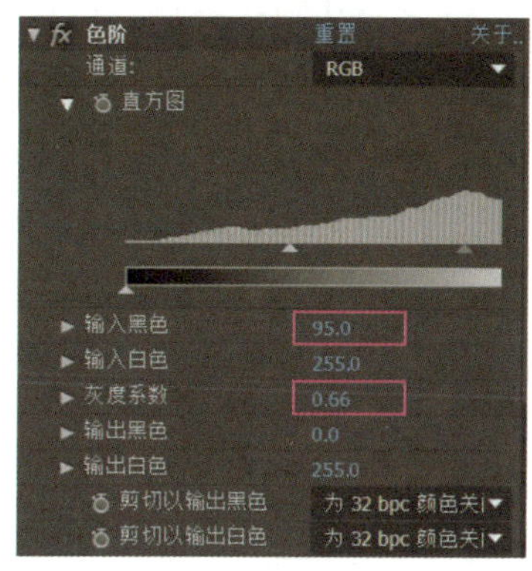

图 7-3-12 “色阶”面板

图 7-3-13 场景的色彩效果

步骤 2 选中“场景.jpg”图层并右击，从弹出的快捷菜单中选择“效果”>“模糊和锐化”>“快速模糊”菜单，然后在第 1 秒处添加“模糊度”关键帧，“模糊度”值为 0；将时间线拖至 1 秒 06 帧处，将“模糊度”值设为 10。

步骤 3 选中“游戏人物.jpg”图层并右击，从弹出的快捷菜单中选择“效果”>“键控”>“抠像清除器”菜单，以清除人物边缘的对比度；选中该图层并右击，从弹出的快捷菜单中选择“效果”>“颜色校正”>“色相/饱和度”菜单，然后将“主色相”设为 0x+18.0°。至此，本案例就制作完成了，按【0】键进行预览。

课堂实训 1——制作浪漫心形特效

扫一扫

请大家打开本书配套素材中的“ch07”>“课堂实训”文件夹，观看其中的“浪漫心形.mov”视频。该视频是由如图 7-3-14（a）所示“心形.png”和“背景图.jpg”图片制作而成的，最终的视频画面如图 7-3-14（b）所示。

素材：素材与实例\ch07\课堂实训\浪漫心形素材\心形.png 和背景图.jpg

结果：素材与实例\ch07\课堂实训\浪漫心形.aep

（a）

（b）

图 7-3-14 素材与视频效果截图

提示：

该视频画面中的心形动画是使用“CC Particle World”粒子制作的。制作时，可在“Particle（粒子）”选项组中将“Particle Type（粒子类型）”设为“Textured Square”，将“Texture Layer（纹理图层）”设为“心形.png”图层，并通过为“Death Color（结束颜色）”选项创建关键帧（11帧和2秒13帧处为红色，1秒16帧处为蓝色），制作心形随时间改变颜色的效果，最后为“粒子”图层添加“彩色浮雕”效果。

案例四　制作篮球世界杯片头
——Power Sphere（强力球）

案例说明

在After Effects中利用外部插件“Power Sphere（强力球）”不仅可以创建三维球体，还可以为该球体添加所需材质贴图，并设置旋转动画。下面通过制作“篮球世界杯”片头，来学习“Power Sphere（强力球）”插件的使用方法。

篮球世界杯

【案例4】　“篮球世界杯”简介

请大家打开本书配套素材中的“ch07”>“案例四”文件夹，观看其中的“篮球世界杯.mov”视频。该视频是由图7-4-1（a）所示的“背景.mov”视频和“篮球贴图.jpg”图片制作的，最终的视频画面如图7-4-1（b）所示。

素材：素材与实例\ch07\案例四\篮球世界杯素材\背景.mov和篮球贴图.jpg

结果：素材与实例\ch07\案例四\篮球世界杯.aep

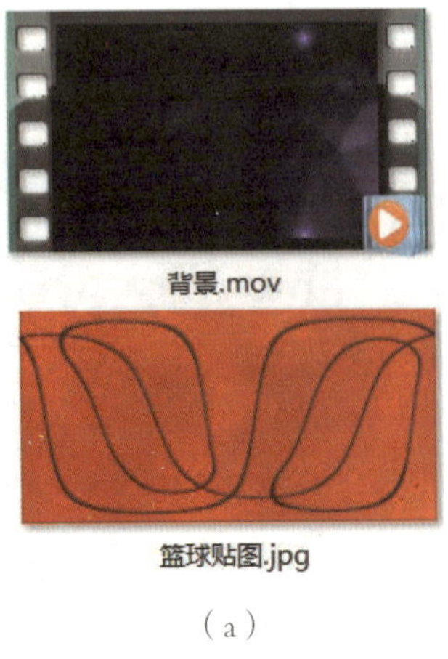

（a）

（b）

图7-4-1　素材与视频效果截图

思考：“篮球世界杯.mov”视频中，篮球是怎样形成的？

预备知识

在进行影视后期制作时，有的时候会需要创建诸如圆球、小球、地球等三维物体。利用“Power Sphere”插件可以脱离三维软件直接在After Effects中将这些球体创建出来。此外，用“Power Sphere”插件创建的球体具备了较为真实的3D属性，可以直接在After Effects中控制球体的旋转、变形、反射、灯光等属性，同时支持摄像机动画。

提　示

要使用“Power Sphere”插件，需要先安装该插件。为了方便读者操作，本书提供了“Power Sphere”插件的安装文件。请读者打开本书配套素材“After Effects 插件”>“Power Sphere”文件夹，将其中的“Power Sphere.aex”文件复制粘贴到“X:\Program Files\Adobe\Adobe After Effects CC 2016\Support Files\Plug-ins”中，即可完成该插件的安装。

此外，读者还可以打开“Power Sphere”文件夹中的“Power Sphere 使用方法 .mp4”文件，查看该插件的使用方法，其他插件的安装方法与“Power Sphere”插件的安装方法基本相同。建议读者先将“After Effects 插件”文件夹中的其他插件全部安装，以便后续学习和使用。

案例实施——制作篮球世界杯片头

制作思路

导入相关素材后将“背景.jpg”和“篮球贴图.jpg”素材添加到时间轴面板中，然后创建纯色固态层，为该固态层添加“Power Sphere”命令，并将“篮球贴图.jpg”素材设为篮球的纹理贴图。创建一个空对象，使其与“篮球”图层关联，然后为“空”对象图层添加相关动画，从而使得篮球随着空对象的运动而运动，最后添加灯光和文字。

制作步骤

1. 构图

步骤1　启动After Effects CC软件，将“ch07”>“案例四”>“篮球世界杯素材”文件夹中的所有素材导入项目面板。

步骤2　将项目面板中的“背景.mov”素材拖拽到时间轴面板中，然后将播放制式设为“HDTV 1080 25”。选中“背景.mov”图层并按【S】键，将该图层的缩放比例设为157%。

步骤3　将项目面板中的“篮球贴图.jpg”素材拖拽到时间轴面板中，按【Ctrl+Y】键新建一个固态层，在“名称”编辑框中输入“篮球”。选中“篮球”图层，然后选择“效果”>“CROSSPHERE”>“Power Sphere”菜单，在打开的“Power Sphere”效果控件面板中的“Texture”列表框中选择“2. 篮球贴图.jpg”选项，最后隐藏“篮球贴图.jpg”图层，如图 7-4-2 所示。

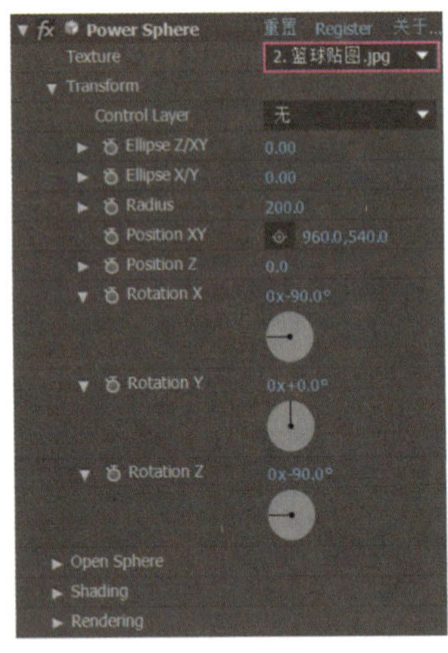

图 7-4-2 制作篮球

知识库

如图 7-4-2 所示面板中，相关选项的功能如下。

Texture（纹理）：用于指定球体的纹理贴图。

Transform（变换）：用于指定球体的变换参数。

① Control Layer（控制图层）：用于指定控制该图层运动的图层。

② Ellipse Z/XY（椭圆 Z/XY）：使圆球在 *X*、*Y*、*Z* 方向上变化，最终形成椭圆。

③ Ellipse X/Y（椭圆 X/Y）：使圆球仅在 *X*、*Y* 方向上变化，最终形成椭圆。

④ Radius（半径）：控制球体的半径。

⑤ Position XY（位置 XY）：用于指定球体的 *X* 轴和 *Y* 轴坐标。

⑥ Position Z（位置 Z）：用于指定球体在 *Z* 轴方向上的位置。

⑦ Rotation X / Rotation Y / Rotation Z（旋转 X/Y/Z）：用于分别指定该球体在 *X*、*Y*、*Z* 方向上的旋转角度。

Open Sphere（打开的球体）：利用该选项组中的其他选项，可制作半球体。

Shading（阴影）：用于设置球体的阴影效果。

Rendering（效果）：用于设置球体的 Render Side（渲染类型）、Depth Of Field（模糊）、Boost DOF Blur（增加景深模糊）和 Sharpness（清晰度）等。

2. 制作动画

篮球从左上角飞入画面右侧的动画虽然可以利用“位置”或“锚点”关键帧制作，但是灯光是具有三维属性的，当制作好篮球的动画后再添加灯光，则篮球的运动轨迹就会发生变化。为此，可新建一个“空”对象图层，将该图层设为3D图层，并在该图层上制作球体动画，然后使篮球跟踪着空对象的运动轨迹而运动，具体的操作方法如下。

步骤1 选择“图层”>“新建”>“空对象”菜单，则时间轴面板中将新建一个“空”图层。选中“篮球”图层，在效果控件面板中展开“Transform（变换）”选项组，然后在“Control Layer（控制图层）”列表框中选择“1. 空”，从而使得篮球随着“空”对象的运动而运动。

步骤2 选择“图层”>“新建”>“摄像机”菜单，在打开的对话框中将“预设”设为“50毫米”，然后单击“确定”按钮。选中“摄像机1”图层并按【P】键，拖动“位置”属性的*Z*坐标值，将画面中的篮球放大到合适位置。

步骤3 将“空”图层设为3D图层，然后展开该图层，将时间线移至第3秒，为该图层添加“位置”关键帧，接着将篮球移至画面的右侧，此时的“位置”坐标为“1120.0，540.0，0.0”，画面效果如图7-4-3所示。

步骤4 将时间线移至第1秒，然后调整“篮球”图层的“位置”属性参数，使得篮球位于画面的左上角处，如将“位置”参数设为“440.0，355.0，-443.0”，则画面效果如图7-4-4所示。

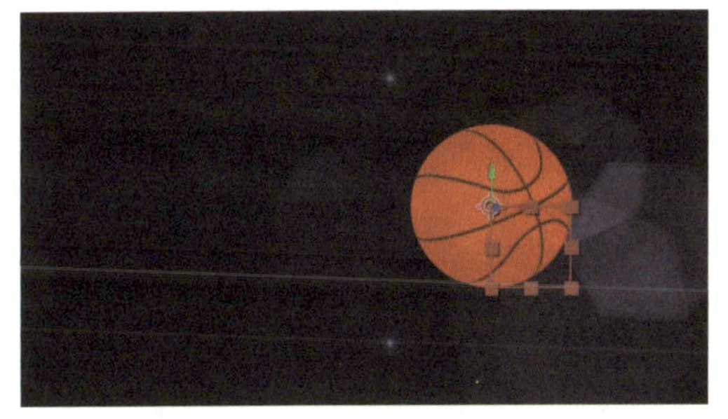

图 7-4-3　第 3 秒画面效果

图 7-4-4　第 1 秒画面效果

步骤5 将时间线移至第0秒，为“X轴旋转”属性添加关键帧，然后将时间线移至时间轴的最右端，将*X*轴旋转坐标设为“1x+0.0°”。

提 示

本案例中的篮球在运动时的大小变化的制作思路为：先固定摄像机的位置和镜头大小，然后通过调整篮球“位置”属性中的*Z*轴坐标来实现。如果不添加摄像机，仅通过调整第1秒和第3秒处“位置”属性的*Z*轴坐标，也可以达到所需效果。但是添加摄像机后再调整篮球的大小比较方便。

3. 添加灯光和文字

步骤1 隐藏“空”对象图层，然后选择“图层”>“新建”>“灯光”菜单，在打开的“灯光设置”对话框中设置灯光类型、颜色（采用默认的白色）、强度及投影等，如图7-4-5所示。

步骤2 将视图切换至4个视图模式显示，然后在顶视图和右视图中调整灯光的位置，使摄影机视图中灯光的目标点和位置点如图7-4-6所示。

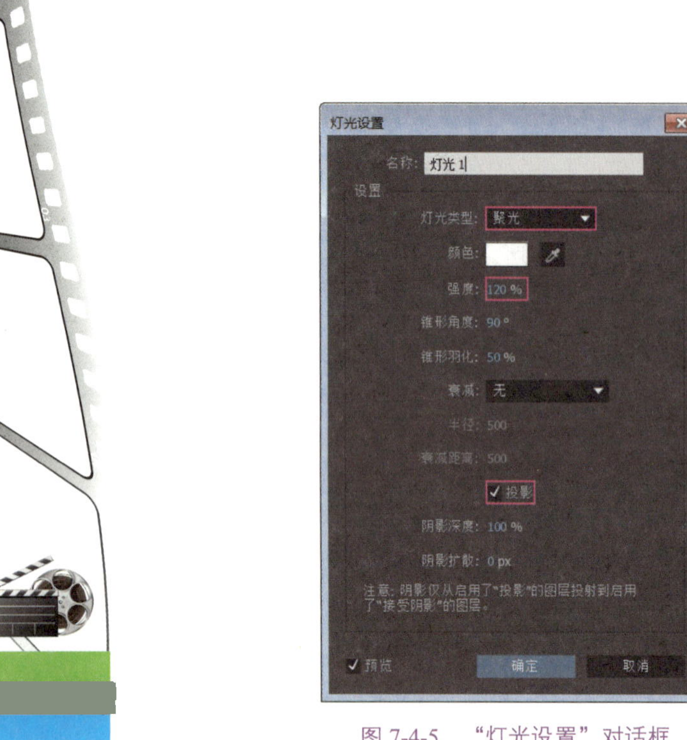

图 7-4-5 “灯光设置”对话框

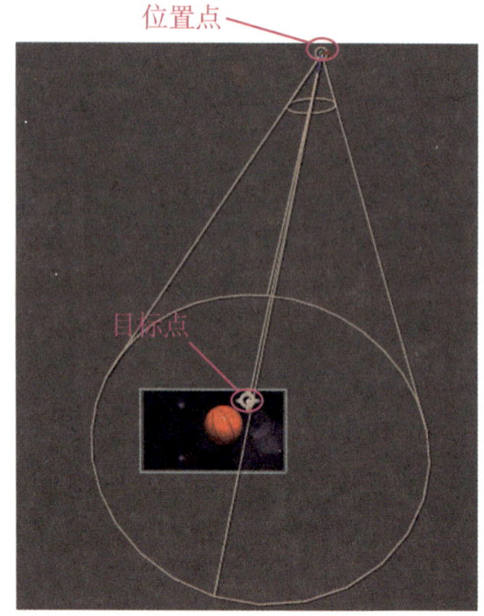

图 7-4-6 调整灯光的位置

步骤3 选中“篮球”图层，在效果控件面板中展开“Shading（阴影）”选项组，然后参照如图 7-4-7 所示调整灯光阴影的参数，使得球面的高光点减弱。

知识库

如图 7-4-7 所示“Shading（阴影）”选项组中，相关选项的功能如下。

Fallof（下降）：用于指定阴影的下降方式，可根据情况选择“None（无）”或“Smooth（平滑的）”。

Self Shadow（自身的影子）：用于控制是否投影对象自身的影子。

Light Transmissio（光颗粒）：用于控制在对象的背面产生亮光的程度。

Emit（发出）：用于控制阴影的面积。

Diffuse（扩散）：用于控制阴影扩散的程度。

Specular（镜面）：用于控制对象表面高光的亮度。

Roughness（粗糙度）：用于控制对象表面在灯光下的粗糙度。

步骤4 在图层区右击，从弹出的快捷菜单中选择“新建”>“文本”菜单，然后在合成窗口中输入“NBA 篮球世界杯”；选中输入的内容，将其字体设为“汉仪细行楷简”，字高设为 80，文字颜色设为白色。

步骤5 选中文字图层，将时间线拖至第 1 秒，然后按【P】键，添加“位置”关键帧，并将其参数设为“450，552”；将时间线拖至时间轴的最右侧，将“位置”参数设为“350，552”，如图 7-4-8 所示。

步骤6 选中文字图层并按【T】键，分别在第 2 秒和第 4 秒添加不透明度，其“不透明度”参数分别为 0% 和 100%。至此，本案例就制作完成了，按【0】键进行预览。

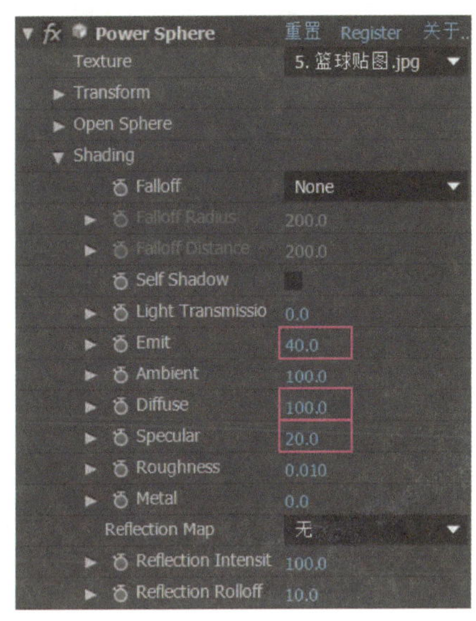

图 7-4-7　效果控件面板

图 7-4-8　第 9 秒画面效果

课堂实训 2——制作星球特效

请大家打开本书配套素材中的“ch07”>“课堂实训”文件夹，观看其中的“星球特效.mov”视频。该视频是由“地图.jpg”图片和“星空.mov”视频制作的，其最终的视频画面如图 7-4-9 所示。

星球特效

素材：素材与实例\ch07\课堂实训\星球特效素材\地图.jpg、星空.mov

结果：素材与实例\ch07\课堂实训\星球特效.aep

地图.jpg

星空.mov

（a）

（b）

图 7-4-9　素材与视频效果截图

提示：

（1）将“星空.mov”和“地图.jpg”素材拖到时间轴面板中，然后新建一个名为“星球”的纯色固态层，为其添加“Power Sphere（强力球）”效果，并参照图 7-4-10 设置相关参数，最后为“星球”图层添加“发光”效果

并设置其参数，制作星球散发淡蓝色光芒的效果，如图7-4-11所示。

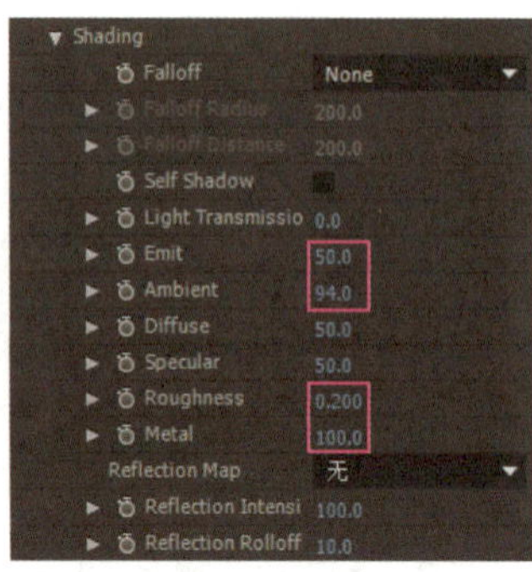

图7-4-10 设置“Power Sphere”参数

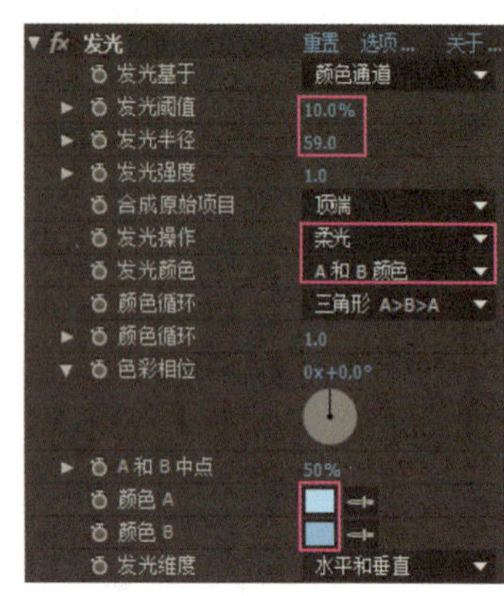

图7-4-11 设置“发光”参数

（2）星球的旋转和位置动画尽量在“空”对象图层上制作。

（3）创建一个摄像机，并设置其位置和目标点，调整镜头效果。创建一个聚光灯，并设置其位置和目标点，调整灯光效果，最后为“星空.mov”图层添加“快速模糊”“色相饱和度”和“色阶”效果，调整星空的背景效果。

案例五 制作大桥爆炸特效

——烟雾效果

案例说明

爆炸是一种极为迅速的物理或化学能量的释放过程，且爆炸过程中常伴有烟雾。爆炸特效是一些警匪片和好莱坞大片中必不可少的元素之一。对于一些对爆炸效果要求不高的场景，在后期制作时，爆炸的火焰可使用一些火焰素材，或使用相关插件制作，而烟雾常用“Particular（特殊）”插件来制作。

下面通过制作“大桥爆炸.mov”视频动画，来学习利用“Particular（特殊）”插件制作烟雾的方法。

【案例5】 **“大桥爆炸”视频简介**

请大家打开本书配套素材中的“ch07”>“案例五”文件夹，观看其中的“大桥爆炸.mov”视频。该视频是由图7-5-1（a）所示的“背景.jpg”图片和“火焰.mov”视频制作的，最终的视频画面如图7-5-1（b）所示。

大桥爆炸

素材：素材与实例\ch07\案例五\大桥爆炸素材\背景.jpg、火焰.mov

结果：素材与实例\ch07\案例五\大桥爆炸.aep

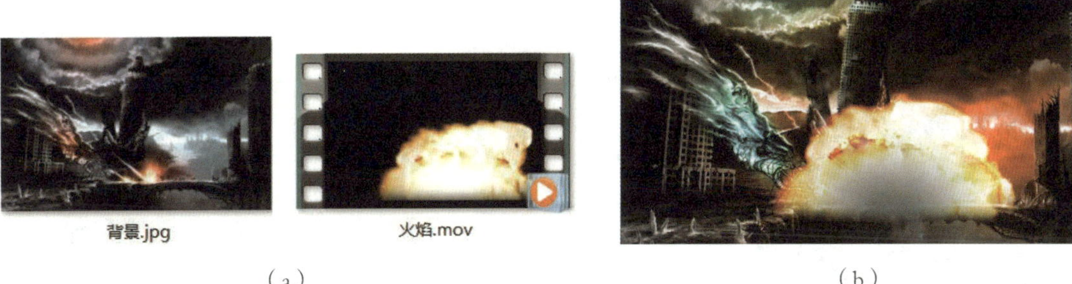

（a）　　　　（b）

图 7-5-1　素材与视频效果截图

思考：

（1）爆炸前、后视频中的烟雾是怎样制作的？

（2）爆炸时，爆炸点周围的场景都会变亮，场景的这种明暗变化是怎样制作的？

预备知识

“Particular（特殊）”是一种三维的粒子系统，其功能非常多样，使用它可以制作出多种自然效果，如火、云、烟雾、星光、雨、雪等，是一种常用的粒子插件。为图层添加“Particular”命令后，一般需要调整“发射器”“粒子”和“力场”3部分。

案例实施——制作大桥爆炸特效

制作思路

导入相关素材后，将“背景.jpg”素材添加到时间轴面板中，然后利用“Particular”插件制作导弹运行时的烟雾，再将“火焰.mov”素材添加到时间轴面板中，并使火焰位于导弹的落点处，接着利用“Particular”插件制作爆炸后的烟雾。爆炸时由于火焰的存在，使得场景有明暗亮度变化，因此，还需要利用“色相/饱和度”命令和“蒙版”功能对场景进行明暗调整。

制作步骤

步骤1　启动After Effects CC软件，将“ch07”＞“案例五”＞“大桥爆炸素材”文件夹中的所有素材导入项目面板，然后将项目面板中的“背景.jpg”素材拖拽到时间轴面板中，并将播放制式设为“HDTV 1080 25”，持续时间设为5秒，其他采用默认设置。

步骤2　选中“背景.jpg”图层按【S】键，将该图层的缩放比例设为207%；按【P】键，将画面沿Y坐标向上移至合适位置，如图7-5-2所示。

步骤3 按【Ctrl+Y】键打开“纯色设置”对话框，在“名称”编辑框中输入“发射导弹”，然后单击“确认”按钮。选中创建的“发射导弹”图层并右击，从弹出的快捷菜单中选择“效果”＞“Trapcode”＞“Particular”菜单，打开图7-5-3所示的面板。

图 7-5-2　画面效果

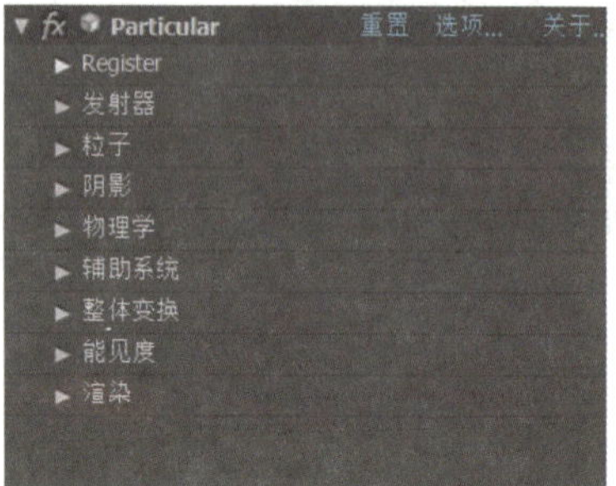

图 7-5-3　“Particular”面板

知识库

大部分粒子特效是由发射器、粒子和力场 3 部分构成的。

发射器：粒子特效好比现实世界中的焰火，首先需要一个发射装置。大部分特效都可以设定不同的发射装置，以产生多样的粒子效果。常用的粒子发射器包括点状发射器（从一点或一个区域发射粒子）和网格发射器（以网格的方式多点发射粒子）等。指定发射器后，需要对粒子的发射状态进行一些设置，如粒子的发射速度和分布速度。

粒子：发射器中喷射出的粒子可以设定形状、颜色、不透明度、大小等。一般情况下，发射粒子的数量由“发射器”中的相关参数控制。喷射出的粒子通常都有生命值。生命值的长短是指从发射器喷射出粒子开始计算，直到粒子出现后消失所经历的时间。

力场：粒子喷射出后会受到特效中力场参数的控制。通常是重力，即可以在力场中为粒子指定某个方向的力进行影响。例如，指定向下的重力，那么粒子在发射后会受重力影响向下掉落。此外，还可以通过设置使粒子产生不规则的变化。

步骤4 展开效果控件面板中的“发射器”选项组，参照图7-5-4设置发射器的类型、每秒发射粒子的数量、粒子发射的速率、速度的随机效果等；展开“粒子”选项组，参照图7-5-5设置粒子的类型、大小、不透明度、随机不透明度等，最后单击“颜色”选项后的色块，在打开的“颜色”对话框中将粒子的颜色设为（R:207、G:207、B:207）。

步骤5 将时间线拖至第0秒，为“发射器”选项组中的“位置XY”属性添加关键帧，然后将“位置XY”的参数设为“232.0，-52.0”，使得发射器的*XY*轴位于图7-5-6中的*A*点位置；将时间线拖至第1秒05帧处，将*A*点处的位置点拖动到画面中要爆炸的*B*点处。此时，按【0】键可以看到导弹发射时的烟雾效果，如图7-5-7所示。

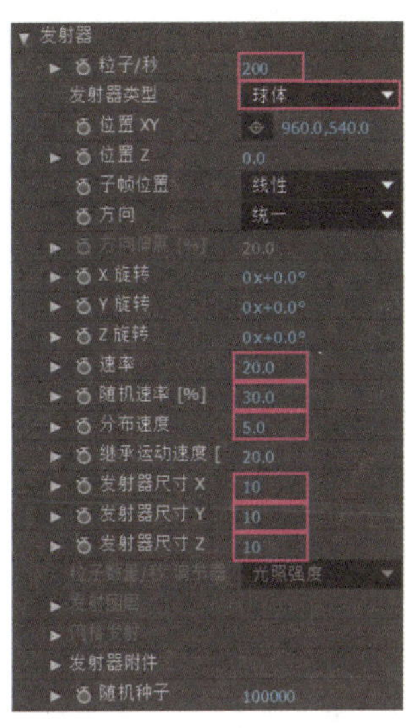

图 7-5-4　发射器的相关设置

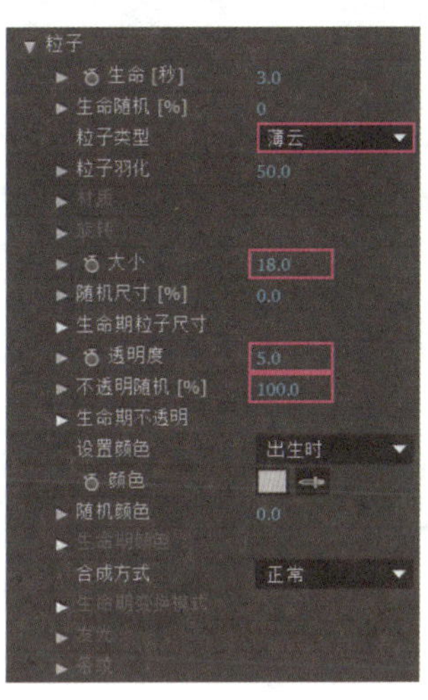

图 7-5-5　粒子的相关设置

图 7-5-6　发射器的位置

提　示

按【0】键预览时，如果上步创建的粒子出现了不需要的跳动，可通过拖动画面中心位置处的◉点，调整粒子的发射方向。

步骤6　将“火焰.mov”素材拖拽到时间轴面板中，然后将该图层的模式设为“屏幕”；按【S】键将“缩放”比例设为188%；按【P】键将火焰的爆发点移至图7-5-6中*B*点附近，此时的画面如图7-5-8所示。

图 7-5-7　第 1 秒 05 帧画面

图 7-5-8　第 3 秒 18 帧画面

步骤7　按【Ctrl+Y】键打开“纯色设置”对话框，在“名称”编辑框中输入“烟雾”并单击“确认”按钮。选中创建的“烟雾”图层并右击，从弹出的快捷菜单中选择“效果”>“Trapcode”>“Particular”菜单，然后参照如图7-5-9所示设置发射器的相关参数。

步骤8　展开“粒子”选项组，参照图7-5-10设置粒子的相关参数，最后单击“颜色”选项后的色块，在打开的“颜色”对话框中设置粒子的颜色为(R:57、G:57、B:57)。

步骤9　将时间线拖至第1秒15帧左右，然后将“烟雾”图层的时间轨向右移动，使得该时间轨的起始位置与时间线重合。拖动图7-5-8中“位置XY”编辑框中的参数，使烟雾的发射点位于导弹落点的下方合适位置，如图7-5-11所示。

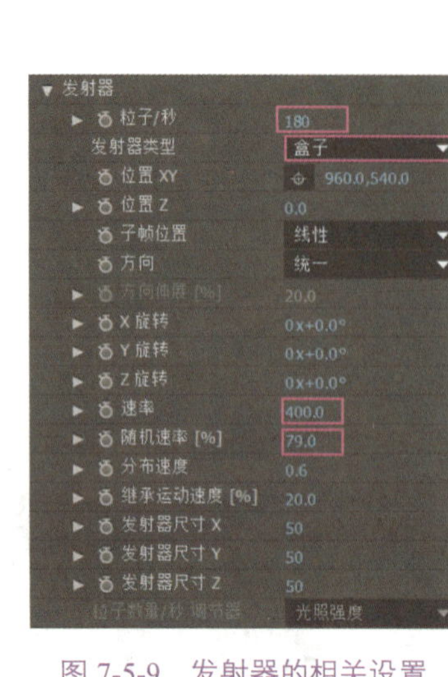

图 7-5-9 发射器的相关设置

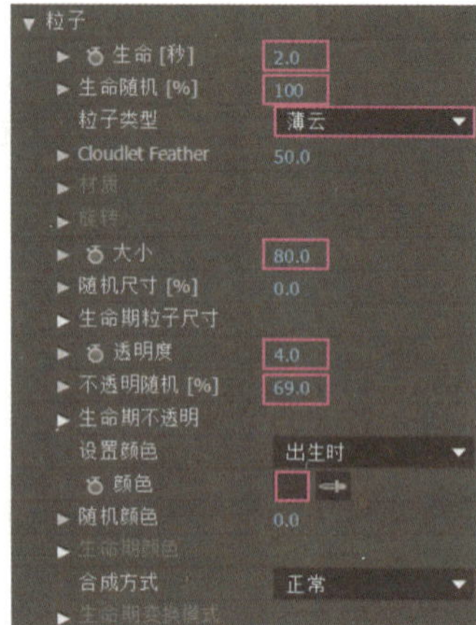

图 7-5-10 设置粒子的相关参数

爆炸时，场景中的景物会有明暗亮度上的变化，为此，还需要进行如下操作。

步骤 10 选中“背景.jpg”图层，依次按【Ctrl+C】和【Ctrl+V】键复制该图层。选中复制得到的图层并右击，从弹出的快捷菜单中选择“效果”>“颜色校正”>“色相/饱和度”菜单，然后将主色相设为 0x+175.0°，“主饱和度”设为 90，如图 7-5-12 所示。

图 7-5-11 画面烟雾效果

图 7-5-12 色相/饱和度效果

步骤 11 隐藏最下方的“背景.jpg”图层，选中复制得到的“背景.jpg”图层，利用工具栏中的“椭圆工具”绘制椭圆蒙版，然后将“蒙版羽化”值设为 335.0，如图 7-5-13 所示。

步骤 12 将时间线拖至第 1 秒 05 帧处，添加“蒙版路径”关键帧；将时间线拖至第 3 秒 04 帧处，在“蒙版路径”选项上单击，然后按【Ctrl+T】键选中椭圆，并通过拖动矩形的边线调整椭圆的大小，最后按回车键，结果如图 7-5-14 所示。

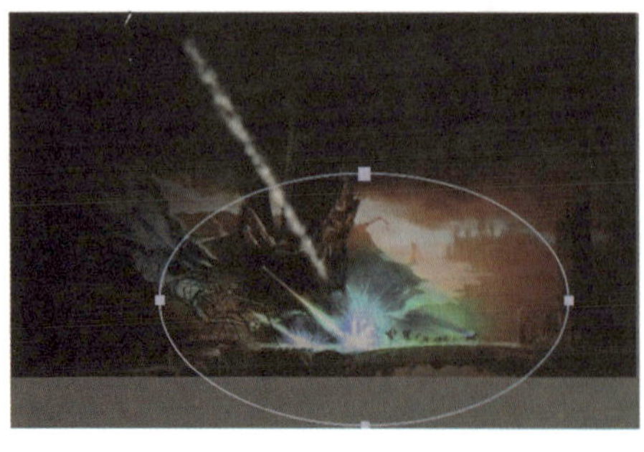

图 7-5-13 第 1 秒画面

图 7-5-14 第 3 秒 04 帧画面

步骤 13 显示最下方的“背景.jpg”图层，然后在复制得到的“背景.jpg”图层的第 1 秒

12帧和第2秒13帧处添加“不透明度”关键帧，“不透明度”值分别为0%和100%。此时，按【0】键预览可知，在爆炸前场景并无亮度的变化。至此，本案例就制作完成了。

案例六　制作炫目粒子特效

——发光球体

案例说明

在电影和电视栏目宣传片中，文字特效是必不可少的。一个好的文字特效不仅可以增强设计效果，促进信息的传达，更能起到“山雨欲来风满楼”的效果。

地心游记

下面，通过制作“地心游记.mov”片头，来学习利用“Particular（特殊）”插件制作炫目粒子的方法。

【案例6】　“地心游记”片头简介

请大家打开本书配套素材中的“ch07”>“案例六”文件夹，观看其中的“地心游记.mov”视频。该视频是由图7-6-1（a）所示的“古地图.jpg”、“亮光.jpg”和“烟雾背景.mov”视频制作的，最终的视频画面如图7-6-1（b）所示。

素材：素材与实例\ch07\案例六\地心游记素材\古地图.jpg、亮光.jpg、烟雾背景.mov

结果：素材与实例\ch07\案例六\地心游记.aep

（a）　（b）

图7-6-1　素材与视频效果截图

思考：“烟雾背景.mov”视频中，白色的粒子是怎样制作的？

预备知识

使用“Particular（特殊）”命令除了可以制作火、云、烟雾、星光、雨、雪等粒子特效外，将粒子发射器的类型设为“球体”，再将粒子的类型设为“发光球体”，最后在“设置颜色”列表框中选择不同的选项，可分别制作图7-6-2所示的彩色球体粒子。

（a）出生时

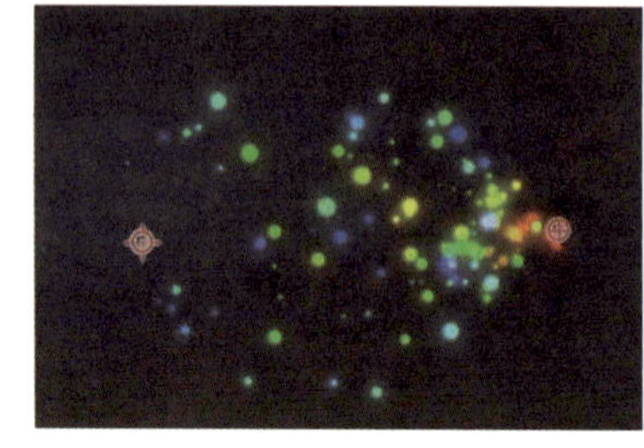
（b）生命期

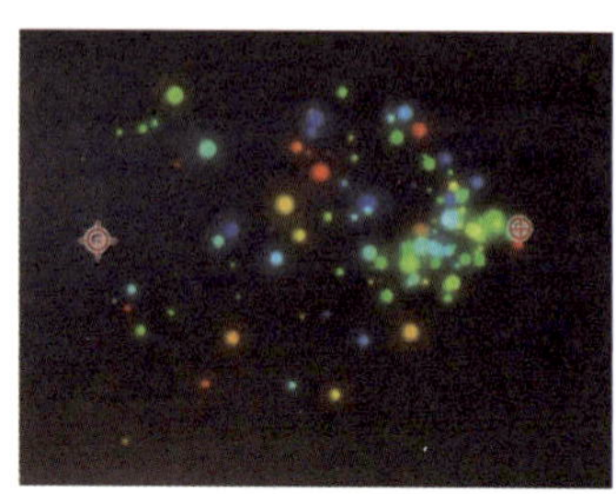
（c）随机阶梯

图 7-6-2　不同颜色的发光球体

案例实施 ——制作地心游记片头

扫一扫

制作思路

导入相关素材后，依次将“烟雾背景.mov”“古地图.jpg”和“亮光.jpg”素材添加到时间轴面板中，然后新建文本图层，注写文字“地心游记”，并使用“浮雕”“梯度渐变”“色阶”和“CC Light Sweep”命令修改该文字的外观，接着利用“线性擦除”命令为该文字制作擦除动画，最后新建一个纯色固态层，并利用“Particular”插件制作发光球体粒子。

制作步骤

1. 构图

步骤1 启动After Effects CC软件，将“ch07”＞“案例六”＞“地心游记素材”文件夹中的所有素材导入项目面板，然后将“烟雾背景.mov”素材拖拽到时间轴面板中，并将合成名称设为“地心游记”，播放制式设为“HDTV 1080 25”，持续时间设为5秒，其他采用默认设置。

步骤2 将“古地图.jpg”素材拖拽到时间轴面板中，然后按【S】键，将该图层的缩放比例设为“240.0，180.0%”，图层模式设为“颜色减淡”，如图7-6-3所示。

步骤3 选中“烟雾背景.mov”图层并右击，从弹出的下拉列表中选择“效果”＞“颜色校正”＞“色阶”菜单，然后在效果控件面板中将“输入黑色”值设为19，如图7-6-4所示。

步骤4 将“亮光.jpg”素材拖拽到时间轴面板中，将该图层模式设为“屏幕”。按【S】键，将该图层的缩放比例设为“900.0，700.0%”，最后将该图层移至合适位置，如图7-6-5所示。

步骤5 选中“亮光.jpg”图层并右击，从弹出的下拉列表中选择“效果”＞“颜色校正”＞“通道混合器”菜单，然后在效果控件面板中设置相关参数，如图7-6-6所示。

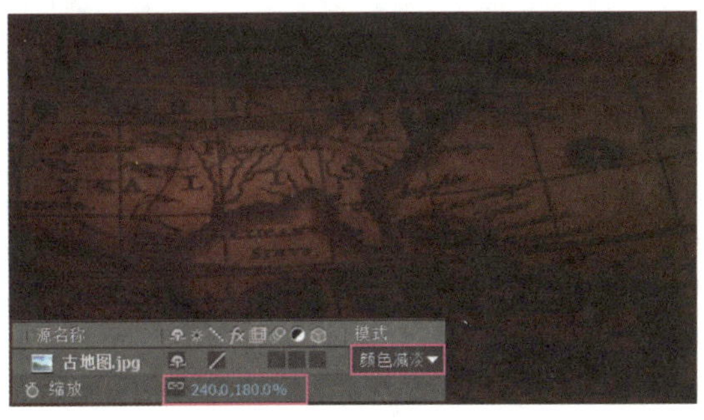

图 7-6-3　第 0 秒画面

图 7-6-4　色阶效果（第 1 秒画面）

图 7-6-5　第 1 秒画面

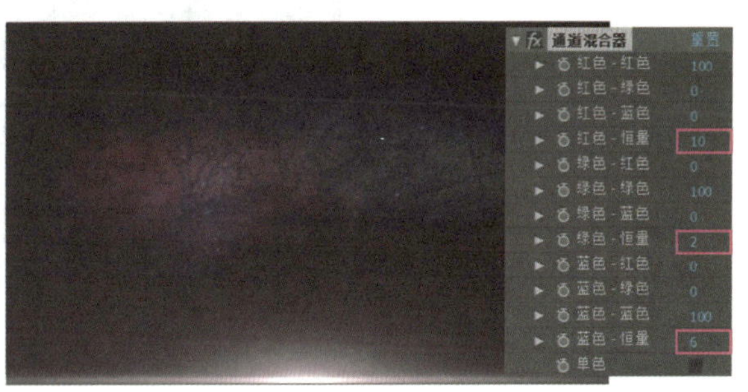

图 7-6-6　通道混合器效果（第 1 秒画面）

知识库

使用“通道混合器”命令可通过混合当前颜色通道来创建高品质的灰度图像、高品质的棕褐色图像或其他色调的图像。如图 7-6-6 所示“通道混合器”面板中，“输出通道 - 输入通道”（“红色 - 蓝色”）选项表示添加到输出通道（红色通道）的输入通道（蓝色通道）”值的百分比。例如，将“红色 - 绿色”值设为 10，则表示将每个像素红色通道的值增加至该像素绿色通道值的 10%。

“输出通道 - 恒量”（“红色 - 恒量”）表示添加到输出通道（红色通道）的常数值。例如，将“红色 - 恒量”设为 10，表示可通过添加 10% 红色使每个像素的红色通道饱和。如果选中“单色”复选框，则创建灰度图像。

步骤 6　选择“图层”>“新建”>“文本”菜单，然后在合成窗口中输入“地心游记”，参照图 7-6-7 调整文字的字体、字高等参数，最后将文字移动到画面的合适位置，如图 7-6-8 所示。

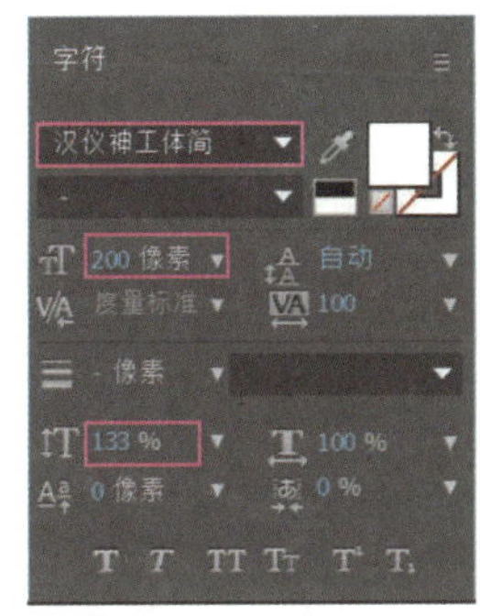

图 7-6-7　“字符”面板

图 7-6-8　文字效果及位置

步骤7 选中“地心游记”图层并右击，从弹出的快捷菜单中选择“效果”>“风格化”>“浮雕”菜单，参照图7-6-9所示设置浮雕的相关参数。

步骤8 选中“地心游记”图层并右击，从弹出的快捷菜单中选择“效果”>“生成”>“梯度渐变”菜单，然后将“起始颜色”设为黄色（R:255，G:225，B:104），将“结束颜色”设为红褐色（R:76，G:17，B:3），最后调整“渐变起点”和“渐变终点”的位置，并将“与原始图像混合”值设为15%，如图7-6-10所示。

图 7-6-9 “浮雕”面板

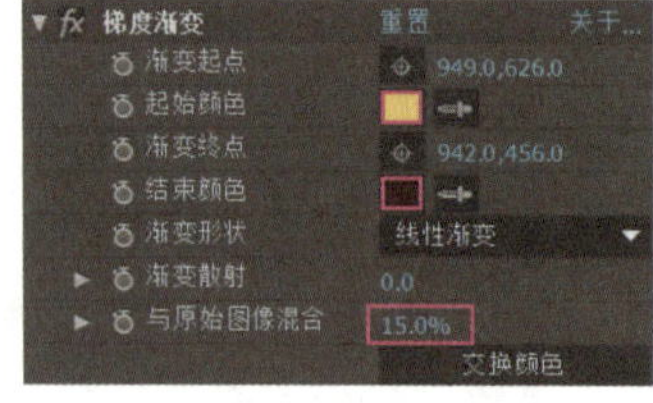

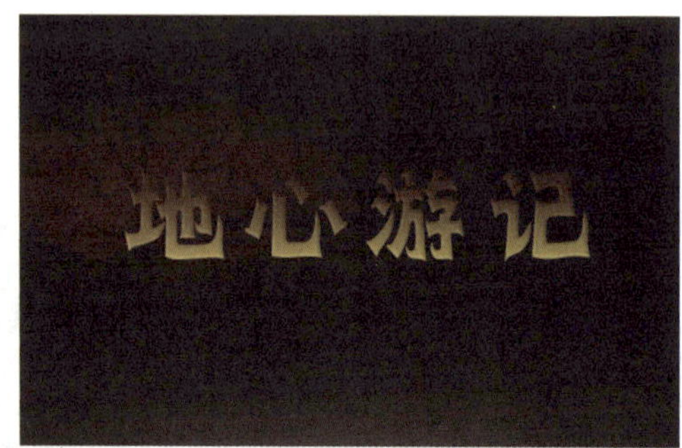

图 7-6-10 梯度渐变参数及效果

步骤9 选中“地心游记”图层并右击，从弹出的快捷菜单中选择“效果”>“颜色校正”>“色阶”菜单，参照图7-6-11设置色阶的相关参数。

步骤10 选中“地心游记”图层并右击，从弹出的快捷菜单中选择“效果”>“生成”>“CC Light Sweep”菜单，参照图7-6-12（a）将光线扫描的旋转角度设为180°，将光线的形状设为“Sharp（锐利）”，将光线的扫描宽度设为500，结果如图7-6-12（b）所示。

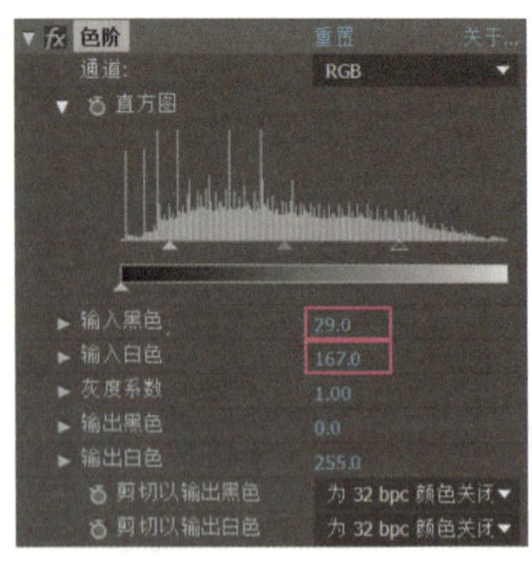

图 7-6-11 “色阶”面板

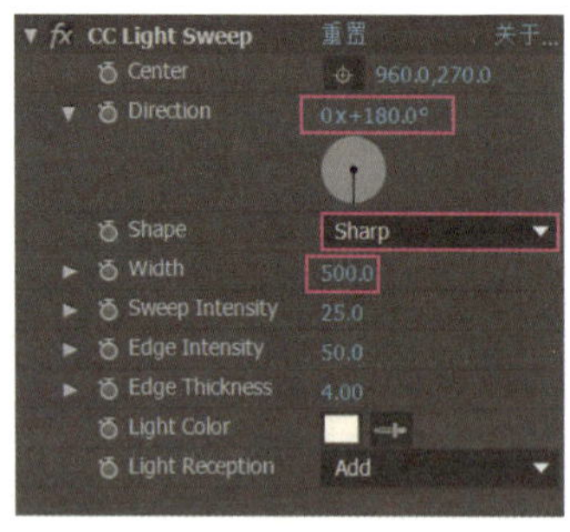

（a）

（b）

图 7-6-12 设置 CC 光线扫描

2. 制作动画

除粒子动画外，该视频下方的亮光具有不透明度变化，文字“地心游记”从左至右依次出现，最后放大冲出画面。为了使图层更加清楚，我们可将已设置好的“地心游记”图层以合成图层显示，然后在该合成层上进行文字的动画设置，具体的动画制作步骤如下。

步骤1 选中“地心游记”图层并右击，从弹出的快捷菜单中选择“预合成”菜单，然后在打开的“预合成”对话框的“新合成名称”编辑框中输入“文字”并单击“确定”按钮，即可将该图层设为合成图层。

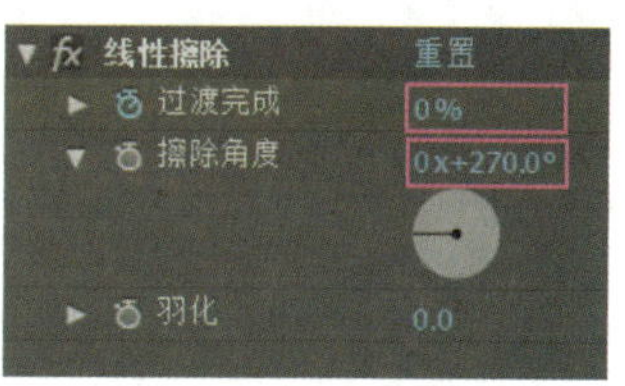

图 7-6-13　“线性擦除”面板

步骤2　选中“文字”合成图层并右击，从弹出的快捷菜单中选择“效果”>“过渡”>“线性擦除”菜单，然后将时间线拖至第1秒处，添加“过渡完成”关键帧，并将该参数设为76%；将时间线拖至第2秒处，将“过渡完成”参数设为0%，接着将“擦除角度”设为270°，如图7-6-13所示。

知识库

“线性擦除”命令可以从指定方向对图层进行擦除，也可以擦除图层中遮罩的内容。如图 7-6-13 所示“线性擦除”面板中，各选项的功能如下。

过渡完成：设置转场完成百分比。

擦除角度：设置线性擦除的角度。

羽化：设置擦除边缘的羽化程度。

步骤3　将时间线拖至第2秒左右，选中“文字”合成图层，然后单击工具栏中的“向后平移（锚点）工具”，并将文字的锚点移至图7-6-14所示位置，最后分别在第3秒06帧和第4秒22帧处添加“缩放”关键帧，第3秒06帧处的缩放值为100%，第4秒22帧的画面效果如图7-6-15所示。

图 7-6-14　锚点位置

图 7-6-15　第 4 秒 22 帧画面效果

步骤4　展开“古地图.jpg”图层，在第0秒处添加“缩放”关键帧，再将时间线拖至第4秒，将“缩放”值设为“170.0，127.5%”；在第3秒和第4秒添加“不透明度”关键帧，“不透明度”值依次为100%和0%。

步骤5　选中“烟雾背景.mov”图层按【T】键，分别在第4秒03帧和第4秒21帧处添加“不透明度”关键帧，“不透明度”值分别为100%和0%。

步骤6　选中“亮光.jpg”图层按【T】键，分别在第0秒、第1秒10帧、第4秒和第5秒处添加“不透明度”关键帧，“不透明度”值依次为0%、100%、100%和0%，第5秒画面效果如图7-6-16所示。

3．制作粒子特效

步骤1　按【Ctrl+Y】键打开“纯色设置”对话框，在“名称”编辑框中输入“粒子”，然后单击“确认”按钮。选中创建的“粒子”图层并右击，从弹出的快捷菜单中选择“效果”>

“Trapcode” > “Particular” 菜单，打开 “Particular” 效果控件面板。

步骤2 展开效果控件面板中的“发射器”选项组，参照图7-6-17（a）设置发射器的类型、每秒发射粒子的数量、速率等参数；展开“粒子”选项组，参照图7-6-17（b）设置粒子的类型、大小、每秒生命数等参数。

图 7-6-16 第 5 秒画面

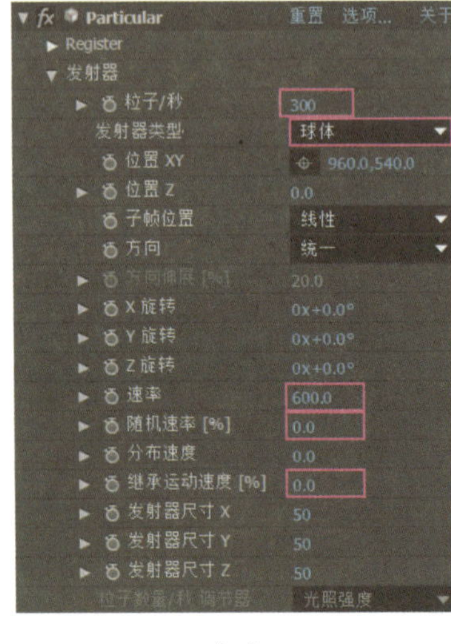

（a）

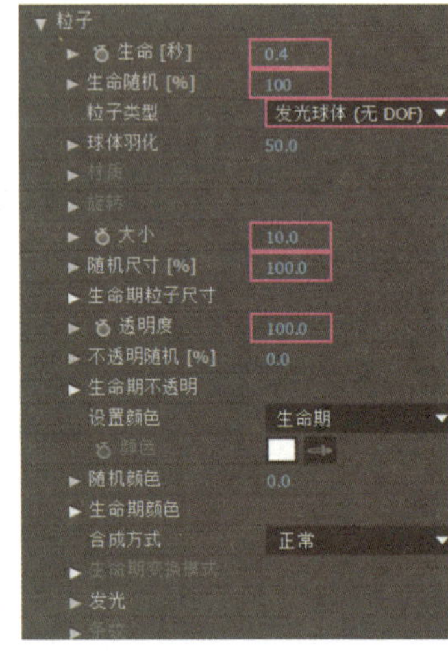

（b）

图 7-6-17 发射器和粒子参数

步骤3 拖动图7-6-17（a）中“位置XY”参数值，使粒子的发射点位于文字的中部，然后将时间线拖至第15帧处，将“粒子”图层的时间轨向右拖动，使该图层的起始位置位于第15帧处。在第15帧处添加“位置XY”关键帧，并拖动“位置XY”属性右侧的第一个参数，使粒子的出发位置位于画面的左侧；将时间线拖至第2秒03帧处，拖动“位置XY”属性右侧的第一个参数，使粒子的出发位置位于画面的右侧，如图7-6-18所示。至此，本案例就制作完成了，按【0】键进行预览。

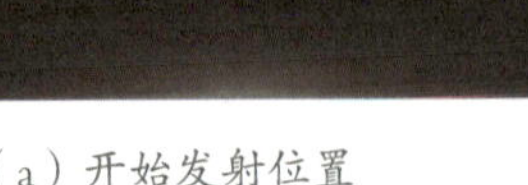

（a）开始发射位置

（b）结束位置

图 7-6-18 粒子的开始发射位置和结束位置

课堂实训 3——制作烟花绽放特效

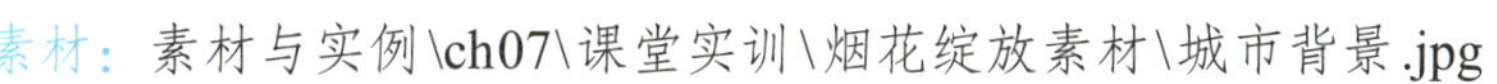

请大家打开本书配套素材中的“ch07”>“课堂实训”文件夹，观看其中的“烟花绽放.mov”视频。该视频是由“城市背景.jpg”图片制作的，最终的视频画面如图7-6-19所示。

素材：素材与实例\ch07\课堂实训\烟花绽放素材\城市背景.jpg

结果：素材与实例\ch07\课堂实训\烟花绽放.aep

（a）

（b）

图 7-6-19　素材与视频效果截图

提示：

（1）视频中的烟花及其爆炸动画是使用“Particular（特殊）”插件制作而成的。粒子的“发射器类型”为点，粒子类型为“发光球体”。粒子在第0秒的“粒子/秒”参数为1000，在第1秒的“粒子/秒”参数为0。

（2）制作好一个粒子后，可将该粒子图层设为3D图层，通过调整Z轴参数可调整烟花的远近。

（3）烟花爆炸时，其四周场景有明暗变化，这种变化可利用“不透明度”为3%、颜色为“R:223，G:230，B:255”的固态图层制作。

（4）为了使烟花爆炸前后场景明暗变化更加明显，可为“城市背景.jpg”图层添加“色相/饱和度”效果，调整背景图像的色彩，再为其添加“曲线”效果，并根据烟花爆炸时间为“曲线”选项创建关键帧。

案例七　制作 Logo 演绎动画
——粒子替换

案例说明

在制作企业宣传片、产品展示等视频动画时，合理使用粒子特效可以丰富画面。下面，通过制作“Logo演绎.mov”视频，来学习利用“Particular（特殊）”插件将指定对象所在的图层作为粒子的发射图层，从而制作具有指定外观的粒子特效。

Logo 演绎

【案例 7】　“Logo 演绎”视频简介

请大家打开本书配套素材中的“ch07”＞“案例七”文件夹，观看其中的“Logo演绎.mov”视频。该视频是由图7-7-1（a）所示的“logo.psd”和“背景.jpg”图片制作的，最终的视频画面如图7-7-1（b）所示。

素材：素材与实例\ch07\案例七\Logo演绎素材\logo.psd、背景.jpg

结果：素材与实例\ch07\案例七\Logo演绎.aep

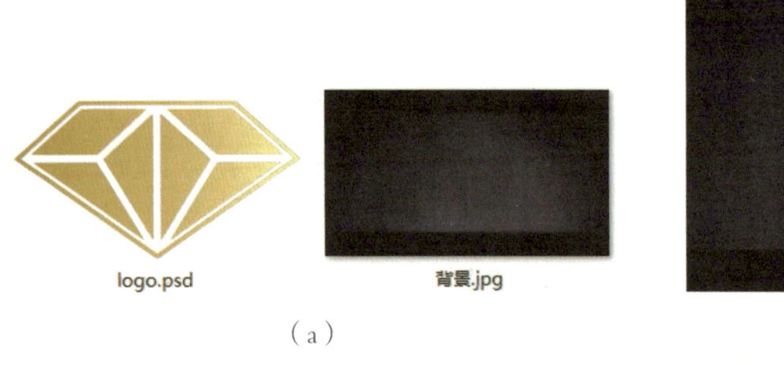

（a）

（b）

图 7-7-1　素材与视频效果截图

思考：Logo在被擦除时，粒子的颜色怎样才能与Logo的颜色相同？

预备知识

使用“Particular（特殊）”命令制作粒子动画时，如果在“发射器类型”列表框中选择“图层”，然后在“发射图层”选项组中将某个3D合成图层作为粒子的发射类型，可使粒子的发射位置随着3D合成图层的变化而变化。

案例实施 ——制作Logo演绎动画

扫一扫

制作思路

该视频可分为两部分，即构图和制作粒子特效。构图时，可利用“背景.jpg”和“Logo.psd”素材制作底层深色Logo，再将“Logo.psd”素材拖拽到时间轴面板中，利用“线性擦除”命令制作擦除动画，并利用“梯度渐变”命令使未擦除的Logo变亮。

制作粒子特效时，需先创建“粒子发射层”合成，并将“Logo.psd”素材拖拽到该合成中，利用“矩形工具”绘制蒙版，并为该蒙版制作从左右向移动的动画。创建一个纯色固态图，并将“发射器类型”设为图层，将“发射图层”设为“粒子发射层”合成，通过调整粒子的重力参数，使该粒子向左上角移动。将创建的“粒子”图层制作两份，通过修改粒子方向、大小、颜色和重力等，分别制作向下掉落的粒子及离Logo最近的黄色粒子。

制作步骤

1. 构图

步骤1 启动After Effects CC软件，将“ch07”>“案例七”>“Logo演绎素材”文件夹中的所有素材导入项目面板，然后将项目面板中的“背景.jpg”素材拖拽到时间轴面板中，并将播放制式设为“HDTV 1080 25”，持续时间设为6秒，其他采用默认设置。

步骤2 将项目面板中的“Logo.psd”素材拖拽到时间轴面板中，选中该图层按【S】键，将缩放比例设为30%，再将该图层的模式设为“排除”。选中该图层并右击，从弹出的快捷菜单中选择“效果”>“风格化”>“浮雕”菜单，参照如图7-7-2所示设置相关参数。

步骤3 选中“Logo.psd”图层并右击，从弹出的快捷菜单中选择“效果”>“颜色校正”>“色阶”菜单，参照如图7-7-3（a）所示设置相关参数，效果如图7-7-3（b）所示。

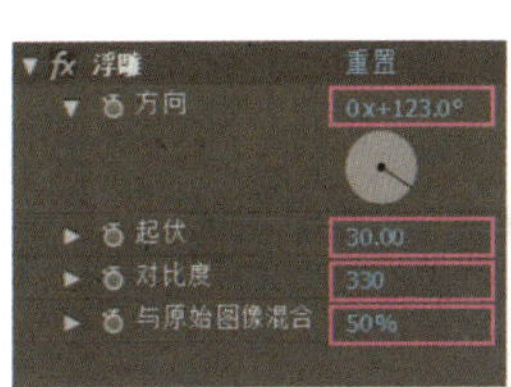

图 7-7-2 “浮雕”面板

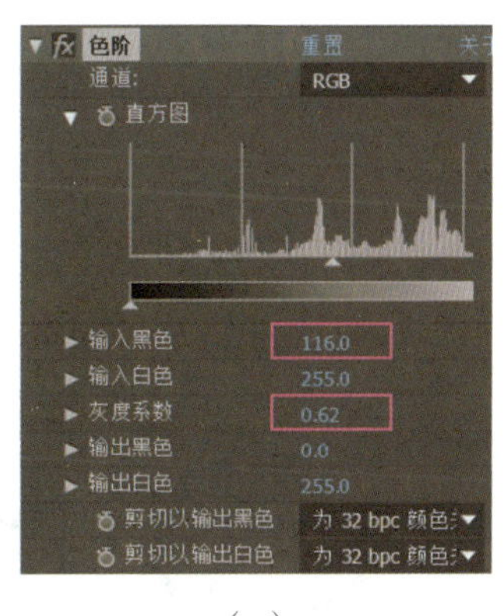

（a）

（b）

图 7-7-3 色阶效果

步骤4 选中“Logo.psd”图层并右击，从弹出的快捷菜单中选择“效果”>“模糊和锐化”>“快速模糊”菜单，采用默认的“水平和垂直”模糊方向，将“模糊度”值设为10。

步骤5 选中“Logo.psd”图层并依次按【Ctrl+C】键和【Ctrl+V】键，将复制得到的

"Logo.psd"图层的模式设为"相乘"。展开复制得到的"Logo.psd"图层，然后选中其下的"快速模糊"选项并按【Delete】键，最后在效果控件面板中将浮雕的方向设为0x+0.0°。

步骤6 按【Ctrl+N】键新建一个合成，将合成名称改为"Logo演绎动画"，然后单击"确定"按钮。将项目面板中的"背景"合成拖拽至时间轴面板中，再将"Logo.psd"素材拖拽至时间轴面板中。选中"Logo.psd"图层并按【S】键，将缩放比例设为30%。

步骤7 为"Logo.psd"图层添加"线性擦除"命令，并参照图7-7-4设置"擦除角度"值和"羽化"值，最后在第7帧和第5秒添加"过渡完成"关键帧，"过渡完成"值分别为0%和100%。

步骤8 为"Logo.psd"图层添加"梯度渐变"命令，然后参照图7-7-5将"起始颜色"设为白色，"结束颜色"设为褐色（R:155，G:75，B:27），"渐变形状"设为"径向渐变"，效果如图7-7-6所示。

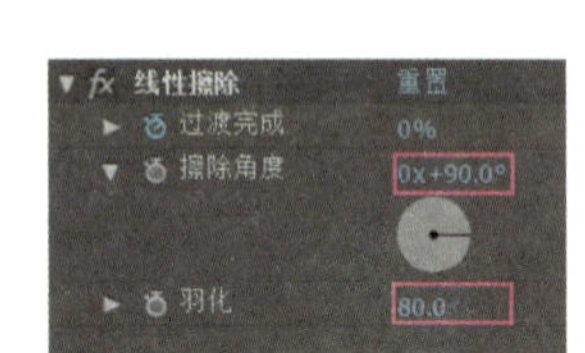

图7-7-4 "线性擦除"面板

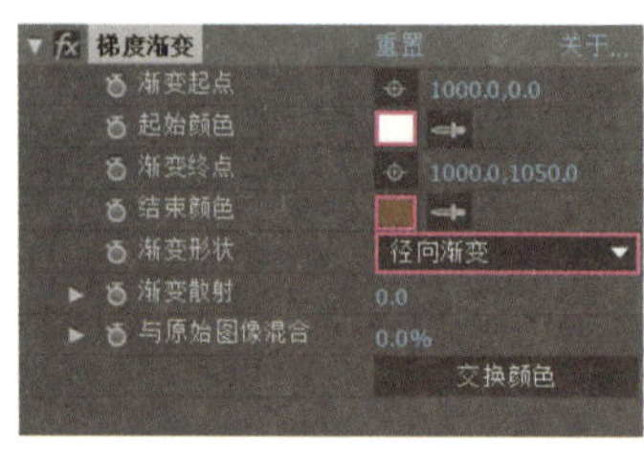

图7-7-5 "梯形渐变"面板

图7-7-6 第2秒画面效果

2. 制作粒子特效

制作粒子特效前，需要先创建一个合成图层，用于指定粒子的发射类型。要使粒子按照某个图层的运动方式发射，则该图层必须为3D图层。

步骤1 按【Ctrl+N】键新建一个合成，将合成名称改为"粒子发射层"，然后单击"确定"按钮。将项目面板中的"Logo.psd"素材拖拽至时间轴面板中，并将该图层的缩放比例设为30%。

步骤2 选中"Logo.psd"图层，然后单击工具栏中的"矩形工具"，在合成窗口中绘制图7-7-7所示的矩形。将时间线拖至第7帧处，添加"蒙版路径"关键帧；将时间线拖至第5秒处，利用"选取工具"将该矩形水平向右平移，使其位于Logo图案的右侧。拖动时间线可以看到矩形由左向右依次显示，且只显示矩形内部的Logo图案，如图7-7-8所示。

为了方便读者查看，此图将蒙版的模式设为"无"，读者在操作时采用默认的"相加"选项即可

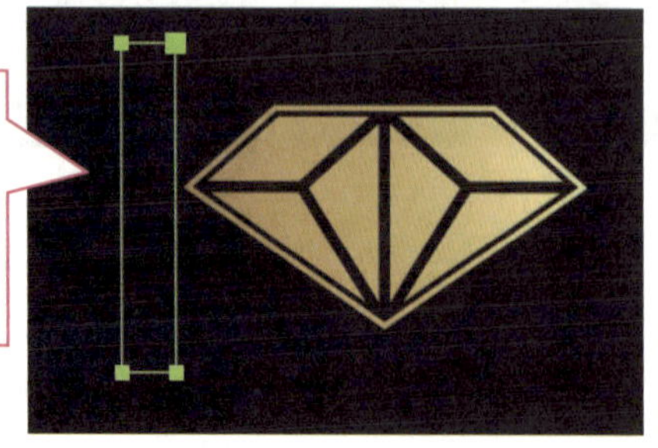

图7-7-7 蒙版形状

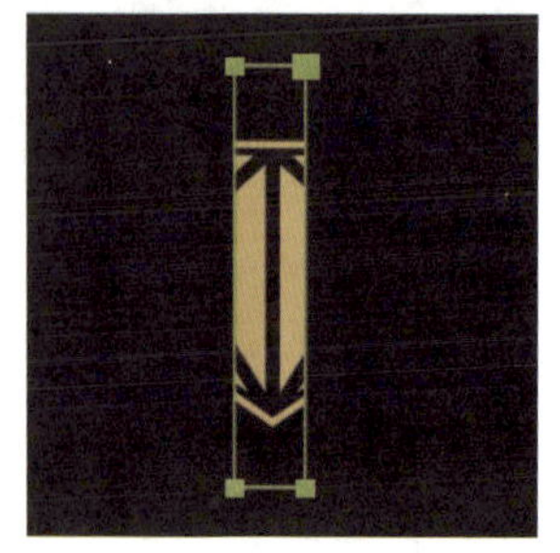

图7-7-8 第2秒10帧画面

步骤3 切换到“Logo演绎动画”合成，将项目面板中的“粒子发射层”合成拖拽到时间轴面板中，然后将该图层设为3D图层，然后隐藏该图层。

步骤4 按【Ctrl+Y】键新建一个纯色固态层，并将该图层的名称设为“粒子”。选中“粒子”图层并右击，从弹出的快捷菜单中选择“效果”>“Trapcode”>“Particular”菜单，然后参照图7-7-9设置粒子的发射器、粒子及粒子的物理属性。

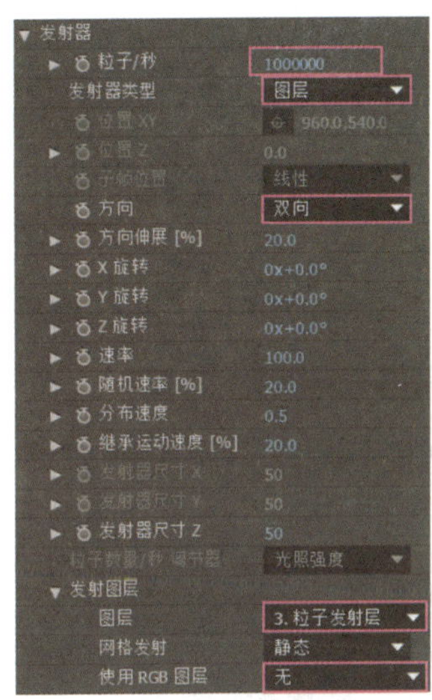

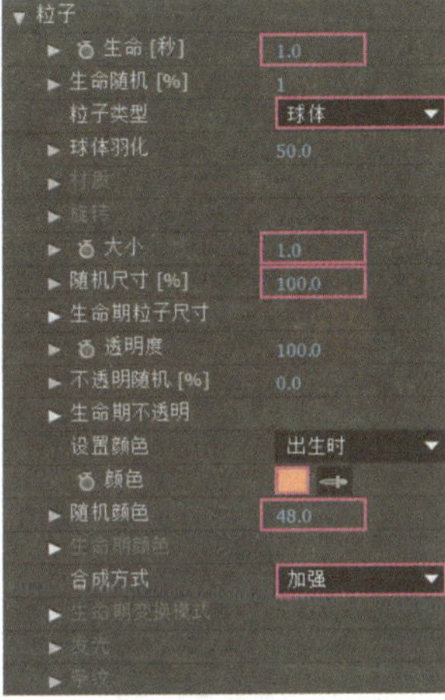

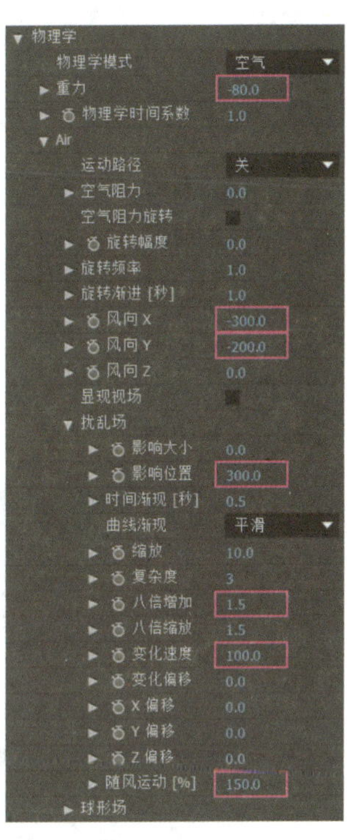

图 7-7-9 设置粒子的发射器、粒子及粒子的物理属性

步骤5 展开效果控件面板中的“渲染”选项，参照图7-7-10设置运动模糊效果。此时，按【0】键可以看到粒子效果，如图7-7-11所示。

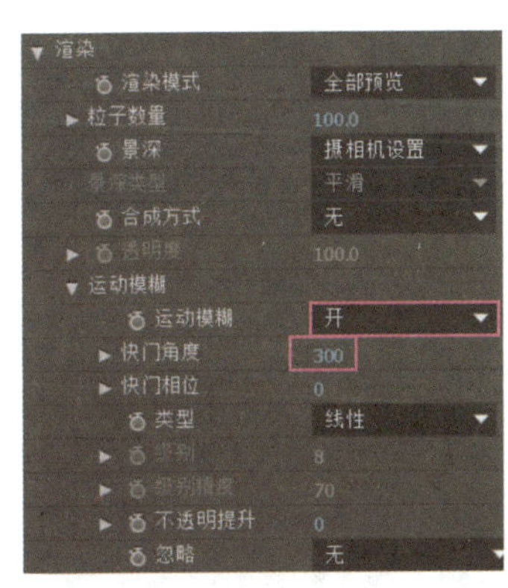

图 7-7-10 粒子运动模糊参数

图 7-7-11 第 3 秒画面效果

步骤6 选中“粒子”图层并依次按【Ctrl+C】键和【Ctrl+V】键，选中复制得到的“粒子”图层，然后在“效果控件”面板的“粒子”选项组中将“生命［秒］”值设为0.3；展开“物理学”和“渲染”选项组，参照图7-7-12设置相关参数，画面效果如图7-7-13所示。

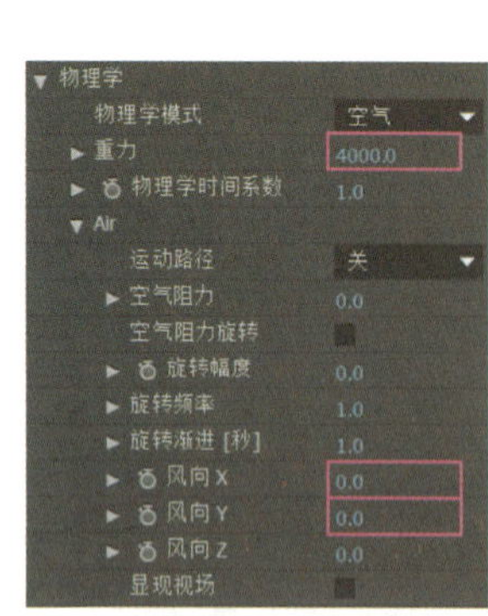

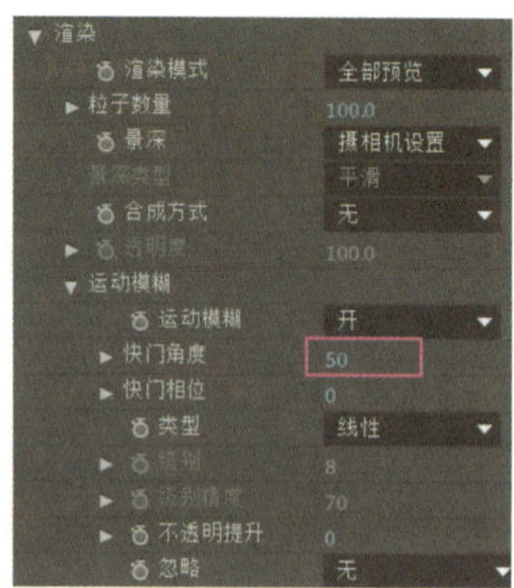

图 7-7-12　设置粒子的参数

图 7-7-13　第 2 秒 16 帧画面

步骤 7　选中最下方的“粒子”图层并依次按【Ctrl+C】键和【Ctrl+V】键，将复制出的“粒子”图层拖至上步创建的图层的上方，然后在“效果控件”面板的“粒子”选项组中将粒子颜色设为黄绿色（R:159，G:169，B:74），其他参数如图7-7-14所示，最后在“渲染”选项组中将运动模糊的“快门角度”值设为150，效果如图7-7-15所示。

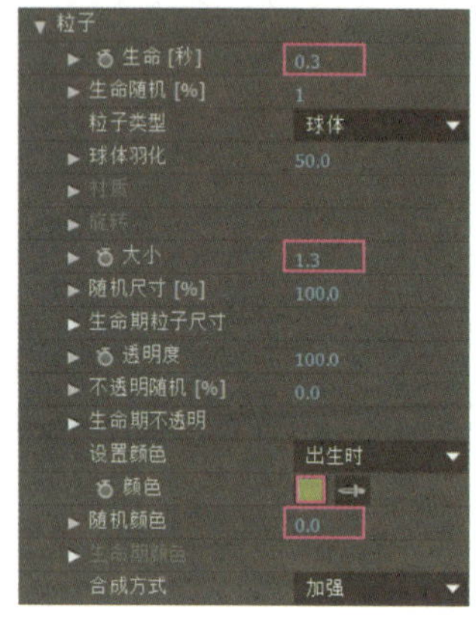

图 7-7-14　设置粒子的参数

图 7-7-15　第 2 秒 16 帧画面

步骤 8　选中“背景”合成图层并右击，从弹出的快捷菜单中选择“效果”>“生成”>“镜头光晕”菜单，然后将“镜头类型”设为“105毫米定焦”，分别在第0秒、第17帧、第4秒和第4秒18帧处添加“光晕亮度”关键帧，“光晕亮度”值依次为0%、100%、100%和0%。在第17帧和第4秒18帧处添加“光晕中心”关键帧，“光晕中心”位置如图7-7-16所示。至此，本案例就制作完成了，按【0】键进行预览。

（a）第 17 帧处的光晕中心

（b）第 4 帧 18 秒处的光晕中心

图 7-7-16　光晕中心的位置

课堂实训 4——制作花瓣雨特效

请大家打开本书配套素材中的“ch07”>“课堂实训”文件夹，观看其中的“花瓣雨.mov”视频。该视频是由“背景图.jpg”和“花瓣素材.psd”图片制作的，最终的视频画面如图7-7-17所示。

素材：素材与实例\ch07\课堂实训\花瓣雨素材\背景图.jpg、花瓣素材.psd

结果：素材与实例\ch07\课堂实训\花瓣雨.aep

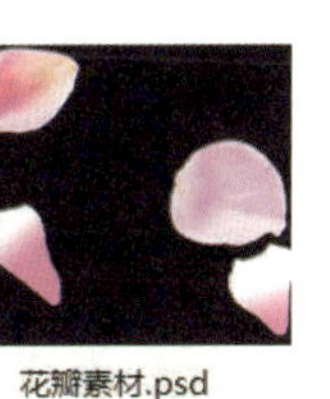

（a）

（b）

图 7-7-17　素材与视频效果截图

提示：

（1）该视频中飘落的桃花是使用“Particular（特殊）”插件制作的。发射器的类型为“盒子”，粒子的类型为“子画面”，粒子的材质图层为“花瓣”合成，时间采样为“随机-静帧”。

（2）“花瓣”合成是使用“花瓣素材.psd”制作而成的，该合成的时间轴面板如图7-7-18所示。每个图层均为2帧，且为“花瓣素材.psd”中的一个花瓣。

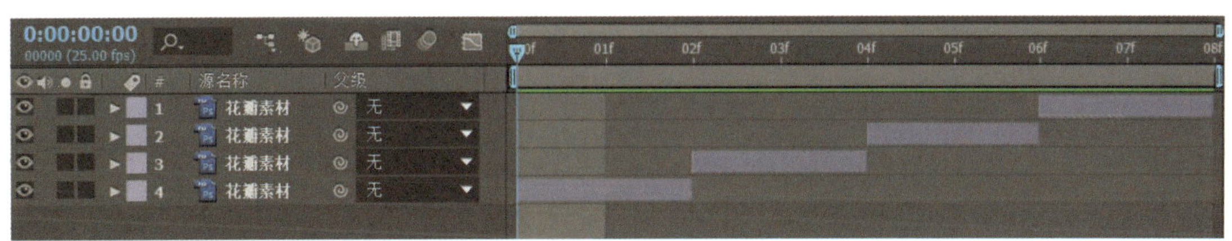

图 7-7-18　“花瓣”合成时间轴面板

本章总结

本章主要介绍了使用After Effects自带的粒子系统，以及利用外部的“Power Sphere（强力球）”和“Particular（特殊）”插件制作粒子特效的方法。在学完本章内容后，读者应重点掌握以下知识。

- 使用After Effects软件自带的粒子系统可制作雨、雪、爆炸、灰尘、火花等粒子特效。制作时，需要先创建一个纯色固态层，然后选择“效果”>“模拟”菜单下的相关命令，

最后在效果控件面板中调整相关参数即可。

- 使用“CC Snowfall”命令可为当前画面制作较为真实的下雪效果，使用“CC Rainfall”命令可为画面制作较为真实的下雨效果。
- 利用“CC Particle World（CC仿真粒子系统）”命令可以产生大量的运动粒子效果，可通过对粒子产生的方式、形状、大小、颜色等进行设置，从而制作出所需粒子颜色及运动效果，常用于制作梦幻粒子特效。
- 利用“Power Sphere”插件可以脱离三维软件直接在After Effects中创建圆球、小球、地球等三维物体。使用“Power Sphere”创建的球体具备了较为真实的3D属性，可以直接在After Effects中控制球体的旋转、变形、反射、灯光等属性，同时支持摄像机动画。
- 使用“Particular（特殊）”插件可以制作出多种自然效果，如火、云、烟雾、星光、雨、雪等，是一种常用的粒子插件。为图层添加“Particular”命令后，一般需要调整“发射器”“粒子”和“力场”3部分参数。
- 使用“Particular（特殊）”插件制作粒子时，如果将“发射器类型”设为“图层”，然后在“发射图层”组中可将某个3D合成层作为发射器类型；如果将“粒子类型”设为“子画面”，通过在“材质”组中将某个合成层作为粒子的材质，可制作如桃花飘落等特效。

奇幻光线特效

在城市版块展示、影视特效、动漫和栏目包装中，经常可以看到绚丽的光线特效。合理地运用光效不仅可以增强画面的可视性，对视频画面的主体使用光效，还可以使主题更加突出。本章以制作常见的光线特效为例，来介绍制作光线特效时常用命令的功能及具体用法。

学习目标

- 掌握“发光”和“勾画”命令的用法
- 掌握制作绚丽光带的方法
- 掌握制作拖尾光线特效的方法
- 掌握使用“分形杂色”和“贝塞尔曲线变形”命令制作上帝之光的方法

案例一　制作绚丽光带
——发光

案例说明

在一些产品包装、广告宣传和Logo动画中经常可以看到绚丽的光带特效，如图8-1-1所示。这些光带的形状虽然千变成化，但它们的制作方法基本相同。

图8-1-1　绚丽光带效果

下面，通过制作“绚丽光带”动画，来学习利用“发光”命令和“Particular”粒子插件制作绚丽光带的方法。

【案例1】　“绚丽光带”视频简介

请大家打开本书配套素材中的“ch08”>“案例一”文件夹，观看其中的“绚丽光带.mov”视频。该视频是以图8-1-2（a）所示的“城市背景.mov”视频为背景制作而成的，最终的视频画面如图8-1-2（b）所示。

绚丽光带

素材：素材与实例\ch08\案例一\炫丽光带素材\城市背景.mov

结果：素材与实例\ch08\案例一\绚丽光带.mov

（a）

（b）

图 8-1-2　素材与视频效果截图

思考：“绚丽光带.mov”视频中，江面上舞动的光带是怎样制作的？

案例实施　——制作绚丽光带

制作思路

该案例中的光带是使用Particular粒子制作而成的，即先创建一个纯色图层，使用“钢笔工具”绘制粒子的路径，接着创建一个纯色图层，并为该图层添加“Particular”粒子特效；将前面绘制的路径复制在粒子发射器的“位置XY”上，使粒子跟随前面的路径运动，最后调整粒子的发射类型、大小、速度等参数。球形粒子是通过修改光带粒子的发射器和粒子等参数得到的。

制作好粒子后，为“城市背景.mov”图层添加“亮度和对比度”命令，使画面随着光带的传递由暗变亮，最后将“城市背景.mov”图层复制一份，利用“钢笔工具”解决镜头穿帮问题。

制作步骤

步骤1　启动After Effects CC软件，将“ch08”>“案例一”>“绚丽光带素材”文件夹中的素材导入到项目面板中，然后将“城市背景.mov”素材拖拽到时间轴面板中，并将该合成的播放制式设为“HDTV 1080 25”，将合成名称设为“绚丽光带”。

步骤2　将时间线拖至第13秒处，选中“城市背景.mov”图层并按【Alt+｛】键剪掉时间线前的时间轨，然后拖动该图层的时间轨，使其起始位置位于第0帧处。

步骤3　将“绚丽光带”合成的时长设为8秒，然后选中该图层并右击，从弹出的快捷菜单中选择“时间”>“时间伸缩”选项，在打开的对话框的“拉伸因数”编辑框中输入200，最后单击“确定”按钮，可将该视频的时长增加1倍。

步骤4　按【Ctrl+Y】键新建一个纯色图层，并将其名称设为“路径”，然后选中该图层，并利用工具栏中的“钢笔工具”绘制图8-1-3所示的路径。

步骤5　按【Ctrl+Y】键新建一个名称为“光带”的纯色图层，然后选中该图层并右击，从弹出的快捷菜单中选择“效果”>“Trapcode”>“Particular”菜单。选中上步创建的“路径”图层按【M】键，选中“蒙版路径”选项并按【Ctrl+C】键复制该选项；将时间线拖至第0秒处，然后在时间轴面板中单击Particular粒子“发射器”选项组中的“位置XY”选项，接着按【Ctrl+V】键粘贴制作的路径，最后在时间轴的任意位置单击，并选中最右侧的“位置XY”关

键帧，将其拖至第4秒处，结果如图8-1-4所示。

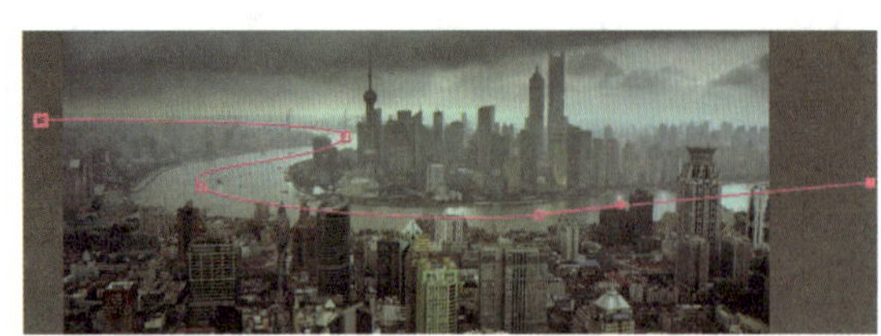

图 8-1-3 绘制路径

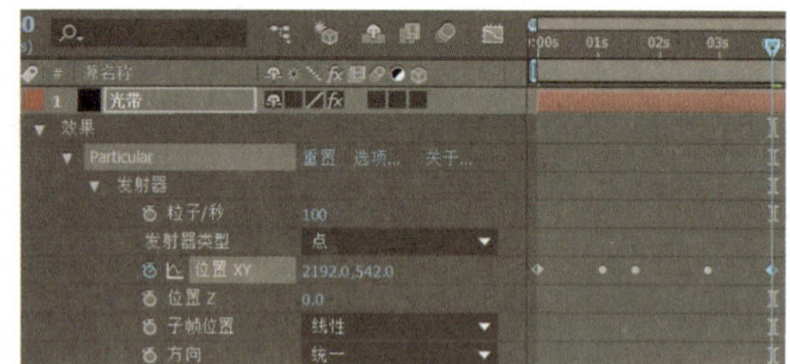

图 8-1-4 添加发射器的关键帧

步骤6 参照图8-1-5（a）和（b）所示效果控件面板中的参数，分别调整粒子发射器和粒子效果，调整后的粒子效果如图8-1-5（c）所示。

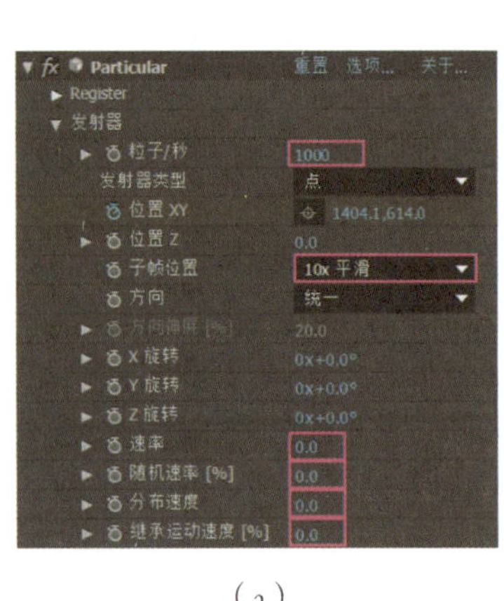

（a）

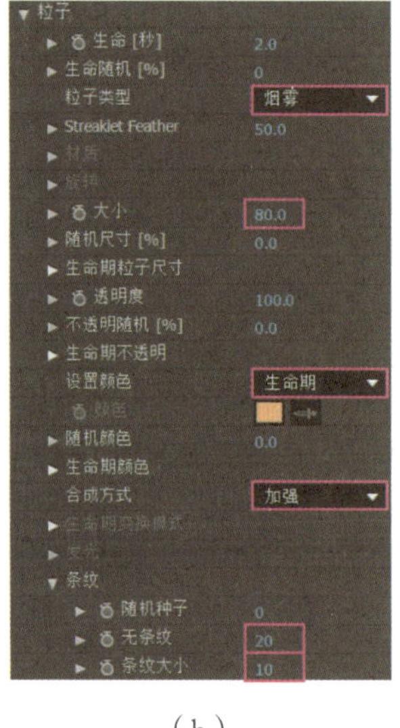

（b）

（c）

图 8-1-5 调整粒子效果

步骤7 由于粒子的锚点并不在粒子的中间位置，因此粒子与所画路径位置有所偏差。选中“光带”图层按【A】键，拖动“锚点”属性的*Y*坐标值，使光带位于江水的中心位置，最后根据路径线的长短，分别调整图8-1-4所示中间3个关键帧的位置，使光带的运动速度大致相同。

步骤8 选中“光带”图层，依次按【Ctrl+C】和【Ctrl+V】键复制该图层，选中下方的“光带”图层，参照图8-1-6所示调整发射器和粒子的参数。按【0】键预览动画效果，如果球状粒子太密集，可将“粒子/秒”的参数设小些，效果如图8-1-7所示。

步骤9 选中“城市背景.mov”图层并右击，从弹出的快捷菜单中选择“效果”>“颜色校正”>“亮度和对比度”菜单，将时间线拖至第0秒，然后在效果控件面板中添加“亮度”关键帧；将时间线拖至4秒，将亮度值设为“35”。

步骤10 选中“城市背景.mov”图层并按【Ctrl+C】和【Ctrl+V】键将该图层复制一份，然后将复制得到的图层移至时间轴面板的最上方，利用“钢笔工具”抠出图8-1-8所示的两个区域。

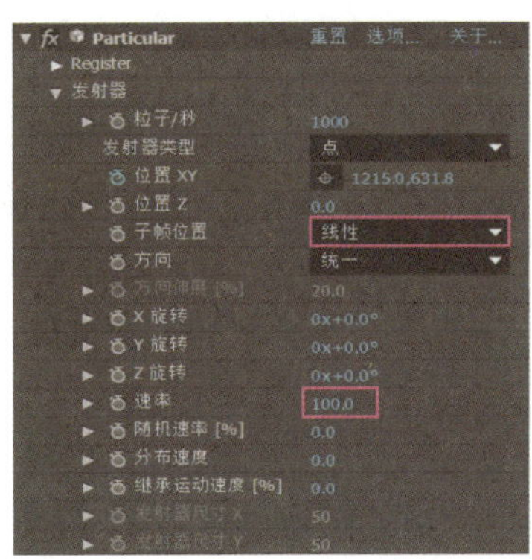

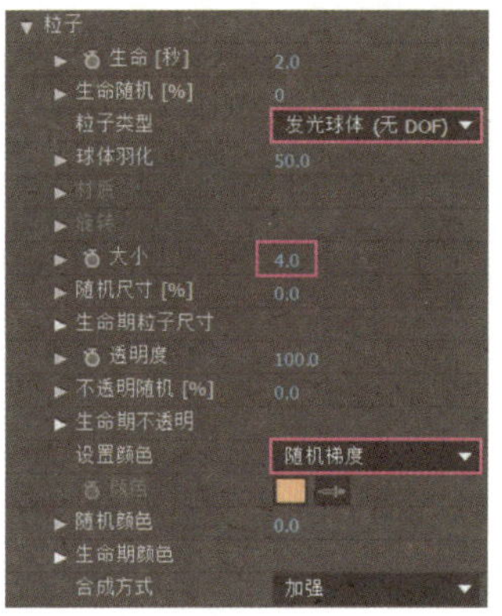

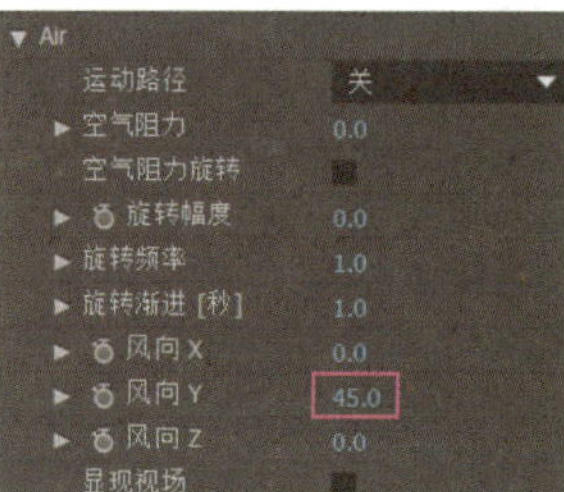

图 8-1-6　调整粒子效果

图 8-1-7　粒子效果

图 8-1-8　抠出被粒子挡住的建筑物

步骤 11　选中最上方的“粒子”图层并右击，从弹出的快捷菜单中选择“效果”＞“风格化”＞“发光”菜单，然后参照图 8-1-9 所示设置发光参数。至此，本案例就制作完成了，按【0】键进行预览。

课堂实训 1——制作梦幻羽毛特效

请大家打开本书配套素材中的“ch08”＞“课堂实训”文件夹，观看其中的“梦幻羽毛特效.mov”视频。该视频是由“Particular”粒子插件制作而成的，该粒子是将灯光作为发射器制作的，其最终的视频画面如图 8-1-10 所示。

梦幻羽毛

结果：素材与实例\ch08\课堂实训\梦幻羽毛特效.aep

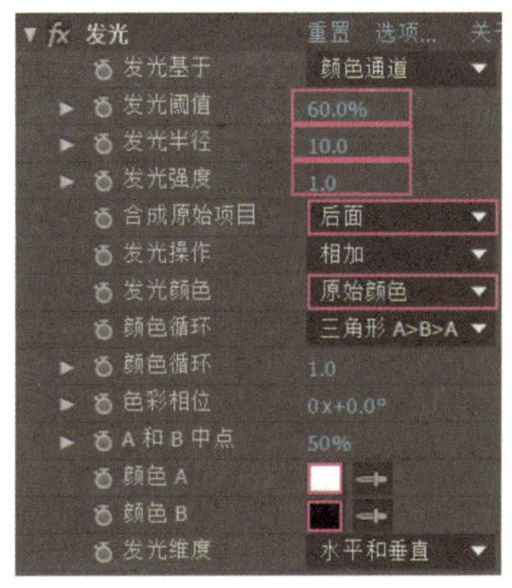

图 8-1-9　发光参数设置

图 8-1-10　视频效果截图

提示：

（1）新建一个纯色固态层，然后在该图层上绘制一个圆形蒙版，再创建一个聚光灯，灯光颜色为淡黄色（R:250，G:249，B:228），“强度”为100%，“衰减”类型为“无”，无投影，最后将蒙版路径复制到灯光层的“位置”选项中。此时，灯光会随时间沿蒙版路径环绕运动，如图8-1-11所示。

（2）将灯光图层的名称修改为“发射器”，然后新建一个纯色固态层，并为该图层添加“Particular”命令，其“发射器”选项组和“辅助系统”中的参数如图8-1-12所示；“粒子”选项组中，粒子生命值为“4”，粒子类型为“球体”，粒子大小为“0”，粒子颜色设为“随机梯度”，最后将“物理学”选项组中“Air”＞“扰乱场”选项中“影响位置”的参数设为100。

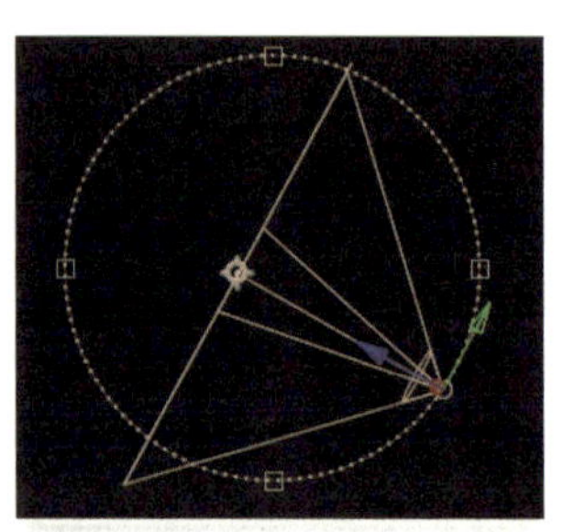

图 8-1-11　灯光“位置”关键帧

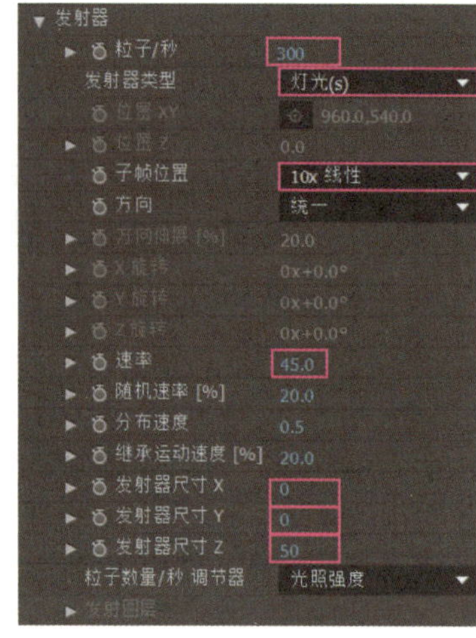

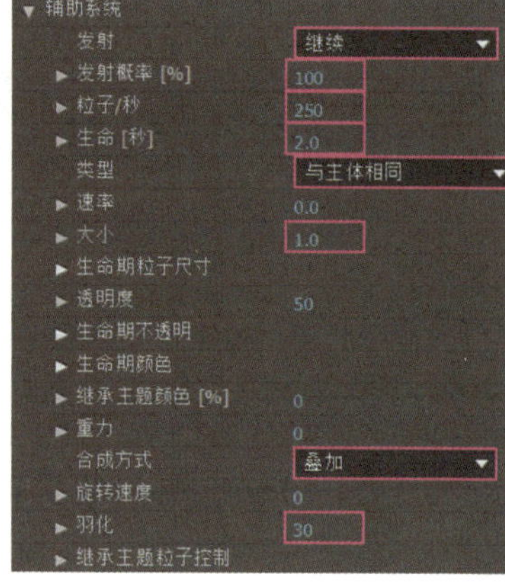

图 8-1-12　粒子“发射器”和“辅助系统”参数

（3）将上步创建的粒子图层复制一份，并将副本图层中“发射器”选项组中的“粒子/秒”选项改为200，“粒子”选项组中的“大小”改为7。

案例二　制作流星雨

——勾画和发光

案例说明

拖尾光线在一些产品宣传中非常常见，它主要是利用“勾画”和“发光”命令制作而成的，经常与粒子特效结合使用，如图8-2-1所示。

图 8-2-1　拖尾光线

流星雨

下面，通过制作“流星雨”动画，来学习制作拖尾光线的具体方法。

【案例 2】　**“流星雨”视频简介**

请大家打开本书配套素材中的“ch08”>“案例二”文件夹，观看其中的“流星雨.mov”视频。该视频是以图 8-2-2（a）所示的“星空背景.jpg”图片为背景制作而成的，最终的视频画面如图 8-2-2（b）所示。

素材：素材与实例\ch08\案例二\流星雨素材\星空背景.jpg

结果：素材与实例\ch08\案例二\流星雨.mov

（a）

（b）

图 8-2-2　素材与视频效果截图

思考：“流星雨.mov”视频中的流星是怎样制作的？

案例实施——制作流星雨

制作思路

将“星空背景.jpg”素材拖拽到时间轴面板中，调整其大小，然后创建一个纯色固态层，并为该图层添加“梯度渐变”命令，使星空变蓝。创建一个纯色固态层，并利用“勾画”和“发光”命令制作流星的拖尾部分，再将该图层复制一份，通过修改相关参数及图层的模式，制作流星的头部，最后将这两个图层复制并调整其位置，制作另外3个流星。

制作步骤

1. 调制星空背景

步骤1 启动After Effects CC软件，将“ch08”>“案例二”>“流星雨素材”文件夹中的素材导入到项目面板中，然后将“星空背景.jpg”素材拖拽到时间轴面板中，并将该合成的大小设为1280×720，时长设为5秒，合成名称设为“流星雨”。

步骤2 选中“星空背景.jpg”图层按【S】键，将该图层的缩放比例设为“127.0，116.0%”。

步骤3 按【Ctrl+Y】键新建一个纯色固态层，并将该图层的名称设为“背景变蓝”。选中该图层并右击，从弹出的快捷菜单中选择“效果”>“生成”>“梯形渐变”菜单，然后将起始颜色设为军绿色（R:17，G:88，B:103），结束颜色设为黑色，接着将该图层的模式设为“相加”并将该图层放大，再分别调整渐变起点和终点的位置，使画面效果如图8-2-3所示。

步骤4 为了使星空更加亮一些，可选中“星空背景.jpg”图层并右击，从弹出的快捷菜单中选择“效果”>“颜色校正”>“色阶”菜单，然后将“输入白色”参数设为219，如图8-2-4所示。

图8-2-3 梯形渐变效果

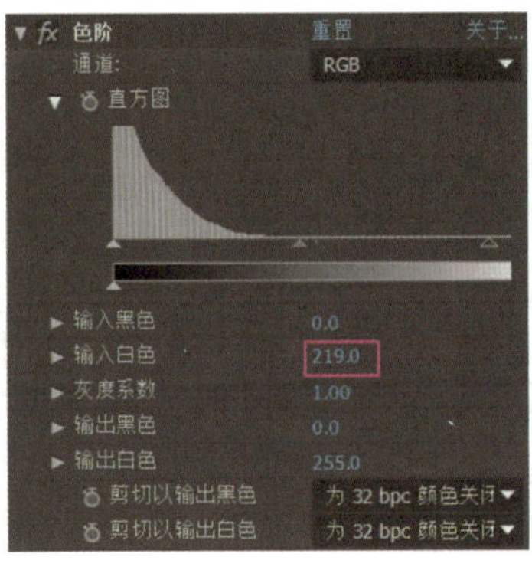

图8-2-4 设置色阶参数

2. 制作流星

该视频中的流星共有4个，每个流星完全相同，只是流星滑落的位置不同。因此，可将流星制作成一个合成，通过复制该合成得到其余3个流星，具体操作方法如下。

步骤1 按【Ctrl+N】键新建一个大小设为1280×720的合成，并将合成名称设为“流星”。按【Ctrl+Y】键新建一个黑色固态层，并该图层的名称设为“拖尾”，然后选中该图层，利用“钢笔工具”绘制图8-2-5所示的曲线路径。

步骤2 选中“拖尾”图层并右击，从弹出的快捷菜单中选择“效果”>“生成”>“勾画”菜单，然后参照图8-2-6所示设置勾画的参数，效果如图8-2-7所示。

步骤3 将时间线拖至第3秒06帧处，单击图8-2-6中“旋转”属性前的按钮，然后拖动“旋转”属性后的参数，使图8-2-7中的光线位于路径线的左下方；将时间拖至第0秒处，拖动“旋转”属性后的参数，使光线从右上角移出画面。此时，按【0】键可以看到光线从右上方移至左下方。

图 8-2-5　绘制拖尾路径

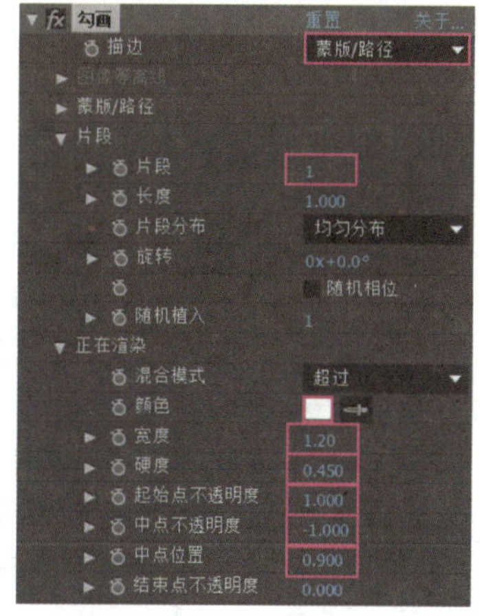

图 8-2-6　勾画参数

图 8-2-7　勾画效果

提　示

添加“勾画”命令后如果不出现图 8-2-7 所示的效果，可调整蒙版路径的形状，使所画曲线的任一端出现手柄，如图 8-2-5 所示。

在调整“旋转”参数时，如果将光线移至画面的右上方后，光线仍显示在画面中，此时，可通过调整路径线右上端的位置，使路径线加长至光线完全移出画面即可。

步骤 4　选中“拖尾”图层并按【T】键，在第 3 秒 06 帧处添加“不透明度”关键帧，不透明度值为“0”，接着在第 2 秒处将不透明度值设为“100”。此时，按【0】键可以看到，光线从右上方移至左下方时逐渐变淡，最后消失。

步骤 5　选中“拖尾”图层并右击，从弹出的快捷菜单中选择“效果”>“风格化”>“发光”菜单，然后参照图 8-2-8 所示设置光线的发光参数。其中，颜色 *A* 为青色（R:203，G:245，B:255），颜色 *B* 为蓝色（R:29，G:61，B:203），效果如图 8-2-9 所示。

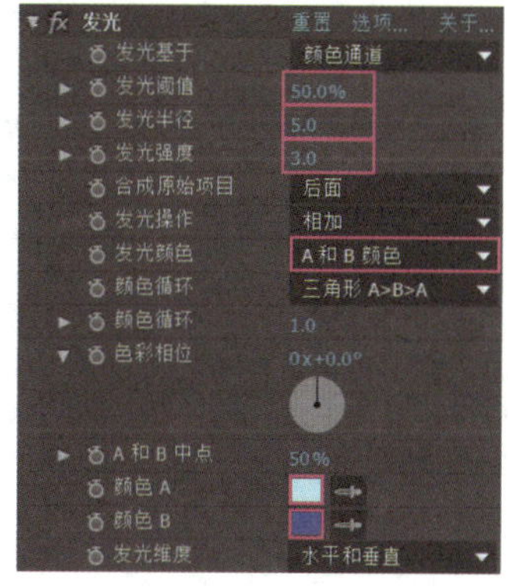

图 8-2-8　发光参数

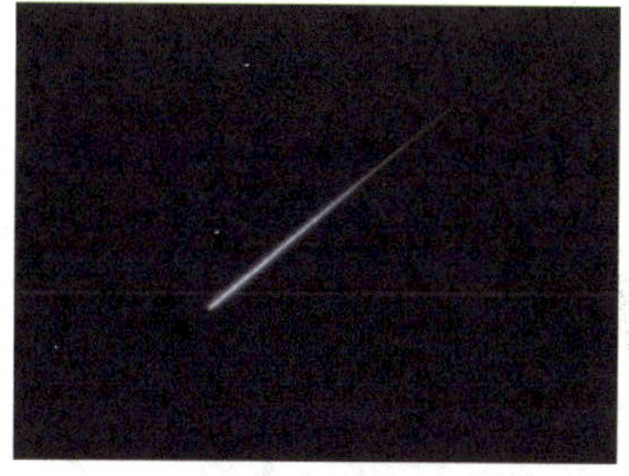

图 8-2-9　发光参数效果

步骤 6　选中“拖尾”图层，依次按【Ctrl+C】和【Ctrl+V】键将该图层复制一份，然后将最上方的图层名称改为“发光头部”，图层模式设为“变亮”，接着展开效果控件面板中的“勾画”命令，将“长度”参数设为“0.07”，“宽度”设为“5”，再参照图 8-2-10 所示设置“发光”的参数。其中，颜色*A*为浅蓝色（R:55，G:155，B:255），颜色*B*为深蓝色（R:20，G:90，B:210），效果如图8-2-11所示。

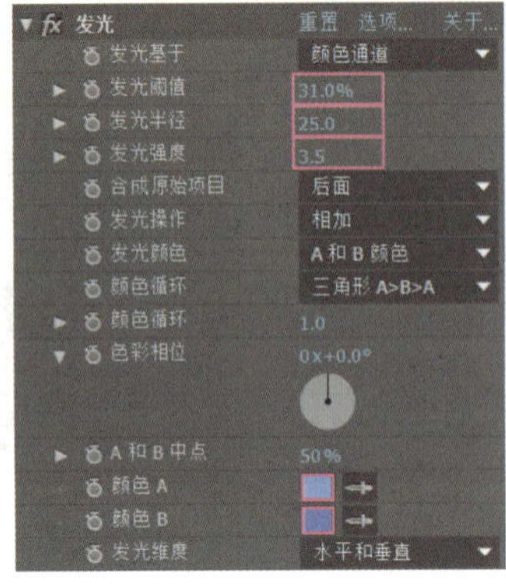

图 8-2-10　发光参数

图 8-2-11　发光效果

提 示

由于每个人所绘制的路径线的斜度均不相同，因此图8-2-10所示参数仅供参考，读者可根据项目窗口中的效果，适当调整相关参数即可。

步骤7　将“流星”合成拖至“流星雨”合成中图层区的最上方，并将“流星”图层的模式设为“相加”，然后将“流星”图层的时间轨向右稍拖动一些。按【0】键即可看到流星坠落的效果，如图8-2-12所示。

步骤8　利用【Ctrl+C】和【Ctrl+V】键将“流星”图层复制3份，并选中复制到的3个“流星”图层按【P】键，分别调整每个“流星”图层的时间轨和“位置”参数，使每一个流星的坠落时间和坠落位置均不相同，如图8-2-13所示。至此，本案例就制作完成了，按【0】键进行预览。

图 8-2-12　流星坠落效果①

图 8-2-13　流星坠落效果②

案例三　制作上帝之光

——分形杂色和贝塞尔曲线变形

案例说明

在一些魔幻、神话、科幻及武侠剧中，经常会看到图8-3-1所示画面中的光线效果，这种光效大多是使用“分形杂色”和“贝塞尔曲线变形”命令制作而成的。

图 8-3-1　上帝之光效果图

下面，通过制作“Q版舞蹈”片头，来学习利用“分形杂色”和“贝塞尔曲线变形”命令制作上帝之光的方法。

【案例3】　**“Q版舞蹈”视频简介**

请大家打开本书配套素材中的“ch08”＞“案例三”文件夹，观看其中的“Q版舞蹈.mov”片头。该视频是由图8-3-2（a）所示的“跳舞.mov”和“舞台背景.mov”视频制作而成的，最终的视频画面如图8-3-2（b）所示。

Q版舞蹈片头

素材：素材与实例\ch08\案例三\舞台素材\跳舞.mov、舞台背景.mov

结果：素材与实例\ch08\案例三\Q版舞蹈.mov

（a）

（b）

图 8-3-2　素材与视频效果截图

思考：“Q版舞蹈.mov”片头中的光效是怎样制作的？

案例实施——制作“Q版舞蹈”片头

制作思路

该片头可按照“构图→制作光效→调整细节”的思路来制作。构图时，可先将“舞台背景.mov”和“跳舞.mov”素材拖拽到时间轴面板中，然后利用“颜色范围”命令抠出其中的舞蹈，并将“跳舞.mov”图层复制一份，制作人物的倒影。利用“分形杂色”和“贝塞尔曲线变形”命令制作上帝之光。

根据画图效果，调整舞台背景的色彩和亮度，再利用“Particular”插件制作白色球状粒子，最后利用蒙版制作光源附近的“雾化”效果。

制作步骤

1. 构图，并制作光效

步骤1 启动After Effects CC软件，将“ch08”>“案例三”>“舞蹈素材”文件夹中的素材导入到项目面板中，然后将“舞台背景.mov”素材拖拽到时间轴面板中，并将该合成的大小设为1024×576，时长设为4秒，合成名称设为“Q版舞蹈”。

步骤2 选中“舞台背景.mov”图层按【S】键，将该图层的缩放比例设为“54%”。

步骤3 将“跳舞.mov”素材拖拽到时间轴面板中，选中该图层并右击，从弹出的快捷菜单中选择“效果”>“键控”>“颜色范围”菜单，将背景全部抠除，然后参照图8-3-3所示参数设置，以弱化人物的边缘轮廓，效果如图8-3-4所示。

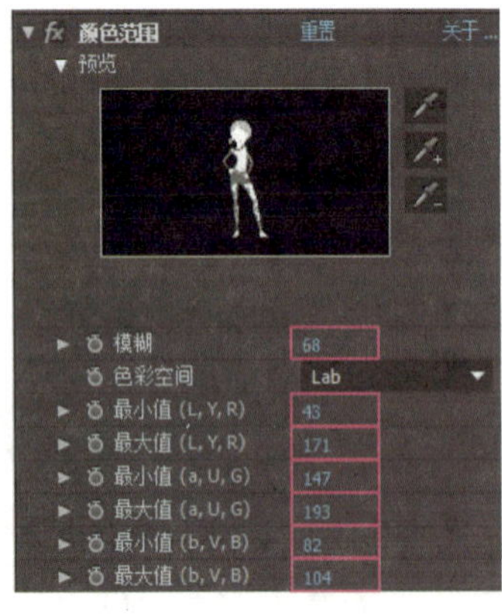

图8-3-3 颜色范围参数

图8-3-4 抠图效果

步骤4 由于“跳舞.mov”素材中的人物比较模糊，因此还需要选中“跳舞.mov”图层并右击，从弹出的快捷菜单中选择“效果”>“模糊和锐化”>“锐化”菜单，然后将锐化量设为“40”。

步骤5 选中“跳舞.mov”图层按【S】键，将该图层的缩放比例设为“95%”左右；按

【P】键，拖动“位置”属性的参数，使人物位于舞台合适位置，如将“位置”参数设为“473，262”。

步骤6 使用【Ctrl+C】和【Ctrl+V】键复制“跳舞.mov”图层，然后选中下方的“跳舞.mov”图层并按【S】键，将该图层的缩放比例设为“95.0，-95.0%”；按【P】键，拖动“位置”属性的*Y*轴参数，如图8-3-5所示。

步骤7 选中人物倒影所在的“跳舞.mov”图层，然后在效果控件面板中删除“锐化”效果，接着利用“矩形工具”绘制图8-3-6所示的矩形，再调整“蒙版羽化”参数，使倒影更逼真。

图 8-3-5 制作人物倒影

图 8-3-6 利用蒙版使倒影变浅

步骤8 按【Ctrl+Y】新建一个纯黑色固态层，并将该图层的名称设为“上帝之光”。选中该图层并右击，从弹出的快捷菜单中选择“效果”＞“杂色和颗粒”＞“分形杂色”菜单，然后参照图8-3-7所示调整相关参数，最后将该图层的模式设为“相加”，效果如图8-3-7所示。

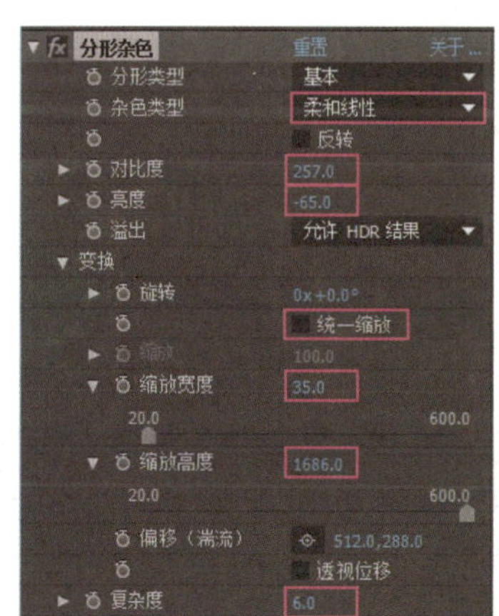

图 8-3-7 制作光线效果

步骤9 选中“上帝之光”图层按【S】键，将该图层的缩放比例设为“80.0，100.0%”，使光线分散；按【P】键，然后调整“位置”参数，使光线上移。利用“钢笔工具”绘制图8-3-8所示的封闭图形，然后设置蒙版羽化值，最后将该图层拖至“舞蹈.mov”图层的下方，效果如图8-3-8所示。

步骤10 选中“上帝之光”图层并右击，从弹出的快捷菜单中选择“效果”＞“扭曲”＞“贝塞尔曲线变形”菜单，然后通过拖动合成窗口中出现的控制点，使光线呈梯形投射，最后将品质值设为“10”，调整后的效果如图8-3-9所示。

图 8-3-8　调整光线

图 8-3-9　调整光线的形状

使用“贝塞尔曲线变形”命令可在素材图像的边界位置创建一个封闭控制线框，通过调整线框中多个控制点可使图形变形。“贝塞尔曲线变形”效果控件面板中的“品质”选项用于调节曲线的精细程度。

步骤11　选中“上帝之光”图层，将时间线拖到第3秒20帧处，然后单击效果控件面板中“分形杂色”效果的“演化”选项前的关键帧按钮，并将“演化”值设为“1x+150.0°”左右；将时间线拖至第0秒，将“演化”值设为0，最后按【0】键预览效果。

2. 细节调整

由于原素材中的舞台呈现同一色系，因此，可利用“四色渐变”和“色阶”命令增加舞台背景的颜色。另外，为了使画面效果更好些，还可以在该视频中添加一些粒子特效，具体操作方法如下。

步骤1　选中“舞台背景.mov”图层并右击，从弹出的快捷菜单中选择“效果”＞“生成”＞“四色渐变”菜单，然后分别调整4种颜色及其位置，如图8-3-10所示。

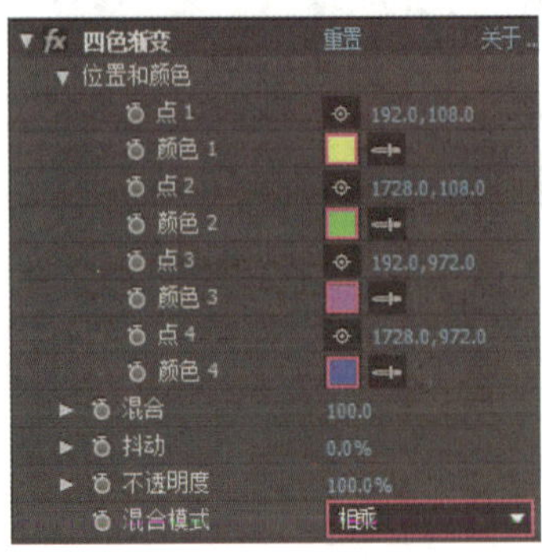

图 8-3-10　四色渐变参数及效果

步骤2　为“舞台背景.mov”图层添加“色阶”效果，然后设置色阶参数，使场景更加明亮些，如图8-3-11所示。

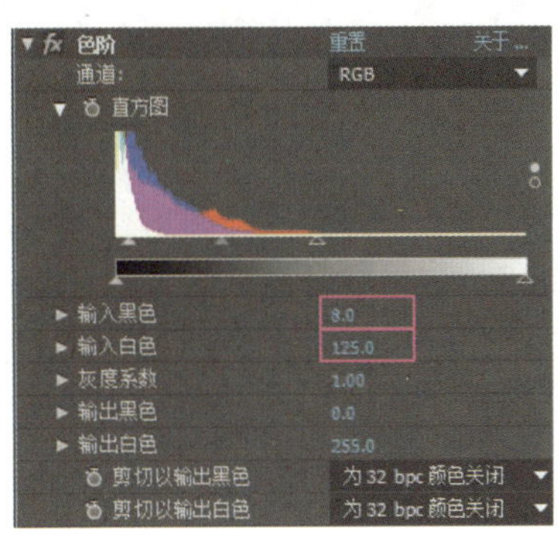

图 8-3-11　设置色阶效果

步骤3　按【Ctrl+Y】键新建一个纯色固态层，并将该图层的名称设为“梦幻粒子”。为该图层添加“Particular”效果，粒子发射器的位置、参数及粒子参数如图8-3-12所示，粒子效果如图8-3-13所示。

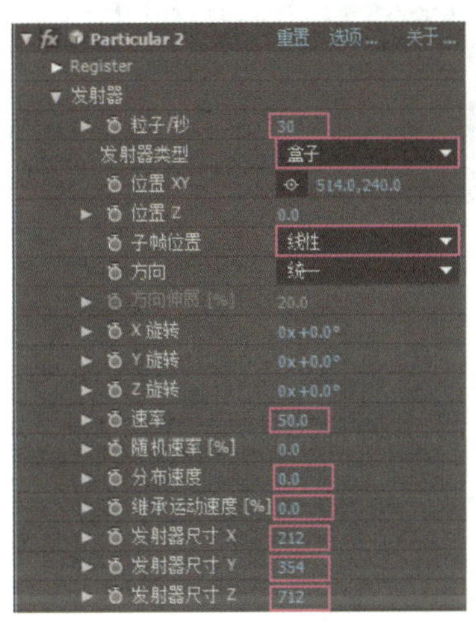

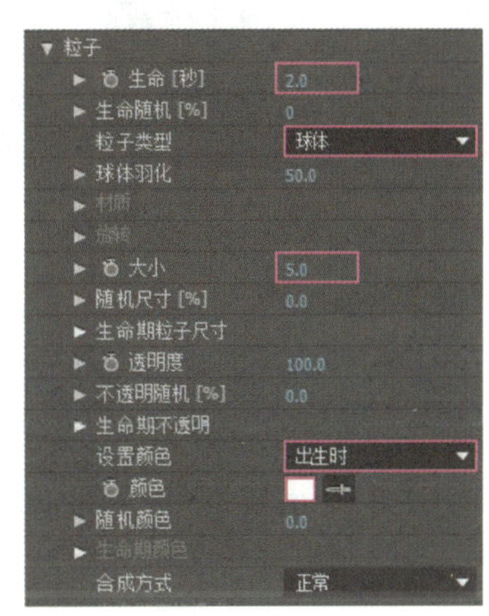

图 8-3-12　粒子发射器及粒子的参数

步骤4　按【Ctrl+Y】键新建一个白色固态层，并将该图层的名称设为“白光”，然后利用“椭圆工具”在小孩头顶上方光线处绘制一个椭圆，再调整蒙版羽化值，效果如图8-3-14所示。至此，本案例就制作完成了，按【0】键进行预览。

图 8-3-13　粒子效果

图 8-3-14　白色光源效果

课堂实训 2——制作“七夕情人节”片头

请大家打开本书配套素材中的“ch08”>“课堂实训”文件夹，观看其中的“七夕情人节片头.mov”视频。该视频是由“背景.jpg”图片制作的，其最终的视频画面如图 8-3-15 所示。

七夕情人节片头

素材：素材与实例\ch08\课堂实训\七夕情人节素材\背景.jpg

结果：素材与实例\ch08\课堂实训\七夕情人节.aep

（a）

（b）

图 8-3-15　素材与视频效果截图

提示：

（1）该视频中的上帝之光是使用“分形杂色”和“贝塞尔曲线变形”命令制作而成的，点缀的星星是使用“Particular”插件制作的。其中，粒子发射器的类型为“盒子”，粒子类型为“星形”。制作好一侧的粒子后，将该图层复制一份，通过调整粒子发射器的位置，形成另一侧的星星。

（2）由图 8-3-15（a）可知，该背景图为蓝色调。为了丰富画面的色彩，可使用“四色渐变”命令调整背景图的颜色，并将该效果的“混合模式”选项设为“色相”，接着将背景图层复制一份，并将副本图层的“四色渐变”效果删除，再将该图层的不透明度设为20%，使背景的色彩亮度柔和些。

本章主要介绍了使用After Effects制作常见光线特效的方法。在学完本章内容后，读者应重点掌握以下知识。

- 利用“发光”命令可以使图像中较亮部分及其周围的像素变亮，以创建漫射的发光光环。
- 使用“勾画”命令可以突显图像的轮廓，与“发光”命令结合还可以根据遮罩路径创建拖尾光线动画。

- 分形杂色是通过为每个杂色图块生成随机编号的网格来创建的，与“贝塞尔曲线变形”命令结合可制作线光效果。
- 使用“贝塞尔曲线变形”命令可在素材图像的边界位置创建一个封闭控制线框，通过调整线框中多个控制点可使图形变形。

综合应用实战

通过前面章节的学习，相信大家已经掌握了使用After Effects制作关键帧动画和蒙版动画的方法，以及必要时的色彩校正、调色、抠像、跟踪与稳定及相关粒子特效等操作。为了使读者能够将所学知识与实际应用结合起来，本章将通过制作几个综合实例，详细介绍使用After Effects制作栏目片头、企业宣传片头及影视片头的方法。

学习目标

- 掌握使用 Photoshop 处理图片和制作简单图片素材常用命令的操作方法，如裁剪工具、自由变换、渐变工具、钢笔工具等
- 掌握使用 After Effects 制作栏目片头的思路和方法
- 掌握使用 After Effects 制作企业宣传片头的思路和方法
- 掌握使用 After Effects 制作影视片头的思路和方法

综合案例一　制作电视栏目片头——孔子学堂

案例说明

Photoshop是当今世界最流行的一款图像处理软件，被广泛应用于平面广告设计、艺术图形创作、数码照片处理等领域。在使用After Effects制作视频时，经常需要使用Photoshop制作所需图片，或抠除图片中的某些内容，或将多张图片中的内容进行部分合并，使其成为一张所需图片。

孔子学堂

下面通过制作“孔子学堂”片头，来学习Photoshop在视频制作方面的应用。

【案例 1】　“孔子学堂”片头简介

请大家打开本书配套素材中的“ch09”>“案例一”文件夹，观看其中的“孔子学堂.mov”视频。该视频是由图9-1-1（a）所示的素材制作而成的，视频画面如图9-1-1（b）和（c）所示。

结果：素材与实例\ch09\案例一\孔子学堂.aep

孔子.psd

毛笔+笔画.psd

鸟.mov

山水背景.jpg

语录.jpg

（a）素材

（b）镜头一

（c）镜头二

图 9-1-1　素材与视频效果截图

思考：

（1）视频中的画轴是怎样制作的？

（2）毛笔画圈时的半圆动画是怎样制作的？

（3）语录的背景是怎样随着画轴的卷动而变化的？

预备知识

下面通过制作“孔子学堂.mov”视频中需要的素材，来学习使用Photoshop抠图、裁剪图片及制作图片时常用的命令，这些命令是使用After Effects制作视频时经常需要使用的。

一、裁剪图像和变换图像

利用工具箱中的“裁剪工具”可以对图像进行任意裁剪。变换图像是对图像本身变形，并不会影响到选区内的图像。选择“编辑”＞“自由变换”菜单项，或按【Ctrl+T】键，利用出现的变换框可以对选区内的图像或非背景层图像进行缩放、旋转、扭曲、斜切和透视等各种变换。

下面通过将图9-1-2（a）所示的图片处理成图9-1-2（b）所示的图片，来学习裁剪图像和旋转图像的方法。

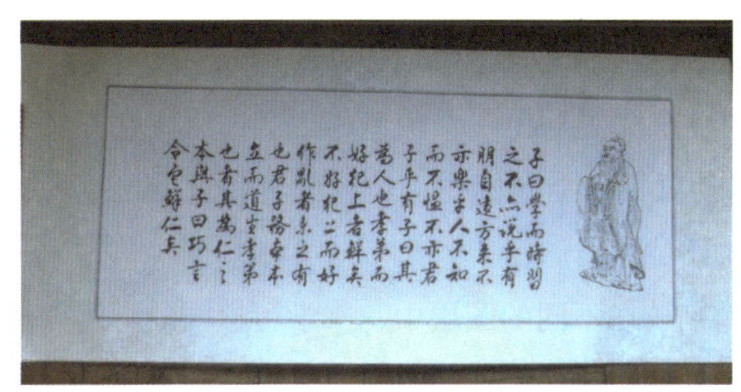

（a）

（b）

图 9-1-2　源素材及效果图

步骤1　启动Photoshop软件，选中本书配套素材“ch09”＞“案例一”＞“孔子学堂素材”＞“源素材”文件夹中的“语录.jpg”，然后按住鼠标左键将其拖拽到Photoshop的图像窗口中并松开鼠标左键，即可打开该文件。

步骤2 选择“视图”>“标尺”菜单或按【Ctrl+R】键，打开标尺，然后将标尺拖至合适位置，以便作为水平参考线。按【Ctrl+A】键选中所有对象，按【Ctrl+T】键执行“自由变换”命令，并光标放在图像的右上角，等光标变成↰时拖动，使图像转正，如图9-1-3所示。最后按回车键结束该命令。

步骤3 选择“视图”>“清除参考线”菜单，清除标尺。单击工具箱中的“裁剪工具”，然后在图像窗口中自左向右拖出一个矩形框，使所需文字位于该矩形框内，如图9-1-4所示。松开鼠标后按回车键，效果如图9-1-2（b）所示。

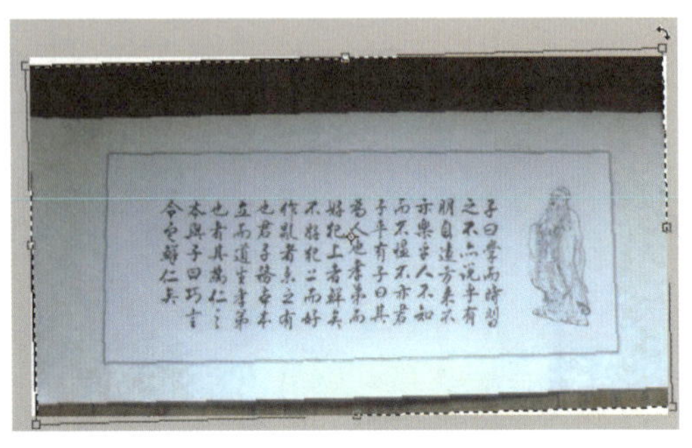

图 9-1-3　旋转图像

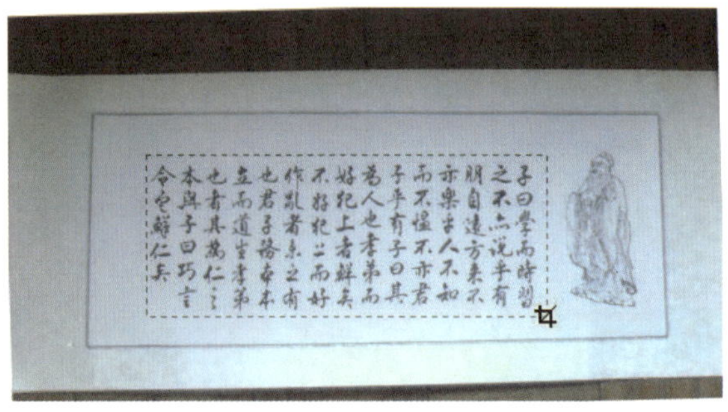

图 9-1-4　框选所需区域

步骤4 按【Ctrl+Shift+S】键，在打开的“存储为”对话框中将该图像以“语录”名称储存在“孔子学堂素材”文件夹中。

二、几种常用的抠图方法

“铅笔工具”“仿制图章工具”和“快速选择工具”是Photoshop中常用的抠图工具，它们的功能及用法如下。

◆ “钢笔工具”：可以通过创建直线锚点和曲线锚点来绘制连续的直线或曲线，使用“添加锚点工具”、“删除锚点工具”或“转换点工具”可在绘制的曲线上添加、删除锚点或转换锚点类型，从而方便调整曲线的形状。

◆ “仿制图章工具”：可以将使用笔刷取样的图像区域复制到同一幅图像的不同位置或另一幅图像中，通常用来去除照片中的污渍、杂点或复制图像等。

◆ “快速选择工具”：可以使用圆形笔刷快速“画”出一个颜色相近的选区。在工具箱中选择该工具，然后在要选取的图像上单击并拖动鼠标，与鼠标拖动位置颜色相近的区域均被选取。

下面通过将图9-1-5（a）所示图片中的元素分别放在不同的图层中，来学习抠图的常用方法及工具。抠图后的效果如图9-1-5（b）所示。

步骤1 将本书配套素材“ch09”>“案例一”>“孔子学堂素材”>“源素材”文件夹中的“图案+画笔.jpg”文件拖拽到Photoshop中除图像窗口外的任意区域，松开鼠标即可打开该文件。

(a)

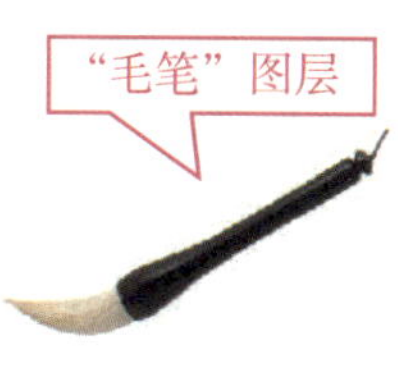

(b)

图 9-1-5　源素材及效果图

步骤2　按住【Alt】键并滚动鼠标滚轮，使图像放大显示。利用工具箱中的"钢笔工具"沿着毛笔周边绘制封闭图形，再利用"转换点工具"在封闭图形中需要调整的顶点上单击，通过拖动该顶点的手柄调整曲线形状，使毛笔位于该图形内，如图9-1-6所示。

步骤3　按【Ctrl+空格】键使封闭区域变成选区，然后按【Ctrl+X】键将选区内的图像剪贴，再按【Ctrl+V】键粘贴图像，可使毛笔图案位于一个新图层上，如图9-1-7所示。

图 9-1-6　利用"钢笔工具"绘制图形

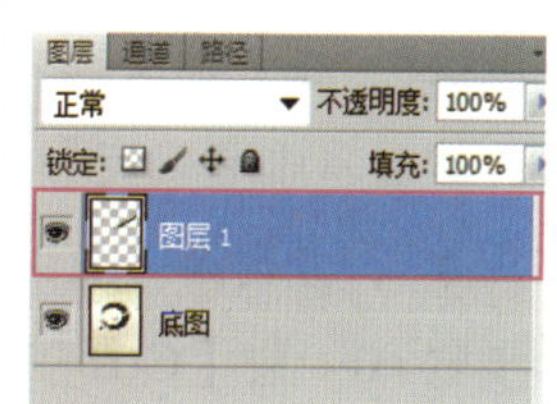

图 9-1-7　粘贴毛笔图案

步骤4　双击"图层"调板中的"图层1"名称，将其命名为"毛笔"。

步骤5　隐藏"毛笔"图层。单击工具箱中的"仿制图章工具"按钮，在工具属性栏中设置主直径为150像素的柔边笔刷，然后按住【Alt】键在毛笔的透明部位附近单击，拾取取样点。松开【Alt】键后，在与取样点颜色相似的透明部分涂抹即可。

步骤6　根据透明区域要填充的颜色不同可多次定义取样点和复制图像，必要时可调整笔刷的主直径尺寸，效果如图9-1-8所示。

步骤7　单击工具箱中的"快速选择工具"，然后在工具属性栏中设置主直径为35像素的柔边笔刷，接着在要选中的黑色图案处拖动鼠标，结果如图9-1-9所示。

图 9-1-8　用"仿制图章工具"填充图案

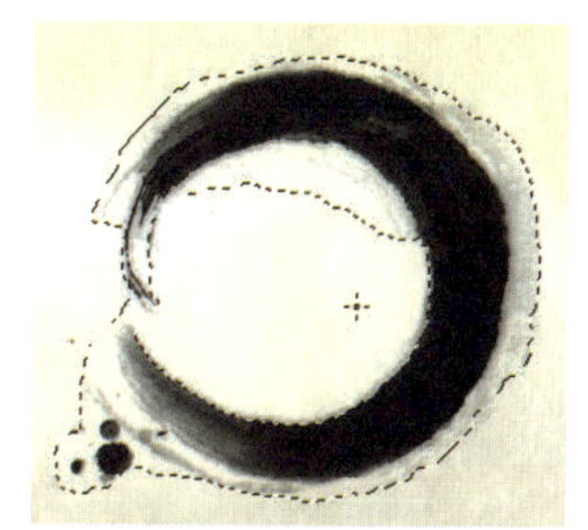
图 9-1-9　选择区域

步骤8 单击工具属性栏中的“调整边缘”按钮 调整边缘... ，打开如图9-1-10所示的“调整边缘”对话框。在该对话框的“视图”列表框中单击，在弹出的下拉列表中选择“白底”选项，接着设置“羽化”值和“移动边缘”值，最后在图案边缘处拖动鼠标擦除底色，效果如图9-1-11所示。

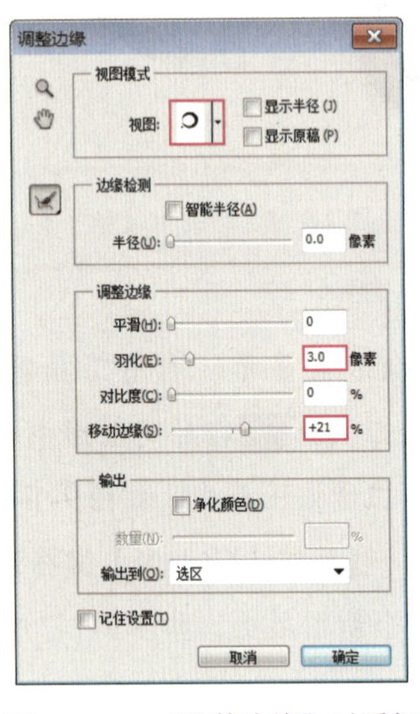

图 9-1-10 “调整边缘”对话框

图 9-1-11 边缘调整效果

步骤9 在“调整边缘”对话框的“输出”设置区的“输出到”列表框中选择“新建图层”选项，然后单击“确定”按钮，可将所选图案创建的一个新图层上。将新创建的图层的名称改为“图案”，并删除“底图”图层即可。

步骤10 按【Ctrl+Shift+S】键，在打开的“存储为”对话框中将该图像以“图案+毛笔.psd”名称储存在“孔子学堂素材”文件夹中。

三、制作渐变图案

利用“渐变工具”可以在当前图层或选区内填充系统内置或用户自定义的渐变图案。选择该工具后，首先在其工具属性栏中选择或设置渐变图案，以及选择渐变类型，然后在图像窗口中按住鼠标左键并拖动即可为当前选区填充渐变图案。

下面通过制作图9-1-12所示的画轴图形，来学习使用“渐变工具”命令绘制图案的方法。

步骤1 按【Ctrl+N】键打开“新建”对话框，参照图9-1-13所示设置各项参数，单击“确定”按钮，即可创建一个空白图像文件。

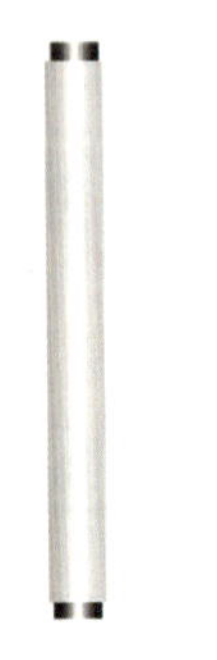

图 9-1-12 制作画轴图案

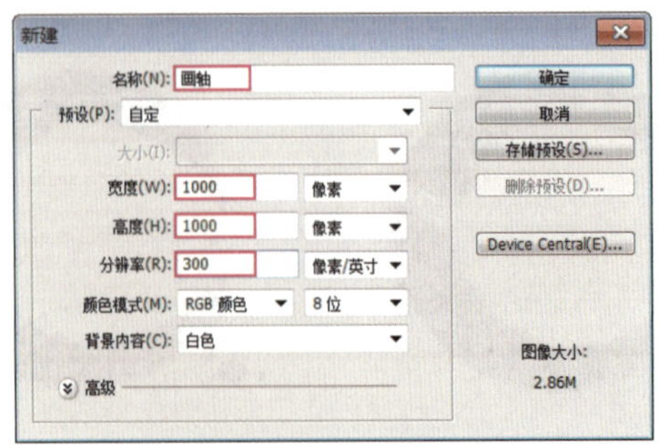

图 9-1-13 “新建”对话框

步骤2 按【Ctrl+Shift+N】键新建一个图层，然后单击工具箱中的“矩形选框工具”，在图像窗口中框选一个区域，如图9-1-14所示。

图 9-1-14 框选一个区域

步骤3 单击工具箱中的“渐变工具”，然后单击图9-1-15所示工具属性栏中的“对称渐变”按钮，接着单击“点击可编辑渐变”中的图案，打开图9-1-16所示的“渐变编辑器”对话框。

图 9-1-15 工具属性栏

步骤4 在“渐变编辑器”对话框渐变颜色条下方的合适位置单击，添加一个颜色色标，然后在“位置”编辑框中输入50，如图9-1-16所示。分别双击渐变颜色条下方最左和最右色标，在打开的对话框中将颜色设为纯黑色，将中间色标的颜色设为纯白色，最后单击“确定”按钮，关闭该对话框。

步骤5 按住【Shift】键从框选区域的左侧向右拖动鼠标，到达框选区域的右边缘时松开鼠标，如图9-1-17所示。

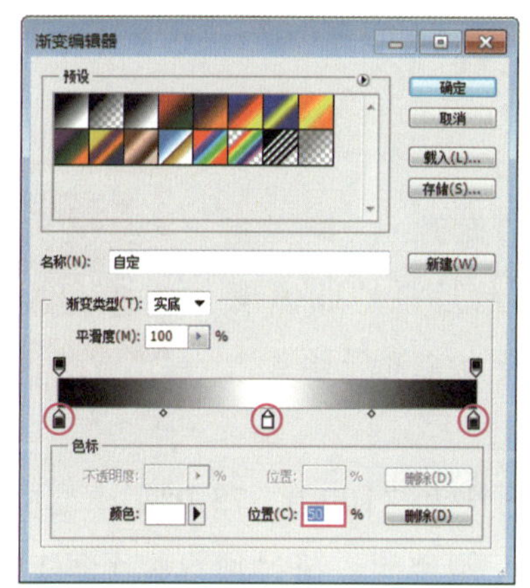

图 9-1-16 “渐变编辑器”对话框

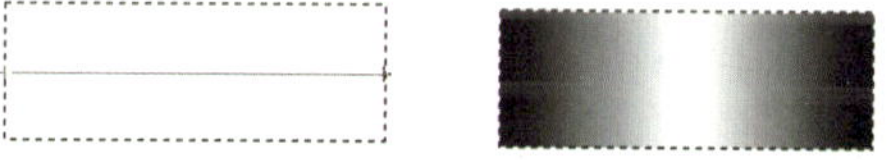

图 9-1-17 填充渐变图案①

步骤6 按【Ctrl+Shift+N】键新建一个图层，参照前面的方法使用“矩形选框工具”框选一个区域，然后利用“渐变工具”对所选区域填充渐变图案，如图9-1-18所示。填充图9-1-18所示的图案时，只需将图9-1-16所示渐变颜色条下方最左和最右两侧的颜色色标设为灰色（R:205，G:205，B:205）即可。

步骤7 在“图层”调板中选中“图层1”并右击，从弹出的快捷菜单中选择“复制图层”菜单，然后在图像窗口中拖动鼠标，将图案拖动至图9-1-19所示位置。

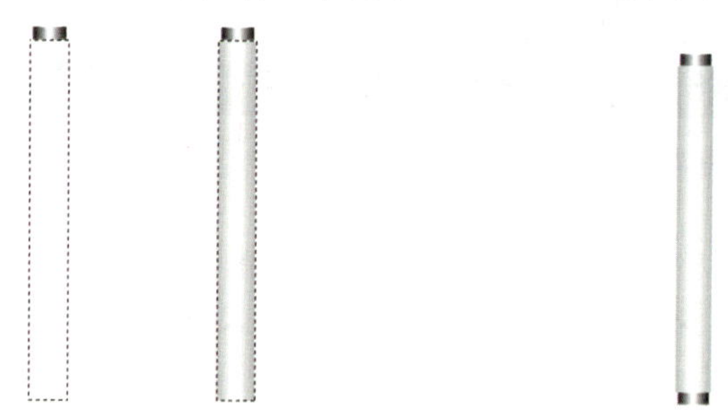

图 9-1-18 填充渐变图案②

图 9-1-19 复制并移动图层

步骤8 隐藏“背景”图层，按【Ctrl+S】键，在打开的“存储为”对话框中将该图像以“画轴.psd”名称储存在“孔子学堂素材”文件夹中。

案例实施——制作“孔子学堂”视频

制作思路

该视频可分为3个镜头。第1个镜头的操作方法为：① 将“山水背景.jpg”素材拖拽到时间轴面板中，并利用蒙版制作从中间向两侧展开动画；② 为利用Photoshop制作的“画轴”，素材添加“位置”关键帧，使两个画轴分别从画面中间向两侧移动；③ 利用“毛笔+图案.psd”素材制作毛笔写字动画，最后注写“儒家”二字。

第2个镜头的操作方法为：① 镜头1中除背景图外，其他对象全部谈出；② 出现孔子及语录，并利用“颜色范围”命令去除语录的背景色；③ 制作左上角的“孔子学堂”文字及图标动画。第3个镜头为画面卷起动画。

制作步骤

1. 镜头1

步骤1 启动After Effects CC软件，将“ch09”>“案例一”>“孔子学堂素材”文件夹中的所有素材导入项目面板中，然后将“山水背景.jpg”素材拖拽到时间轴面板中，并将该合成的名称设为“孔子学堂”，播放制式设为“HDTV 1080 25”，持续时间设为“20”秒。

步骤2 展开“山水背景.jpg”图层，将其缩放比例设为“100.0，73.0%”。选中该图层，利用工具栏中的“矩形工具”绘制图9-1-20所示的矩形蒙版。将时间线拖至第1秒，为其添加“蒙版路径”关键帧；将时间线拖至第3秒20帧，然后选中“蒙版1”选项并按【Ctrl+T】键，接着分别拖动变形框左、右两侧，使其画面效果如图9-1-21所示。

图9-1-20　矩形蒙版图形

图9-1-21　第3秒20帧画面

步骤3 将时间线拖至第1秒，将“画轴.psd”素材拖拽到时间轴面板中，调整其大小及竖直方向上的位置。将“画轴.psd”图层复制一份，然后调整两个画轴的左右位置，如图9-1-22所示。

步骤4 在第1秒为两个“画轴.psd”图层添加“位置”关键帧，将时间线拖至第3秒20帧，然后拖动左侧画轴“位置”属性的X值，使画轴刚好从左侧移出画面，采用同样的方法调整右侧画轴，结果如图9-1-23所示。

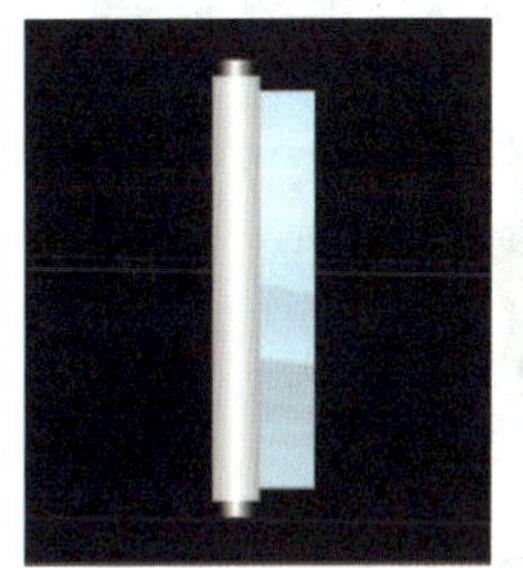
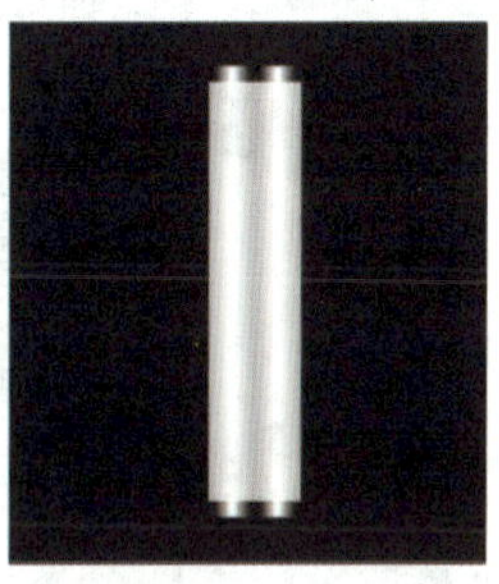

图 9-1-22　第 1 秒画轴的位置

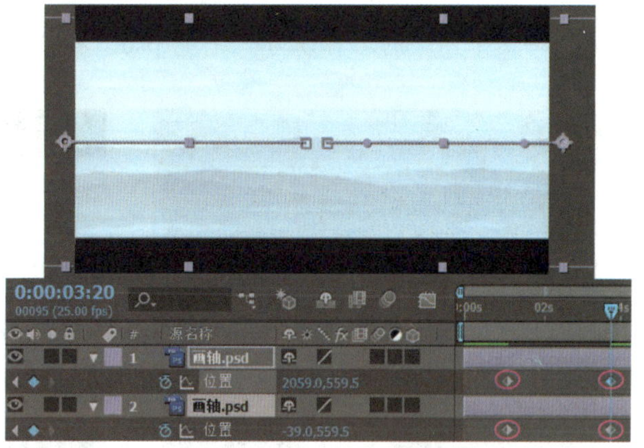

图 9-1-23　第 3 秒 20 帧画轴的位置

提　示

在为画轴添加关键帧动画后，按【0】键预览动画效果时，如果发现画轴与山水背景的运动速度不一致，则可通过调整“山水背景”图层中“蒙版路径”关键帧的位置或位置距离，或在合适位置添加“蒙版路径”关键帧。

步骤5　选中两个“画轴.psd”图层并右击，从弹出的快捷菜单中选择“预合成”菜单，在打开的“预合成”对话框中将合成名称设为“画轴”，最后单击“确定”按钮。

步骤6　选中“画轴”合成层和“山水背景.jpg”图层，然后按【T】键，分别在第0秒和第1秒为这两个图层添加“不透明度”关键帧，“不透明度”值分别为0%和100%。

步骤7　选中“画轴”合成层并右击，从弹出的快捷菜单中选择“效果”>“透视”>“投影”菜单，然后在“投影”面板中将“阴影颜色”设为纯黑色，其他参数及投影效果如图9-1-24所示。

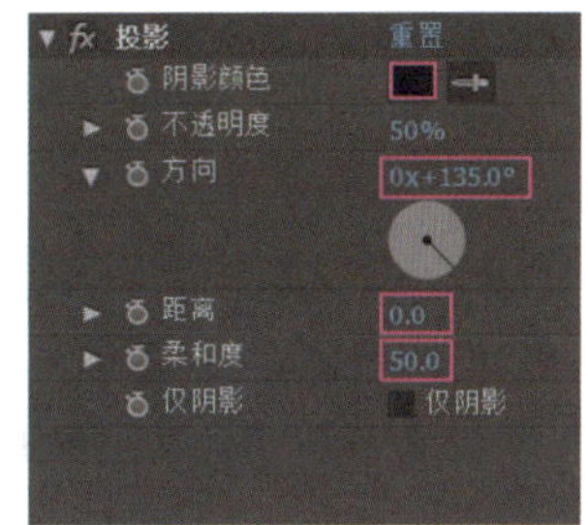

图 9-1-24　投影参数及效果

步骤8　选中项目面板中的“图案+毛笔.psd”素材，按【Delete】键将其删除，然后在项目面板中双击，在打开的对话框中选择“ch09”>“案例一”>“孔子学堂素材”>“图案+毛笔.psd”素材，单击“导入”按钮，在打开的对话框中进行设置，如图9-1-25所示，最后单击

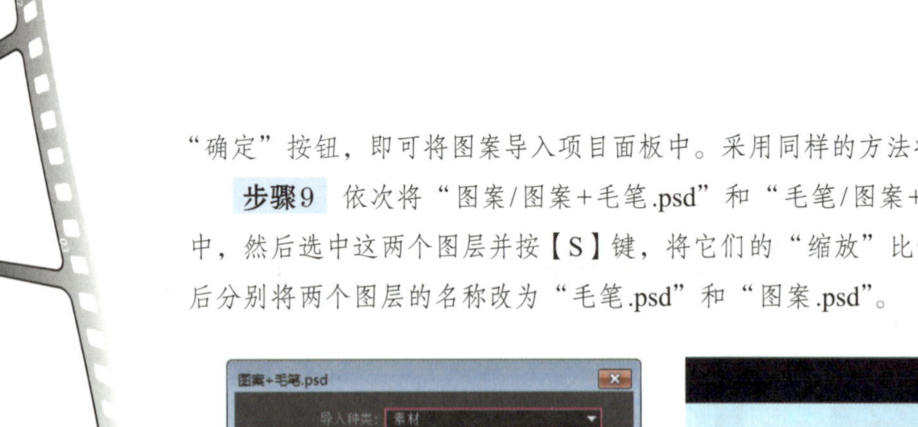

“确定”按钮，即可将图案导入项目面板中。采用同样的方法将毛笔导入项目面板中。

步骤9 依次将“图案/图案+毛笔.psd”和“毛笔/图案+毛笔.psd”素材拖拽到时间轴面板中，然后选中这两个图层并按【S】键，将它们的“缩放”比例设为68%，如图9-1-26所示。最后分别将两个图层的名称改为“毛笔.psd”和“图案.psd”。

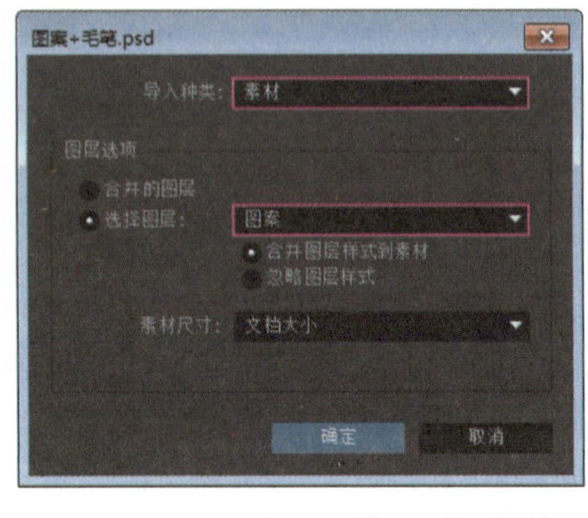

图 9-1-25 “图案 + 毛笔 .psd”对话框

图 9-1-26 画面效果

步骤10 隐藏“毛笔.psd”图层，然后将图案移动至画面的中心位置，选中“图案.psd”图层，利用“钢笔工具”绘制如图9-1-27（a）所示的封闭图形。

步骤11 在第5秒为“图案”图层添加“蒙版路径”关键帧，然后将时间线拖至第4秒20帧，调整曲线的形状位置，并将“蒙版羽化”值设为“50”，如图9-1-27（b）所示。

步骤12 采用同样的方法，分别在第4秒10帧和第4秒04帧添加“蒙版路径”关键帧，其画面依次如图9-1-27（c）和（d）所示，最后在第3秒20帧处添加“蒙版路径”关键帧，使曲线的所有点位于同一水平线附近或集于一点，从而使得蒙版内无图案。

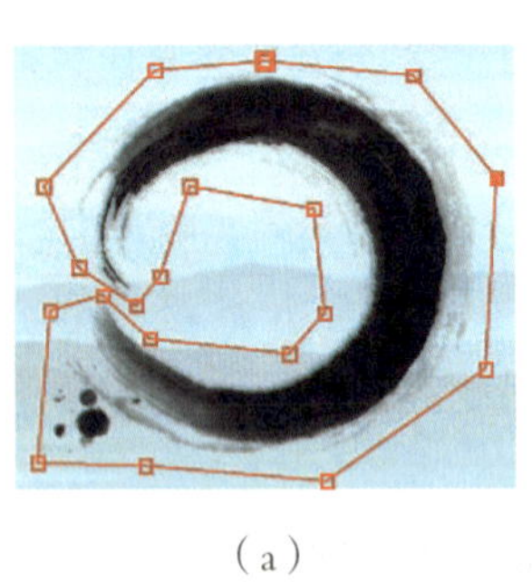

（a）

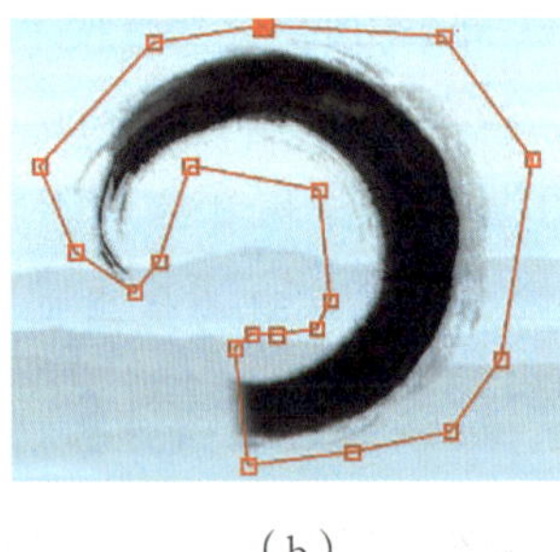

（b）

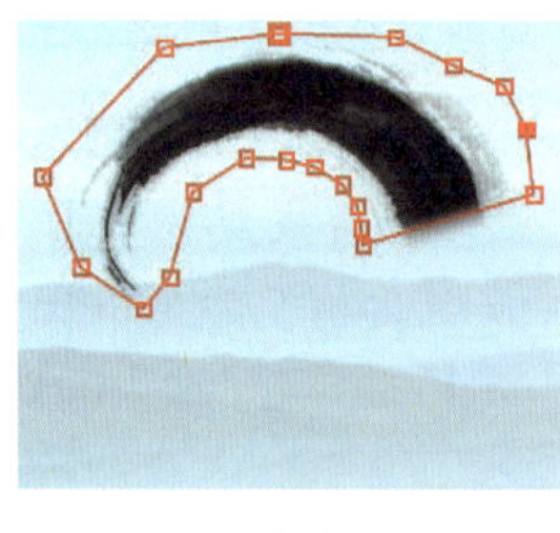

（c）

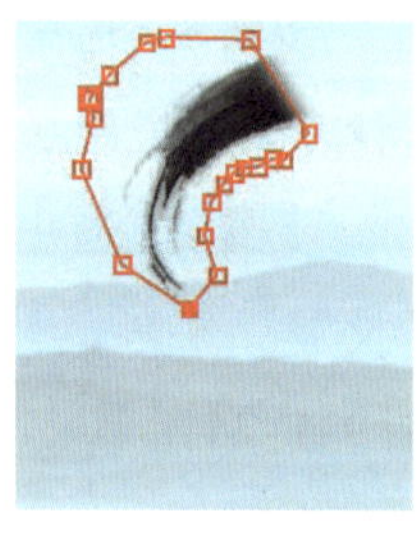

（d）

图 9-1-27 各关键帧处的图案形状

步骤13 分别在第4秒04帧、第5秒15帧和第7秒处为“图案”图层添加“缩放”关键帧，“缩放”值依次为45%、60%和68%。

步骤14 显示“毛笔”图层，利用工具栏中的“向后平行（锚点）工具”将毛笔的锚点移至笔头处。将时间线拖至第4秒05帧处，为“毛笔.psd”图层添加“位置”关键帧，然后将该关键帧移至第3秒20帧处。

步骤15 在第4秒05帧处添加“位置”关键帧，再拖动曲线的手柄调整路径形状，如图9-1-28所示。采用同样的方法分别在第4秒10帧、第4秒18帧、第5秒和第5秒20帧处添加

"位置"关键帧，并利用路径曲线上的手柄调整曲线的形状，结果如图9-1-28所示。

图 9-1-28　为毛笔添加"位置"动画

提　示

要使毛笔始终与所绘图案一致，可通过拖动时间线调整"毛笔"图层中"位置"关键帧的位置及合成面板中曲线的形状。

步骤16　分别在第3秒10帧、第4秒、第5秒和第6秒处为"毛笔"图层添加"不透明度"关键帧，"不透明度"值依次为0%、100%、100%和0%，然后在第6秒05帧和第8秒20帧处为"图案"图层添加"不透明度"关键帧，"不透明度"值分别为100%和0%。

步骤17　选择"图层">"新建">"文本"菜单，在合成面板中输入"儒家"，然后参照图9-1-29调整文字的外观样式，并将文字移至合适位置，如图9-1-30所示。

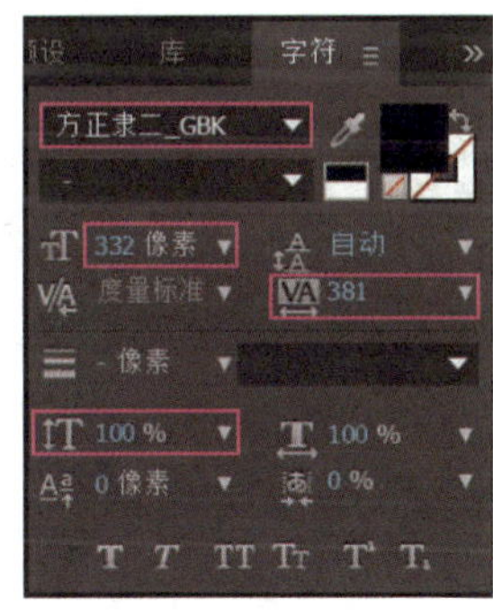

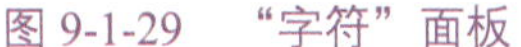

图 9-1-29　"字符"面板　　图 9-1-30　文字位置及效果

步骤18　分别在第6秒和第8秒处为文字"儒家"添加"位置"关键帧，使文字向左稍移动，然后在第5秒13帧、第7秒18帧和第8秒20帧处为文字"儒家"添加"不透明度"关键帧，"不透明度"值依次为0%、100%和0%。

步骤19　选中"图案"、"毛笔"和文字"儒家"图层并右击，从弹出的快捷菜单中选择"预合成"菜单，在打开的"预合成"对话框中将合成名称设为"毛笔+图案"，最后单击"确定"按钮，使所选图层作为一个合成图层。

2. 镜头2

在制作“孔子学堂”视频前，虽然我们已经使用Photoshop将所需图片进行了处理。但是，在视频的制作过程中，随时都有可能遇到所用素材图片中有多余的图案，或图片不够清楚、图片太小等问题。这时，只需要在Photoshop中重新修改图片，并将该图片以原名、原路径、原格式保存即可。

例如，将“孔子.psd”素材拖拽到时间轴面板中后发现该图片太小，放大后图片非常不清楚，这是因为该图片的尺寸太小的缘故。由于Photoshop是专业的图像处理软件，因此在放大图像时对画面质量的损失要比After Effects中的小很多。

步骤1 将“ch09”>“案例一”>“孔子学堂素材”>“孔子.psd”文件拖拽到Photoshop的图像窗口中，然后选择“图像”>“图像大小”菜单，在打开的对话框的“像素大小”设置区“宽度”编辑框中输入520，最后单击“确定”按钮并保存图像。

步骤2 将操作软件切换到After Effects，选中项目面板中的“孔子.psd”素材并右击，从弹出的快捷菜单中选择“替换素材”>“文件”菜单，在打开的对话框中重新加载“孔子.psd”素材，接着将该素材拖至时间轴面板中，并将其移至画面右侧合适位置，最后将“语录.jpg”素材拖至时间轴面板，并调整其位置和大小，如图9-1-31所示。

步骤3 选中“语录.jpg”图层并右击，从弹出的快捷菜单中选择“效果”>“键控”>“颜色范围”菜单，然后利用和按钮将该图片的背景变成透明，如图9-1-32所示。

图9-1-31 调整语录的大小和位置

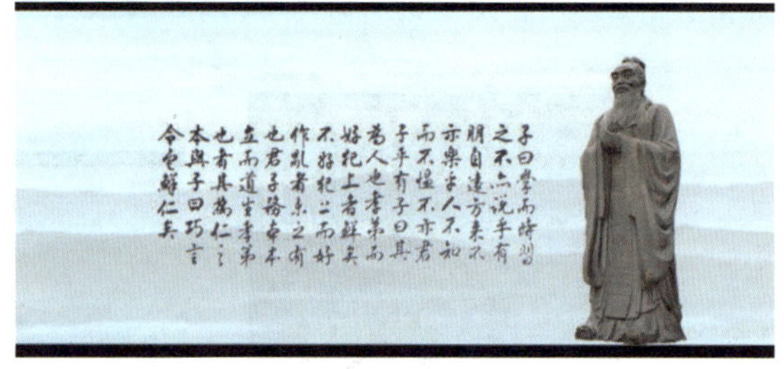

图9-1-32 调整语录的背景效果

步骤4 分别在第8秒和第10秒为“孔子.psd”图层添加“不透明度”关键帧，再在第9秒03帧和第10秒15帧处为“语录.jpg”添加“不透明度”关键帧，“不透明度”值依次分别为0%和100%。

步骤5 将“图案/图案+毛笔.psd”素材拖拽到时间轴面板中，然后将该图层的名称改为“图案”，并将该图案缩放至15%。

步骤6 选择“图层”>“新建”>“文本”菜单，在合成面板中输入“孔子”，回车后输入“学堂”。按【Ctrl+A】键选中输入的文字，然后在如图9-1-33所示的字符面板中调整文字的外观，利用可调整段落行距，最后将图案和文字移动至画面的左上角，如图9-1-34所示。

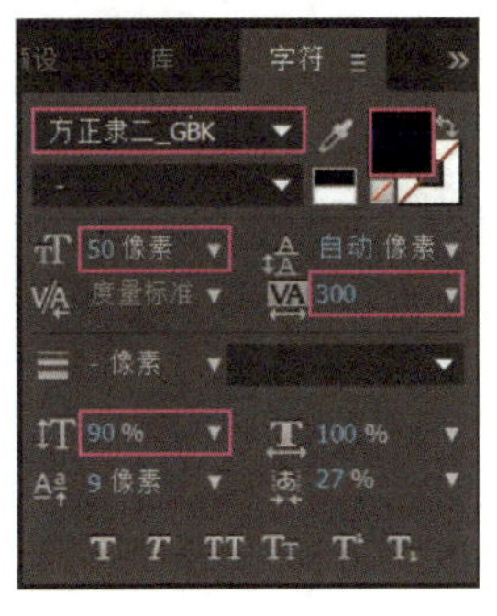

图 9-1-33 “字符”面板

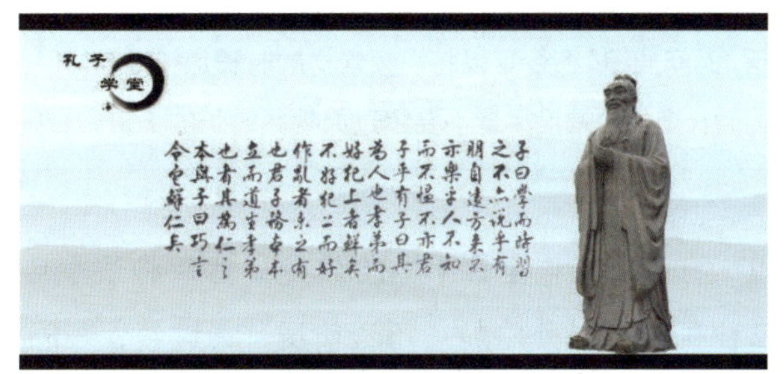

图 9-1-34 画面效果

步骤7 将时间线拖至第8秒22帧，为“孔子学堂”图层添加“位置”关键帧；将时间线拖至第8秒，将“孔子学堂”文字向左水平移动。

步骤8 选中“孔子学堂”文字图层和“图案.psd”图层按【T】键，在第8秒添加“不透明度”关键帧，“不透明度”值为0%；在第8秒22帧处添加“不透明度”关键帧，“不透明度”值为100%。

步骤9 将“鸟.mov”素材拖拽到时间轴面板中，将该图层的模式设为“经典差值”，然后将该图层的缩放比例设为“-18.0，23.0%”。

由于小鸟要从大致4秒飞到第13秒位置，所以小鸟的飞翔时间约为9秒。然而，“小鸟.mov”素材中，该小鸟的飞翔时间仅为4秒05帧。为此，还需要使用“时间伸缩”命令将该素材的时间加长，具体操作方法如下。

步骤10 选中“鸟.mov”图层并右击，从弹出的快捷菜单中选择“时间”>“时间伸缩”菜单，然后在打开的图9-1-35所示的对话框的“拉伸因数”编辑框中输入拉伸因数，如“217”，则其下的“新持续时间”文本框中将显示拉伸后该视频的时长。

步骤11 将时间线拖至第13秒，然后拖动“鸟.mov”图层的时间轨，使其末端位于第13秒处，接着将小鸟移至画面的合适位置，如图9-1-36所示，最后添加“位置”关键帧。

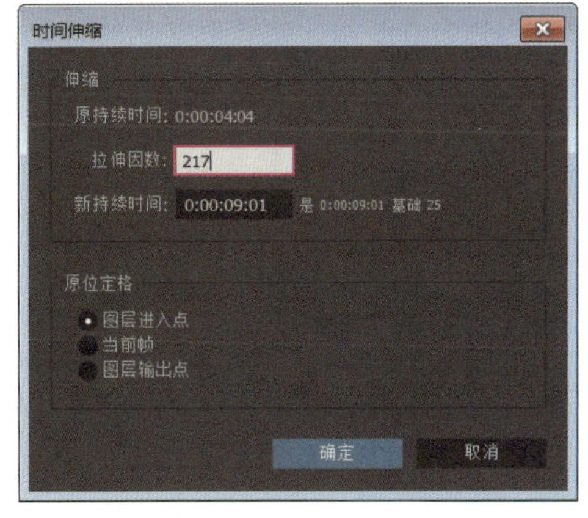

图 9-1-35 “时间伸缩”对话框

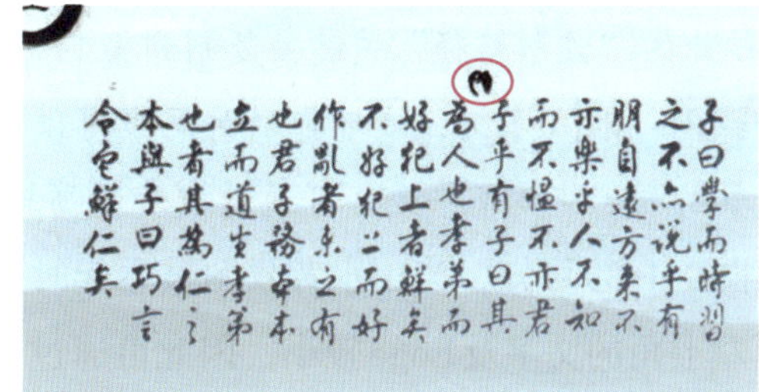

图 9-1-36 第13秒小鸟位置

提 示

使用“时间伸缩”命令可以将视频素材的时长加长或缩短。一般情况下，当该视频中有人物动作时，该视频的时长增加的幅度尽量不要超过原视频时长的 1 倍，否则，加长后人物的动作会不协调。

步骤12 将时间线拖至第4秒10帧处，然后将该小鸟拖动至如图9-1-37所示的合适位置，最后在第12秒和第13秒处添加“不透明度”关键帧，“不透明度”值分别为60%和0%。

步骤13 将“鸟.mov”图层复制一份，然后将该视频轨向右侧拖动，再调整该图层中最右侧“位置”关键帧的位置。采用同样的方法再复制一个“鸟.mov”图层，并调整时间轨的位置，效果如图9-1-38所示。

图 9-1-37　第 4 秒 10 帧画面

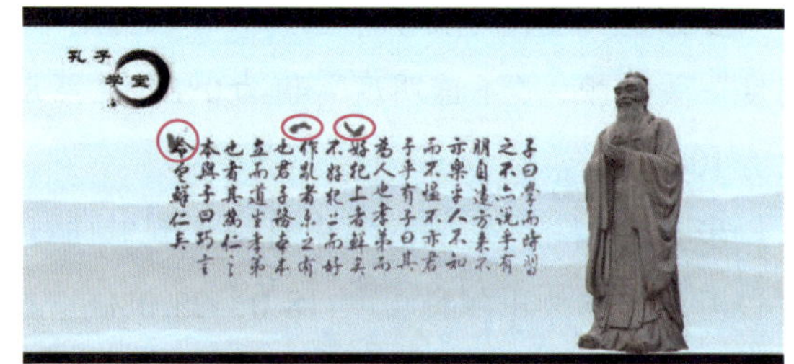

图 9-1-38　第 12 秒画面

3. 镜头3

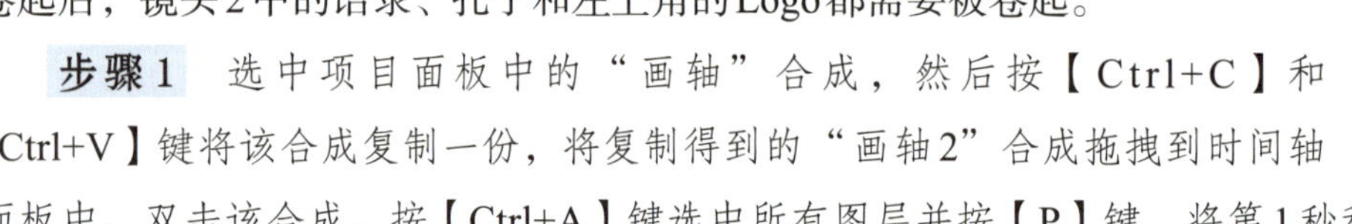

第3个镜头为画面卷起动画。画面卷起时，除了“山水背景.jpg”图片卷起后，镜头2中的语录、孔子和左上角的Logo都需要被卷起。

步骤1 选中项目面板中的“画轴”合成，然后按【Ctrl+C】和【Ctrl+V】键将该合成复制一份，将复制得到的“画轴2”合成拖拽到时间轴面板中。双击该合成，按【Ctrl+A】键选中所有图层并按【P】键，将第1秒和第3秒20帧处的关键帧互换。按【0】键可以看到，该画轴从两侧分别向中间部分靠拢。

步骤2 在“孔子学堂”合成中将“画轴2”的时间轨向右移动，使该时间轨的起始位置位于第14秒处。将时间线拖至第15秒处，选中“山水背景.jpg”图层第3秒20帧处的“蒙版路径”关键帧，按【Ctrl+C】和【Ctrl+V】键，即可将该关键帧复制到第15秒处。采用同样的方法，将第1秒处的“蒙版路径”关键帧复制到第17秒20帧处。

步骤3 按【0】键，或者拖动时间线可以看到，画轴与山水背景同步被卷起。如果画轴与山水背景的卷起速度不一致，可通过拖动“画轴2”合成的时间轨使其同步，如图9-1-39所示。

由图9-1-39可知，当山水背景图被卷起时，背景图上的文字、人物等内容均未被卷起。由于画面左上角的文字及Logo较小，因此可通过为这两部分添加“不透明度”关键帧，使其逐步消失。对于语录和孔子图像，可利用“蒙版路径”关键帧使其逐步消失，具体操作如下。

步骤4 将时间线拖至如图9-1-40所示画面，选中“孔子学堂”图层和“图案.psd”图层并按【T】键，然后为这两个图层添加“不透明度”关键帧；向右拖动时间线使画轴刚卷过图案，并将两个图层的“不透明度”值设为0%。

图 9-1-39　背景图与画轴同步

图 9-1-40　关键帧起始画面

步骤5　选中“语录.jpg”图层，利用“矩形工具”绘制如图9-1-41（a）所示的蒙版。将时间线拖至图9-1-41（b）所示画面处，添加“蒙版路径”关键帧；将时间线拖至右侧画轴与右侧文字相邻处，将矩形的左侧边线向右移动，结果如图9-1-41（c）所示；将时间线拖至画轴并齐时，调整矩形左右边线，结果如图9-1-41（d）所示。

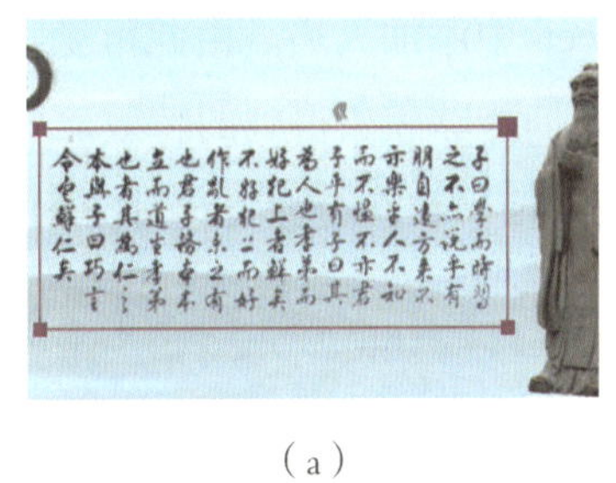

（a）

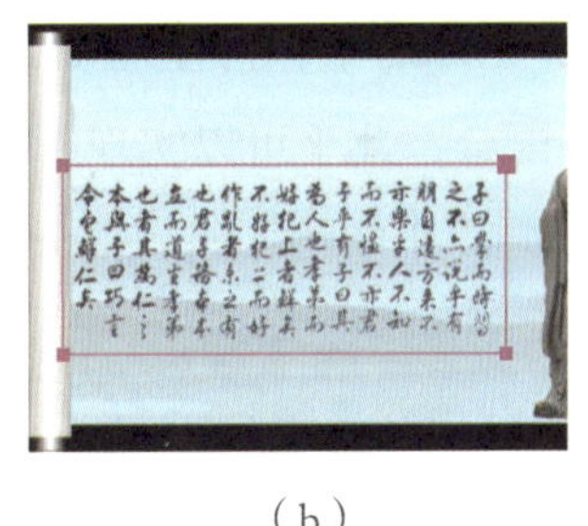

（b）

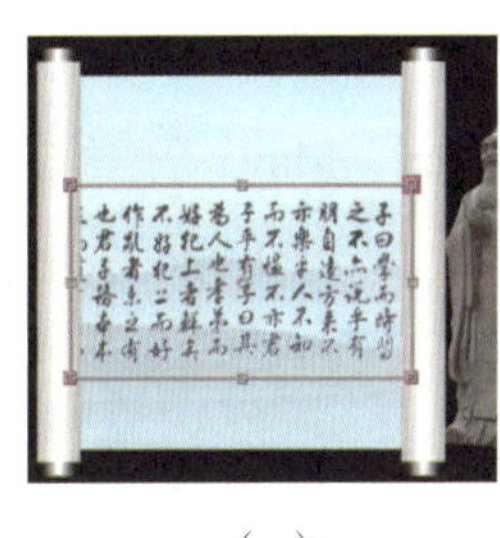

（c）

（d）

图 9-1-41　制作语录消失动画

步骤6　采用同样的方法为“孔子.psd”图层绘制图9-1-42所示的矩形蒙版，并为其添加“蒙版路径”关键帧动画。

步骤7　选中“山水背景.jpg”和“画轴2”图层并按【T】键，拖动时间线至图9-1-43（a）所示画面处，为这两个图层添加“不透明度”关键帧；将时间线拖至图9-1-43（b）所示画面处，将“不透明度”值设为0%。

图 9-1-42　矩形蒙版

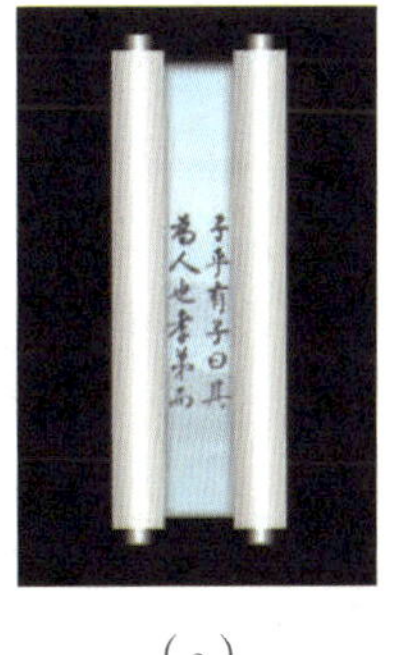

（a）

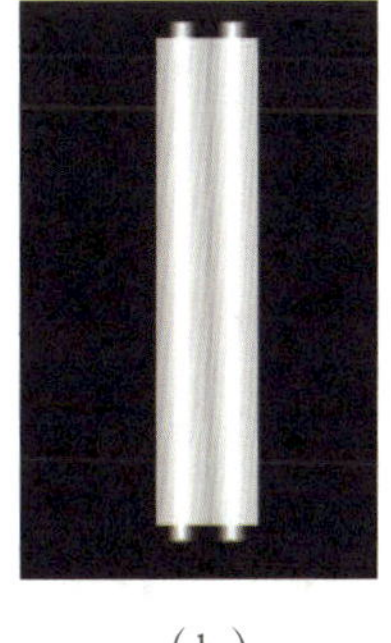

（b）

图 9-1-43　不透明度的起始和终于画面

步骤8　将时间线拖动至图9-1-43（a）和图9-1-43（b）两段画面中部的合适位置，选中“语录.jpg”图层并按【Alt+}】键，将该图层时间线右侧的内容剪掉。至此，本案例就制作完成了。

综合案例二 制作企业宣传片头

——企业 Logo

案例说明

企业 Logo 片头

一个视觉效果非常好的视频，往往是动画与特效的结合。一般来说，要制作某段视频，需要先利用3ds Max或者Maya等三维软件制作出该视频中的三维动画，然后再将三维动画输出为序列帧图片或者视频，最后将其导入After Effects中添加特效。

例如，要制作手枪发射了一发子弹，子弹在空中运动后打在墙壁上的动画，就可以使用3ds Max或Maya来做制作。但是，如果想让子弹在空中运动的过程中带有火焰效果，则需要将使用3ds Max或Maya制作的动画导入到After Effects中，再在After Effects中添加火焰。由此可见，After Effects与3ds Max、Maya等三维软件配合，几乎可以实现所有人们能够想象得到的特效。

下面，通过制作“企业Logo片头”动画，来学习After Effects与3ds Max在企业宣传片方面的应用。

【案例 2】 “企业 Logo 片头”简介

请大家打开本书配套素材中的“ch09” > “案例二”文件夹，观看其中的“企业Logo片头.mov”视频。该视频共有3个镜头，视频画面如图9-2-1所示。

结果：素材与实例\ch09\案例二\企业Logo片头.aep

（a）镜头一

（b）镜头二

（c）镜头三

图 9-2-1 视频镜头展示图

思考：

（1）视频中的龙腾、凤舞和Logo旋转动画是如何生成的？

（2）凤舞动画中的闪光是如何生成的？

（3）画面中的穿越云层效果是如何实现的？

案例实施 ——制作企业 Logo

制作思路

该视频由3个镜头组成。第1个镜头展示龙在云层中穿梭，操作方法为：① 将“云1.jpg”和“龙腾1”素材拖拽到时间轴面板中，然后创建摄像机动画，使“云1.jpg”图层中的元素动起来；② 将“云2.jpg”素材拖拽到时间轴面板中“龙腾1”图层的上方，并将该图层设为3D图层，从而使其随着摄像机的移动而运动。

第2个镜头展示凤凰在云层中穿梭，操作方法为：将第一个镜头合成素材复制一份，删除其中的“龙腾1”，然后将“凤舞1”素材拖拽到时间轴面板中，并适当调整摄像机的角度，最后制作闪烁的星光粒子。

第3个镜头展示龙凤分别从不画面左右两侧飞入画面中间并纠缠在一起，然后出现Logo图案及企业名称动画。操作方法为：① 制作好背景后，依次将“龙腾2”和“凤舞2”素材拖拽到时间轴面板中，再利用“钢笔工具”为“凤舞2”图层绘制一条曲线，使凤凰沿着该路径飞至画面的中间部位并与龙纠缠在一起；② 为“龙腾2”和“凤舞2”图层设置“不透明度”动画，并将“Logo”素材拖拽到时间轴面板中，使得龙凤消失处出现Logo图案；③ 注写企业名称，并为其添加文字效果和动画；④ 调整细节，如调整画面的颜色、为凤凰运动的路径添加粒子效果、制作龙和凤运动时的模糊效果等。

制作步骤

1. 镜头1

龙从画面右侧飞入画面，并向画面左侧飞行。为了使画面更加真实，可在龙逐渐飞到左侧时应慢慢将镜头拉近并倾斜，使得云朵变大而龙变小。

步骤1 启动After Effects CC软件，先将“ch09”>“案例二”>“企业Logo素材”文件夹中除文件夹外的其他图片导入项目面板中，再双击项目面板，在打开的对话框中双击“龙腾1”文件夹，然后选中任意一个序列图片并选中该对话框中的“Targa序列”和“Quick import”复选框，最后单击“导入”和“确定”按钮，即可导入该序列帧图像。

步骤2 采用同样的方法，将“企业Logo素材”文件夹中“龙腾2”“凤舞1”“凤舞2”和“LOGO”文件夹中的序列帧图像导入项目面板中，最后对它们进行重命名，结果如图9-2-2所示。

步骤3 新建一个名为“镜头1”的合成，并将播放制式设为“HDTV 1080 25”，持续时间

设为“8”秒。

步骤4 将“云1.jpg”素材拖拽到时间轴面板中，然后按【S】键将该图片的缩放比例设为“-345.0，373.0%”，并在合成窗口中拖动图片调整其位置；将“龙腾1”素材拖拽到“云1.jpg”图层的上方，然后拖动时间线可看到龙的动画效果，如图9-2-3所示。

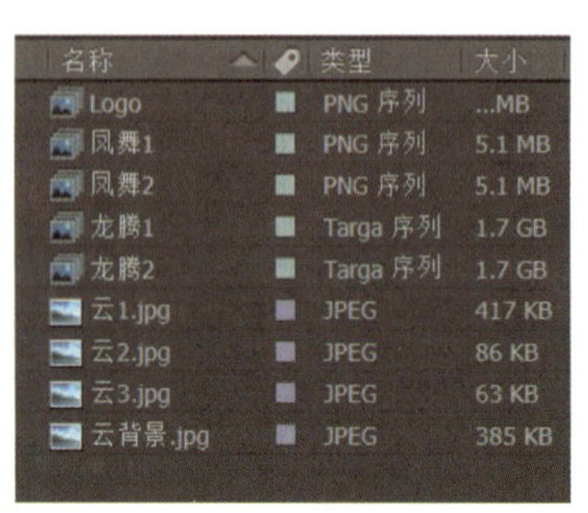

图 9-2-2 导入素材并重命名

图 9-2-3 第 3 秒画面效果

步骤5 摄像机动画只对3D图层起作用，因此，需将“云1.jpg”和“龙腾1”图层设为3D图层，然后在图层区右击，从弹出的快捷菜单中选择“图层”>“新建”>“摄像机”菜单，在打开的“摄像机设置”对话框中将焦距设为“18.75毫米”，最后单击“确定”按钮创建摄像机。

步骤6 将合成窗口设置为4个视图显示，然后将时间线拖至第0秒处，为摄像机的“目标点”和“位置点”属性添加关键帧；将时间线拖至时间轴的最右端，在右侧视图中将摄像机的位置点向右上移动，然后再调整目标点，结果如图9-2-4所示。

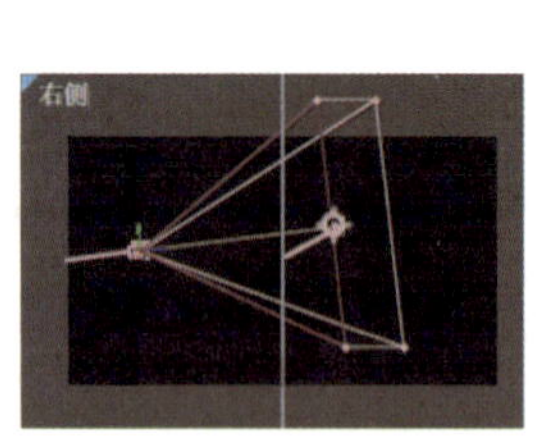

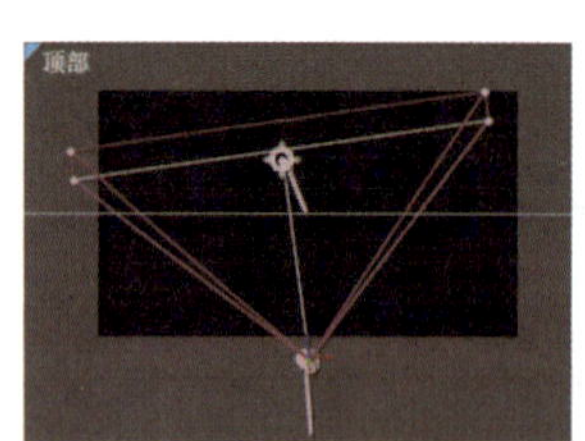

图 9-2-4 第 8 秒处摄像机位置及画面效果

步骤7 拖动时间线预览画面效果可知龙有点小。为此，选中“龙腾1”图层按【S】键，将缩放大小设为“120%”；将时间线拖至第4秒附近处，然后将合成窗口中的龙移至画面中间位置。

要使龙在云雾中穿梭，还需要将“云2.jpg”和“云3.jpg”素材拖拽到“龙腾1”图层的上方。为了使画面中云的效果更加真实，可使“云2.jpg”和“云3.jpg”图片挡住当前画面上部分蓝色的云朵，具体操作如下。

步骤8 将“云2.jpg”素材拖拽到“摄像机”图层的上方，并将该图层的模式设为“屏幕”，再将该图层设为3D图层。将时间线拖至第0秒处，将“云2.jpg”图层的缩放比例设为298%左右，然后在合成窗口中调整该图层的位置，以遮盖当前画面右上方处的蓝色云朵。

步骤9 采用同样的方法，利用“云3.jpg”素材遮挡画面下方的蓝色云朵，效果如图9-2-5所示。

步骤10 由于“云2.jpg”和“云3.jpg”图层均为3D图层，且均位于“龙腾1”图层的上方，因此，按【0】键即可看到龙在云层中穿越。为了使龙与天空的颜色更匹配，可为“龙腾1”图层添加“色阶”效果，色阶参数如图9-2-6所示。

图9-2-5　龙在云层中穿越

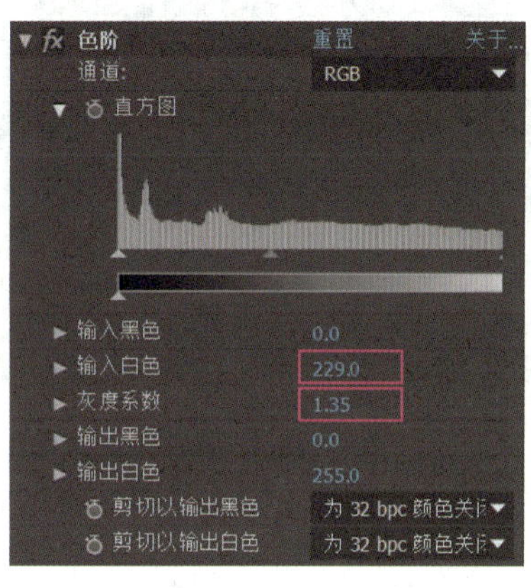

图9-2-6　“色阶”面板

2．镜头2

凤凰从画面左侧向画面右上方飞翔，同时镜头也在移动。跟随凤凰飞翔时不断出现的彩色星光是使用“Particular”插件制作的粒子。由于凤凰和龙在同一片天空中穿越，所以该镜头中的背景可借用镜头1中的背景。

步骤1 在项目面板中将“镜头1”复制一份，即可得到“镜头2”合成。双击“镜头2”合成，删除其中的“龙腾1”图层和“云2.jpg”图层，再将该合成的时长设为5秒。

步骤2 选中“云1.jpg”图层按【S】键，将“缩放”值中X轴参数前的“-”号去掉，再将画面整体缩小，最后将“云3.jpg”图层适当放大并移动到合适位置，结果如图9-2-7所示。

图9-2-7　第0秒画面效果

步骤3 将“凤舞1”素材拖拽到“云3.jpg”图层的下方，拖动时间线可知，在1秒09帧左右，凤凰才出现在画面中。为了使镜头1与镜头2能够很好地结合，可将时间线拖至第1秒处，按【Alt+｛】键将“凤舞1”时间线左侧的时间轨剪掉，再将该图层时间轨的起始位置拖至第0秒处，最后将该图层设为3D图层。

步骤4 将时间线拖至时间轴的最右侧，然后在顶视图中调整摄像机的位置和目标点，结果如图9-2-8所示。

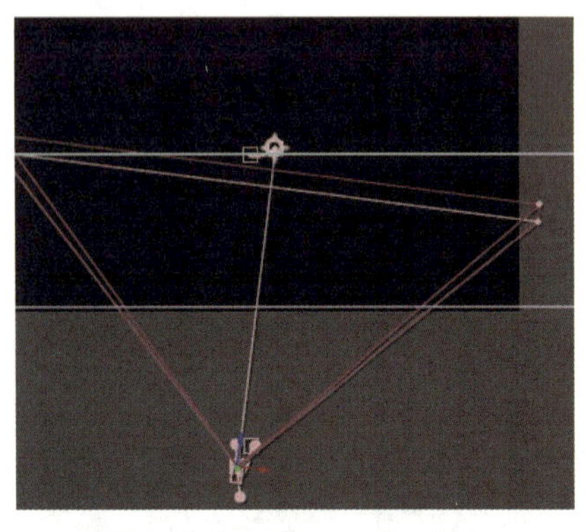

图9-2-8 第5秒摄像机位置及画面效果

步骤5 该镜头仅有5秒，所以可将凤凰的飞翔速度加快。为此，选中“凤舞1”图层并右击，在弹出的快捷菜单中选择“时间”>“时间伸缩”选项，然后在打开“时间伸缩”对话框中将“拉伸因数”设为“70%”。

步骤6 将时间线拖至第2秒07帧处，选中“凤舞1”图层并为其添加“位置”关键帧，然后拖至“位置”属性的Z轴坐标值，使画面中的凤凰变大，如图9-2-9所示；将时间线拖至第3秒15帧处，将凤凰拖至画面的右上角，再调整“位置”的Z轴参数，使凤凰变小，如图9-2-10所示。

图9-2-9 第2秒07帧画面

图9-2-10 第3秒15帧画面

步骤7 为“凤舞1”图层添加“色相/饱和度”和“色阶”效果。其中，“色相/饱和度”的主色相为“0x-14.0°”，主饱和度为“32”；“色阶”的输入黑色参数为“55”，灰度系数为“0.46”，凤凰的效果如图9-2-11所示。

图 9-2-11　设置“色相 / 饱和度”和“色阶”效果

步骤8　将“凤舞1”图层复制一份，并将位于下方的“凤舞1”图层重命名为“粒子”，然后删除“色相/饱和度”和“色阶”效果，并关闭3D图层功能，接着为该图层添加“Particular”效果，并参照图9-2-12设置粒子的参数。

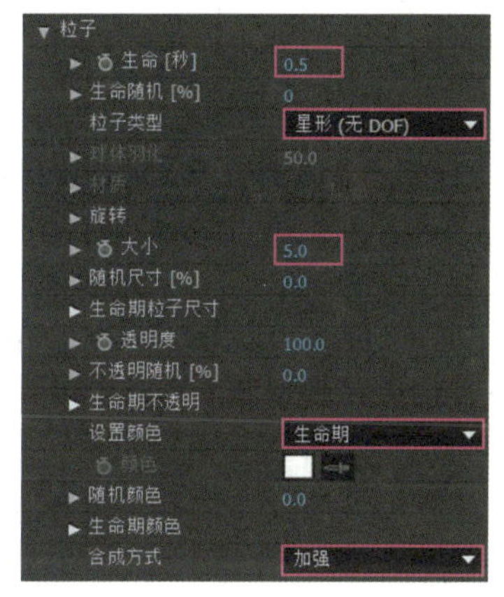

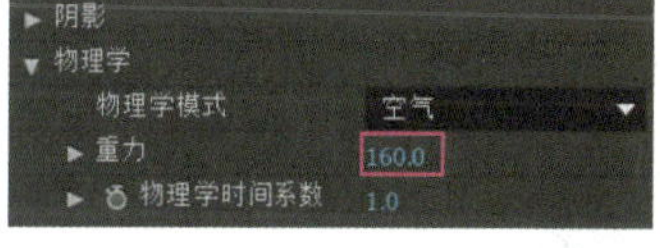

图 9-2-12　设置“Particular”效果参数

步骤9　根据凤凰的位置，分别在第0秒、第13帧、第1秒12帧、第2秒、第2秒16帧和第3秒处为粒子发射器的“位置XY”属性添加关键帧并调整参数，使得发射器跟随凤凰的位置发射粒子。

3. 镜头3

该镜头中，龙和凤同时分别从画面的两侧飞到画面中心偏上位置后相互缠绕旋转，渐渐变小、变淡并消失，然后从龙和凤消失处出现Logo图案并旋转，同时公司名称以动画形式出现。

1）构图

步骤1　新建一个名为“镜头3”的合成，将该合成的时长设为10秒，然后将“云背景.jpg”素材拖拽到时间轴面板中，再将该图层的缩放比例设为“484.0，516.0%”，再调整画面的位置，如图9-2-13所示。

步骤2　将“龙腾2”素材拖拽到时间轴面板中，选中该图层并右击，在右键快捷菜单中选择“时间”>“时间伸缩”选项，然后将“拉伸因数”设为“60%”，使龙的穿梭速度快些。

步骤3　将“凤舞2”素材拖拽到时间轴面板中，然后选中“镜头2”合成中“凤舞1”图

层，在效果控件面板中选中该图层上的“色相/饱和度”和“色阶”效果并按【Ctrl+C】键，再选中“镜头3”合成中的“凤舞2”图层，按【Ctrl+V】键可将这两个效果复制在该图层上，最后根据画面效果调整相关参数。本例将“色相/饱和度”的主色相为“0x-25.0°”，主饱和度为“0”；“色阶”的输入黑色参数为“74”，灰度系数为“1，凤凰的效果如图9-2-14所示。

图 9-2-13　画面背景效果

图 9-2-14　第 3 秒画面效果

步骤4　选中“凤舞2”图层并右击，利用“时间伸缩”命令将该图层的“拉伸因数”设为“50%”。

步骤5　选中“凤舞2”图层，利用“钢笔工具”绘制图9-2-15所示的路径线，然后选中该图层并右击，从弹出的快捷菜单中选择“变换”>“自动定向”菜单。此时，拖动时间线可以看到凤凰跟随路径线运动。

步骤6　将“凤舞2”图层的时间轨向右拖动，使其结束位置与“龙腾2”时间轨的结束位置基本在同一时间线处，此时的画面效果如图9-2-16所示。

图 9-2-15　绘制凤凰运动路径线

图 9-2-16　第 4 秒 23 帧效果

2）制作摄像机动画

要使镜头中的背景随着时间的变化具有缩放动画，而背景在动时龙和凤都没有缩放动画，可单独为“云背景.jpg”图层添加缩放动画，或添加摄像机动画。本例添加摄像机动画，以便后续制作Logo动画。由于只需“云背景.jpg”图层缩放，因此只需将该图层设为3D图层。

步骤7　将“云背景.jpg”图层的3D图层功能打开，然后创建一个焦距为14.8毫米的摄像机。

步骤8　将时间线拖至第0秒处，为摄像机的“位置”属性添加关键帧，再将时间线拖至时间轴的最右端，然后拖动“位置”的Z轴参数，两个关键帧处的画面效果如图9-2-17所示。

图 9-2-17　第 0 秒和第 10 秒画面

3）制作Logo动画

当龙和凤汇聚后消失，再从消失处出现Logo图案，且该图案逐渐显示完整后旋转，再转正，最后出现文字。

步骤9　将时间线拖至第3秒20帧，为“凤舞2”图层添加“不透明度”关键帧；将时间线拖至第4秒20帧处，将该图层的不透明度设为0%。采用同样的方法，分别在第4秒04帧和第4秒24帧处添加“不透明度”关键帧，不透明度值分别为100%和0%。

步骤10　将“Logo”素材拖拽到时间轴面板中，然后将该图层的时间轨拖至第4秒处，选中该图层并右击，在弹出的快捷菜单中选择“时间”>“冻结帧”菜单，可使该图层始终以前面画面显示。

步骤11　打开“Logo”图层的3D图层功能，然后将该图层的缩放比例设为88%左右，再将该Logo图案移至画面的中上方合适位置。此时，如果画面中的龙和凤纠缠时不在Logo图案的中心，可选中“龙腾2”和“凤舞2”图层按【P】键，然后调整“位置”参数使它们位于Logo图案的中心，效果如图9-2-18所示。

步骤12　选中“Logo”图层并右击，从弹出的快捷菜单中选择“效果”>“过渡”>“渐变擦除”菜单，分别在第4秒05帧和第4秒24帧左右为该图层添加“过渡完成”和“过渡柔和度”关键帧。其中，“过渡完成”关键帧的值分别为100%和0%；“过渡柔和度”关键帧的值分别为32%和0%，最后将该图层移至“龙腾2”图层的下方。

步骤13　选中“Logo”图层，依次按【Ctrl+C】和【Ctrl+V】键将该图层复制一份，删除最上方“Logo”图层中的“效果”和“时间重映射”选项，再将该图层的时间轨向右移动，使该时间轨的起始位置位于第5秒，如图9-2-19所示。

图 9-2-18　Logo 图案效果

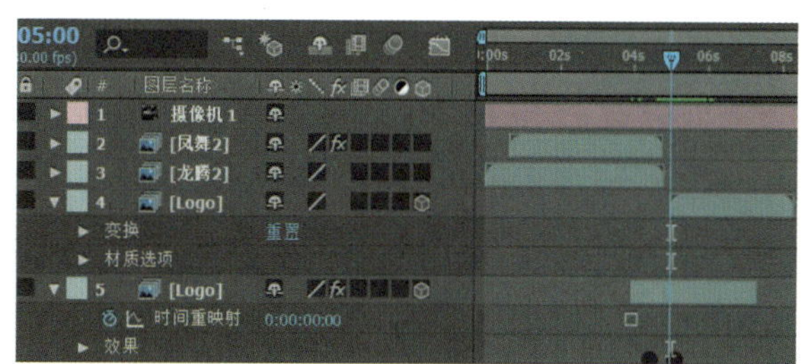

图 9-2-19　时间轴面板

步骤14 将时间线移至第5秒处，然后选中下方的“Logo”图层，按【Alt+}】键将时间线右侧的时间轨剪掉。

步骤15 将最上方的“Logo”图层复制一份，并使该图层的起始位置位于下一个“Logo”图层的终点位置。

4）制作文字动画

步骤16 单击工具栏中的“横排文字工具”按钮，然后在合成窗口画面的合适位置单击，输入文字“奉君文化传播有限公司”，参照图9-2-20设置文字样式。

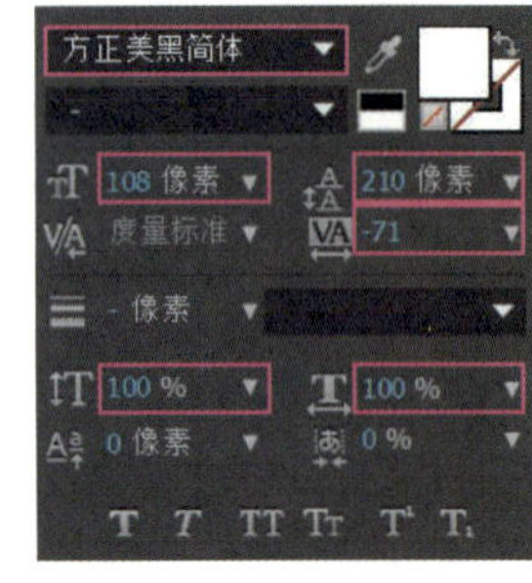

图 9-2-20 文字样式

步骤17 为上步创建的文本图层添加“梯度渐变”效果，起始颜色为红色（R:128，G:36，B:0），结束颜色为（R:255，G:255，B:51），再为该图层添加“彩色浮雕”效果，其“方向”值为180°，“起伏”值为4，效果如图9-2-21所示。

步骤18 选中上步创建的文本图层，将该图层时间轨的起始位置拖至第5秒20帧处。将时间轴拖至第5秒20帧处，保持文本图层的选中状态，打开软件右侧的“效果和预设”面板，双击“动画预设”>“Presets”>“Text”>“3D Text”文件夹中的“3D字符旋转进入”选项，如图9-2-22所示。

图 9-2-21 第10秒文字效果

图 9-2-22 文字动画效果

至此，该镜头已经基本上制作完成了。如果要使视频更加精细，还需要对画面的细节进行制作。

5）补充细节

本案例中，可为龙和凤在穿梭时添加模糊效果、对视频开始时背景图中的云朵进行补充、沿凤凰飞翔的路径制作粒子特效，增强画面感，以及为整个场景打一个偏黄点的环境光，再在Logo处加一个点光源对其进行点缀等，具体操作如下。

步骤19 选中“龙腾2”图层并右击，从弹出的快捷菜单中选择“效果”>“模糊和锐化”>“径向模糊”菜单，参照图9-2-23设置模糊参数。采用同样的方法，为“凤舞2”图层添加“径向模糊”效果。

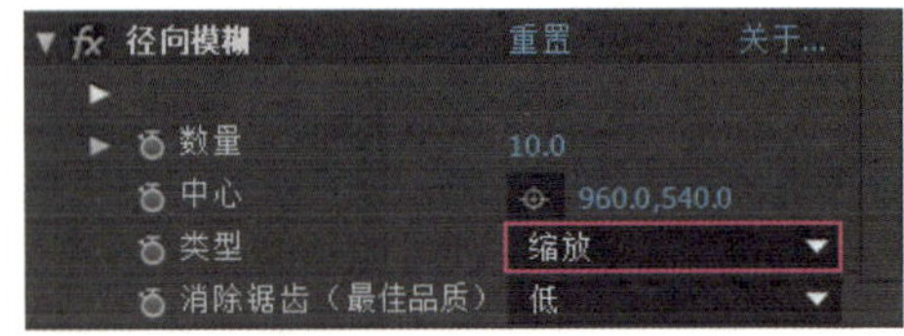

图 9-2-23 径向模糊参数

步骤20 将时间线拖至第0秒，将“云2.jpg”素材拖拽到时间轴面板中，然后调整该图层的大小及位置，以制作图9-2-24（a）所示的效果。采用同样的方法，利用“云3.jpg”素材制作图9-2-24（b）所示的云朵效果。

(a)

(b)

图 9-2-24　背景云朵效果

步骤21　将“凤舞2”图层复制一份，然后删除下方“凤舞2”图层的“色相/饱和度”和“色阶”效果，为该图层添加“Particular”效果，并参照图9-2-25设置粒子的参数，最后在不同时间帧处添加粒子发射器的“位置XY”关键帧。

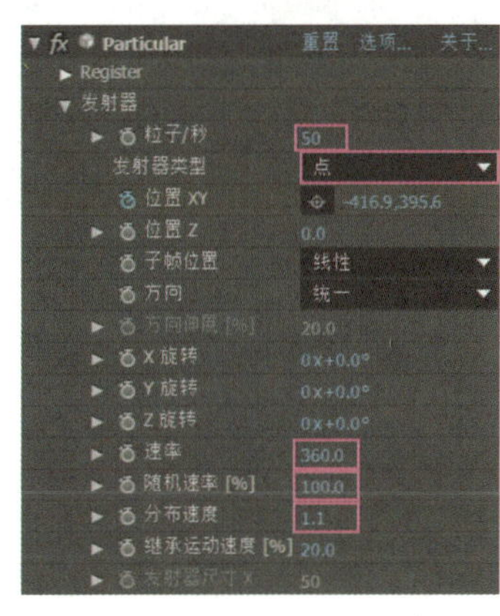

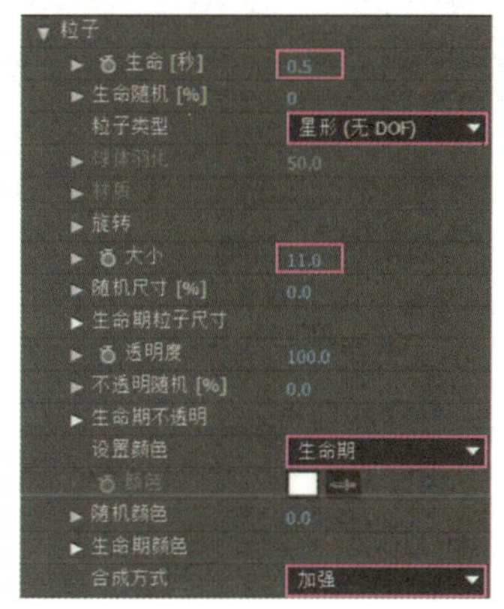

图 9-2-25　设置“Particular”效果参数

步骤22　选中添加“Particular”粒子的“凤舞2”图层并右击，从弹出的快捷菜单中选择“效果”>“模糊和锐化”>“径向模糊”菜单，使粒子变得模糊即可。

步骤23　选择“图层”>“新建”>“灯光”菜单，将灯光类型设为“环境”，颜色设为淡黄色（R:251，G:250，B:227），强度设为“100%”，从而使整个场景偏黄。

步骤24　选择“图层”>“新建”>“灯光”菜单，将灯光类型设为“点”，颜色设为黄色（R:224，G:222，B:163），强度设为“51%”，衰减类型设为“反向平方限制”，半径设为“500”，单击“确定”按钮，然后在场景中将点灯光移至Logo图案的合适位置，效果如图9-2-26所示。

图 9-2-26　灯光位置

4. 总合成

制作好各分镜头后，还需要将各分镜头按照一定顺序进行合成，从而形成一个完整的视频，具体操作方法如下。

步骤1 新建一个名为“总合成”的合成，将其“持续时间”设为20秒，然后依次将“镜头1”“镜头2”和“镜头3”合成拖到时间轴面板中，将“镜头2”图层的时间轨向右拖动，使该图层时间轨的起始位置位于第5秒27帧处，再将“镜头3”图层的时间轨向右拖动，使该图层时间轨的起始位置位于第10秒左右位置。

步骤2 将时间线拖至第5秒27帧，为“镜头2”图层添加“不透明度”关键帧，并将“不透明度”值设为0%，然后将时间线拖至第6秒22帧，将“镜头2”图层的“不透明度”值设为100%。采用同样的方法分别在第10秒和第10秒20帧处为“镜头3”图层添加“不透明度”关键帧，“不透明度”值分别为0%和100%，如图9-2-27所示。至此，本案例就制作完成了。

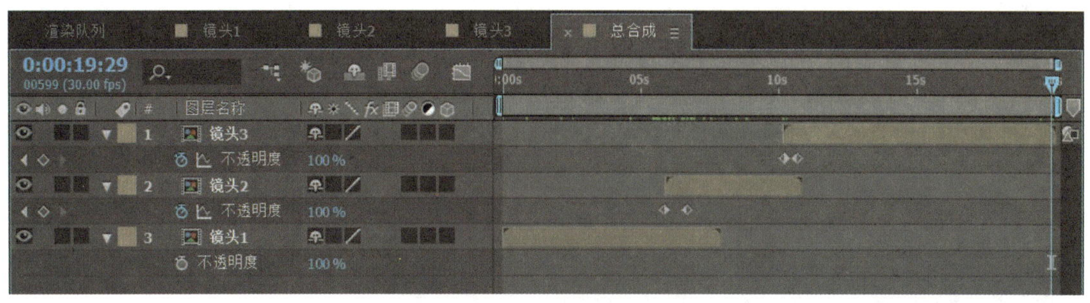

图 9-2-27　设置各图层的入点和出点

综合案例三　制作影视片头

——“加勒比海盗”片头

案例说明

从好莱坞大片所创造的幻想世界，到电视新闻所关注的现实生活，再到铺天盖地的电视广告，无一不深刻地影响着我们的生活。过去，影视节目的制作是专业人员的工作，对普通大众来说似乎还笼罩着一层神秘的面纱。随着科技的不断发展和人们对美的不断追求，计算机逐步取代了许多原有的影视设备，并在影视制作的各个环节发挥了重大作用。

目前，市场上90%的电影都使用了后期特效，就连电影中的广告，也不再是以前粗暴的品牌露出，而是找到产品自身与电影最契合的连接点，演员来演绎或者利用后期将演员与产品进行合成。

加勒比海盗片头

下面，通过制作“加勒比海盗”片头，来学习After Effects在影视片头制作方面的应用。

【案例3】　**“加勒比海盗”片头简介**

请大家打开本书配套素材中的“ch09”>“案例三”文件夹，观看其中的“加勒比海盗片头.mov”视频。该视频大至有图9-3-1所示的6个镜头。

结果：素材与实例\ch09\案例三\加勒比海盗片头.aep

（a）镜头1

（b）镜头2

（c）镜头3

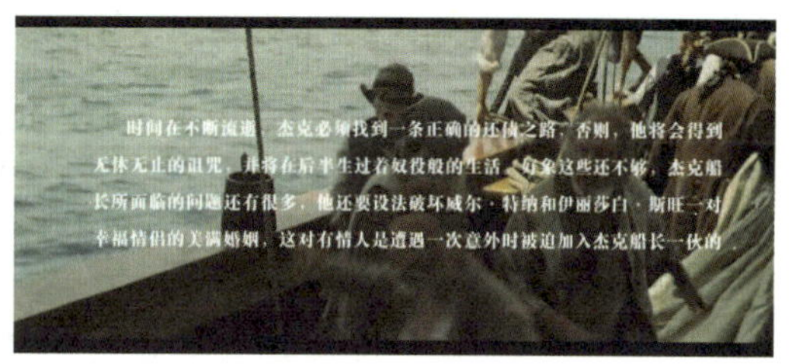

（d）镜头4

（e）镜头5

（f）镜头6

图9-3-1　视频镜头展示图

思考：

（1）镜头1中，镜头在逐渐显示船体时，画面下方从左向右游动的大鲨鱼是怎样制作的？

（2）镜头3所示效果是怎样制作的？

案例实施——制作“加勒比海盗”片头

制作思路

一个好的电影片头，应能交待清楚该影片的主要故事情节，可以截取影片中的部分镜头，再配合文字特效、灯光特效等来展示。该视频的制作思路大致可分为“展示海面上的海盗船→出现海盗标识→海盗标识特效→交待故事背景→截取影片中的3个镜头展示影片内容→出现影片名称”。该片头的制作思路也是一般电影宣传片头的制作思路。

制作步骤

1. 镜头1

由于该镜头中既要展现海面上的海盗船，同时又要展示海底的鲨鱼，即同时显示两个素材中的部分内容，如图9-3-2所示。因此，为了方便操作，我们可将该镜头的画面高度设得大一些，以显示图9-3-2所示的画面，然后将总合成的画面大小按正常设置，将镜头1插入后利用位移动画依次展示图9-3-2中矩形线框区域内的内容。

图9-3-2　镜头1画面

1）制作背景

步骤1　启动After Effects CC软件，先将“ch09”>“案例三”>“加勒比海盗素材”文件夹中除文件夹外的其他图片和视频导入项目面板中，然后分别将“小鸟”和“鲨鱼”文件夹中的素材导入项目面板中，最后将它们的名称分别命为“小鸟”和“鲨鱼”。

步骤2　新建一个“镜头1”合成，将画面大小设为“1920×2160”，帧速率设为24，时长设为15秒。

步骤3　将“天空背景.jpg”素材拖拽到时间轴面板中，然后按【S】键将其缩放比例设为“-54.0，58.0%”，再拖动画面调整其位置，如图9-3-3所示。

步骤4　新建一个尺寸为1920×1080，颜色为深蓝色（R:16，B:28，G:39）的纯色固态层，然后将该画面移至天空背景图的正下方，再利用“矩形工具”绘制图9-3-4所示的矩形，再将“蒙版羽化”值设为150左右。

步骤5　将“深海.jpg”素材拖拽到时间轴面板中，并将该图层的模式设为“叠加”，再将该图层的缩放比例设为200%左右，为其添加“色阶”和“色相/饱和度”命令。其中，“色阶”命令的“输入黑色”值为14，“输入白色”值为223，“灰度系数”值为1；“色相/饱和度”命令的主色相为“0x-39.0°”，主饱和度为“-60”，结果如图9-3-5所示。

图9-3-3　天空背景效果

图9-3-4　海水底色

图9-3-5　海水叠加色

步骤6　将“海水.mov”素材拖拽到时间轴面板中，然后调整其缩放比例，再利用“钢笔工具”绘制图9-3-6所示的封闭图形，以抠出海水画面，最后调整蒙版羽化值。

步骤7 为“天空背景.jpg”图层添加“色阶”和“色相/饱和度”命令。其中，“色阶”命令的“输入黑色”值为60，“灰度系数”值为0.89；“色相/饱和度”命令的主饱和度为“-75”，结果如图9-3-7所示。

图9-3-6 海面蒙版

图9-3-7 天空背景效果

步骤8 为“海水.mov”图层添加“色相/饱和度”命令，其主色相为“0x+107.0°”，主饱和度为“-68”，再将该图层的“不透明度”值设为50%。此时，海水如图9-3-8所示。

步骤9 海底下方应比海面处的颜色更深些，为此还应将“深海.jpg”图层复制一份，然后在上方的“深海.jpg”图层上绘制矩形蒙版，并调整蒙版的羽化值，再将色阶的“输入黑色”值设为186，“输入白色”值为225，“灰度系数”值为0.6，效果如图9-3-9所示。

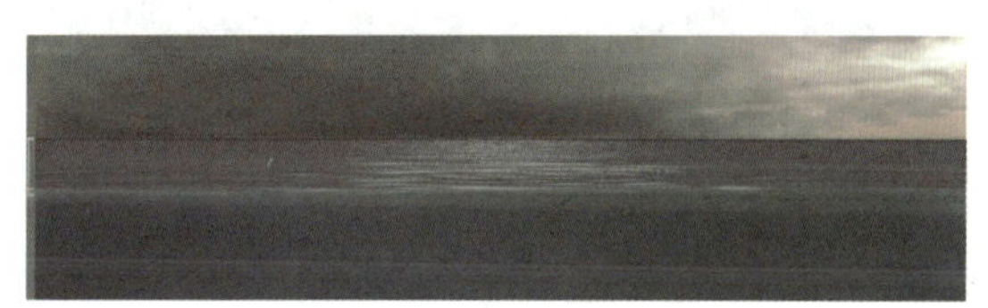

图9-3-8 海面效果

图9-3-9 制作海水效果

2）制作海上的船只和鲨鱼

步骤10 将“船.png”素材拖拽到时间轴面板中，然后绘制一个矩形蒙版，以抠除船底，再将其缩小至70%左右，并移至画面的合适位置，如图9-3-10（a）所示。

步骤11 将“船.png”图层进行复制，并调整其缩放比例和位置，制作其余两个船只，效果如图9-3-10（b）所示。

（a）

（b）

图9-3-10 制作船只

步骤12 选中“海水.mov”图层并右击，选择“时间”>“时间伸缩”菜单，将“时间伸缩”参数设为220%。将时间线拖至第0秒，为图9-3-10（a）所示船所在的图层添加“位置”关键帧；再将时间线拖至时间轴的最右侧，然后调整该船的“位置”参数。

步骤13 分别在第0秒和第15秒处为图9-3-10（a）所示船所在的图层添加“缩放”关键帧，再在第0秒、第7秒和第15秒处添加“旋转”关键帧，旋转参数依次为“0x+0.0°”“0x+2.0°”和“0x+0.0°”。

步骤14 采用同样的方法，分别在第0秒和第15秒处为图9-3-10（b）箭头处的船只添加“位置”和“缩放”关键帧。

步骤15 为图9-3-10（a）所示船所在的图层添加“色相/饱和度”和“色阶”命令。其中，“色相/饱和度”命令的主饱和度为-78，主亮度为8；“色阶”命令的“输入黑色”值为48，“灰度系数”值为1，最后将“色相/饱和度”和“色阶”命令分别复制给其余两个船所在的图层，结果如图9-3-11所示。

步骤16 将“鲨鱼”素材拖拽到时间轴面板中，按【P】键调整其“位置”属性的*Y*轴参数，如图9-3-12所示，最后将“鲨鱼”图层时间轨的起始位置拖至第2秒处。

图9-3-11 调整船只的颜色

图9-3-12 调整鲨鱼的位置

3）细部调整

为了使整个画面色调更加协调，可在当前画面上方叠加一个纯色固态层，并利用蒙版功能调整画面四周的色调。为了使天空更加唯美，可利用纯色固态层和蒙版功能对天空背景日落处进行调整，并为其添加光线特效，最后在船只上空制作飞翔的鸟动画，具体操作方法如下。

步骤17 新建一个名称为“调整图层”的暗红色（R:51，G:13，B:5）固态层，其大小为“1920×2160”，然后利用“钢笔工具”抠出船只部分并调整蒙版羽化值，并将该图层的模式设为“叠加”，必要时调整图层的不透明度，其效果如图9-3-13所示。

步骤18 新建一个名称为“调整天空”的黄色（R:255，G:250，B:192）固态层，其大小为“1920×2160”，然后利用“钢笔工具”抠出日落部分并调整蒙版羽化值，并将该图层的模式设为“相加”，接着将该图层的“不透明度”值设为50%左右，效果如图9-3-14所示。

图 9-3-13　调整画面的色调

图 9-3-14　调整日落颜色

步骤19　新建一个名称为“线光”的固态层，其大小为“1024×576”，然后利用“分形杂色”命令制作光线，并将“线光”图层的模式设为“相加”，如图9-3-15所示，最后为该图层添加“贝塞尔曲线变形”命令，并参照图9-3-16调整画面的形状。

步骤20　利用“钢笔工具”在“线光”图层上绘制图9-3-17所示的蒙版图形，并调整“蒙版羽化”值，使得线光的四周变得参差不齐。

步骤21　将“线光”图层的旋转角度设为“0x+44°”，然后将该图层的缩放比例调大，再其将移至画面的右上角，结果如图9-3-18所示，最后分别在第0秒和第2秒20帧处添加分形杂色的“演化”关键帧，其演化值分别“0x+0.0°”和“3x+0.0°”。

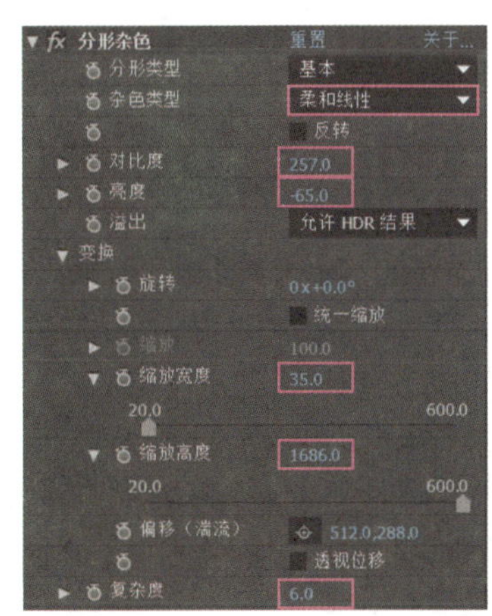

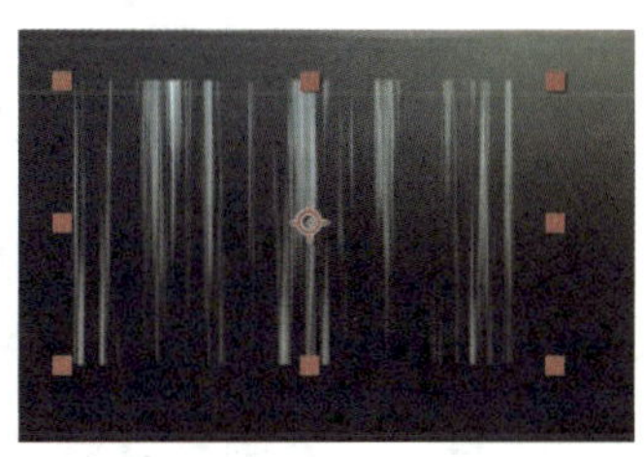

图 9-3-15　分形杂色的参数及效果

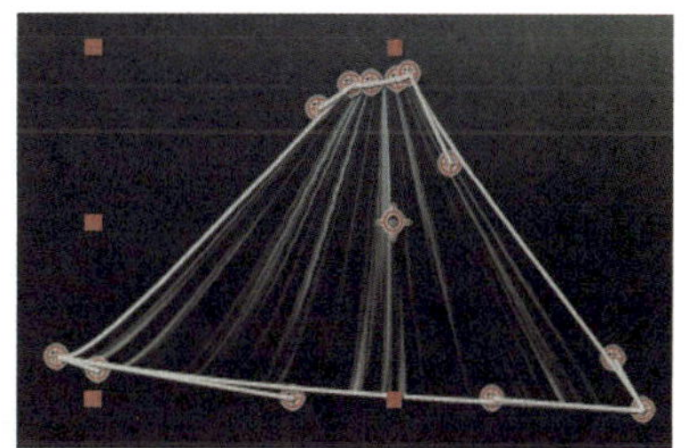

图 9-3-16　贝塞尔曲线变形效果

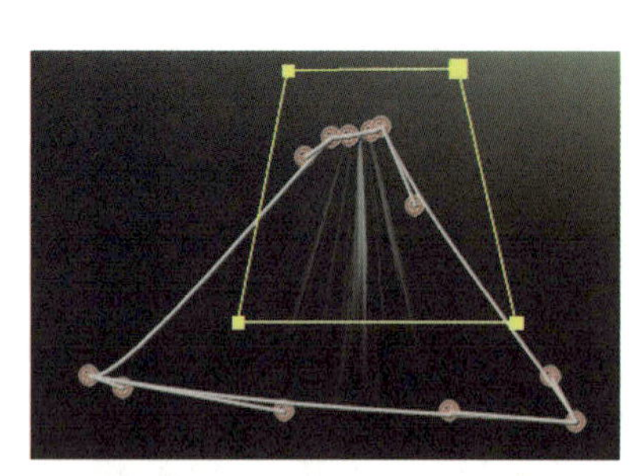

图 9-3-17　为线光制作蒙版效果

图 9-3-18　线光位置

步骤 22　将“小鸟”素材拖拽到时间轴面板中，然后将其移至画面的右上方合适位置。

步骤 23　选中最下方的“深海.jpg”图层并右击，从弹出的快捷菜单中选择“效果”>“过渡”>“块溶解”菜单，然后参照图 9-3-19 所示参数使海水变得更真实些。至此，镜头 1 就制作完成了。

图 9-3-19　块溶解参数

2. 总合成

由于该视频中各镜头间均有关联，且除了第 1 个镜头外，其余镜头的内容都很简单。因此，可在制作好第一个镜头后新建一个“总合成”，然后将第 1 个镜头拖入“总合成”中，并在此基础上制作其他镜头。当遇到复杂的分镜头时，可随时制作该分镜，具体操作方法如下。

步骤 1　新建一个名称为“总合成”，大小为“1280×720”，帧速率为 24，时长为 60 秒的合成。将“镜头 1”拖拽到“总合成”面板中，将其缩放比例设为 67%，然后分别在第 0 秒、第 7 秒 15 帧和第 15 秒处添加“位置”关键帧，使画面依次从海底向海面过渡，如图 9-3-20 所示。

图 9-3-20　画面效果

步骤 2　将“电影片段 1.mp4”素材拖拽到时间轴面板中，找到图 9-3-21 所示的画面，然后截取连续约 4 秒的画面，最后将该图层时间轨的起始位置拖至第 15 秒，再处理两个图层相交处的不透明度，如图 9-3-22 所示。

图 9-3-21　影片画面

带圈处的不透明度值为0%，其余均为100%

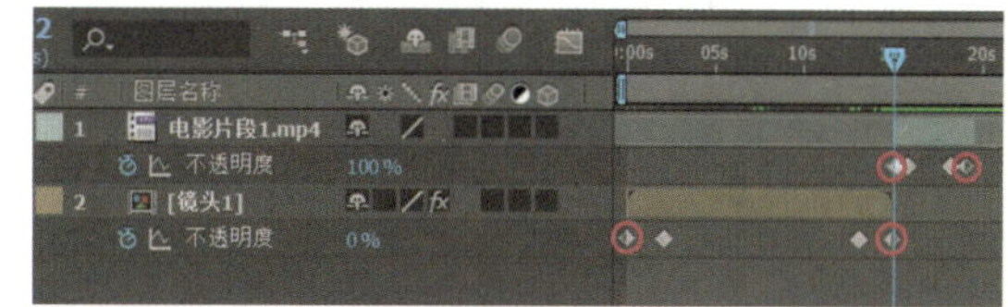

图 9-3-22　时间轴面板

1）制作海盗标识动画

该海盗标识是由“海盗Logo.png”和“Logo材质.psd”图片制作而成的，具体操作方法如下。

步骤3　新建一个名称为“海盗Logo动画”，大小为“1920×1080”，时长为8秒的合成，然后将“海盗Logo.png”素材拖拽到该合成的时间轴面板中，将其缩放到30%左右；为该图层添加“梯度渐变”命令，起始颜色为橘黄色（R:244，G:165，B:29），结束颜色为橙黄色（R:236，G:128，B:63）；再为该图层添加“彩色浮雕”命令，并将“方向”值设为45°，“起伏”值设为“25”，效果如图9-3-23（a）所示。

步骤4　为“海盗Logo.png”图层添加“线性擦除”命令，其“擦除角度”为90°，“羽化”值为80，然后在第7帧和第5秒处添加“过渡完成”关键帧，该值分别为0%和100%。

步骤5　将“Logo材质.psd”素材拖拽到时间轴面板中，并将该图层的模式设为“模板亮度”，然后拖动“缩放”属性的X轴参数，使其布满画面，从而形成Logo的材质。

步骤6　创建一个名称为“粒子发射层”的合成，然后将“海盗Logo动画”合成中的“海盗Logo.png”图层复制一份到“粒子发射层”合成的时间轴面板中；展开复制得到的图层，删除其中的“效果”选项，并将该图层的名称改为“粒子发射层”，接着绘制矩形蒙版，并分别在第0秒和第5秒10帧处添加“蒙版路径”关键帧，制作海盗Logo自左向右擦除动画，如图9-3-23（b）所示。

（a）

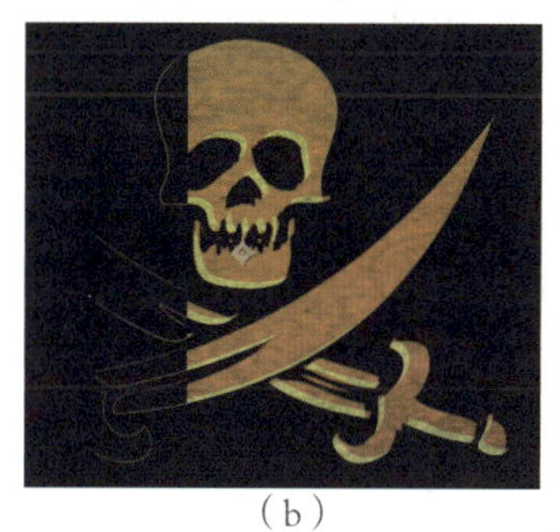

（b）

图 9-3-23　海盗 Logo 动画效果

步骤7 切换到“海盗Logo动画”合成，将项目面板中的“粒子发射层”合成拖拽到时间轴面板中，然后将该图层设为3D图层并隐藏该图层。

步骤8 按【Ctrl+Y】键新建一个纯色固态层，并将该图层的名称设为“粒子1”，然后为该图层添加“Particular”命令，并参照图9-3-24所示设置粒子的发射器、粒子及粒子的物理属性。

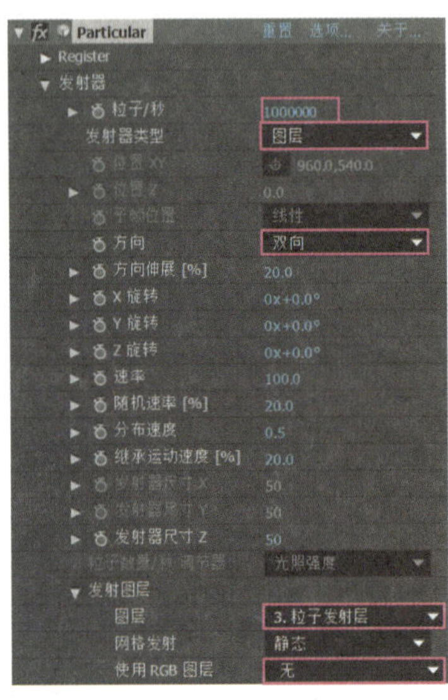

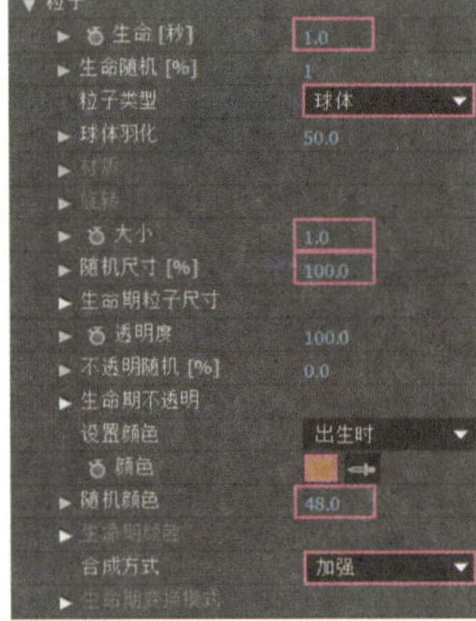

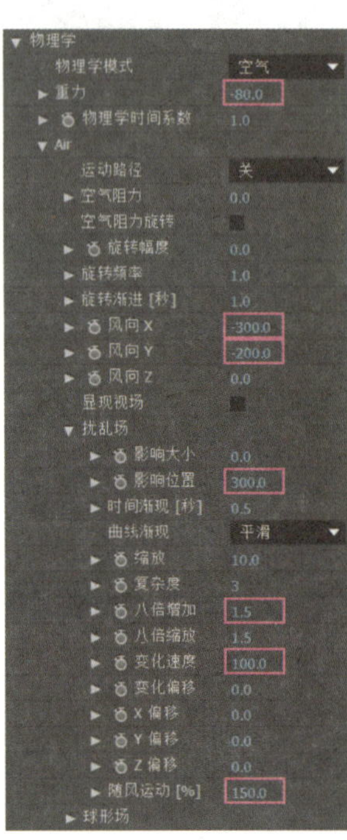

图 9-3-24 设置粒子的发射器、粒子及粒子的物理属性

步骤9 展开效果控件面板中的“渲染”选项，参照图9-3-25设置运动模糊效果。此时，按【0】键可以看到粒子效果，如图9-3-26所示。

图 9-3-25 粒子运动模糊参数

图 9-3-26 第2秒画面效果

步骤10 将“粒子1”图层复制一份，然后选中最上方的“粒子”图层，在“效果控件”面板的“发射器”选项组中将发射图层设为“粒子发射层”，在“粒子”选项组中将“生命[秒]”值设为0.3；展开“物理学”和“渲染”选项组，参照图9-3-27设置相关参数，画面效果如图9-3-28所示。

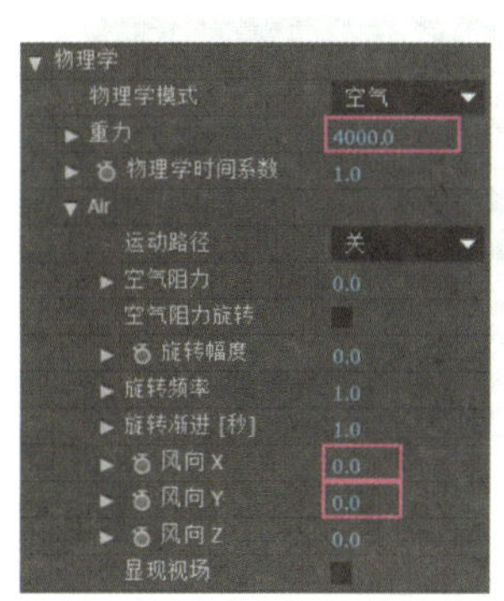

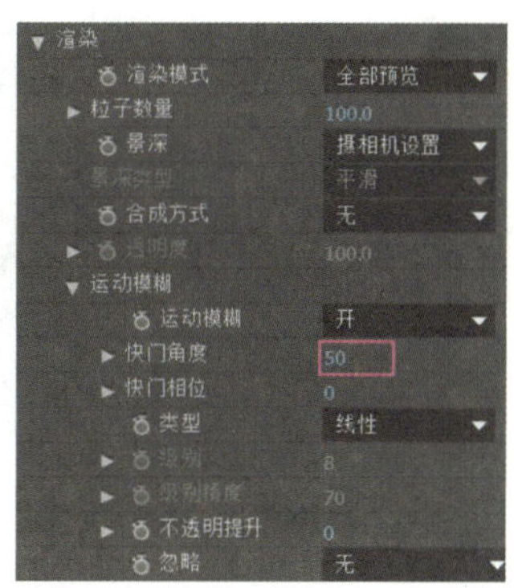

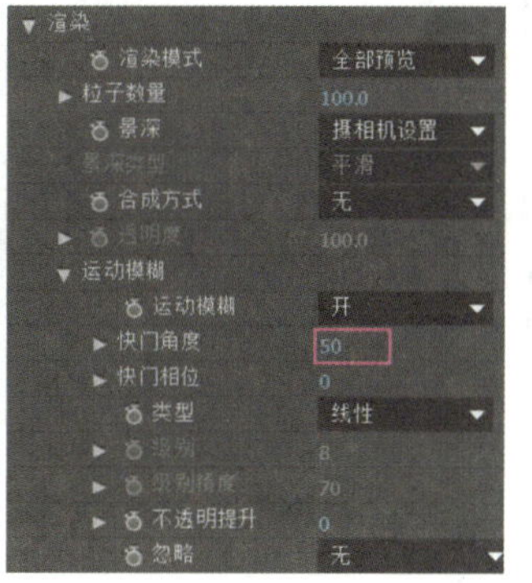

图 9-3-27　设置粒子的参数

图 9-3-28　第 2 秒 16 帧画面

步骤 11　将最下方的“粒子 1”图层复制一份，然后选中复制出的“粒子”图层，在“效果控件”面板的“发射器”选项组中将发射图层设为“粒子发射层”，在“粒子”选项组中将粒子颜色设为黄绿色（R:159，G:169，B:74），其他参数如图 9-3-29 所示，最后在“渲染”选项组中将运动模糊的“快门角度”值设为 150，效果如图 9-3-30 所示。

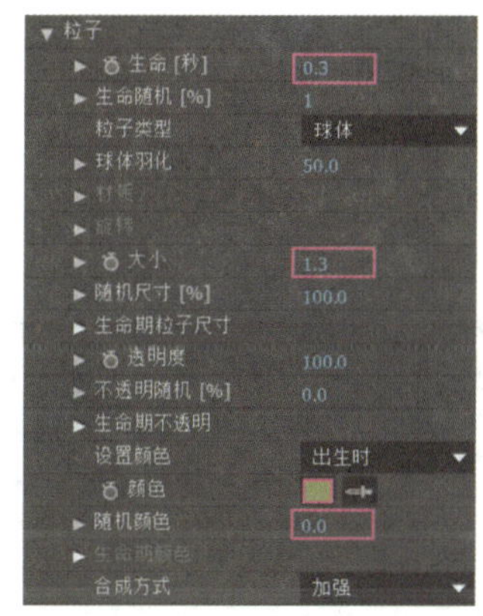

图 9-3-29　设置粒子的参数

图 9-3-30　第 2 秒画面

步骤 12　将“闪电云.mov”素材拖拽到时间轴面板中所有图层的最下方，再拖动该图层的时间轨，使其开始位置位于第 3 帧处，接着将该图层的不透明度设为 20%，最后为该图层添加“色阶”命令，其“输入黑色”值为 70，灰度系数值为 0.58，效果如图 9-3-31 所示。

步骤 13　在合成窗口的合适位置注写文字“17 世纪”，并将该文字的大小设为 80，字体设为“方正平黑繁体”，颜色设为纯白色，最后将该图层的起始位置设置在第 4 秒 20 帧处，并分别在第 4 秒 20 帧、第 5 秒 20 帧、第 7 秒 10 帧和第 8 秒处添加“不透明度”关键帧，“不透明度”值分别为 0%、100%、100% 和 0%。

2）制作转场镜头

步骤 14　将“海盗 Logo 动画”合成拖拽到“总合成”合成的时间轴面板中，然后将其时间轨向右拖动，使起始位置位于第 15 秒处，再为该图层添加“冻结帧”命令，如图 9-3-32 所示，最后分别在第 15 秒和第 17 秒处添加“不透明度”关键帧，“不透明度”值分别为 0% 和 100%。

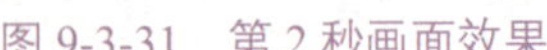

图 9-3-31　第 2 秒画面效果

图 9-3-32　第 17 秒画面效果

步骤 15　将“海盗Logo动画”图层复制一份，然后删除最上方图层的“冻结帧”效果，再将该图层的起始位置拖至第18秒10帧处，最后将下方的“海盗Logo动画”图层时间轨的最右侧向左拖动至合适位置，防止镜头穿帮。

步骤 16　将“电影片段1.mp4”素材拖拽到时间轴面板中，然后找到该图层中图9-3-33所示画面，将该画面前的内容剪掉。为了使该镜头能与第1个电影片段有所关联，需选中最上方的“电影片段1.mp4”图层并右击，然后选择“时间”>“时间伸缩”菜单，将“拉伸因数”设为“-110”，从而使该图层中画面的先后播放顺序颠倒。

步骤 17　拖动时间线找到图9-3-34所示的镜头，并将时间线前的内容剪掉，再将该图层的起始位置拖至第24秒05帧处，然后分别在第24秒05帧和第26秒05帧处添加“不透明度”关键帧，“不透明度”值分别为0%和100%。

图 9-3-33　影片画面①

图 9-3-34　影片画面②

步骤 18　将本书配套素材“素材”>“ch09”>“剧情背景介绍.txt”文件中的所有文字复制，然后单击工具栏中的“横排文字工具”按钮 T，在合成窗口的合适位置单击，再将复制的内容粘贴，并在合适位置回车换行，接着在“字符”面板中设置文字的参数，如图9-3-35所示，最后将该图层的起始位置拖至第26秒05帧处。

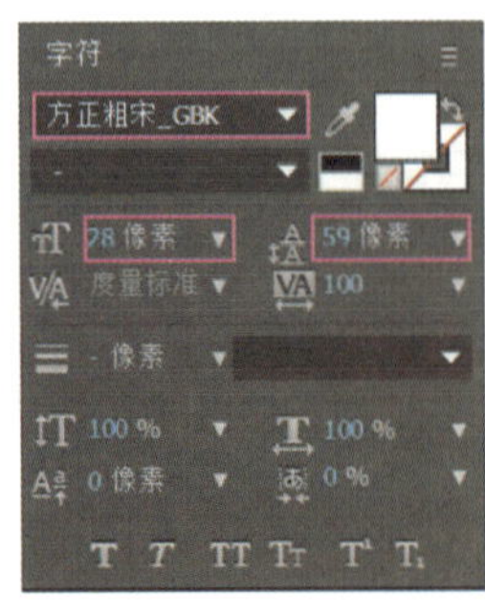

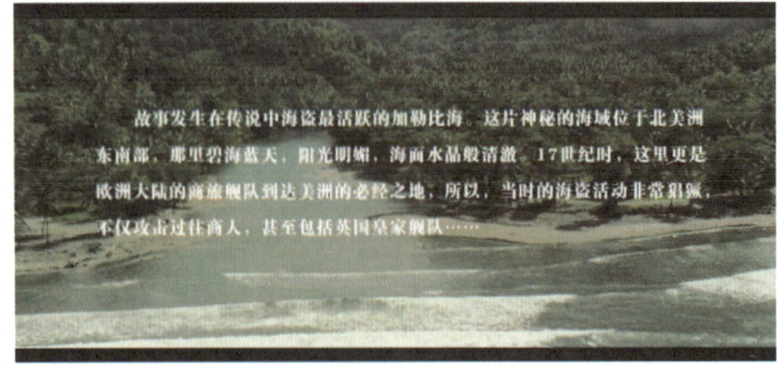

图 9-3-35　文字参数及效果

步骤19 将时间线拖至第26秒05帧处，为上步创建的文字图层添加“动画预设”＞“presets”＞“Text”＞“Animate In”＞“打字机”命令。展开该文字图层下方的“文本”＞“动画1”＞“范围选择器1”选项，再将“起始”属性最右侧的关键帧拖至第38秒处；分别在第40秒和第41秒19帧处为该图层添加“不透明度”关键帧，“不透明度”值依次为100%和0%。最后将下方的“电影片段1.mp4”图层最右侧时间轨向右拖动，直到超出第41秒19帧，并分别在第40秒和第41秒19帧处为该图层添加“不透明度”关键帧，“不透明度”值依次为100%和0%。

3）电影片段剪辑

步骤20 将“电影片段2.mp4”素材拖拽到时间轴面板中，将截取图9-3-36（a）所示画面后连续4秒左右的视频片段，并使该片段的起始位置位于第42秒处。采用同样的方法，分别截取图9-3-36（b）所示画面后连续3秒左右的视频片段，图9-3-36（c）所示画面后连续4秒左右的视频片段，各视频轨的位置如图9-3-36（d）所示。

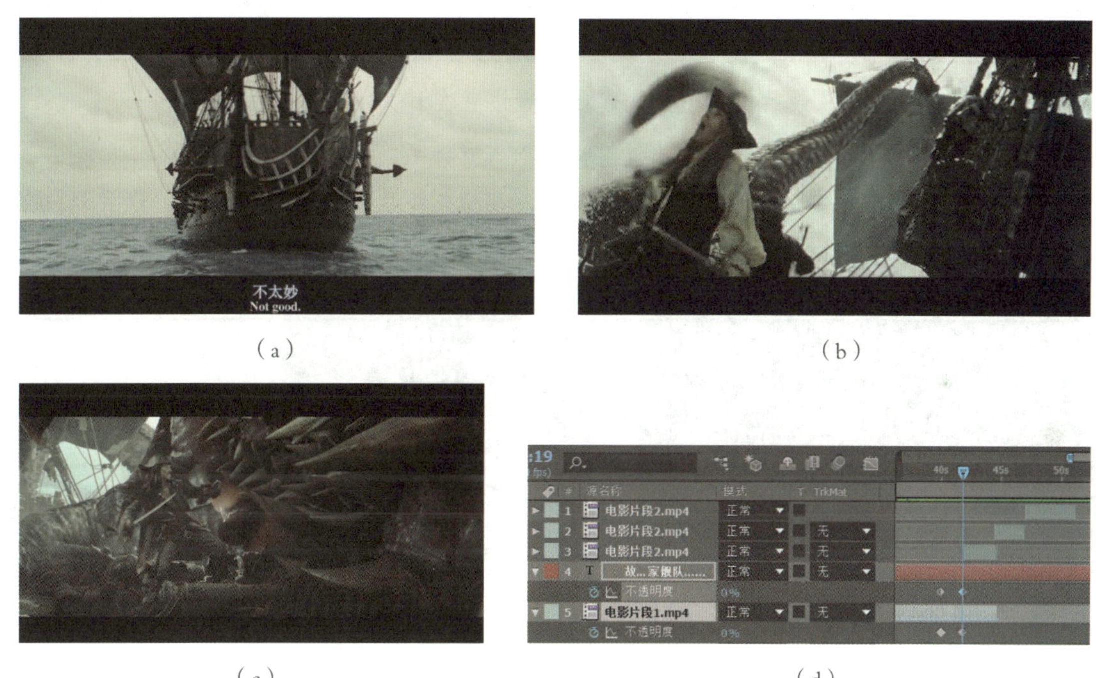

（a）　（b）

（c）　（d）

图9-3-36　电影片段剪辑

4）制作片尾

电影宣传片头要有始有终，要既有情节，又要有片名。影片名称一般用文字和背景来表达。背景要能表达影片的内容或风格，既可以选择静态的图片，也可以选择动态的视频。本案例中，加勒比海盗的背景采用静态骷髅图片和粒子特效制作，具体操作方法如下。

步骤21 新建一个名称为“影片名称”，大小为“1280×720”，帧速率为24，时长为10秒的合成，然后新建一个底色为深蓝色（R:6，G:8，B:56）的纯色固态层作为背景图。

步骤22 将“骷髅头.jpg”素材拖拽到时间轴面板中，然后将其沿X轴向左移至画面的左侧；将该图层复制一份，并将其沿X轴移至画面的右侧，效果如图9-3-37所示。将两个“骷髅头.jpg”图层的起始位置设在第21帧处，然后选中这两个图层并按【T】键，分别在第21帧和第2秒15帧处添加“不透明度”关键帧，“不透明度”值分别为0%和25%。

步骤23 选中最下方的纯色背景固态层，然后绘制图9-3-38所示的椭圆蒙版，并将蒙版羽化值设为500左右。

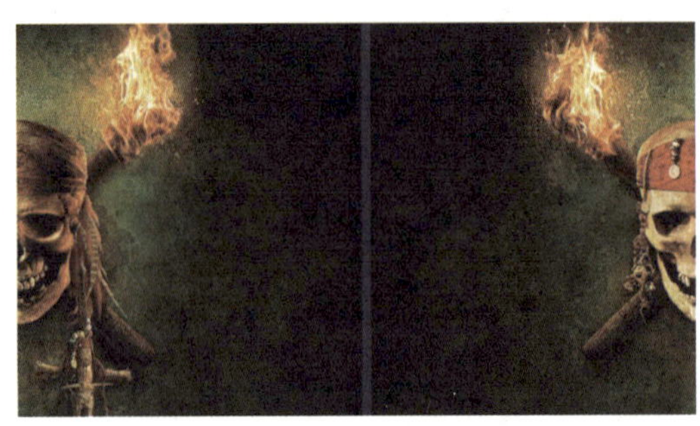

图 9-3-37　画面效果

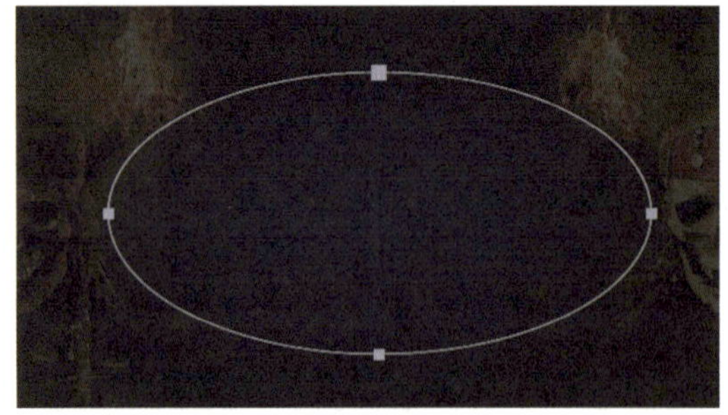

图 9-3-38　椭圆蒙版效果

步骤24 利用工具栏中的“横排文字工具”按钮T在合成窗口的合适位置单击，输入文字“加勒比海盗2”，然后按两次回车键输入“聚魂棺”，并将文字的字体设为“方正粗宋_GBK”，将第一行文字的大小设为80，最后一行文字的大小设为60，颜色设为黄色（R:222，G:216，B:97），如图9-3-39所示，最后将该图层的起始位置设置在1秒18帧处。

步骤25 为文字图层添加“彩色浮雕”命令，然后将其“方向”值设为45°，“起伏”值设为3，再为该图层添加“CC Light Sweep”命令，其相关参数如图9-3-40所示，最后分别在第2秒和第7秒处添加“Center”关键帧，使白光依次扫过文字，如图9-3-40所示。

图 9-3-39　文字效果

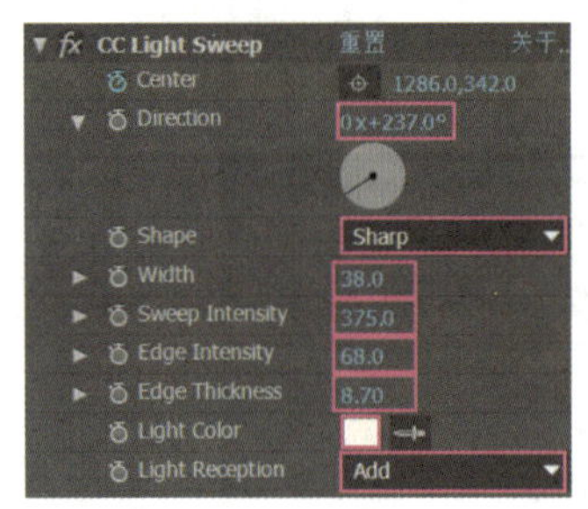

图 9-3-40　光线扫描参数及效果

步骤26 为文字图层添加“线性擦除”命令，其“擦除角度”值为90°，“羽化”值为80，然后分别在第5秒和第10秒处添加“过渡完成”关键帧，其值分别为0%和100%。将该文字图层时间轴的起始位置拖至第1秒18帧处，再分别将第1秒18帧和第4秒处的“不透明度”关键帧分别设为0%和100%。

步骤27 将“Logo材质.psd”素材拖拽到时间轴面板中，并将该图层的模式设为“模板亮度”，缩放比例设为“155.0，46.0%”。

步骤28 创建一个纯色固态层，并为该图层添加“CC Rainfall”命令，然后参照图9-3-41所示参数设置雨的效果；将该图层的时间轨向右拖动，使其起始位置位于第20帧处，分别在第20帧和第10秒处添加“Drops”关键帧，其值分别为0和900，最后拖动画面中心处的◉，调整画面中雨的位置，结果如图9-3-42所示。

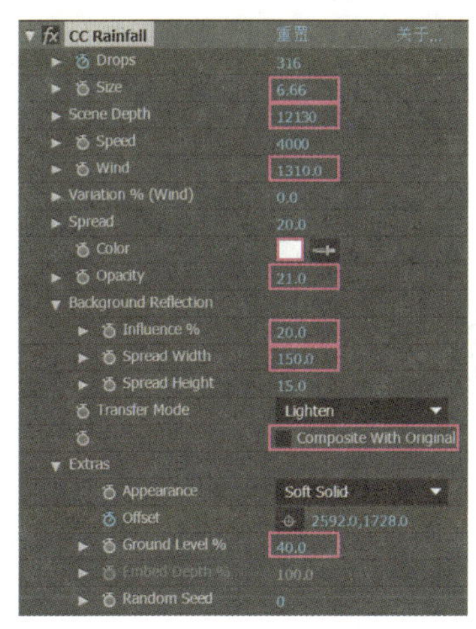

图 9-3-41 雨的参数

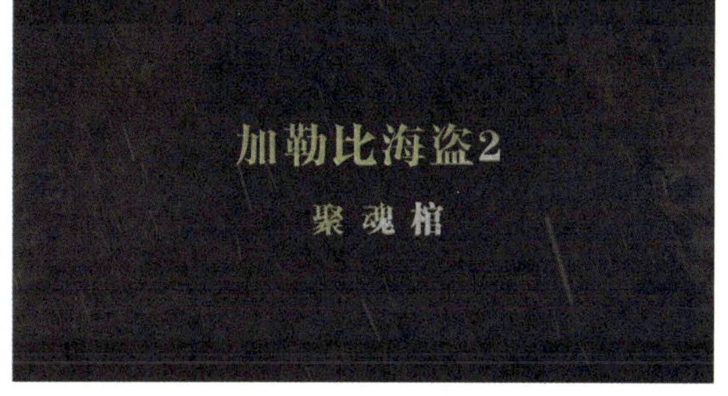

图 9-3-42 大雨效果

步骤29 将“影片名称”合成拖至“总合成”的时间轴面板中，并使“影片名称”图层时间轨的起始位置位于第50秒处，接着分别在第50秒和第51秒处添加“不透明度”关键帧，“不透明度”值分别为0%和100%。

步骤30 新建一个黑色纯色固态层，并绘制图9-3-43所示的矩形蒙版，以遮挡“影片名称”合成中画面外的内容。

3. 预览视频，制作细节

制作好各个分镜，并将它们合成为一个完整的视频后进行预览并对细节进行补充、细化。本案例中，我们可为镜头1添加“色阶”命令，使整个海面场景颜色变得更深些。为了增强电影片名处的雷雨效果，还可为图9-3-42所示的画面添加“闪光灯”命令，具体操作方法如下。

步骤1 为“总合成”中的“镜头1”图层添加“色阶”命令，其“输入黑色”为29，其余采用默认设置。

步骤2 为“影片名称”合成中的“蓝色背景”图层添加“效果”>“风格化”>“闪光灯”命令，其相关参数如图9-3-44所示。至此，本案例就制作完成了。

图 9-3-43 矩形蒙版

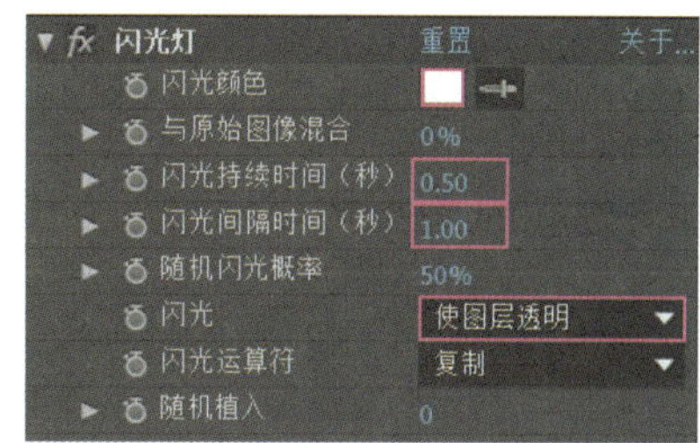

图 9-3-44 闪光灯参数

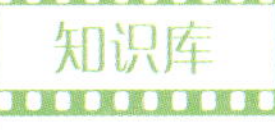

使用“闪光灯”命令可以在画面中不断加入数帧闪白或其他颜色，从而产生类似闪电的效果。

参考文献

[1] 程明才．After Effects CC 中文版超级学习手册［M］．北京：人民邮电出版社，2016．

[2] 王红卫．中文版 After Effects CC 创意之美动漫、影视及栏目包装案例教程［M］．北京：机械工业出版社，2015．

[3] 李涛．After Effects CC5.5 案例教程［M］．北京：高等教育出版社，2012．

[4] 张天骐．After Effects 影视合成与特效火星风暴［M］．北京：人民邮电出版社，2012．

[5] 武海峰．Cinema 4D/After Effects/RealFlow 动态图形设计案例解析［M］．北京：人民邮电出版社，2015．

[6] 金润姬．After Effects CC 影视后期制作一本通［M］．北京：机械工业出版社，2015．